复合地基理论及工程应用
第三版

龚晓南　编著

中国建筑工业出版社

图书在版编目（CIP）数据

复合地基理论及工程应用/龚晓南编著. —3 版. —北
京：中国建筑工业出版社，2018.7
ISBN 978-7-112-22239-1

Ⅰ.①复… Ⅱ.①龚… Ⅲ.①人工地基 Ⅳ.①TU472

中国版本图书馆 CIP 数据核字（2018）第 105597 号

　　《复合地基理论及工程应用》（第三版）在第二版（2007）的基础上，结合复合地基技术国家工程建设标准《复合地基技术规范》GB/T 50783—2012，比较全面、系统介绍复合地基理论及工程应用的最新发展，全书共 20 章：绪论，土和复合土的基本性状，复合地基的分类、形成条件及选用原则，复合地基荷载传递机理和位移场特点，基础刚度对复合地基性状的影响，复合地基在基础工程中的地位，散体材料桩复合地基承载力，黏结材料桩复合地基承载力，长短桩复合地基承载力，水平向增强体复合地基承载力，桩网复合地基承载力，复合地基稳定分析，复合地基沉降计算，复合地基固结分析，垫层对复合地基性状的影响，复合地基和上部结构共同作用分析，复合地基优化设计和按沉降控制设计，复合地基动力分析与抗震设计，复合地基工程应用及实例，复合地基发展展望。前 18 章介绍复合地基技术的基本理论，第 19 章介绍各类复合地基工程实例，供应用时参考，最后一章介绍复合地基发展展望。

　　本书可供土木工程专业勘察、设计、施工及管理人员在学习、应用复合地基理论和技术时参考使用，也可作为土木工程相关专业师生的参考用书。

＊　＊　＊

　　责任编辑：赵梦梅　李笑然　杨　允
　　责任校对：党　蕾

复合地基理论及工程应用
第三版
龚晓南　编著

＊

中国建筑工业出版社出版、发行（北京海淀三里河路 9 号）

各地新华书店、建筑书店经销

北京红光制版公司制版

北京富生印刷厂印刷

＊

开本：787×960 毫米　1/16　印张：28¼　字数：559 千字
2018 年 10 月第三版　　2018 年 10 月第五次印刷

定价：**68.00** 元
ISBN 978-7-112-22239-1
（32107）

前　言

（第三版）

　　20 世纪 60 年代国外将采用碎石桩加固后的地基称为复合地基。改革开放以后，我国引进和发展了多种地基处理新技术，同时也引进了复合地基技术概念。复合地基技术在我国发展很快，除碎石桩复合地基外，先后发展了各类水泥土桩复合地基、灰土桩复合地基、各类混凝土桩复合地基、各种型式的长－短桩复合地基以及各种型式的组合桩复合地基。复合地基理论在我国得到了很大发展，复合地基技术在我国工程建设中得到愈来愈多的应用，复合地基技术在我国已形成较完整的技术应用体系。

　　在完成多项研究项目和工程实践的基础上，笔者在 1992 年出版的第一部复合地基专著《复合地基》中，首次提出了复合地基定义和复合地基理论框架，总结、介绍了复合地基基础理论和复合地基承载力和沉降计算的思路和方法。《复合地基》的出版有力地引领和促进了复合地基理论和技术的普及和发展。2002年和 2007 年分别出版《复合地基理论及工程应用》（第一、二版），总结了十余年来复合地基理论和实践的发展，进一步完善了复合地基理论体系，进一步促进了复合地基理论研究和工程应用。2012 年复合地基技术国家工程建设标准《复合地基技术规范》GB/T 50783—2012 发布实施。为了总结最新研究成果，满足工程建设的需要，决定出版《复合地基理论及工程应用》（第三版）。

　　第三版全书共 20 章：绪论，土和复合土的基本性状，复合地基的分类、形成条件及选用原则，复合地基荷载传递机理和位移场特点，基础刚度对复合地基性状的影响，复合地基在基础工程中的地位，散体材料桩复合地基承载力，黏结材料桩复合地基承载力，长短桩复合地基承载力，水平向增强体复合地基承载力，桩网复合地基承载力，复合地基稳定分析，复合地基沉降计算，复合地基固结分析，垫层对复合地基性状的影响，复合地基和上部结构共同作用分析，复合地基优化设计和按沉降控制设计，复合地基动力分析与抗震设计，复合地基工程应用及实例，复合地基发展展望。前 18 章介绍复合地基技术的基本理论，第 19章介绍各类复合地基工程实例，供应用时参考，最后一章介绍复合地基发展展望。

　　作者感谢学术界和工程界前辈和同仁的鼓励和帮助。书中引用了许多科研、高校、工程单位及研究生的研究成果和工程实例。在第三版的成书过程中李瑛博士、张雪婵博士、张杰博士、严佳佳博士、周佳锦博士、田效军博士、陶燕丽博士、孙中菊硕士、傅了一、朱成伟、刘峰博士研究生等帮助校稿、制图。清华大学宋二祥教授、湖南大学陈昌富教授和中国矿业大学卢萌盟教授等帮助审阅部分章节。在此一并表示感谢。

由于作者水平有限，书中难免有错误和不当之处，敬请读者批评指正。

浙江大学教授　龚晓南
2018.2.1

前　言

（第二版，2007）

采用复合地基能够较好的发挥地基土体和增强体的承载潜能，具有较好的经济效益和社会效益，复合地基技术在我国工程建设中得到愈来愈多的应用。为了适应建筑工程、交通工程、市政工程和水利工程等土木工程建设的需要，多种复合地基新技术得到发展。笔者在1992年出版的第一部复合地基专著《复合地基》中，首次提出复合地基理论体系，总结、介绍了复合地基基础理论。《复合地基》的出版有力地促进了复合地基理论的普及和发展，促进了复合地基技术的工程应用。2002年出版《复合地基理论及工程应用》，总结了十余年复合地基理论和实践的发展，进一步完善了复合地基理论体系。《复合地基理论及工程应用》的出版对复合地基理论研究和工程应用的进一步起了很好的促进作用。近五年多来，复合地基理论研究和工程应用发展很快，为了总结最新研究成果，满足工程建设的需要，决定出版《复合地基理论及工程应用》（第二版）。

第二版全书共21章：绪论，土和复合土的基本性状，复合地基荷载传递机理和位移场特点，复合地基的形成条件，复合地基在基础工程中的地位，复合地基常用型式及选用原则，桩体复合地基承载力，水平向增强体复合地基承载力，复合地基沉降计算，基础刚度对复合地基性状的影响，垫层对复合地基性状的影响，复合地基振动反应与地震响应，复合地基和上部结构共同作用分析，复合地基优化设计和按沉降控制设计，复合地基工程应用及实例，复合地基发展展望。前14章介绍复合地基技术的基本理论，第15章介绍各类复合地基工程实例，供应用时参考，最后一章介绍复合地基发展展望。

作者感谢学术界和工程界前辈和同仁的鼓励和帮助。书中引用了许多科研、高校、工程单位及研究生的研究成果和工程实例。在第二版的成书过程中博士研究生王志达和郭彪等帮助校稿、制图。在此一并表示感谢。

由于作者水平有限，书中难免有错误和不当之处，敬请读者批评指正。

前　言

（第一版，2002）

今天对土木工程师，复合地基已不是陌生的词汇，但是对什么是复合地基，无论是学术界，还是工程界至今尚无比较统一的认识。复合地基是一个新概念，正在不断发展之中。随着地基处理技术的不断发展和复合地基技术在土木工程建设中应用的推广，各种各样型式的复合地基在工程建设中得到应用，取得了良好的经济效益和社会效益。

1992年笔者在《复合地基》一书前言中谈到复合地基理论的发展远远落后于复合地基工程实践，十年过去了，这一状况至今尚未得到改变。不仅仅是理论研究进展不快，而且更为主要的是工程实践发展更快。理论研究进展没有工程实践发展快是造成这一状况的根本原因。目前在我国复合地基（composite foundation）、浅基础（shallow foundation）和桩基础（pile foundation）已成为常用的三种基础形式。复合地基在建筑工程、市政工程、道路工程，以及堤坝工程中得到广泛应用。近十几年来，笔者一直在学习、探讨、总结、宣传复合地基理论和实践的进步，促进复合地基技术的推广应用和应用技术水平的提高。本书较全面的总结了笔者在复合地基理论和实践方面的研究成果和心得体会。对笔者在《复合地基》中形成的复合地基理论框架作了补充和完善，较全面地介绍了复合地基技术的新发展和工程应用，对发展中存在的问题也作了论述。笔者认为复合地基的概念随着其实践的发展有一个发展过程。对复合地基概念的认识存在狭义和广义之分。广义复合地基概念侧重在荷载传递机理上来揭示复合地基本质。凡是在荷载作用下，地基中的增强体（桩体）和基体（桩间土）共同直接承担荷载则可归属于复合地基范畴。复合地基是指天然地基在地基处理过程中部分土体得到增强，或被置换，或在天然地基中设置加筋材料，加固区是由基体（天然地基土体）和增强体两部分组成的人工地基。复合地基能较好的发挥桩和桩间土的承载潜力，因此具有较好的经济效益和社会效益。本书是从广义复合地基概念出发讨论和分析有关问题的。

全书共十章：绪论，土和复合土的基本性状，桩体复合地基承载力，水平向增强体复合地基承载力，复合地基沉降计算，复合地基优化设计和按沉降控制设计，基础刚度对复合地基性状影响，复合地基在地基基础工程中的地位和评价，复合地基振动反应和地震响应，复合地基工程应用及实例。前九章介绍复合地基技术的基本理论，最后一章介绍各类复合地基工程实例，供应用时参考。

作者感谢国家自然科学基金会和浙江省自然科学基金会对复合地基理论研究工作的资助，感谢曾国熙教授和浙江大学岩土工程研究所同事们的鼓励和帮助。书中引用了许多科研、高校、工程单位及研究生的研究成果和工程实例。在成书过程中杨晓军博士，黄明聪博士，曾开华博士，博士研究生褚航，葛忻声等帮助校稿、制图。在此一并表示感谢。

由于作者水平有限，书中难免有错误和不当之处，敬请读者批评指正。

目　　录

11

第1章 绪 论

1.1 发展概况和广义复合地基概念的形成

复合地基这词源自国外，形成复合地基理论和工程应用体系则在中国。20世纪 60 年代国外将采用碎石桩加固的地基称为复合地基。改革开放以后我国引进碎石桩等多种地基处理新技术，同时也引进了复合地基概念。采用复合地基可以较好发挥增强体和天然地基土体的承载潜能，具有较好的经济性和适用性。我国地域辽阔，工程地质复杂，工程建设规模大。我国是发展中国家，建设资金短缺，这给复合地基技术的应用和发展提供了良好的机遇。随着地基处理技术的不断发展和复合地基技术在土木工程建设中应用的推广，具有不同特色的多种型式的复合地基技术在工程建设中得到应用。

复合地基的含义随着其在工程建设中推广应用的发展过程有一个发展演变过程。在初期，复合地基主要是指在天然地基中设置碎石桩而形成的碎石桩复合地基。那时人们的注意力主要集中在碎石桩复合地基的应用和研究上。国内外学者发表了许多关于碎石桩复合地基承载力和沉降计算的研究成果。随着深层搅拌法和高压喷射注浆法在地基处理中的推广应用，人们开始重视水泥土桩复合地基的研究。碎石桩和水泥土桩两者的主要差别为：前者桩体材料碎石属散体材料，后者桩体材料水泥土为黏结体材料。因此，碎石桩是一种散体材料桩，而水泥土桩是一种黏结材料桩。研究表明：在荷载作用下，散体材料桩与黏结材料桩两者的荷载传递机理有较大的差别。散体材料桩的承载力主要取决于桩侧土的侧限力，而黏结材料桩的承载力主要取决于桩侧土的摩阻力和桩端端阻力。随着水泥土桩复合地基的推广应用，复合地基的概念发生了变化，由单纯为碎石桩复合地基这种散体材料桩复合地基概念逐步扩展到也包括粘结材料桩复合地基在内的复合地基概念。继水泥土桩复合地基以后，混凝土桩复合地基在工程中得到应用。随着混凝土桩复合地基在工程中应用的发展，人们注意到复合地基中桩体的刚度大小对桩的荷载传递性状有较大影响。于是又将黏结材料桩按刚度大小分为柔性桩和刚性桩两大类，提出了柔性桩复合地基和刚性桩复合地基的概念。这样复合地基概念得到进一步拓宽。为了提高桩体的受力性能，又发展了多种型式的组合桩技术。随着加筋土地基在工程建设中的广泛应用，又出现了水平向增强体复合地基的概念。将竖向增强体与水平向增强体组合应用，可形成双向增强复合地基技术。随着复合地基技术的发展，复合地基概念也在不断发展中。

在复合地基发展过程中，对什么是复合地基，或者说哪些地基基础形式可以称为是复合地基，学术界和工程界是有不同意见的。一种意见认为各类砂石桩复合地基和各类水泥土桩复合地基属于复合地基，其他形式不能称为复合地基；另一种意见认为桩体与基础不相连接是复合地基，相连接就不是复合地基，至于桩体是柔性桩、还是刚性桩并不重要；还有一种意见认为是否属于复合地基与桩体的刚度大小，与桩体与基础是否连接均无关系，而视其在工作状态下，能否保证桩和桩间土共同承担荷载。笔者认为对复合地基的概念认识上存在狭义和广义之分。上述第一种意见可认为是狭义的复合地基概念，最狭义的复合地基概念只认为砂石桩复合地基等散体材料桩复合地基属于复合地基，其他形式均不应称为复合地基，这是最初的复合地基概念；视其在工作状态下能否保证桩和桩间土共同承担荷载的第三种意见可认为广义的复合地基概念。从发展趋势看，复合地基的概念在不断的被拓广。广义复合地基概念侧重在荷载传递机理上来揭示复合地基的本质。笔者在国内外第一部复合地基著作《复合地基》（1992，浙江大学出版社）中提出了基于广义复合地基概念的复合地基定义和复合地基理论框架，经过多年的发展，已被学术界和工程界普遍接受。笔者的一系列复合地基领域的著作均是从广义复合地基概念出发讨论分析有关问题。已发布实施的国家工程建设标准《复合地基技术规范》也是基于广义复合地基概念制定的。

我国软土地基类别多，分布广，自改革开放以来土木工程建设规模大，发展快。我国又是发展中国家，建设资金短缺。如何在保证工程质量前提下，节省工程投资显得十分重要。复合地基技术能够较好发挥增强体和天然地基两者共同承担建（构）筑物荷载的潜能，因此具有比较经济的特点。复合地基技术近年来在我国得到重视、发展是与我国工程建设对它的需求分不开的。近些年来我国不少专家学者从事复合地基理论和实践研究。1990年在河北承德，中国建筑学会地基基础专业委员会在黄熙龄主持下召开了我国第一次以复合地基为专题的学术讨论会。会上交流、总结了复合地基技术在我国的应用情况，有力地促进了复合地基技术在我国的发展。笔者在复合地基引言（地基处理，1991～1992）和《复合地基》（1992，浙江大学出版社）中较系统总结了国内外复合地基理论和实践方面的研究成果，提出了基于广义复合地基概念的复合地基定义和复合地基理论框架，总结了复合地基承载力和沉降计算的思路和方法。1996年中国土木工程学会土力学及基础工程学会地基处理学术委员会在浙江大学召开了复合地基理论和实践学术讨论会，总结成绩、交流经验，共同探讨发展中的问题，促进了复合地基处理理论和实践水平进一步提高。《复合地基理论与实践》（主编龚晓南，1996，浙江大学出版社）较全总结了复合地基理论与实践在我国的发展。2002

年和 2007 年笔者分别在《复合地基理论及工程应用》第一版和第二版中对在《地基处理》(1992) 中提出的复合地基理论框架作了补充和完善,较全面介绍了复合地基理论和工程应用在我国的发展。2003 年应人民交通出版社邀请,出版《复合地基设计和施工指南》有力促进复合地基理论的工程应用。2008 年由笔者主编的浙江省工程建设标准《复合地基技术规程》DB33/1051 - 2008 发布实施。2010 年由笔者主编的中华人民共和国行业标准《刚-柔性桩复合地基技术规程》JGJ/T 210 - 2010 发布实施。2012 年由笔者主编的中华人民共和国国家标准《复合地基技术规范》GB/T 50803 - 2012 发布实施。复合地基理论和实践研究日益得到重视,复合地基已成为一种常用的地基基础形式,在我国已形成复合地基技术应用体系。2012 年中国土木工程学会土力学及基础工程学会地基处理学术委员会在广州召开了第二届复合地基理论和实践学术讨论会,总结交流新鲜经验,进一步促进复合地基理论和工程应用水平的提高。

随着地基处理技术和复合地基理论的发展,近些年来,复合地基技术在我国各地得到广泛应用。目前在我国应用的复合地基类型主要有:由多种施工方法形成的各类砂石桩复合地基、水泥土桩复合地基、各类刚性桩复合地基、组合桩复合地基、长短桩复合地基、桩网复合地基、加筋土地基等。目前复合地基技术在房屋建筑(包括高层建筑)、高等级公路、铁路、堆场、机场、堤坝等土木工程建设中得到广泛应用。复合地基技术的推广应用产生了良好的社会效益和经济效益。

1.2 复合地基定义

当天然地基不能满足建(构)筑物对地基的要求时,需要进行地基处理形成人工地基,以满足建(构)筑物对地基的要求,保证建(构)筑物的安全与正常使用。地基处理方法很多,按地基处理的加固原理分类,主要有下述六大类:置换,排水固结,振密、挤密,灌入固化物,加筋以及冷、热处理等。经过地基处理形成的人工地基大致上可分为三类:均质地基、多层地基和复合地基三种型式。

人工地基中的均质地基是指天然地基在地基处理过程中加固区土体性质得到全面改良,加固区土体的物理力学性质基本上是相同的,加固区的范围,无论是平面位置与深度,与荷载作用下对应的地基持力层或压缩层范围相比较都已满足一定的要求。其示意图如图 1-1 (a) 所示。例如:均质的天然地基采用排水固结法形成的人工地基。在排水固结过程中,加固区范围内地基土体中孔隙比减小,抗剪强度提高,压缩性减小。加固区内土体性质比较均匀。若采用排水固结法处理的加固区域与荷载作用面积相应的持力层厚度和压缩层厚度相比较也已满足一定要求，则这种人工地基可视为均质地基。均质人工地基的承载力和变形计算方法与均质天然地基的计算方法基本上相同。

人工地基中的双层地基是指天然地基经地基处理形成的均质加固区的厚度与荷载作用面积或者与其相应持力层和压缩层厚度相比较为较小时，在荷载作用影响区内，地基由两层性质相差较大的土体组成。双层地基示意图如图 1-1 (b) 所示。采用换填法或表层压实法处理形成的人工地基，当处理范围比荷载作用面积较大时，可归属于双层地基。双层人工地基承载力和变形计算方法与天然双层地基的计算方法基本上相同。

复合地基是指天然地基在地基处理过程中部分土体得到增强，或被置换，或在天然地基中设置加筋材料，加固区是由基体（天然地基土体或被改良的天然地基土体）和增强体两部分组成的人工地基。在荷载作用下，基体和增强体共同承担荷载的作用。根据地基中增强体的方向又可分为水平向增强体复合地基和竖向增强体复合地基。其示意图如图 1-1 (c) 和 (d) 所示。

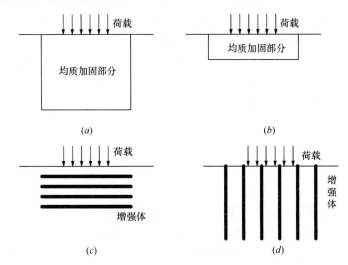

图 1-1　人工地基的分类
(a) 均质人工地基；(b) 双层地基；(c) 水平向增强体复合地基；
(d) 竖向增强体复合地基

复合地基中的竖向增强体习惯上称为桩，有时也称为柱。竖向增强体复合地基习惯上常称为桩体复合地基。目前在工程中应用的竖向增强体有碎石桩、砂桩、水泥土桩、石灰桩、灰土桩、低强度混凝土桩、钢筋混凝土桩以及各种组合桩等。

水平向增强体复合地基主要指加筋土地基。随着土工合成材料的发展，加筋土地基应用愈来愈多。加筋材料主要是土工织物和土工格栅等。笔者考虑在荷载作用下加筋土地基中筋材与土体的复合作用，故将加筋土地基也纳入复合地基的范畴。

前面已经提到人工地基中的均质地基，双层地基和复合地基如图 1-1 所示。大家知道，严格的说天然地基也不是均质、各向同性的半无限体。天然地基往往是分层的，而且对每一层土，土体的强度和刚度也是随着深度变化的。天然地基需要进行地基处理时，被处理的区域在满足设计要求的前提下应尽可能小，以求较好的经济效果。而且各种地基处理方法在加固地基的原理上又有很大差异。因此，对人工地基进行精确分类是很困难的。然而，上述的分类有利于我们开展对各种人工地基的承载力和变形计算理论的研究。按照上述的思路，常见的各种天然地基和各种人工地基粗略的可分为均质地基（或称为浅基础）、双层地基（或多层地基）、复合地基和桩基础四大类。以往对浅基础和桩基础的承载力和沉降计算理论研究较多，而对双层地基和复合地基的计算理论研究较少。特别是对复合地基承载力和沉降计算理论的研究还很不够。复合地基理论正处于发展之中，许多问题有待进一步认识，应加强研究。

1.3 复合地基中增强体和土体的效用

复合地基的形式、组成复合地基增强体的材料、复合地基增强体的施工方法等均对复合地基中增强体和土体的效用产生影响。复合地基中增强体和土体的效用主要有下述五个方面。对于某一具体的复合地基可能具有以下一种或多种作用。

1. 桩体作用

由于复合地基中桩体的刚度比周围土体的刚度大，在荷载作用下，桩体上产生应力集中现象。在刚性基础下尤其明显。桩体上产生应力集中现象，桩体上应力远大于桩间土上的应力。桩体承担较多的荷载，桩间土应力相应减小，这就使得复合地基承载力较原地基有所提高，沉降有所减少。随着复合地基中桩体刚度增加，其桩体作用更为明显。通过桩体将荷载传递到更深的土层。

2. 振密、挤密作用

对砂桩、砂石桩、土桩、灰土桩、二灰桩和石灰桩等，在施工过程中由于振动，沉管挤密或振冲挤密、排土等原因，可使桩间土得到一定的密实效果，改善桩间土体物理力学性能。采用生石灰桩，由于其材料具有吸水、发热和膨胀等作用，对桩间土同样可起到挤密作用。

3. 加速固结作用

不少竖向增强体或水平向增强体，如碎石桩、砂桩、土工织物加筋体间的粗粒土等，都具有良好的透水性，是地基中的排水通道。在荷载作用下，地基土体中会产生超孔隙水压力。由于这些排水通道的存在有效地缩短了排水距离，加速了桩间土的排水固结。桩间土排水固结过程中土体体积变小，抗剪强度增长。

4. 垫层作用

桩与桩间土复合形成的复合地基，在加固深度范围内形成复合土层，它可起到类似垫层的换土效应，减小浅层地基中的附加应力的密度，或者说增大应力扩散角。

5. 加筋作用

形成复合地基不但能够提高地基的承载力，而且可以提高地基的抗滑能力。水平向增强体复合地基的加筋作用更加明显。增强体的设置使复合地基加固区整体抗剪强度提高。在稳定分析中通常采用复合抗剪强度来度量加固区复合土体的强度。加固区往往是荷载持力层的主要部分，加固区复合土体具有较高的抗剪强度可有效提高地基的稳定性，或者说可有效提高地基承载力。

复合地基中增强体和土体的效用应根据不同的地基处理形式，施工方法以及天然地基情况作具体分析。不同的工程地质条件下、不同型式的复合地基具有不同的效用，应具体问题，具体分析。

1.4 复合地基的破坏模式

竖向增强体复合地基和水平向增强体复合地基破坏模式是不同的。这里主要讨论分析竖向增强体复合地基的破坏模式，水平向增强体复合地基的破坏模式将在第 8 章中讨论。对竖向增强体复合地基，刚性基础下和柔性基础下复合地基的破坏模式也有较大区别。

竖向增强体复合地基的破坏形式首先可以分成下述两种情况：一种破坏形式是桩间土首先发生破坏，进而发生复合地基全面破坏；另一种破坏形式是桩体首先发生破坏，进而发生复合地基全面破坏。在实际工程中，桩间土和桩体同时达到破坏是很难遇到的。在刚性基础下的桩体复合地基，大多数情况下都是桩体先破坏，继而引起复合地基全面破坏。而在路堤下的复合地基，大多数情况下都是土体先破坏，继而引起复合地基全面破坏。

竖向增强体复合地基中桩体破坏的模式可以分为下述 4 种型式：刺入破坏，鼓胀破坏，桩体剪切破坏和滑动剪切破坏。如图 1-2 所示。

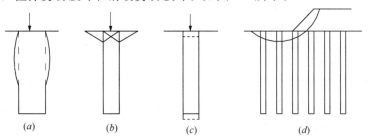

图 1-2 竖向增强体复合地基破坏模式

（a）鼓胀破坏；（b）桩体剪切破坏；（c）刺入破坏；（d）滑动剪切破坏

桩体鼓胀破坏模式如图 1-2（a）所示。在荷载作用下，桩周土不能提供桩体足够的围压，以防止桩体发生过大的侧向变形，桩体产生鼓胀破坏。桩体发生鼓胀破坏造成复合地基全面破坏，散体材料桩复合地基较易发生鼓胀破坏模式。在刚性基础下和柔性基础下（填土路堤下）散体材料桩复合地基均可能发生桩体鼓胀破坏。

桩体剪切破坏模式如图 1-2（b）所示。在荷载作用下，复合地基中桩体发生剪切破坏，进而引起复合地基全面破坏。低强度的柔性桩较容易产生桩体剪切破坏。刚性基础下和柔性基础下低强度柔性桩复合地基均可产生桩体剪切破坏，相比较柔性基础下发生可能性更大。

桩体发生刺入破坏如图 1-2（c）所示。桩体刚体较大，地基上承载力较低的情况下较易发生桩体刺入破坏。桩体发生刺入破坏，承担荷载大幅度降低，进而引起复合地基桩间土破坏，造成复合地基全面破坏。刚性桩复合地基较易发生刺入破坏模式。特别是柔性基础下刚性桩复合地基更容易发生刺入破坏模式。若处在刚性基础下，则可能产生较大沉降，造成复合地基失效。

滑动剪切破坏模式如图 1-2（d）所示。在荷载作用下，复合地基沿某一滑动面产生滑动破坏。在滑动面上，桩体和桩间土均发生剪切破坏。各种复合地基均可能发生滑动破坏模式。柔性基础下的比刚性基础下的发生可能性更大。

在荷载作用下，一种复合地基的破坏研究取什么模式，影响因素很多。从上面分析可知，它不仅与复合地基中增强体的材料性质有关，还与复合地基上基础结构的形式有关。除此外，还与荷载形式有关。竖向增强体本身的刚度对竖向增强体复合地基的破坏模式有较大影响。桩间土的性质与增强体的性质的差异程度也会对复合地基的破坏模式产生影响。若两者相对刚度较大，较易发生桩体刺入破坏。但是筏板基础下的刚性桩复合地基，由于筏板基础的作用，复合地基中的桩体也不易发生桩体刺入破坏。显然复合地基上基础结构形式对复合地基的破坏模式也有较大影响。总之，对于具体的桩体复合地基的破坏模式应考虑上述各种影响因素，通过综合分析加以估计。

顺便指出，刚性基础下复合地基失效主要不是地基失稳，而是沉降过大，或不均匀沉降过大。路堤或堆场下复合地基失效首先要重视地基稳定性问题，然后是变形问题。

1.5　复合地基置换率、荷载分担比和复合模量的概念

复合地基置换率和荷载分担比概念应用于竖向增强体复合地基，而复合地基复合模量的概念既应用于竖向增强体复合地基，又应用于水平向增强体复合地基。

竖向增强体复合地基中，竖向增强体习惯上称为桩体，基体称为桩间土体。若桩体的横断面积为 A_p，该桩体所对应（或所承担）的复合地基面积为 A，则复合地基置换率 m 定义为

$$m = \frac{A_p}{A} \tag{1-1}$$

桩体在平面上的布置形式最常用的有两种形式：等边三角形和正方形布置。除上述两种形式外，还有长方形布置。也可将增强体形连成连续墙形状，采用网格状布置。桩体在平面上几种布置形式如图 1-3 中所示。对圆柱形桩体，正方形布置和等边三角形布置两种情况下，复合地基置换率与桩体直径和桩间距关系如下。若桩体直径为 d，桩间距为 l，则复合地基置换率在正方形布置和等边三角形布置两种情况下分别为：

$$m = \frac{\pi d^2}{4 l^2} \text{（正方形布置）} \tag{1-2}$$

$$m = \frac{\pi d^2}{2\sqrt{3}\, l^2} \text{（三角形布置）} \tag{1-3}$$

对长方形布置，若桩体直径为 d，桩间距为 l_1 和 l_2，则复合地基置换率为

$$m = \frac{\pi d^2}{4 l_1 l_2} \tag{1-4}$$

对网格状布置情况，若增强体间距分别为 a 和 b，增强体宽度为 d，则复合地基置换率为

$$m = \frac{(a+b-d)d}{ab} \tag{1-5}$$

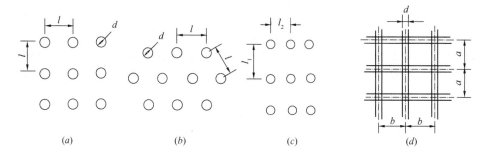

图 1-3 桩体平面布置形式

（a）正方形布置；（b）等边三角形布置；（c）长方形布置；（d）网格状布置

在荷载作用下，复合地基中桩体承担的荷载与桩间土承担的荷载之比称为桩土荷载分担比，有时也用复合地基加固区上表面上桩体的竖向应力和桩间土的竖向应力之比来衡量，称为桩土应力比，桩土荷载分担比和桩土应力比是可以相互换算的。在载荷作用下，复合地基加固区的上表面上桩体的竖向应力记为 σ_p，桩间土

中的竖向应力记为 σ_s，则桩土应力比 n 为

$$n = \frac{\sigma_p}{\sigma_s} \tag{1-6}$$

在荷载作用下桩体承担的荷载记为 p_p，桩间土承担的荷载记为 p_s，则桩土荷载分担比 N 为

$$N = \frac{p_p}{p_s} \tag{1-7}$$

桩土荷载分担比 N 与桩土应力比 n 可通过下式换算，

$$N = \frac{mn}{1-m} \tag{1-8}$$

式中　m——复合地基置换率。

事实上，桩间土和桩体中的竖向应力不可能是均匀分布的，式（1-6）中的 σ_s 和 σ_p 分别表示桩间土和桩体中平均竖向应力。影响桩土应力比 n 值和桩土荷载分担比 N 值的因素很多，如荷载水平、荷载作用时间、桩间土性质、桩长、桩体刚度、复合地基置换率等都影响桩土应力比 n 值的大小。以后将详细分析桩土应力比 n 值的影响因素。

复合地基加固区是由增强体和基体两部分组成的，是非均质的。在复合地基计算中，有时为了简化计算，将加固区视作一均质的复合土体，用假想的等价的均质复合土体代替真实的非均质复合土体。与真实非均质复合土体等价的均质复合土体的模量称为复合地基土体的复合模量。复合模量的计算以及试验测定方法在以后有关章节中再加以介绍。类似地可建立复合土体的强度指标概念，如复合土体的不排水抗剪强度，复合土体黏聚力和复合土体内摩擦角等。

第2章 土和复合土的基本性状

2.1 概 述

复合地基加固区由基体（天然地基土体）和增强体两部分组成。天然地基土体和增强体材料的物理力学性质，增强体与土体组成的复合土体的特性对复合地基承载力和变形特性有重要影响。根据增强体的性质及其设置方式不同将复合地基分成水平向增强体复合地基、散体材料桩复合地基、柔性桩复合地基和刚性桩复合地基等。只有较好了解天然地基土体和增强体的物理力学性质，以及两者组成的复合土体的基本特性才有可能较深入地认识复合地基的基本性状。

目前用于形成复合地基的常用增强体材料主要有：碎石、砂、水泥土、石灰及灰土、粉煤灰及二灰土、混凝土及钢筋混凝土、土工合成材料等。上述增强体材料总体上可以分为三大类：

（1）散体材料。如碎石、砂等。

（2）由固化剂（水泥或石灰）胶结而成的增强体。有的强度较高、刚度较大，如低强度混凝土、钢筋混凝土等；有的强度较低、刚度较小，如水泥土、灰土、二灰土等；还有在水泥土中加筋形成组合体，如水泥土钢筋混凝土桩组合桩、水泥土钢筋混凝土管桩组合桩等。

（3）土工合成材料。如土工格栅、土工布等。

上述三类增强体材料不仅物理力学性质不同，而且它们与天然土体间的复合特性也有较大的区别。散体材料竖向增强体在竖向荷载作用下，增强体发生鼓胀变形。增强体的鼓胀变形促使周围土体产生的被动土压力增大并阻止其侧向变形发展。在竖向荷载作用下，散体材料桩和桩周土体界面上一般不会发生相对滑动。周围土体能够提供的被动土压力大小直接影响桩体的稳定。对由固化剂胶结而成的黏结材料竖向增强体，在竖向荷载作用下，增强体和周围土体界面上能提供多大的摩擦力是非常重要的。提供的侧阻力大，则可能提供的承载力大。对强度较低的黏结材料竖向增强体，如水泥土桩，上端桩体的抗剪切能力和径向抗拉强度也很重要，周围土体形成的围压力对改善受力性状有重要的作用。作为水平向增强体的土工合成材料，它与土体界面上的摩擦力大小对加筋土在荷载作用下的性状更为重要。如果加筋体和土体两者之间发生过大的相对滑动，加筋体被拔出，则达不到加筋的目的。在荷载作用下多种材料形成的组合桩性状更为复杂，应具体情况具体分析。复合地基中土和复合土体的性质对复合地基的主要效用以及可能产生的破坏模式有重要影响。研究土和复合土体的性状不仅有助于深入认识复合地基的性状，而且为选用和开发合理的复合地基技术提供基础。

用于形成复合地基中增强体的材料以及增强体种类已经很多，而且随着地基处理技术的发展，复合地基中采用的增强体材料还会愈来愈多。在这一章中不可能介绍所有的增强体材料的加固机理及由它们与土体组成的复合土的基本性状，只能介绍几种在实际工程中常用的增强体材料及其复合土的性状，如：水泥土及其复合土体、灰土、土工合成材料复合土体性状等。而且，由于对各类复合土性状研究还很不够，认识比较肤浅，在本章中只能作粗略介绍，进一步了解可参考有关专著。

2.2 土的基本性状

2.2.1 土的分类

土可分为岩石、碎石土、砂土、粉土、黏性土和人工填土等。岩石根据其坚固性可分为硬质岩和软质岩；岩石又可按其风化程度分为微风化、中等风化和强风化三种。碎石土根据粒组含量可分为漂石、块石、卵石、碎石、圆砾和角砾。砂土根据粒组含量可分为砾砂、粗砂、中砂、细砂和粉砂。砂土又可根据标准贯入试验锤击数的多少将其按密实度分为松散、稍密、中密和密实四级。黏性土为塑性指数大于10的土。黏性土分黏土和粉质黏土两类。塑性指数大于17的黏性土称为黏土，塑性指数大于10但小于等于17的黏性土称为粉质黏土。黏性土根据其液性指数的大小又可分为坚硬、硬塑、可塑、软塑和流塑五种状态。黏性土中，天然含水量大于液限，天然孔隙比大于或等于1.5的黏性土又称为淤泥；当天然孔隙比小于1.5但大于等于1.0的黏性土称为淤泥质土。粉土为塑性指数小于或等于10的土。粉土的性质介于砂土与黏性土之间。人工填土根据其组成和成因，可分为素填土、杂填土和冲填土三类。素填土是由碎石土、砂土、粉土、黏性土等组成的填土。杂填土是指含有建筑垃圾、工业废料、生活垃圾等杂物的填土。冲填土是由水力冲填泥沙而成的填土。人工填土的性质主要取决于填土材料性质及其密实度。例如：冲填砂形成的地基与冲填淤泥形成的地基两者承载力和变形特性有很大差异。人工填土地基形成年代对其性状也有很大影响，老填土地基和新填土地基性质差别很大。

除了上述各类土外还有黄土、泥炭土、红黏土、膨胀土、盐渍土、垃圾掩埋土、多年冻土等特殊土。黄土分湿陷性黄土和非湿陷性黄土两类。凡天然黄土在上覆土的自重应力作用下，或在上覆土自重应力和附加应力共同作用下，受水浸湿后土的结构迅速破坏而发生显著附加下沉的，称为湿陷性黄土。湿陷性黄土又分为非自重湿陷性和自重湿陷性两种。自重湿陷性黄土，在土自重应力下，受水浸湿后则发生湿陷。按土中有机质含量可将土分为无机土（有机质含量小于5%）、有机质土（5%≤有机质含量≤10%）、泥炭质土（10%＜有机质含量≤60%）和泥炭（有机质含量＞60%）。红黏土是指石灰岩、白云岩等碳酸盐类岩石在亚热带温湿气候条件下经风化作用所形成的褐红色的黏性土。膨胀土是指土中黏粒成分主要由亲水性黏土矿物组成的黏性土，它是一种吸水膨胀、失水收缩，具有较大胀缩变形性能，且变形往复的高塑性黏土。盐渍土是土中易溶盐含量超过0.3%的土，盐渍土中的盐遇水溶解后，土体物理和力学性质均会发生变化，强度降低。盐渍土性质与土中易溶盐的种类和数量有关，盐渍土浸水可能发生溶陷，某些盐渍土可能产生膨胀。垃圾掩埋土的性质主要取决于掩埋的垃圾类别和性质，以及掩埋时间。垃圾掩埋土性质比较复杂，多年冻土是指连续3年或3年以上保持在摄氏零度以下，并含有冰的土层。

土的种类不同，其抗剪强度、压缩性和渗透性存在很大的差别。在上述各种地基土中，不少为软弱土和不良土，主要包括淤泥、淤泥质土、素填土、杂填土、冲填土、粉土、湿陷性黄土、膨胀土、盐渍土、泥炭土、垃圾掩埋土和多年冻土等。它们有的具有高压缩性、低抗剪强度，以及低渗透性，有的具有某些特殊性质，如遇水膨胀、失水收缩等。由软弱不良土体组成的地基往往不能满足上部建筑物对地基的要求，需要进行地基处理。若采用复合地基技术加固地基时，这些软弱不良土体就成为复合地基的基体。岩石、碎石土和砂土具有较高的抗剪强度，较低的压缩性，碎石和砂土还具有较大的渗透性，它们常用来组成复合地基中的增强体。

2.2.2　土的应力应变试验与试验曲线

土的应力应变试验种类很多，这里只简单介绍压缩试验和三轴压缩试验的情况，以及相应的试验曲线的特性。

1. 压缩试验和土的固结状态

压缩试验，即土体在无侧向变形条件下排水压缩试验。压缩试验示意图如图2-1所示。由压缩试验得到的土体孔隙比 e 和竖向荷载力（或土体中竖向有效应力 p'）的关系曲线通常称为压缩曲线和回弹曲线，其示意图如图2-2所示。当土体压缩时，土体孔隙比 e 与土中有效竖向应力 p' 的关系在半对数坐标图（e-$\ln p'$ 平面）上通常可近似认为是直线关系，压缩曲线的方程可表达为

$$e = e_0 - \lambda \ln p' \tag{2-1}$$

式中　e_0——p' 等于单位值时土体孔隙比；

λ——半自然对数坐标图上的压缩曲线斜率。

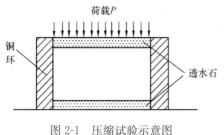

图 2-1　压缩试验示意图　　　　图 2-2　土的压缩和回弹曲线

当卸荷及重复加荷时，e-p'关系在半对数坐标图上也可近似认为是直线关系，回弹曲线方程可表达为

$$e = e_k - k \ln p' \qquad (2\text{-}2)$$

式中　e_k——卸荷或重复加荷时 p' 等于单位值时的土体孔隙比；

　　　k——半自然对数坐标图上回弹曲线斜率。

图 2-2 中，当土体压缩至某一状态（如图中 A 点）再卸荷，应力点将由 A 点沿图中回弹曲线 AB 移动。土体压缩至不同的压力再卸荷可以得到与 AB 平行的回弹曲线。当土体由 A 点卸荷至某一状态（如图中 B 点）再重复加荷，应力点将沿回弹曲线 BA 回到与压缩曲线的交点。若再继续加荷，应力点将重新沿着压缩曲线（如图中 AD）运动。实际上，从 A 点卸荷至 B 点，再从 B 点加荷至 A 点，e-$\ln p'$ 曲线形成一滞回圈，为分析方便，将其简化为一直线。

当土体的应力状态落在压缩曲线上，称土体处于正常固结状态。它表示土体在历史上尚未受过比现在更大的固结压力。当土体的应力状态落在某一回弹曲线上（如图中 B 点），称土体处于超固结状态。它表示土体在历史上已经经受过比现在更大的固结压力，超固结状态 B 对应的历史上最大的固结压力为 A 点的应力 p_A。历史上经受过比现在压力更大的固结压力的土体称为超固结土。超固结土的超固结比 OCR 定义为

$$OCR = \frac{p_A}{p_B} \qquad (2\text{-}3)$$

式中　p_A——历史上土体经受的最大固结压力；

　　　p_B——现在土体经受的固结压力。

由图 2-2 可知，处于超固结状态 B 的土与在处于压缩曲线上状态 E 的土具有相同的孔隙比。压缩曲线上 E 点对应的应力称为超固结状态 B 的等效应力，记为 p_e。p_e 与 p_B 的关系可用下式表示

$$p_e = p_B OCR^{1-k/\lambda} \qquad (2\text{-}4)$$

历史上没有经受过比现在固结压力更大的固结压力的土称为正常固结土。正常固结土经卸荷就进入超固结状态。超固结土经加荷，当应力超过历史上最

大的固结压力，土体进入正常固结状态。超固结状态和正常固结状态两者在一定的条件下是可以相互转变的。岩土工程师不仅要搞清正常固结土和超固结土的概念，更要掌握正常固结状态和超固结状态的概念。否则很难正确分析土体的性状。

在研究地基土层固结历史时，通常把地基土层历史上所经受过的前期固结压力 p_c 与现有土层上覆压力 p_0 进行对比，并把两者的比值定义为超固结比 OCR，即

$$OCR = \frac{p_c}{p_0} \tag{2-5}$$

式（2-5）与式（2-3）实质上是一致的。

若地基土层历史上曾经受过比现有压力 p_0 大的压力，即 $OCR>1$，地基土称为超固结土。若地基土层历史上没有经受过比现有上覆土层压力 p_0 更大的压力，且地基土层在上覆土层压力 p_0 作用下固结已经完成，地基土称为正常固结土。若地基土层在上覆土层压力 p_0 作用下固结尚未完成，土层还在继续固结过程中，地基土称为欠固结土。土的变形特性与土的固结历史密切相关。

2. 各向等压力固结三轴压缩剪切试验和加工硬化、加工软化类型应力-应变曲线

各向等压力固结三轴试验基本程序可分为两个阶段。第一阶段是在围压 σ_3 作用下土样固结（$\sigma_1 = \sigma_2 = \sigma_3$）；第二阶段保持径向压力 $\sigma_r(= \sigma_2 = \sigma_3)$ 不变，增加轴向应力 $\sigma_a(= \sigma_1)$，在偏应力作用下产生剪切，直至土样破坏。在第二阶段剪切过程中可控制土样的排水条件使土样处于排水剪切或不排水剪切状态。前者称为各向等压力固结排水三轴剪切试验，简称 CID 试验；后者称为各向等压力固结不排水三轴剪切试验，简称 CIU 试验。

正常固结黏土、松砂和中密砂，由三轴试验得到的应力-应变曲线形状一般如图 2-3 所示。通常认为试验曲线是双曲线型的，可以用双曲线来模拟试验曲线。双曲线型应力应变关系可用下式表示：

$$(\sigma_1 - \sigma_3) = \frac{\varepsilon_1}{a + b\varepsilon_1} \tag{2-6}$$

式中　$(\sigma_1 - \sigma_3)$——主应力差；

　　　　ε_1——轴向应变；

　　　　a、b——双曲线函数参数，$1/a$ 为双曲线初始切线斜率，$1/b$ 为双曲线渐近线值。

图 2-3 中 f 点为破坏点，通常把破坏应力 $(\sigma_1 - \sigma_3)_f$ 与极限值 $(\sigma_1 - \sigma_3)_{ult}$ 的比值称为破坏比。土体在加荷时，土体体积收缩。主应力差 $(\sigma_1 - \sigma_3)$ 随着变形增大可以不断增大，这种类型的应力-应变曲线称为加工硬化类型曲线。

超固结黏土和密实砂，由三轴试验得到的应力-应变曲线形状一般如图 2-4 所示，试验曲线可以用有驼峰的曲线来拟合，拟合曲线可用下式表示：

$$(\sigma_1 - \sigma_3) = \frac{(a + c\varepsilon_1)\varepsilon_1}{(a + b\varepsilon_1)^2} \tag{2-7}$$

式中，a、b、c 为配合曲线参数，$1/a$ 为曲线的初始切线斜率，$\frac{1}{4(b-c)}$ 为曲线峰值，c/b^2 为曲线渐近线值，其他符号同式（2-6）。

$$(\sigma_1 - \sigma_3)_{\mathrm{m}} = \frac{1}{4(b-c)}$$

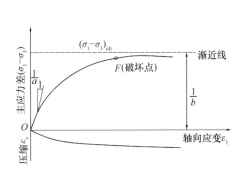 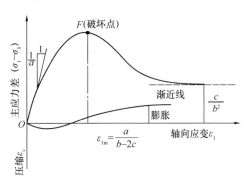

图 2-3　正常固结黏土三轴试验　　　　图 2-4　超固结黏土三轴试验
　　　应力-应变关系曲线　　　　　　　　　应力-应变关系曲线

该类土在加荷时土体体积最初收缩，不久即产生膨胀，如图 2-4 中所示。主应力差 $(\sigma_1 - \sigma_3)$ 随着不断加荷，增大至峰值，过了峰值，其值急剧下降，曲线的坡度变成负值，直至主应力差落至一极限值，即土的剩余强度。这种类型的应力-应变曲线，通常称为加工软化类型曲线。工程上常把峰值应力作为破坏应力，图 2-4 中 F 点为破坏点。

除了加工硬化类型和加工软化类型应力-应变曲线外，还有理想弹塑性应力-应变曲线，如图 2-5 （a）所示。它是对真实材料应力应变关系的简化。图 2-5

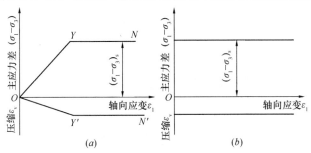

图 2-5　理想弹塑性和刚塑性应力-应变关系曲线
（a）理想弹塑性应力-应变关系；（b）刚塑性应力-应变关系

(a) 中，OY 代表线性弹性应力-应变关系，Y 点称为屈服点，与此点相应的应力
$(\sigma_1 - \sigma_3)$，称为屈服应力。过了 Y 点后，应力-应变曲线是一条水平线，它代表理
想塑性阶段。在这一阶段，应力保持不变，而变形却不断增大，并且从到达 Y 点
起所产生的变形，都是塑性变形。在弹性阶段，材料体积压缩。在塑性变形阶
段，材料的体积保持不变，即泊松比等于 0.5。在实际问题中，如果弹性阶段的
变形与可能发生的塑性变形相比很小，可以忽略不计，则可进一步简化为刚塑性
应力-应变关系，如图 2-5 (b) 所示。在经典土力学中，稳定分析中采用刚塑性
应力-应变关系。

事实上，土的应力-应变试验曲线的形状是很复杂的，除了上述几类模拟曲
线外，国内外专家还提出其他类型的模拟曲线，这里不再一一列举。土的实际性
状很复杂，模拟曲线是人们的一种主观描述，笔者认为把握主观描述带来的误差
是很重要的。

2.2.3　土的变形特性

由上节分析可知，土的应力历史对土的变形特性有重要影响。地基土可分为
正常固结土、超固结土和欠固结土。土体在压缩过程又可分为正常固结状态和超
固结状态。土的三轴试验应力-应变曲线可分为加工硬化类型和加工软化类型等。
在某些条件下，有的可简化为理想弹塑性应力-应变关系，以至刚塑性应力-应变
关系。除了上述变形特性外，土的变形特性还表现在下述几个方面：

（1）围压对土体模量的影响

土是摩擦型材料，土的强度和刚度与周围侧向压力有关。根据 Janbu
(1963) 的研究，土体的初始模量 E_0 与围压 σ_3 的关系可用下式表示：

$$E_0 = Kp_a(\frac{\sigma_3}{p_a})^n \tag{2-8}$$

式中　K——当 $\sigma_3 = p_a$ 时土体的初始模量，可称为模量数；

　　　p_a——单位压力或大气压力；

　　　n——试验常数，一般在 0.2～1.0 之间，正常固结黏土 $n=1.0$。

（2）超固结比 OCR 对土的变形特性的影响

图 2-6 表示超固结比不同的土样 CID 试验应力-应变曲线。研究表明（龚应
明，1986）软黏土的超固结比 OCR 与土体的模量数 K 之间的关系可用下式
表示：

$$K = K_0 + ClnOCR \tag{2-9}$$

式中　K_0——OCR 等于 1 时（即正常固结黏土）的模量数；

　　　C——试验常数。

（3）应力路径对土体变形的影响

图 2-7 为应力路径不同时三轴试验的应力-应变曲线。由图可见，应力路径不同，土体模量有较大的差别。

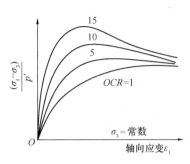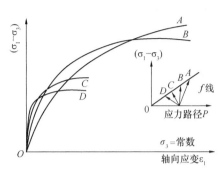

图 2-6 超应力比不同的土样 CID 试验用平均有效应力归一的应力-应变曲线

图 2-7 应力路径不同的三轴试验应力-应变曲线

（4）应力和应变球张量和偏张量间交叉影响

土体在剪应力作用下，不仅会产生剪切变形，还会产生体积变形，这种性质称为剪胀性；作用在土体上的正应力对土体的剪切变形也可能产生影响，称为压硬性。换句话说应力和应变张量的球张量和偏张量之间存在着交叉影响。

（5）土中初始应力对变形的影响

地基土体中初始应力随深度变化，其强度和变形模量也随深度变化。图 2-8 表示用十字板测定的软土地基中抗剪强度 S_+ 随深度 Z 的变化情况，并可用下式表示：

$$S_+ = C_0 + \lambda Z \qquad (2\text{-}10)$$

式中 λ——直线段斜率；

Z——深度；

C_0——直线段的延长线在水平轴上的截距。

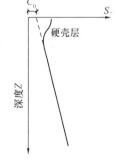

图 2-8 由十字板测定的土的抗剪强度随深度的变化

天然地基中初始应力一般处于各向不等压力状态，水平面有效应力 σ_h 与竖直向有效应力 σ_v 之比称为静止土压力系数。

对正常固结黏土，静止土压力系数 K_0 值常用下述经验方程（Jaky，1948）估算，即

$$K_0 = 1 - \sin\varphi' \qquad (2\text{-}11)$$

式中 φ'——土体有效内摩擦角。

对超固结黏土，当 $OCR < 5$ 时，Wroth（1975）建议采用下式表示静止土压

力系数 K_0 值与固结比 OCR 的关系：

$$K_0 = OCR \cdot K_{nc} - \frac{\nu'}{1-\nu'}(OCR-1) \qquad (2\text{-}12)$$

式中　K_{nc}——正常固结黏土静止土压力系数；

　　　ν'——土体有效应力泊松比。

（6）天然土层各向异性对变形的影响

土的各向异性主要有两个原因：一是结构方面的原因，在沉积和固结过程中，天然土层中的黏土颗粒及其组构单元排列的方向性造成了土体各向异性；二是应力方面的原因，天然土层中的初始应力一般处于各向不等压力状态。由于结构方面的原因和土体应力方面的原因造成的各向异性，分别称为土体固有各向异性和土体应力各向异性。近十几年来，土体各向异性越来越受到人们的重视（龚晓南，1986）。

（7）排水条件对土体变形的影响

土体是三相组合体，由固体颗粒、水和气体三部分组成。在外部荷载作用下，土体的排水条件对土的应力-应变-强度关系有较大影响，在处理土工问题时一定要注意排水条件的影响。

（8）加荷速率的影响

加荷速率问题实际上是时间效应问题。严格讲土的应力和变形是时间的函数。土体既不是弹性体，也不是塑性体，而是具有弹性、塑性和黏滞性的黏弹塑性体。

2.2.4　土的强度特性

土是摩擦型材料，土的强度主要指抗剪强度。摩擦型材料的抗剪强度与剪切面上的法向应力有关，因此一般用抗剪强度指标来表征。

土体的抗剪强度 τ_f 可以用总应力表示，也可用有效应力表示，总应力表达式为

$$\tau_f = c + \sigma\tan\varphi \qquad (2\text{-}13)$$

式中　c、φ——总应力抗剪强度指标，c 为黏聚力，φ 称为内摩擦角；

　　　σ——剪切面上法向总应力。

抗剪强度有效应力表达式为

$$\tau_f = c' + \sigma'\tan\varphi' \qquad (2\text{-}14)$$

式中　c'、φ'——有效应力抗剪强度指标，c' 称为有效黏聚力，φ' 称为有效内摩擦角；

　　　σ'——剪切面上法向有效应力。

在土工分析中，采用有效应力分析时，应用土的有效应力抗剪强度指标，采用总应力分析时，应用土的总应力抗剪强度指标。

黏性土，正常固结土和超固结土的抗剪强度特性是不一样的。首先分析在试验室制备的正常固结土和超固结土采用固结不排水剪切试验（CIU 试验）测定抗剪强度指标情况。当 CIU 试验中作用在土样上的固结压力等于制备土样时的固结压力称为正常固结土，当试验时的固结压力小于制备土样时的固结压力称为超固结土。

对试验室制备的正常固结土，CIU 试验固结压力记为 σ_3，剪切破坏时，轴向应力记为 σ_1，此时孔隙水压力记为 u，则最大和最小有效应力分别为 $\sigma'_1 = \sigma_1 - u$，$\sigma'_3 = \sigma_3 - u$。CIU 试验土样破坏摩尔圆及摩尔包络线如图 2-9 所示。图中摩尔包络线通过原点。为什么通过原点

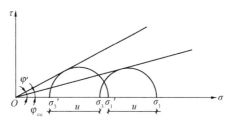

图 2-9 正常固结黏土 CIU 试验

呢？若试验固结压力 $\sigma_3 = 0$，即制备土样的固结压力也为零，此时土样是浆液，抗剪强度应等于零，所以强度包络线通过原点。破坏时，$\sigma'_1 - \sigma'_3 = \sigma_1 - \sigma_3$，所以总应力摩尔圆和有效应力摩尔圆半径相等。两摩尔圆距离等于破坏时孔隙水压力 u 值。若将由 CIU 试验测定的总应力抗剪强度指标记为 c_{cu} 和 φ_{cu}，有效应力抗剪强度指标记为 c' 和 φ'，即可知 $c_{cu} = 0$、$c' = 0$，正常固结土的抗剪强度表达式为

$$\tau_f = \sigma \tan\varphi_{cu} \tag{2-15}$$

或

$$\tau_f = \sigma' \tan\varphi' \tag{2-16}$$

对正常固结土，剪切破坏时孔隙水压力 u 为正值，所以有效应力圆总在总应力圆的左方。

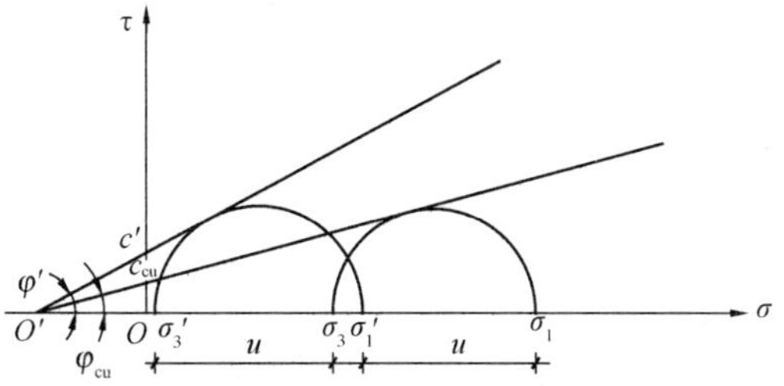

对超固结土样，当试验固结压力为零时，土样的抗剪强度并不等于零，其总应力和有效应力抗剪强度摩尔包络线在纵坐标上截距分别为 c_{cu} 和 c'，强度包络线如图 2-10 所示。超固结土的抗剪强度表达式为

图 2-10 超固结黏土 CIU 试验

$$\tau_f = c_{cu} + \sigma \tan\varphi_{cu} \tag{2-17}$$

或

$$\tau_f = c' + \sigma' \tan\varphi' \tag{2-18}$$

下面再分析地基中原状土采用 CIU 试验测定抗剪强度指标情况。土样的前期固结压力记为 p_c。在 CIU 试验中，当固结压力大于 p_c 时，土样的性状同试验

19

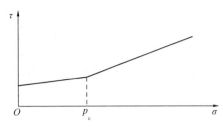

图 2-11 前期固结压力为 p_c 时土体的
总应力摩尔包络线

室制备的正常固结土，其抗剪强度摩尔包络线如图 2-11 中右段所示；当固结压力小于 p_c 时，土样的性状同试验室制备的超固结土，其抗剪强度摩尔包络线形如图 2-11 中左段所示。因此，前期固结压力为 p_c 的土体的总应力摩尔包络线如图 2-11 所示。图中摩尔包络线分为两段，CIU 试验固结压力小于 p_c 时，摩尔包络线较平缓，不通过原点，固结压力大于 p_c 时，延长摩尔包络线一般通过原点。二段摩尔包络线的交点的横坐标对应于 p_c 值。前期固结压力为 p_c 的土体有效应力摩尔包络线性状与总应力摩尔包络线相似。

图 2-11 表示地基中土体的抗剪强度指标应视具体情况分两段选用，对正常固结土，加载时，土体处于正常固结状态，采用右边部分计算土的抗剪强度，卸载时土体处于超固结状态，采用左边部分计算土的抗剪强度。对超固结土，加载时，若土体中固结应力大于 p_c 时采用右边部分计算土的抗剪强度，若土体中固结应力小于 p_c 时，与卸载时相同，采用左边部分计算土的抗剪强度。

饱和黏性土在不排水条件下剪切，土的抗剪强度可用不排水抗剪强度 C_u 表示，在不排水条件下，$\varphi_u = 0$。在土工分析中常采用 $\varphi_u = 0$ 分析法分析土坡稳定性、浅基础承载力、土压力及桩基承载力。土的不排水抗剪强度 C_u 可采用不固结不排水三轴试验（UU 试验）、现场十字板试验、无侧限抗压试验等方法测定。

砂和粉土等常被称为无黏性土。无黏性土黏聚力 $c = 0$，抗剪强度表达式为

$$\tau_f = \sigma' \tan\varphi' \tag{2-19}$$

式中　φ'——有效内摩擦角，对无黏性土通常在 28°～42°之间。

无黏性土渗透系数大，土体中超孔隙水压力常等于零，有效应力强度指标与总应力强度指标是相同的。

图 2-12 表示松砂、中等密实砂和密实砂三轴固结排水试验得到的应力-应变曲线。从图中可以看到密实砂和中等密实砂中主应力差起初随着轴向应变增大而增大，直到峰值 $(\sigma_1 - \sigma_3)_m$，然后随着轴向应变增大而减小，并以残余值 $(\sigma_1 - \sigma_3)_r$ 为渐近值。松砂中主应力差随着轴向应变增大而增大，其极限值也为 $(\sigma_1 - \sigma_3)_r$。

对密实砂和中等密实砂可由峰值 $(\sigma_1 - \sigma_3)_m$ 确定峰值强度，由 $(\sigma_1 - \sigma_3)_r$ 确定残余强度，并确定相应的强度指标内摩擦角 φ 和残余内摩擦角 φ_r 值，如图 2-13 所示。松砂的内摩擦角可由极限值确定。

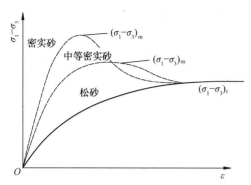

图 2-12 无黏性土应力-应变曲线 CID 试验

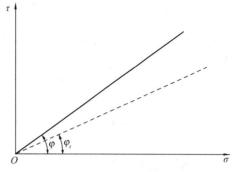

图 2-13 无黏性土内摩擦角

无黏性土的内摩擦角除了与初始孔隙比有关，还与土粒的形状、表面的粗糙程度以及土的级配有关。密实砂土和土粒表面粗糙的砂土，内摩擦角较大。级配良好的比颗粒均一的内摩擦角大。表 2-1 是在不同密实状态下无黏性土的内摩擦角参考数值。在无试验资料时可供初步设计时参考选用。

无黏性土内摩擦角参考值 表 2-1

土的类型	剩余强度 φ_r （或松砂峰值强度 φ）	峰值强度	
		中密	密实
粉砂（非塑性）	26°～30°	28°～32°	30°～34°
均匀细砂、中砂	26°～30°	30°～34°	32°～36°
级配良好的砂	30°～34°	34°～40°	38°～46°
砾砂	32°～36°	36°～42°	40°～48°

松砂的内摩擦角大致与干砂的天然休止角相等。天然休止角是天然堆积的砂土边坡水平面的最大倾角，取干砂堆成锥体量测坡角大小即可。这种方法比做剪切试验简易得多。密实砂的内摩擦角比天然休止角大 5°～10°。

非饱和土的强度特性比饱和黏性土和无黏性土复杂得多，尚有待进一步深入研究。Bishop（1960）提出的非饱和土抗剪强度 τ_f 表达式具有下述形式：

$$\tau_f = c' + (\sigma - u_a)\tan\varphi' + X(u_a - u_w)\tan\varphi' \qquad (2\text{-}20)$$

式中　c'——有效凝聚力；

　　　φ'——有效内摩擦角；

　　　σ——剪切面上法向总应力；

　　　u_w——孔隙水压力；

　　　u_a——孔隙气压力；

　　　X——与饱和度、土类和应力路线等有关的参数。当饱和度为零时，$X=0$；当饱和度为 1 时，$X=1$。

Fredlund 等（1978）提出下列形式的非饱和土抗剪强度表达式：

$$\tau_f = c' + (\sigma - u_a)\tan\varphi' + (u_a - u_w)\tan\varphi'_b \tag{2-21}$$

在式（2-21）中引进参数 $\tan\varphi'_b$，作为吸力（$u_a - u_w$）的内摩擦系数，其他符号同式（2-20）。

卢肇钧等（1997）提出第三种非饱和土抗剪强度表达式：

$$\tau_f = c' + (\sigma - u_a)\tan\varphi' + mP_s\tan\varphi' \tag{2-22}$$

式中　P_s——非饱和土膨胀力；

　　　　m——参数；

其他符号同式（2-20）。

土的抗剪强度影响因素很多，下面主要分析土的结构性、应力历史、应力路径、各向异性、中主应力、加荷速率以及地基固结等因素对土体抗剪强度的影响。

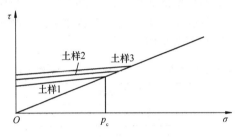

图 2-14　土的结构性对土的抗剪强度影响

（1）土的结构性的影响

地基中原状土都有一定的结构性。由于地质历史以及环境条件的不同，土的结构性强弱差别很大。以黏性土为例，在土体结构性未破坏前，土体抗剪强度摩尔包络线性状与超固结土类似，主要反映在土的黏聚力的提高。图 2-14 为黏性土结构性对土的强度包络线影响的示意图。若土样 1、2、3 具有相同的前期固结压力 p_c，土样 3 的土体结构性最强、土样 2 次之、土样 1 最小。从图中可看出土结构性未破坏前，土的结构性愈强，土的抗剪强度愈高。由于原状土的结构性，使正常固结原状土由试验得到的摩尔包络线往往不通过原点。

（2）应力历史的影响

图 2-15 表示应力历史对土的抗剪强度的影响。图 2-15（a）为 $e\text{-}p$ 曲线，图 2-15（b）为抗剪强度摩尔包络线。若土体应力历史为 D→A→B→C，土体抗剪

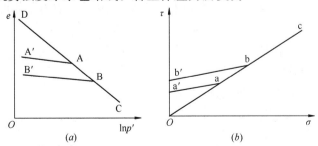

图 2-15　应力历史对抗剪强度影响

（a）$e\text{-}p$ 曲线；（b）抗剪强度摩尔包络线

强度摩尔包络线为 OC，若应力历史为 D→A→A′→A→B→C，则摩尔包络线为 a′ac；若应力历史为 D→A→B→B′→B→C，则摩尔包络线为 b′bc。应力历史不同，土的抗剪强度摩尔包络线不同。

（3）应力路径的影响

应力路径对土体抗剪强度的影响可以从图 2-16 中看出。在（p，q）平面上，OF 表示抗剪强度线，在剪切过程中沿着应力路径 AB_1、AB_2 和 AB_3 进行剪切破坏，土体具有的抗剪强度是不同的。显然，沿着路径 AB_1 进行剪切，土体抗剪强度最高，沿着路径 AB_3 土体抗剪强度最小，沿着路径 AB_2 抗剪强度居中。由图 2-16 可知应力路径对抗剪强度的影响是不小的。其本质是沿着不同应力路径土体产生破坏时土体剪切面上作用的法向应力是不同的。

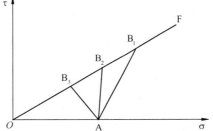

图 2-16 应力路径对抗剪强度的
影响示意图

（4）土体各向异性的影响

土体各向异性主要由两个原因引起：一为结构方面的原因，在沉积的固结过程中，天然土层中的黏土颗粒及其组构单元排列的方向性造成了土体各向异性；二为应力方面的原因，由于天然土层的初始应力一般处于不等向应力状态（正常固结土静止土压力系数 K_0 值一般小于 1，超固结土 K_0 值往往大于 1），引起了在不同方向加荷情况下，使土体破坏所需的剪应力增量各不相同。在地质历史中，天然土层还受到周围环境（如气候变化、地下水位升降及历史上的冰川活动等）和时间的影响。这些都引起土的结构和土的初始应力状态的变化，使之变得更加复杂。从而使土的各向异性也变得更加复杂。

用沿着不同方向切取的土样进行压缩剪切试验，可以测得土体的各向异性。试验表明：正常固结黏土的水平向土样的强度常常小于竖直向土样的强度。关于 45°方向的土样的强度有两种不同情况：有些黏土的 45°方向的土样的强度介于水平向土样的强度和竖直向土样的强度之间。而另一些黏土 45°方向土样的强度既小于水平向土样的强度，也小于竖直向土样的强度。上海金山黏土属于后一种情况（见图 2-17），参见文献［23］。

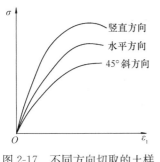

图 2-17 不同方向切取的土样
应力-应变曲线

图 2-18 表示由于填土荷载引起地基产生滑动。设土体单元 A、B、C 均在滑动面上，单元 A 相当于竖向受压，单元 C 相当于水平向受压，而单元 B

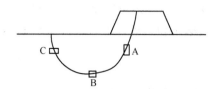

图 2-18 填土荷载引起的地基滑动

相当于45°方向受压，若土体具有各向异性，各点的抗剪强度是不同的。

（5）中主应力的影响

在常规三轴压缩试验中，土体处于轴对称荷载作用下，且 $\sigma_2 = \sigma_3$ 并保持不变。常规三轴试验不能反映中主应力变化对抗剪强度的影响。在荷载作用下，地基土体一般呈三维应力状态，且 $\sigma_1 \neq \sigma_2 \neq \sigma_3$。采用常规三轴试验和平面应变三轴试验作对比试验，可以看到中主应力对抗剪强度的影响。图2-19为一组对比试验成果。它表明平面应变状态的有效内摩擦角 φ' 较轴对称应变状态时大，紧密砂约大 $4°$，松砂约大 $0.5°$。

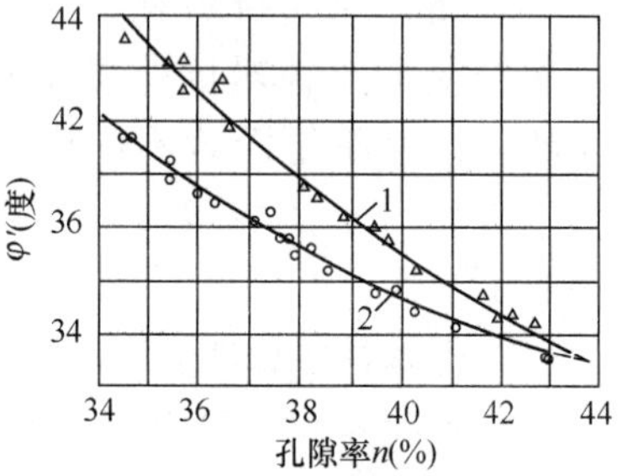

（6）加荷速率的影响

土体抗剪强度还受剪切速率的影响。图2-20表示剪切速率不同时同一种土样的 CIU 试验测定的应力-应变曲线。剪切速率快时土的抗剪强度大，剪切速率慢时土的抗剪强度小。

（7）蠕变的影响

土的抗剪强度由黏聚力与内摩擦力两部分组成的。研究表明：剪切历时对黏聚力大小有影响，而与内摩擦力几乎没有关系。土的黏聚力具有黏滞性质，当剪应力低于通常的不排水抗剪强度时，虽然土不会很快地剪切破坏，但是黏聚力所承受的剪应力将会引起土体蠕变，土体发生不间断的缓慢变形。内摩擦力只有当变形增大后才能逐渐发挥，所以随着土体长时间蠕变，内摩擦力所承受的剪应力部分逐渐增大，而黏聚力所承受的剪应力部分则逐渐减小。随着土体蠕变，其黏聚力也逐渐减少，并达到某极限值。蠕变的速率决定于剪应力的大小，如图2-21所示。当剪应力较大时，有时虽然低于不

图 2-19　布拉斯特砂平面应变三轴与
轴对称三轴试验成果比较
1—平面应变；2—轴对称三轴压缩

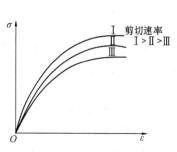

图 2-20　加荷速率对抗剪强度的影响

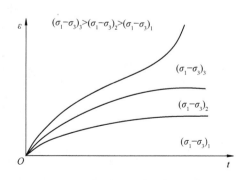

图 2-21　在恒定剪应力作用下土体蠕变

排水强度（如低于峰值不排水强度的 50%），但是因为蠕变的影响较大，最后仍可能导致黏土破坏，这种破坏称为蠕变破坏。饱和的灵敏软黏土在不排水条件下剪切以及严重超固结黏土在排水条件下剪切最容易因发生蠕变引起强度降低。如果剪应力较小，蠕变速率很低，达到破坏所需的时间很长，甚至要数百年以上。如果剪应力很小，内摩擦力最终足以承受剪应力，蠕变将停止发展，不会发生破坏。

（8）土体固结的影响

土的抗剪强度主要与土中有效应力有关。土体在荷载作用下排水固结，土中有效应力增加，土的抗剪强度提高。图 2-22 中，$c'=0$，有效内摩擦角为 φ'，土体固结压力为 σ_c，此时土的抗剪强度 τ_f 可表示为 σ_c 的函数，即

$$\tau_f = \frac{\sin\varphi'\cos\varphi'}{1-\sin\varphi'}\sigma_c \qquad (2\text{-}23)$$

若固结压力增加 $\Delta\sigma_c$，则抗剪强度增加 $\Delta\tau_f$，其值为

$$\Delta\tau_f = \frac{\sin\varphi'\cos\varphi'}{1-\sin\varphi'}\Delta\sigma_c \qquad (2\text{-}24)$$

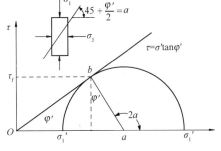

图 2-22　土体固结引起土体抗剪强度提高

2.3　水泥土及其复合土的基本性状

2.3.1　水泥土的形成方法及硬化机理

在地基处理中形成水泥土主要有下述方法：高压喷射注浆法和深层搅拌法、灌浆法和拌合夯实法等。

由灌浆法和拌合夯实法形成的水泥土的组成和性质较复杂，本节只介绍由深层搅拌法和高压喷射注浆法形成的水泥土，并以深层搅拌水泥土为主。

应用高压喷射注浆法加固地基时，高压喷射流在地基中将土体切削破坏，一部分细小的土粒被喷射的水泥浆液所置换，随着冒浆被带上地面，其余的土粒与水泥浆液搅拌混合。在喷射动压、离心力和重力的综合作用下，在横断面上土粒按质量大小排列，形成浆液主体、搅拌混合、压缩和渗透等部分（见图 2-23）。土颗粒间被水泥浆填满，经过一定时间，通过土和水

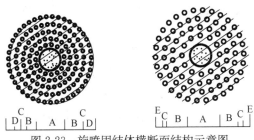

图 2-23　旋喷固结体横断面结构示意图

A—浆液主体部分；B—搅拌混合部分；C—土粒密集部分；

D—浆液渗透部分；E—土粒压实部分

泥水化间的物理化学作用，形成强度较高、渗透性较低的水泥土固结体。由高压喷射注浆法形成的水泥土固结体在空间是不均匀的，而且固结体的结构与被加固土的种类有关。在砂土、黏性土和黄土中形成的水泥土性质有较大差异。

深层搅拌法加固地基是通过特制的深层搅拌机械，在地基深处就地将水泥浆或水泥粉和软黏土强制搅拌，经过一定时间，通过土和水泥水化物间的物理化学作用，形成有一定强度的渗透性较低的水泥土固结体。由深层搅拌法形成的水泥土固结体比较均匀。水泥土中的水泥含量用水泥掺合比 a_w 表示。水泥掺合比 a_w（％）是指水泥重量与被增强的软黏土重量之比，即

$$a_w(\%) = \frac{掺加的水泥重量}{被拌和的软黏土重量} \times 100\%$$

由高压喷射注浆法和深层搅拌法形成的水泥土在结构上不尽相同，但其硬化机理基本上是一样的。水泥与软黏土搅拌形成的水泥土硬化机理主要是这样的：当水泥浆与软黏土拌合后，水泥颗粒表面的矿物很快与黏土中的水发生水解和水化反应，在颗粒间生成各种水化物。这些水化物有的继续硬化，形成水泥石骨料；有的则与周围具有一定活性的黏土颗粒发生反应，通过离子交换和团粒化作用使较小的土颗粒形成较大的土团粒。通过硬凝反应，逐渐生成不溶于水的稳定的结晶化合物，从而使水泥土的强度提高。水泥水化物中游离的氢氧化钙能吸收水中和空气中的二氧化碳，发生碳酸化反应，生成不溶于水的碳酸钙，这种碳酸化反应也能使水泥土增加强度。

土和水泥水化物之间的物理化学反应过程是比较缓慢的，水泥土硬化需要一定的时间。工程应用上常取龄期为 90d 的强度作为设计值。

2.3.2 水泥土的物理力学性质

1. 水泥土的物理性质

（1）重度

由高压喷射注浆法形成的水泥土固结体内部的土粒少并含有一定数量的气泡。水泥土的重量较轻。黏性土中形成的水泥土比原状土轻 10% 左右，在砂土中形成的水泥土比原状土重 10% 左右。

深层搅拌法形成的水泥土由于拌入软黏土中的水泥浆的重度与软黏土的重度相近，所以水泥土重度与原状土重度相差不大。例如，用宁波黏土和水灰比为0.45 的 425 号普通硅酸盐水泥浆拌合，拌合过程中加 2% 水泥重量的石膏。成型一天后拆模，然后浸水养护。水泥土重度随水泥掺合比不同而变化的情况如表2-2所示。当 $a_w = 25$ 时，重度比原状土增加 4.5%。

用水泥土加固地基，加固部分本身重量的改变对下部未加固部分（下卧层）不致产生过大的附加荷载，因此也不会因加固区本身重量改变产生较大的附加沉降。

项目 a_w（%）	重度（kN/m³）	含水量（%）	密度（g/cm³）	孔隙比	备注
0	16.63	61.4	2.706	1.63	原状土样
5	16.80	51.4	2.708	1.44	
10	17.10	47.6	2.712	1.34	
15	17.10	46.3	2.736	1.34	
20	17.30	44.4	2.768	1.31	
25	17.40	42.3	2.781	1.27	

（引自李明逵，1991）

（2）密度

由于水泥的密度比一般软土的密度大，故水泥土的密度也比原状土的密度大。但变化幅度较小，如表 2-2 所示。

2. 水泥土的力学性质

（1）水泥土的破坏特性

水泥土三轴不排水剪切试验表明（张土乔，1992）水泥土的破坏特性不仅与水泥土水泥掺合比有关，而且与作用在水泥土样上的围压大小有关。三轴不排水剪切试验中，水泥土土体破坏有三种形式。土样破坏时土体裂缝开展情况如图2-24所示：图（a）中裂缝沿轴向发展，土样发展脆性拉裂破坏；图（c）中裂缝沿两个方向大量出现，形成塑性流动区，土样发生塑性破坏；图（b）介于上述两种情况之间，土样发生脆性剪切破坏。情况（a）对应水泥掺合比高、围压小的情况；情况（c）对应水泥掺合比低，或围压高的情况；情况（b）介于上述两种情况之间。三种情况下典型的应力应变关系曲线如图 2-25 所示。曲线 1 表示土体发生脆性破坏；曲线 3 表示土体发生塑性流动破坏，应力应变关系为加工硬化类型；曲线 2 介于两者之间，材料产生剪切脆性破坏，应力应变关系为加工软化类型。图 2-26 表示由水泥土的无侧限压缩试验得到的应力应变关系曲线（胡同安，1983），由图中可以看出，随着水泥掺合比的不同，水泥土的破坏模式是不同的。

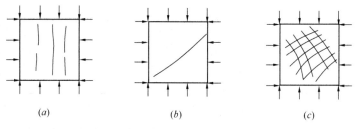

| (a) | (b) | (c) |

图 2-24 三轴试验土体破坏三种模式

（a）脆性张裂破坏；（b）脆性剪切破坏；（c）塑性剪切破坏

27

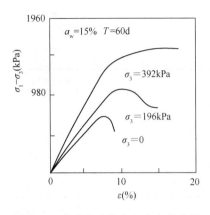
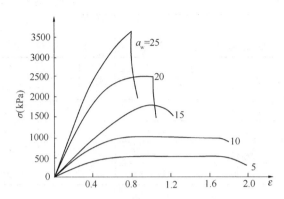

图 2-25　典型的水泥土应力应变关系　　　图 2-26　水泥土无侧限压缩试验应力应变关系

（引自张土乔等，1992）　　　　　　　　　（引自胡同安，1983）

（2）水泥土强度的主要影响因素

试验研究表明，影响水泥土强度的主要因素有：龄期、水泥掺合比、水泥标号、矿物成分、细度、土样含水量、土中有机质含量、外掺剂、土体围压、土中pH 值和温度等。下面作简要介绍：

1）龄期

不同水泥掺合比的水泥土无侧限抗压强度与龄期的关系如表 2-3 和图 2-27 所示。水泥土强度随龄期的增长而增大。其强度增长规律不同于混凝土。龄期超过28d，强度还有较大的增长，但增长幅度随龄期的增长有所减弱。根据扫描电子显微镜观察，水泥和土的硬凝反应约需 3 个月才能较充分完成。现行行业标准《建筑地基处理技术规范》JGJ 79 建议以 90d 龄期的无侧限抗压强度值作为水泥土的强度标准值。

不同掺合比和不同龄期下水泥土无侧限抗压强度 q_u（MPa）　　　表 2-3

a_w（%）＼T（d）	7	14	28	60	90	150
5	0.23	0.24	0.39	0.42	0.45	
10	0.67	0.79	0.94	1.45	1.45	
15	0.91	0.89	1.35	1.69	2.41	2.90
20	1.47	2.11	2.40	3.28	3.56	
25	2.10	2.59	3.15	4.26	4.59	

（引自李明遒，1991）

不同龄期的水泥土无侧限抗压强度值之间关系可参考下式换算：

$$q_{u,7} \approx (0.3 \sim 0.55)q_{u,90} \qquad (2\text{-}25)$$

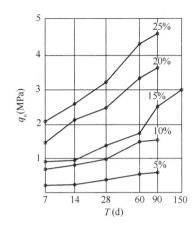

图 2-27　不同龄期的水泥土
无侧限抗压强度
(引自李明逵, 1991)

$$q_{u,30} \approx (0.6 \sim 0.85) q_{u,90} \qquad (2\text{-}26)$$

式中　　$q_{u,7}$——7d 龄期无侧限抗压强度值;

$q_{u,30}$——30d 龄期无侧限抗压强度值;

$q_{u,90}$——90d 龄期无侧限抗压强度值。

2) 水泥掺合比

由表 2-3 和图 2-27 可以看到, 水泥土强度随水泥掺合量的增加而增大。水泥掺合比小于 5% 时, 固化反应很弱, 水泥土比原状土强度增强甚微。Tatsuro Okumura (1989) 建议用于加固目的, 水泥土最小水泥掺合比取 $(a_w)_{min}=10$, 一般取 $a_w=10 \sim 20$。水泥土强度增长率在不同的掺合量区域, 在不同的龄期是不同的, 而且原状土不同, 水泥土强度增长率也不同。

在分析水泥土的破坏特性时已指出, 水泥土的应力应变关系及破坏模式与水泥掺合比有关, 图 2-25 和图 2-26 表示不同水泥掺合比的水泥土三轴不排水剪切试验和无侧限压缩试验应力-应变关系曲线。水泥掺合比比较小时, 水泥土应力-应变关系为加工硬化型, 属塑性破坏; 水泥掺合比比较大时, 水泥土属脆性破坏。

3) 土的含水量

水泥土的水泥掺合比相同时, 其强度随天然土样的含水量提高而降低。表 2-4 表示一组试验结果。天然土的含水量高, 土和水泥形成的水泥土含水量也高。水泥土含水量高, 水泥土的密度小, 其强度也小。

含水量与水泥土强度关系　　　　　　　　　　　表 2-4

水量 (%)	天然土	47	62	86	106	125	157
	水泥土	44	59	76	91	100	126
无侧限抗压强度 q_u (kPa)		2320	2120	1340	730	470	260

注: $a_w=10$, 水泥土强度龄期为 28d。　　　　　　　　　　　　　　(引自王玉兰, 1979)

4) 水泥强度等级

水泥土的强度随掺入的水泥强度等级提高而提高。水泥掺合比相同时, 按原水泥标号计每增加 100 号, 水泥土的无侧限抗压强度 q_u 约增大 20%～30%。

5) 土中有机质含量

原状土中的有机质会阻碍水泥的水化反应, 影响水泥土固化, 降低水泥土强度。有机质含量愈高, 其阻碍水泥水化作用愈大, 水泥土强度降低愈多。国内已有数例因地基土有机质含量高采用水泥深层搅拌法加固地基未获预期效果的报道。有研究报道，有机质土中有机酸的种类、水泥的矿物成分不同对水泥土的影响也是不同的。林琼等（1993）研究发现，影响水泥土无侧限抗压强度的有机质主要成分为富里酸，当有机质中富里酸含量接近2%时应慎用水泥土加固地基。笔者认为当地基土中有机质含量较高时，如考虑采用水泥土加固应先做试验以确定是否适用。

6）围压大小

水泥土强度与作用于水泥土体上的围压有关。图2-28（a）和（b）分别表示水泥掺合比 $a_w=5$ 和 $a_w=15$ 二组水泥土三轴试验应力-应变曲线。从图中可以看到水泥土体上的围压（σ_3）增加，水泥土强度提高。比较图（a）和图（b）还可发现，水泥土体上围压对强度的影响随水泥掺合比的增大而降低。图2-29表示由直剪试验得到的水泥土抗剪强度 τ_f 与法向应力 σ_N 的关系。从图中可以看到 τ_f/σ_N 值随水泥掺合比的增加而减小。由三轴试验和直剪试验得到的规律是一致的。

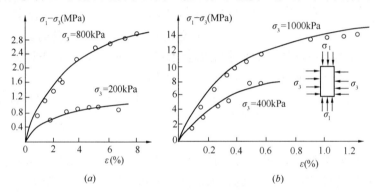

图 2-28　水泥土三轴不排水剪切试验应力应变关系

（a）$a_w=5$；（b）$a_w=15$

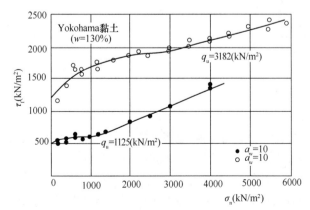

图 2-29　抗剪强度 τ_f 与法向应力 σ_N 关系

（引自 T. Kawasaki，1983）

7) 外掺剂

在深层搅拌法中，为了改善水泥土的性能，常选用木质素磺酸钙、石膏、三乙醇胺等外掺剂。不同的外掺剂对水泥土强度的影响不同，通常可通过试验确定其影响程度。试验表明木质素磺酸钙对水泥土强度影响不大，石膏和三乙醇胺对水泥土强度有增强作用。

通过掺入合适的添加剂可以达到降低水泥掺量，提高水泥土强度的目的。曾小强（1993）研究表明在水泥土中掺加一定量的石灰（CaO）可提高水泥土强度30％左右。胡同安、黄新等（1995）研究表明，掺入石膏也可使水泥土强度得到较大幅度的提高。

8) 土体中 pH 值

土体中 pH 值的高低表征了土体酸碱性的强弱。研究表明酸性环境会对水泥水化产物的生成及其稳定性产生不良影响，因此，土体 pH 值越低，水泥土强度愈低。

9) 温度

温度对水泥水化反应速度有密切关系。在一定的温度范围内，其他条件相同情况下，水泥土的强度会随温度升高而增加。

10) 水泥的矿物组成

水泥水化反应与水泥中矿物的成分关系密切。水泥中各矿物成分水化速度的顺序是：$C_3A > C_4AF > C_3S > C_2S$，这些水泥水化反应速度不同的矿物在水泥中的比例是影响水泥水化速度快慢的原因。另外，各矿物成分对强度增长速度影响也不同，C_3S 早期活性大，C_2S 则主要后期影响大，C_3A、C_4AF 早期强度增长非常快，但强度值不如 C_3S 和 C_2S 二者高。因此，水泥的矿物成分对水泥土的强度及其增长影响不小。

11) 水泥的细度

在一定的粒度范围内，水泥的细度越高，比面积越大，水化速度越快，而且活性发挥得越好。水泥的细度越高，水泥土强度越高。

（3）水泥土的压缩特性

表 2-5 表示一组无侧限抗压试验测定的水泥土无侧限抗压强度 q_u 与变形模量 E_{50} 之间的关系。由表可见，当 $q_u = 300 \sim 4000 \mathrm{kPa}$ 时，$E_{50} = 40 \sim 600 \mathrm{MPa}$，一般为 q_u 的 $120 \sim 150$ 倍，即 $E_{50} = (120 \sim 150) q_u$。

水泥土的变形模量   表 2-5

试件编号	无侧限抗压强度 q_u (kPa)	破坏应变 ε_f (%)	变形模量 E_{50} (kPa)	$\dfrac{E_{50}}{q_u}$
1	274	0.80	37000	135
2	482	1.15	63400	131
3	524	0.95	74800	142

试件编号	无侧限抗压强度 q_u （kPa）	破坏应变 ε_f （%）	变形模量 E_{50} （kPa）	$\dfrac{E_{50}}{q_u}$
4	1093	0.90	165700	151
5	1554	1.00	191800	123
6	1651	0.90	223500	135
7	2008	1.15	285700	142
8	2393	1.20	291800	121
9	2513	1.20	330600	131
10	3036	0.90	474300	156
11	3450	1.00	420700	121
12	3518	0.80	541200	153

（引自冶金部建筑研究总院地基室，1985）

表 2-6 表示一组水泥掺合比不同的水泥土由压缩试验测定的压缩系数 a_{1-2}、a_{2-4} 和压缩模量 $E_{s(1-2)}$、$E_{s(2-4)}$ 的情况。下标 1-2 和 2-4 分别表示竖向压力处于 100～200kPa 和 200～400kPa 范围内。由表中数据可以看到，在不同的掺合比区域，压缩系数的减小率和压缩模量的增长率是不同的。

水泥土不同水泥掺合比对压缩特性的影响　　　　　　　表 2-6

水泥掺合比 a_w	压缩系数 a_{1-2} $(10^{-6}\mathrm{kPa}^{-1})$	压缩系数 a_{2-4} $(10^{-6}\mathrm{kPa}^{-1})$	压缩模量 $E_{s(1-2)}$ （kPa）	压缩模量 $E_{s(2-4)}$ （kPa）	$\dfrac{E_{s(1-2)} \text{水泥土}}{E_{s(1-2)} \text{原状土}}$	$\dfrac{E_{s(2-4)} \text{水泥土}}{E_{s(2-4)} \text{原状土}}$	$\dfrac{a_{(1-2)} \text{水泥土}}{a_{(1-2)} \text{原状土}}$
原状土	837		2609	1739			
10	59	139	31804	16103	14.60	9.26	0.0704
15	40	58	58870	40531	22.56	23.31	0.0478
20	31	56	73426	40702	28.22	23.41	0.0370

（引自林琼，1989）

（4）水泥土的渗透性

水泥与土混合后产生一系列物理化学反应生成水泥土。随着水泥水化的进行，在土颗粒表面及土颗粒之间生成的水化产物逐渐填充了土颗粒之间的大孔隙，使水泥土的渗透系数减小。

侯永峰（1997）分别采用萧山黏土和沟通粉土制作水泥土进行室内渗透试验，表 2-7 和表 2-8 分别表示用萧山黏土和沟通粉土制作的水泥土渗透系数与水泥掺合量 a_w 和龄期的关系。由表中可看到：水泥掺合量愈高，水泥土渗透系数愈小；水泥土龄期愈长，水泥土渗透系数愈小。萧山黏土原状土渗透系数为

1.01×10^{-5} cm/s。从表 2-7 可知用萧山黏土拌成的水泥土渗透系数一般为原状土的 $10^{-3} \sim 10^{-4}$ 倍，沟通粉土原状土渗透系数为 7.54×10^{-5} cm/s，由表 2-8 可知相应的水泥土渗透系数一般为原状土的 10^{-3} 倍。

萧山黏土制作水泥土渗透系数（10^{-7} cm/s） 表 2-7

水泥掺入量 龄期（d）	5%	7%	10%	15%	20%
7	9.88	8.60	4.71	2.29	1.19
14	1.49	0.846	0.787	0.685	0.441
28	0.778	0.493	0.246	0.109	0.0841
90	0.454	0.151	0.053	0.0333	0.0218

原状土渗透系数 1.01×10^{-5} cm/s

（引自侯永峰 2000）

沟通粉土制作水泥土渗透系数（10^{-7} cm/s） 表 2-8

水泥掺入量 龄期（d）	5%	7%	10%	15%	20%
7	7.19	6.63	4.59	2.38	1.90
14	5.18	4.56	2.69	1.19	0.920
28	4.15	3.49	1.46	0.709	0.435
90	3.07	2.36	0.744	0.436	0.198

原状土渗透系数 7.54×10^{-5} cm/s

（引自侯永峰 2000）

水泥土渗透系数较小，在工程中常用水泥土来制作止水帷幕。

（5）水泥土的抗拉和抗剪特性

1）抗拉强度

水泥土的抗拉强度一般很低，为无侧限抗压强度的 15% 左右。当无侧限抗压强度 $q_u < 1.5$ MPa 时，抗拉强度 f_t 约等于 0.2MPa。在设计中一般不考虑水泥土的抗拉强度。

2）抗剪特性

张家柱（1999）等指出，一般水泥土的内摩擦角 φ 约在 $20° \sim 30°$ 之间，而黏聚力 c 在 $0.1 \sim 1.1$ MPa 之间，随着水泥掺入比的提高，黏聚力提高，而内摩擦角变化不大。

李智彦（2006）采用不同的水灰比在不同的围压下进行水泥土的三轴压缩试验，通过试验结果作出莫尔应力圆，并确定剪切强度曲线，进而求得水泥土的黏聚力和内摩擦角。试验结果表明：由于搅拌作用的破坏与水泥作用的影响，水泥土工程性质有重新作用的过程，土体的黏聚力得到很大的提高，随着水灰比的增加，水泥土的黏聚力提高值变小；摩擦角的变化受搅拌作用和水泥重新作用的影响，变化较为复杂，与原地土摩擦角比较略有提高。

2.3.3 水泥土-土复合体的强度特性

刘一林（1991）利用宁波黏土进行了不同转换率的水泥土-土复合土体试样的固结不排水三轴剪切试验，探讨了复合土体的应力应变关系及强度特性。复合土体试样养护期 3 个月，在应变式三轴仪上进行试验。

图 2-30 表示三组复合土试样（$a \cdot a_w = 15$，$m = 0.14$；$b \cdot a_w = 15$，$m = 0.23$；$c \cdot a_w = 20$，$m = 0.23$）固结不排水剪切试验得到的应力-应变关系曲线。图 2-31 表示一组转换率不同的复合土体（$a_w = 15$，$\sigma_3 = 200 \text{kPa}$，$m$ 值不同）固结不排水剪切试验应力-应变关系曲线。图 2-32 表示一组水泥土水泥掺合比不同的复合土体（$m = 0.23$，$\sigma_3 = 300 \text{kPa}$，$a_w$ 值不同）固结不排水剪切试验应力-应变关系曲线。从这些试验曲线可以看到：水泥土-土复合土体的强度随围压的增大而明显提高，围压增大，复合土体的破坏应变也增大；复合土体的强度随复合土的转换率增大而提高，也随着水泥土水泥掺合比的增大而提高。复合土体三轴试验应力-应变关系曲线的类型也与作用在复合土体的围压大小，复合土体置换率和水泥掺合比有关。总的说来，水泥土-土复合土体的应力-应变曲线形状类似于超固结土的应力-应变关系曲线形状。围压减小，复合土体置换率提高，水泥掺合比增

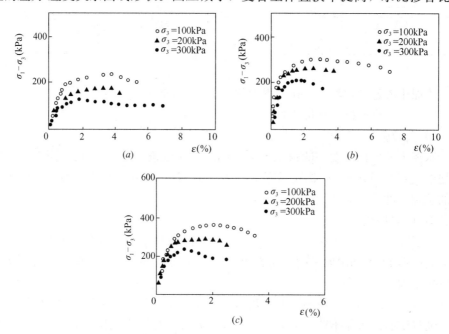

图 2-30 三组复合土固结不排水剪应力-应变曲线

(a) $a_w = 15$，$m = 0.14$；(b) $a_w = 15$，$m = 0.23$；(c) $a_w = 20$，$m = 0.23$

（引自文献 [94]）

大，复合土体的应力-应变关系曲线从加工硬化类型向加工软化类型转变，复合土体由塑性破坏转化为脆性破坏。复合土体破坏应变则随围压减小、置换率提高，水泥土水泥掺合比增大而减小。

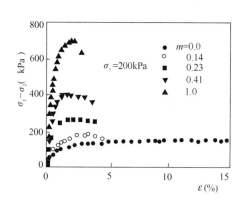

图 2-31　不同置换率复合土体固结不
排水剪应力-应变关系曲线
（引自刘一林，1991）

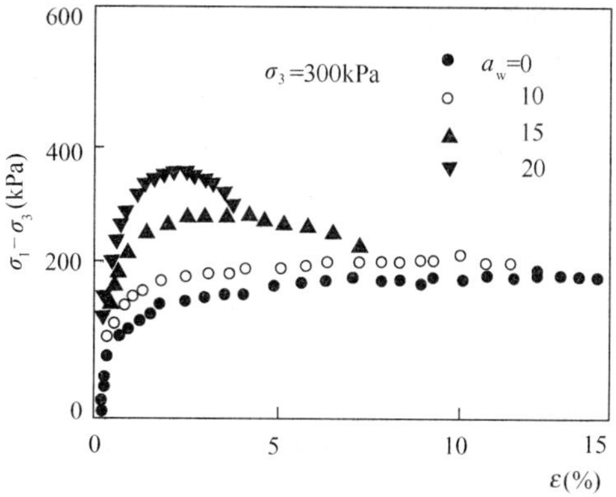

图 2-32　水泥土水泥掺合比不同的复合土体
固结不排水剪应力-应变关系曲线
（引自刘一林，1991）

表 2-9 为一组水泥掺合量不同、置换率不同的复合土样由固结不排水剪切试验测定的有效应力强度指标（刘一林，1991）。由表中可见，复合土体的有效应力强度指标 c'、φ' 值随复合土置换率和水泥掺合比的增大而提高。

复合土体有效应力强度指标　　　　　　　　　　　　　　　　表 2-9

试样编号	掺合量 a_w（%）	置换率 m	$(\sigma_1 - \sigma_3)_f$（kPa）			有效内摩擦角 φ'（°）	黏聚力 c'（kPa）
			$\sigma_3 = 100$	200	300		
LT1	0	0	77	147	201	20.2	15.3
LT6	15	0.14	126	177	233	24.2	20.0
LT7	15	0.23	213	263	298	26.5	55.0
LT8	15	0.41	313	294	459	33.4	73.3
LT9	15	1.00	621	703	738	36.0	130.0
LT3	10	0.23	119	177	277	21.6	27.6
LT11	20	0.23	230	295	364	27.9	49.5

（引自刘一林，1991）

2.3.4　水泥土-土复合体的压缩特性

林琼（1989）利用萧山黏土进行了不同置换率的水泥土-土复合土体试样的一维压缩试验。复合土试样的置换率 m 分别为 0.1、0.205、0.308、0.41 和 1.0 五种，如图 2-33 所示。每种置换率的复合土体试样采用三种水泥掺合比，$a_w = 10、15、20$。试样养护 1 个月，用压缩仪进行试验。

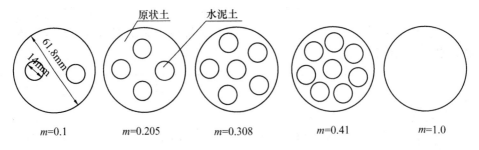

图 2-33　复合土体试样置换率

图 2-34 表示由试验得到的复合土体竖向荷载 p 与压缩变形 s 之间的关系曲

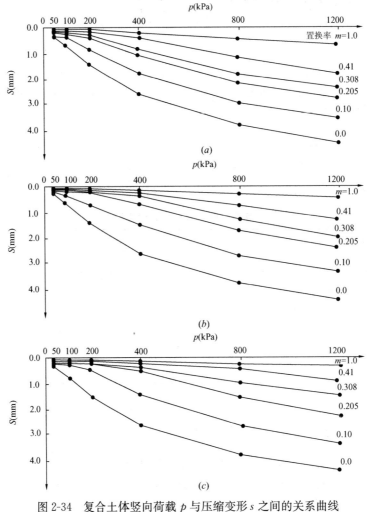

图 2-34　复合土体竖向荷载 p 与压缩变形 s 之间的关系曲线

(a) $a_w=10$；(b) $a_w=15$；(c) $a_w=20$

线，置换率 $m=1.0$ 和 0.0 分别表示水泥土试样和原状土试样。图 2-35 表示复合土体置换率对复合土体压缩变形的影响。由图中可以看到复合土体压缩变形随置换率的增大而减小，两者不是线性关系，在一定的竖向荷载作用下，随置换率的增大，压缩变形量减小的程度是不同的。在一定的荷载条件下，存在一个有效的置换率 m_e。当 $m>m_e$ 时，增大 m 值，复合土土体压缩量减小率较小。由图中还可看到，随着荷载的增大，有效置换率 m_e 增大。由图 2-34 可以看出，在转换率相同的条件下，增加水泥土水泥掺合比 a_w，复合土体压缩量减小。水泥土-土复合土体压缩试验的 e-lg$p$ 曲线如图 2-36 所示。从图中可以看到，复合土的压缩变形随竖向压力 p 的增大而增大。但是当竖向压力 p 小于某值时，试样的压缩变形非常小；而当竖向压力大于该值时，压缩变形明显增大。Tatsuro Okumura（1989）定义该垂直压力为屈服压力 p_y。p_y 值随复合土置换率 m 和水泥土水泥掺合比 a_w 的增大而增大。复合土体存在一屈服压力 p_y 在工程应用上具有实际意义：当复合地基上荷载小于 p_y 时，复合土土层压缩量较小。

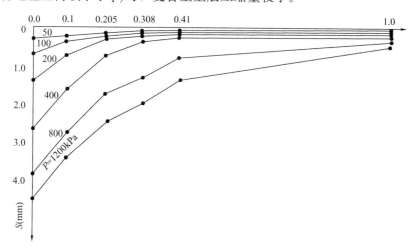

图 2-35　m-s 关系曲线（$a_w=15$）

（引自林琼，1989）

水泥土-土复合土体的压缩模量通常用下式计算

$$E_c = mE_p + (1-m)E_s \tag{2-27}$$

式中　E_c——复合土体压缩模量；

　E_p、E_s——分别为水泥土和土的压缩模量；

　　　m——置换率。

式（2-27）表示复合土体的压缩模量与置换率呈线性关系。然而林琼（1989）的试验结果表明：复合土体的压缩模量与置换率并不呈线性关系，而与竖向荷载 p 有关，如图 2-37 所示。图中 E' 和 E 分别为计算值和实测值。当 p 较

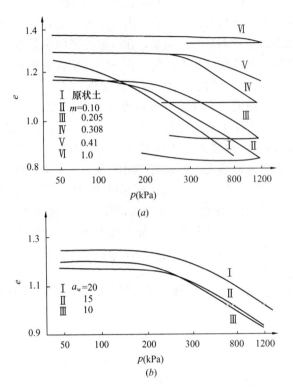

图 2-36　水泥土—土复合试样 e-$\lg p$ 曲线

（引自林琼，1989）

（a）$a_w=15$，m 不同；（b）$m=0.205$，a_w不同

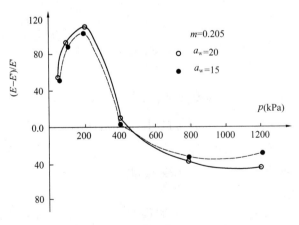

图 2-37　$(E—E')/E' \sim p$ 关系曲线

（引自林琼，1989）

小时，实测值大于由式（2-27）得到的计算值。当 p 较大时，实测值小于计算值。

2.3.5 循环荷载作用下水泥土-土复合体性状

对循环荷载作用下水泥土-土复合体性状国内外开展研究甚少。侯永峰（2000 年）应用 HX-100 型多功能伺服控制动静三轴仪对循环荷载作用下水泥土-土复合体的性状开展了探索性研究。

重塑土采用萧山黏土制备，水泥土采用萧山黏土和水泥配制，水泥掺入量为 15％，重塑土和水泥土物理力学指标如表 2-10 所示。水泥土-土复合体试样采用下述置换率，分别为：$m=0.0$、0.05、0.10、0.15、1.0。$m=0.0$ 时为重塑土样，$m=1.0$ 时为水泥土样。试验采用频率为 0.1Hz。为研究加荷周数对土体循环特性的影响，分别在循环应力比为 0.3、0.5、0.7、0.8 和 0.9 情况下，对复合土体进行加荷周数为 10、20、50、100、200、500 和 1000 的试验，围压采用 100kPa、150kPa、200kPa 和 400kPa 四种情况。通过对水泥土-土复合体试样进行应力控制的循环三轴试验研究，得到下述结论：

重塑土和水泥土物理力学性质指标　　　　　　　　　　　　　　表 2-10

土样名称	含水量（％）	重度（g/cm³）	密度（g/cm³）	孔隙比	塑性指数	变形模量（MPa）	黏聚力（kPa）	内摩擦角（°）
重塑土	40	1.78	2.71	1.13	18	7.25	0	27
水泥土	33	1.80	2.73	1.02		1340		

（引自侯永峰，2000）

（1）随着循环应力比的不断增加，土体产生的应变和孔压也相应增加，并且当循环应力比较大时，复合土体在较少的加荷周数情况下就发生破坏。试验结果表明，循环荷载作用下复合土体存在临界循环应力比，对水泥掺入比为 15％ 的复合土体，当置换率为 0（重塑土）时其值约为 0.55；当置换率为 0.05 时其值约为 0.75；当置换率为 0.10 时其值约为 0.8；当置换率为 0.156 时其值约为 0.83；当置换率为 1.0（水泥土）时其值约为 0.9。临界循环应力比随着复合土体的置换率增加而增加，但其增加速率逐渐减小。

（2）通过对循环荷载作用下复合土体孔压的研究发现，对应力控制的循环荷载，复合土体存在门槛循环应力比，当循环应力比低于此值时，则认为复合土体中没有孔压产生，对于应变控制的循环试验，相应地存在门槛循环应变，当循环应变低于此值时，复合土体中也没有孔压产生。试验结果表明，对水泥掺入比为 15％ 的复合土体，当置换率为 0（重塑土）时其值约为 0.02；当置换率为 5.2％ 时其值约为 0.05；当置换率为 10.4％ 时其值约为 0.1；当置换率为 15.6％ 时，其值约为 0.13。门槛循环应力比随着复合土体的置换率增加而增加，但其增加速度逐渐减小。

（3）对应于一定的循环应力比，土体产生的应变随加载周数的增加而增加。

（4）随着围压的不断增加，在相同的循环应力比情况下复合土体产生的应变和孔压不断减小。

（5）随着置换率的不断增加，在相同的循环应力比情况下复合土体中产生的应变不断减小，孔压则有一定程度的增加。相对而言 13％为比较经济的置换率。

2.4 灰 土 基 本 性 状

2.4.1 灰土的分类

通常灰土是指石灰与土拌和、经一系列物理化学反应而形成的复合土，根据石灰与土的比例不同而称谓不同，如二八灰土、三七灰土等。

近年在工程应用上灰土的概念有所延伸，将石灰、粉煤灰和土拌和形成的复合土称为二灰土。另外，有人将粉煤灰和土拌和形成复合土；将水泥和土拌和形成水泥复合土；将水泥、建筑垃圾（大的加以粉碎）拌和形成复合土，称为渣土；将矿渣与土拌和形成矿渣土。各地工程技术人员因地制宜发展了多种多样的灰土，在工程建设中得到广泛应用。

在本节只限于讨论石灰与土拌和形成的灰土和石灰、粉煤灰与土拌和形成的二灰土。

2.4.2 生石灰成分、水化反应及其特性

生石灰是由含碳酸钙为主的石灰石煅烧而成的。碳酸钙吸热分解成氧化钙和二氧化碳，其方程式为

$$CaCO_3 \xrightarrow{900℃} CaO + CO_2 \uparrow -178kJ/mol$$

生石灰的主要成分为氧化钙（CaO），也含有少量的氧化镁（MgO），氧化硅（SiO_2）、三氧化二铁（Fe_2O_3）和三氧化二铝（Al_2O_3）等。国内几处生产的生石灰成分含量如表 2-11 所示。产地不同，生石灰成分不同。

几处产地生石灰成分组成   表 2-11

产地 成分（％）	南京	山西	武汉	上海奉贤	浙江眉池
CaO	70.73	92	83.3	76.68	82.3
MgO	0.86	1.35	2.26	0	5.2
SiO_2	5.90	1.12	2.80	3.30	11.5
Fe_2O_3	0.52	0.97	0.50	0.48	0.95
Al_2O_3	1.15	0.65	0.78	0	1.02

生石灰一般为乳白色的块状物，含杂质多的石灰往往呈灰色、淡黄色，过浇石灰呈灰黑色。石灰密度一般为 $8\sim10kN/m^3$。石灰有气硬性和水硬性两种，按 MgO 含量多少又分为钙质石灰（MgO 含量≤5%）和镁质石灰（MgO 含量>5%）两类。

石灰质量主要反映在石灰的活性，石灰活性是指石灰中活性 CaO 和 MgO 含量总和。活性 CaO 和 MgO 是指能与含硅材料发生化学反应产生胶凝物质的化合物。

生石灰与水作用，使之消解为熟石灰（$Ca(OH)_2$），生石灰的熟化过程称水化过程。石灰在水化过程中放出大量热，体积膨胀 $1.5\sim3.5$ 倍；其反应方程式为

$$CaO+H_2O \longrightarrow Ca(OH)_2+65kJ/mol$$

影响生石灰水化反应能力的因素和生石灰水化反应特性如下所述：

1. 生石灰水化反应能力的影响因素

影响生石灰水化反应能力的因素有下述几个方面：

（1）煅烧条件和纯 CaO 的含量

在不同温度条件下煅烧出的生石灰，其生成的 CaO 内比表面积和晶粒大小有差异，因此其水化反应过程就有差别。图 2-38 表示不同煅烧程度的石灰与水作用时的水化速度和水化温度的变化，该图表明有 15% 欠烧的石灰，当它与水拌合 5 分钟后就达到最高温度，而有 15% 过烧的石灰，约 27 分钟才达到最高温度，而且后者的最高温度远低于前者。为什么含一定量"欠烧"的生石灰其水化反应能力大呢？当然其"欠烧"的部分仍是 $CaCO_3$，它不具备任何水化能力，而

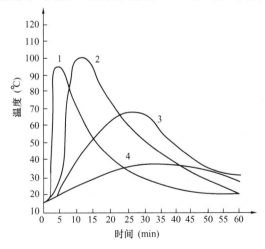

图 2-38　几类石灰水化时的温度变化

1—有 15% 欠烧的石灰；2—煅烧正常的石灰；

3—有 15% 过烧的石灰；4—含 32%MgO 的镁石灰

（引自天津大学钢木地基教研室，1986）

是因为含有一定量"欠烧"的石灰，往往是在较低温度下煅烧的，它具有较大的内比表面积，CaO的晶粒较小，其水化反应能力就大，相反含有一定量"过烧"的石灰，往往是在较高温度下煅烧的，具有较小的内比表面积，CaO晶粒较大，其水化反应能力就小。试验表明，CaO晶粒大小显著地影响石灰水化反应速度。其次，从图2-38可知，当含有32%MgO的镁石灰需经过30min才能达到最高温度，且最高温度是很低的，也就是说它的水化能力很差。因此，含纯CaO的量越高，其水化反应能力就越大。

虽然，"欠烧"生石灰其水化反应能力比较大，但使用这种生石灰降低了石灰的利用率，而对于"过烧"生石灰因其水化反应能力很差，因此在选用时，不宜选用这两种生石灰，尤其是后者。

（2）水化温度的影响

生石灰水化反应速度随着水化温度的提高而显著增加。在温度0～10℃的范围内进行的试验表明，温度每升高10℃，其水化速度增加一倍。

（3）外加剂的影响

在水中加入各种外加剂，对石灰的水化反应速度具有显著的影响，如氯盐（NaCl、$CaCl_2$）等能加快石灰的水化速度。而磷酸盐、硫酸盐、碳酸盐等能延缓石灰的水化速度。一般说，某种外加剂和石灰相互作用时，生成比$Ca(OH)_2$易溶的化合物，这种外加剂就能加速石灰的水化，同时它还有助于消除CaO颗粒周围的局部过饱和现象，从而进一步加速石灰的水化反应；反之，某种外加剂和石灰作用生成比$Ca(OH)_2$难溶的化合物，这种外加剂就延缓石灰的水化，因为难溶的化合物凝结在CaO颗粒的表面上，从而阻碍CaO和水的相互作用。但生成的易溶化合物溶解度太大也不行，溶解度太大将使钙离子进入溶液的能力减小，使石灰的水化速度减慢。

2. 生石灰水化反应的特性

生石灰水化反应的特性表现在下述几个方面：

（1）水量的影响及触变性

生石灰在水化过程中能吸收很多的水分，如生石灰熟化成熟石灰粉$Ca(OH)_2$时，理论上需水31.2%，由于一部分水分需消耗于蒸发，实际加水量常为生石灰重量的60%～80%。水化后的熟石灰其比重为2.08，呈极细的粉末状，随着水量的增加熟石灰的物理状态也随之变化，可以从稠厚状逐渐转变为稀溶液的石灰水。

当熟石灰的水分增加到一定程度（含水量在80%～90%）时，天然坡角最大，这说明熟石灰的水分已能造成熟石灰颗粒间的黏聚力，甚至于当含水量已大于80%时，糊状物仍能保持73°18′天然坡角，也就是说熟石灰的黏聚性当含水量已相当高时仍然很好。当限制生石灰屑在水化时的膨胀时，可以获得坚硬如石的熟石灰块。但在不断的捏揉下，块体能变软、变稀，并且体积缩小，这说明在一种含水量下熟石灰可能有两种状态：一种是结构性较强熟石灰粒，具有一定的结构强度；一种是结构被破坏，失去了结构强度。这种形态上的变异说明熟石灰有触变性。

（2）生石灰水化反应为放热反应

1kg 纯 CaO 水化时放出的热量足以将 2.8kg 的水从 0℃加热到 100℃，尚不计热量损失在内。如果让这种热量在地基中散发出来，能使地基土温度提高，降低地基土的含水量，减少孔隙比，增加土的密实度。

（3）生石灰水化过程中，除了产生强烈的放热反应外，还伴随着体积的显著增大

氧化钙与水反应生成 $Ca(OH)_2$，固相体积要比 CaO 的固相体积增大97.92%。另外，石灰在水化过程中，石灰粒子分散，比表面积增大，在分散粒子的表面吸附水分子，使粒子直径增大，从而引起粒子间孔隙体积增大。水化反应形成的固相体积和孔隙体积增量之和，超过石灰—水系统的空间，石灰水化后体积增大，可达到原体积的 1.5～3.5 倍。试验表明：石灰磨得愈细，石灰水化时体积变化愈小；水灰比增大，石灰水化时膨胀值减小；石灰水化时介质温度增高，膨胀极限值较快达到；掺入石膏掺合料，膨胀显著减小。限制生石灰水化过程中的体积膨胀，生石灰水化过程将产生较大的膨胀压力，或称胀发力。CaO 含量高，胀发力大。

2.4.3　粉煤灰的成分及性质

粉煤灰为细粉状，呈灰色（含水时呈黑灰色），颗粒为比表面积较大的多孔结构，对水的吸附能力很强，粉煤灰含水量达 30%时仍呈松散状态。粉煤灰相对密度一般为 2.0～2.4，松散干重度一般为 5.5～6.5kN/m^3，重者可达 8kN/m^3，孔隙率一般为 60%～75%。粉煤灰中颗粒分为粗、中、细三种颗粒。粉煤灰一般具有 1600～4200kJ 的热值。粉煤灰化学成分取决于煤的矿物成分，我国部分地区电厂粉煤灰的化学成分如表 2-12 中所示。

我国部分地区电厂粉煤灰的化学成分　　　　　　　　　　　表 2-12

项目 产地	烧失量	SiO_2	Al_2O_3	Fe_2O_3	CaO	MgO	SO_2
上海	3～5	46～54	29～38	4～7	2～7	0.5～1.5	0.1～0.2
淮南	1～5	49～52	30～32	5～12	3～6	<1	<1
大同	3～25	44～59	14～17	9～17	2～4	1～2	<1.5
唐山	7.73	42.71	38.05	4.13	3.94	1.52	0.28
兰州	3.02	51.50	24.98	7.63	6.00	3.57	0.22

项目\产地	烧失量	SiO$_2$	Al$_2$O$_3$	Fe$_2$O$_3$	CaO	MgO	SO$_2$
洛阳	8.39	50.34	23.55	7.68	5.27	2.59	0.38
重庆	17.31	38.26	21.53	16.44	4.20	1.26	0.13
郑州	3.30	53.40	24.40	10.30	7.10	2.40	0.70
石景山	2.70	49.90	23.50	9.70	9.40	2.60	1.20
成都	6.50	54.20	14.10	5.40	3.60	2.20	0.10
南宁	5.10	46.90	40.30	5.20	1.60	0.20	1.00
太原	17.90	46.76	26.55	4.83	1.85	1.20	0.22
武汉	6.25	57.88	26.84	3.68	3.00	0.60	
南京	12.78	48.72	26.73	6.0	2.82	1.02	0.44
天津	10.74	46.2	32.20	5.40	3.20	6.62	0.20

（引自文献陈环等，1986）

粉煤灰中 SiO$_3$ 及 Al$_2$O$_3$ 为主要成分，Al$_2$O$_3$ 含量高者将提高复合土强度。

2.4.4 灰土形成方法和加固机理

灰土形成方法一般为拌和夯实法。如灰土桩设置方法：石灰和素土拌合，然后填入孔中逐层夯实。石灰桩的设置方法与灰土桩不同。其设置流程为：先成孔，再填入生石灰，封孔，形成石灰桩。

采用石灰桩和灰土桩加固地基机理可从下述几个方面来说明：

（1）成孔挤密作用

主要指采用挤土和部分挤土成桩工艺中。在沉桩成孔过程中，对桩间土挤密作用随成桩工艺、地基土工程性质不同而不同。对非饱和土，或渗透性较大的土，成孔挤密效果好。对于一般黏土和粉土，大体上桩间土强度可提高 10%～50%，对杂填土强度可提高 1～2 倍。对饱和软黏土成孔挤密效果差，成桩过程中不仅不能挤密桩间土，而且可能破坏桩间土的结构引起土的强度降低。

（2）吸水、升温和膨胀作用

1kg 生石灰水化时一般吸水 0.8～0.9kg 水，其中水化反应吸收 0.312kg 水，其他水分被蒸发等。同时 1kg 生石灰水化时放出 1172kJ 热量。在地基中设置石灰桩，这种热量可提高地基土的温度（实测桩间土温度可达 50℃左右），使土产生一定的汽化脱水现象。生石灰吸水使地基土中含水量下降，孔隙比减小，桩间土抗剪强度提高。生石灰水化时体积膨胀，石灰桩在封桩较好时，石灰桩体积膨胀可对桩间土产生了巨大的挤压力。

（3）胶凝，离子交换和碳化作用

在石灰水化过程中，Ca(OH)$_2$ 在水中的溶解度因温度升高而降低，此时

Ca(OH)$_2$因过饱和而沉淀,在水中形成胶体。胶体 Ca(OH)$_2$并不稳定,经再结晶后构成合成结晶使之紧密胶结而具有较高强度。黏土矿物及成胶体状态的 SiO$_2$、Al$_2$O$_3$在生石灰水化过程中形成的强碱性环境下可反应生成 CaO-SiO$_2$-H$_2$O 系列的硅酸石灰水化物及 CaO-Al$_2$O$_3$-H$_2$O 系列的铝酸石灰水化物。这些水化物与土粒结合能提高复合土强度。在石灰水化过程中,钙离子与黏土矿物中的钠离子、钾离子、氢离子等交换,在桩周形成一硬壳层。同时,桩周围的 Ca(OH)$_2$与空气接触化合生成 CaCO$_3$,CaCO$_3$结晶又与 Ca(OH)$_2$结晶相结合,构成 CaCO$_3$·Ca(OH)$_2$合成结晶,这种碳化作用,也使桩周形成强度较高的硬壳层。胶凝、离子交换和碳化作用可使在石灰桩周形成 20～100mm 厚的硬壳层。

(4)置换作用

无论石灰桩还是灰土桩,都有置换作用。在地基中设置一定强度和刚度的桩置换软弱的土,形成复合地基可以提高地基承载力和改善变形特性。石灰是一种气硬性材料,采用石灰桩加固软土地基时,若桩身常处于地下水浸泡之中,如何保证桩身具有一定的强度,应予以重视。

经验与试验证明,在下述条件下可以使石灰桩避免出现软芯现象:

(1)石灰具有一定的初始密实度:吸水过程中有一定压力限制其自由胀发。至于满足这两个条件的具体指标,目前研究尚不充分。但一些工程实践表明,只要保证必要的填充密实度和封顶压力即可不出现软芯现象。

(2)掺入合适的掺合料。最常用的掺合料是粉煤灰,也可掺黏性土料,掺砂性土则效果不好。

石灰桩工程桩桩身的抗压强度在杭州和湖北两地分别曾达到 750kPa 和 564kPa。

在上述几个方面的综合作用下,桩间土被挤密并通过物理化学作用,其强度提高,桩身与桩周硬壳层的置换和竖向增强作用,这些使石灰桩复合地基达到加固地基的目的。

2.4.5 灰土的工程特性

(1)灰土的强度特性

石灰与土拌合经一系列物理化学作用形成灰土,硬化后的灰土属脆性材料,强度指标常用 28d 的无侧限抗压强度表示。工程应用上一般要求灰土的无侧限抗压强度 q_u不低于 500kPa。灰土的其他强度指标均与其抗压强度有关,灰土的抗拉强度约为$(0.11～0.29)q_u$,抗剪强度为$(0.20～0.40)q_u$,而抗弯强度为$(0.35～0.40)q_u$。

董玉文(2001)通过不同含灰量灰土击实、剪切、压缩试验,对灰土强度特性的主要影响因素及其作用规律进行了探讨,结果如下:

① 含灰量

含灰量对灰土的击实性有明显的影响。2∶8、2.5∶7.5、3∶7灰土的最优含水量相差不大，2.5∶7.5灰土的最大干密度与2∶8灰土及3∶7灰土的比较接近。从经济角度考虑，在工程中采用2.5∶7.5灰土时击实性较好，这样既可以得到较大的干密度，又可以节省石灰用量。

含灰量对灰土的抗剪性和压缩性影响也非常显著。存在一个最佳含灰量（2.5∶7.5），低于这一含灰量时灰土的抗剪性随含灰量的增加而增加，压缩性随含灰量的增加而减小；反之，当大于这一含灰量时，抗剪性和压缩性呈相反的变化趋势。因此在拌和灰土时，含灰量不宜过大，应接近于2.5∶7.5，以确保灰土具有较大抗剪性和较低的压缩性。

② 含水量

含水量对灰土的抗剪性和压缩性影响很大。灰土的抗剪性最大、压缩性最小时，都存在一个最优含水量，低于这一含水量时，灰土的凝聚力、内摩擦角、压缩模量随着含水量的增大而增大，压缩系数随着含水量的增大而减小；反之，当大于这一含水量时，则呈相反的趋势。工程施工中，应尽量在拌合灰土时使灰土的含水量接近最优含水量，这样才能使灰土的击实性和抗剪性达到最好，而压缩性最小。

③ 龄期

灰土的抗剪性随养护龄期的增长而不断增强，压缩性则随着养护龄期的增大而逐渐减小。尤其在初期抗剪强度增长比较迅速，压缩性减小也比较明显。龄期为30d的灰土的峰值强度大约是龄期为0.5d峰值强度的2倍，试件破坏后的残余强度与0.5d的峰值强度相当，而且龄期大于30d后灰土的强度增长仍然比较可观。在工程测试和设计时，应采用一个月龄期灰土的强度作为衡量标准。灰土碾压后超过初凝龄期后不宜再碾压，否则将会破坏初凝强度。

为了提高灰土的强度，可掺入少量附加剂。表2-13为掺入几种附加剂后的试验结果，其中除水泥外，其他附加剂的掺合量均不宜超过 $0.5\%\sim1.0\%$。掺入水泥的灰土，其强度随掺入量的增加而相应提高。从技术和经济效果来看，水泥是比较理想的附加剂，料源也十分方便。

各种附加剂不同掺量时灰土的强度（kPa）　　　　　表 2-13

附加剂（料）	掺量（%）					
	0	0.5	1.0	2.0	3.0	4.0
NaOH	1300	1402	2100	2020	1905	1600
$CaSO_4 \cdot 0.5H_2O$	1300	—	1708	1209	—	1105
NaCl	1300	1408	1403	1308	1008	708
$CaCl_2$	1300	1308	1308	1305	1200	—
500#硅酸盐水泥	1300	—	1703	2003		2400

注：灰土强度为试件在饱和状态下28d时的抗压强度。

工程上常掺入粉煤灰，形成二灰土。粉煤灰成分及性质详见 2.4.3 节介绍。其他掺合料，如煤渣、矿渣、钢渣等几种掺合料化学成分如表 2-14 所示。

几种掺合料化学成分表（％）　　　　　　　表 2-14

成分 掺合料名称	SO_3	SiO_2	Al_2O_3	Fe_2O_3	CaO	MgO	烧损量	备注
煤渣		53.66	33.36	4.21	2.95	1.10		
矿渣		38.83	12.92	1.46	38.70	4.63		武钢
钢渣		14.61	5.89	2.30	42.53	4.51	5.67	武钢
砖渣		60.50	25.20	8.00	CaO+MgO=1.80	3.7		
磷渣	1.46	35.82	0.44	0.60	50.36	4.11	0.82	汉口
黏土		65.90	13.06	4.22	2.87	1.03	10.12	
石膏	54.13	6.50	0.23		27.61	4.58		
火山灰		74.46	15.54	1.74	0.70	0.25		南京

（2）灰土的水稳定性

灰土的水稳定性可以用其饱和状态下的抗压强度与普通潮湿状态下强度之比即软化系数表示。灰土的软化系数一般为 0.54～0.90，平均约为 0.70。由于灰土具有一定的水硬性，在高含水量的土中或处于地下水位以下的灰土仍可以硬化和提高强度。灰土水稳定性的影响因素是灰土的质量和灰土桩在土中的约束条件。试验表明，在空气中养护 2-3d 的灰土试件，拆模后放入水中而不会溃散；若灰土试件在周围约束条件下，压实成型后立即放入水中养护，其强度仍能增长而不溃散。为了提高灰土的水稳定性，除严格控制灰土的施工质量外，也可在灰土中掺入 2％～4％的水泥，使其软化系数达到 0.80 以上，这样可保证灰土桩在水中的长期稳定性。

2.5　土工合成材料复合土体性状

2.5.1　土工合成材料简介

土工合成材料是一种新型的岩土工程材料。土工合成材料的发展与合成材料——塑料、合成纤维、合成橡胶的发展是分不开的。硝化纤维是第一个商品化的合成材料。1870 年美国的 W. John 和 I. S. Hyatt 发明的"赛璐珞"，就是用硝化纤维加入樟脑型增塑剂制成的一种塑料。1908 年 Leo Baekeland 研制了酚醛塑料。到 20 世纪 30 年代，聚氯乙烯、低密度聚乙烯、聚酰胺相继出现。到了 50年代，聚酯、高密度聚乙烯和聚丙烯相继问世。随着各种塑料的研制成功，不同类型的合成纤维也投入了生产。20 世纪 30 年代到 40 年代有聚酰胺纤维和聚氯乙烯纤维，20 世纪 40 年代到 50 年代有聚酯纤维、聚乙烯纤维和聚丙烯纤维。

合成材料最早用于土工建筑物的确切年代，已很难考证。一般认为，在 20 世纪 30 年代末或 40 年代初，聚氯乙烯薄膜首先应用于游泳池的防渗（C. C. Staff，1984）。后来大量塑料防渗薄膜应用于灌溉工程。1953 年美国垦务局首先在渠道上应用聚乙烯薄膜，1957 年开始应用聚氯乙烯薄膜。苏联、意大利、前捷克斯洛伐克等国家也在 20 世纪 50 年代末 60 年代初开始应用合成材料防渗膜。

合成纤维在土工中的应用始于 20 世纪 50 年代末期，首先在美国得到应用，20 世纪在 60 年代逐渐在美洲、欧洲及日本得到推广。当时所用的土工织物主要是机织布。无纺布的应用首先在 20 世纪 60 年代的欧洲出现，20 世纪 70 年代无纺布的应用很快传到美洲、西非和澳洲，最后传到亚洲。

目前，土工合成材料加筋技术在水利、铁路、公路、港口和建筑工程中已得到大量应用。《土工合成材料工程应用手册》中将土工合成材料加筋的类型分为支挡结构、加筋陡坡、软土地基加筋三类。下面主要讨论软土地基加筋部分。

关于土工合成材料的分类，国内外至今尚无统一的准则。早期曾将其分为土工织物（Geotextile）和土工膜（Geomembrane）两类，Geotextile 和 Geomembrane 这两个词是 1977 年由 J. P. Giroud 首光提出来的，把透水的土工合成材料称为 Geotextile，不透水的称为 Geomembrane。这种分类标准延续了许多年。近十年来大量的以合成聚合物为原料的其他类型的土工合成材料纷纷问世，已远远超出了"织物"和"膜"的范畴。1983 年 J. E. Fluet 建议使用"土工合成材料"（Geosynthetics）一词来概括各种类型的材料。

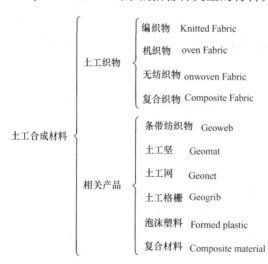

图 2-39　土工合成材料分类（J. P. Giroud & R. G. Caroll，1983）

国际土工织物协会（International Geotextile Society，现已改名为国际土工合成材料协会，International Geosynthetics Society）提出土工织物及相关产品的分类体系，1983 年 J. P. Giroud 和 R. G. Caroll 相应提出的分类方案如图 2-39 所示。

这一分类未纳入土工膜，把格栅等材料概括为土工织物相关产品也不是很确切。Geosynthetics World 把土工合成材料分为五类，即土工织物（机织、无纺或非织造）；土工膜；土工格栅（Geogrid）、土工网（Geonet）；土工排水材（Geocomposite Drain）；土工复合材。

1994年11月由中国建筑工业出版社出版的《土工合成材料工程应用手册》将土工合成材料分为四大类，即土工织物、土工膜、特种土工合成材料、复合型土工合成材料。其中特种土工合成材料包括：土工格栅、土工网、土工垫、土工格室、土工模袋、土工泡沫塑料等。复合型土工合成材料是由上述各种材料复合而成，如复合土工膜、土工复合排水材料等。

2.5.2 土工合成材料的效用

一般认为，土工合成材料在土工中应用的效用有如下六种：

1. 反滤作用

把土工织物置于土体表面或相邻土层之间，可以有效地阻止土颗粒通过，从而防止由于土颗粒的过量流失而造成土体的破坏。同时允许土中渗流或气体通过织物，以避免由于孔隙水压力的升高而造成土体的失稳。

2. 排水作用

有些土工合成材料设置在地基中可以在地基中形成排水通道，把土中的水分汇集起来，沿着排水通道排出体外。较厚的针刺型无纺织物和某些具有较多孔隙的复合型土工合成材料都可以起排水通道作用。

3. 隔离作用

有些土工合成材料能够把两种不同粒径的土、砂、石料，或把土、砂、石料与地基或其他构筑物隔离开来，以免相互混杂，失去各种材料和结构的完整性，或发生土颗粒流失现象。土工织物和土工膜都可以起隔离作用。

4. 加筋作用

很多土工合成材料埋在土体之中，可以扩散土体的应力，增加地基的模量，传递拉应力，限制土体的侧向位移；还可以增加土体与其他材料之间的摩阻力，提高土体及相关建筑物的稳定性。土工织物、土工格栅、土工网及一些特种或复合型的土工合成材料，都具有加筋功能。

5. 防渗作用

土工膜和复合型土工合成材料，可以防止液体的渗漏、气体的挥发，保护环境或建筑物的安全。

6. 防护作用

多种土工合成材料对土体或水面，可以起防护作用：主要指土工织物、土工模袋、织物软体排等防止河岸或海岸或近海建筑物地基被冲刷，及保护边坡，防止水土流失，促进植物生长等作用。

在加筋土地基中主要应用土工合成材料的加筋作用。

2.5.3 加筋土强度特性

首先分析土工合成材料与土体界面反应特性，然后介绍土工合成材料复合土体强度特性。

1. 土工合成材料与土体界面反应特性

可以通过直剪试验和拉拔试验研究土工合成材料与土体两者之间界面反应特性。直剪试验和拉拔试验的示意图如图 2-40 所示：其中拉拔试验是将土工合成材料水平埋设在土体中，在竖直方向对土体施加竖向压力，土工合成材料的一端伸出土体，并在该端施加水平拉拔力，直至土工合成材料被拔出或被拉断，在拉拔过程中量测土工合成材料的位移和水平拉拔力。王维江（1990）采用福建标准砂和南京黏土做了土工织物拉拔试验。在进行拉拔试验前，首先对试验用土工织物进行拉伸试验。图 2-41 表示试验用土工织物黑色编布的张拉特性，纵坐标为作用在单位宽度土工织物上的拉力，横坐标为土工织物拉伸应变。由图 2-41 可见，张拉力与拉伸应变关系曲线在破坏前基本上为线性关系。试验用土工织物张拉模量约为 $1.45 \times 10^4 h$（kPa），h 为土工织物厚度，单位宽度土工织物抗拉强度大约为 4×10^3 kPa·cm。然后分别采用砂和黏土进行拉拔试验，竖向应力取两种情况。图 2-42 表示拉拔试验结果图（a）、（b）和（c）、（d）分别表示黏性土和砂土中竖向压力为 50kPa 和 100kPa 两种情况下不同拉拔力作用下土工织物沿长度位移分布情况。从图中可以看出随着拉拔力的增大，土工织物中发生水平向位移部分增大，即土中传递长度增大。拉拔力相同时，土体中竖向应力增大，传递长度减小。黏性土与砂土两者比较，其他条件相同下，砂土中的传递长度比黏土中的大。土工织物端部位移与拉拔力之间关系如图 2-43 所示。端部位移表示土体中土工织物的在拉拔力作用下的总伸长，拉拔力等于土工织物与土体界面上摩擦力之总和。由图中看到，在拉拔初期，拉拔力和端部位移两者呈线性关系。随拉拔力增大，两者关系进入非线性阶段，最后土工织物破坏。由图中还可看到，

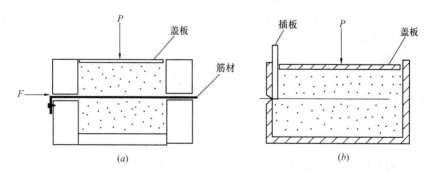

图 2-40　直剪试验和拉拔试验示意图

（a）直剪试验；（b）拉拔试验

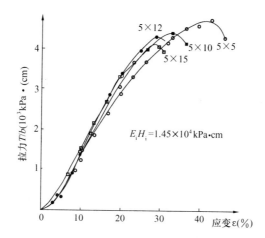

图 2-41 黑色编织布拉伸试验（引自王维江，1990）

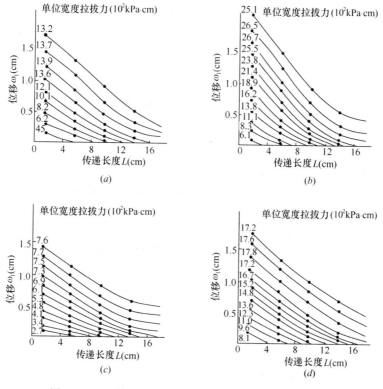

图 2-42 不同拉拔力作用下各网点织物的位移变化情况

（a）黏性土，σ_v＝50kPa；（b）黏性土，σ_v＝100kPa；

（c）砂土，σ_v＝50kPa；（d）砂土，σ_v＝100kPa

（引自王维江，1990）

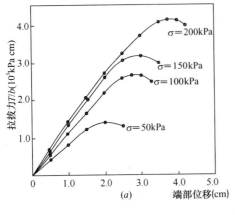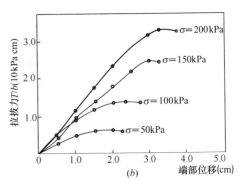

图 2-43　拉拔力与端部位移关系

(a) 黏性土；(b) 砂性土

(引自王维江，1990)

随着土体中竖向应力增大，拉拔力和端部位移关系曲线线性段增长，拉拔破坏时拉拔力也增大。由拉拔试验测定的界面强度参数如图 2-44 所示。

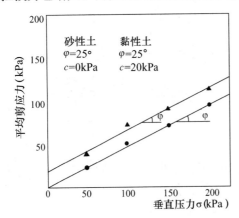

图 2-44　平均剪应力与垂直压力之间关系

(引自王维江，1990)

在土工合成材料与黏性土土体界面上，主要依靠咬合力、摩擦力和黏着力来传递和分担拉拔力。土工织物与黏性土界面反应微观机理示意图如图 2-45 所示。在土工织物承受拉拔力时，图中沿纬线前缘如 2—2′，6—6′，12—12′等，将抵承在土体上，产生咬合力，后缘的表面如 4—5′，7—7′，10—11′等，将会与土体相脱离，在其他接触部分则产生摩擦力和黏着力。通常所说的界面摩阻力是上述三部分力的总和：纬线前缘的咬合力使土体中产生剪应力和拉应力，会引起土体剪胀效应；而后缘上土体与土工织物有脱离趋势可能产生剪缩效应。从微观看，界面摩阻力沿界面分布是不均匀的。

土工合成材料在拉拔力作用下，靠近端部拉拔力最大。前面已经谈到，界面摩阻力分布是不均匀的。在靠近端部的第一条纬线处界面摩阻力产生应力集中，形成峰值。与界面相邻的土体，如图中单元 A 中将产生拉应力。当荷载增大到某一数值时，土体中将出现微裂缝。随着微裂缝的产生，土工织物与土体的咬合

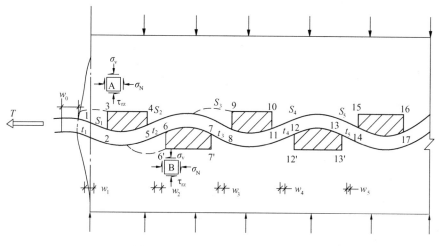

图 2-45 界面反应微观机理示意图

力迅速下降至零。该处界面摩阻力减小，界面摩阻力沿界面重新分布。随着界面摩阻力重分析和拉拔力的增大，第二纬线 6—6′ 处产生应力集中，界面摩阻力达到峰值，相邻土体中产生微裂缝，引起界面摩阻力减小。这样，界面摩阻力的峰值向中间移动。咬合力下降为界面滑动摩擦力，或残余界面剪应力。在拉拔力作用下，当土工织物全界面上剪应力均为残余界面剪应力时，再增大拉拔力，土工织物将从土体中拔出造成破坏。若土工织物锚固长度很长，也会由于土工织物本身强度不足而被拉断。

土工合成材料与砂土的界面反应机理还与砂土的粒径和级配有关。当砂性土的粒径小于土工织物纬线的高度时，界面反应的机理与黏性土情况相同。当砂性土粒径大于土工织物纬线高度时，除了少数颗粒的棱角在纬线前沿产生咬合力外，主要靠砂与土工织物间摩擦力来传递拉拔力。

土工织物与土体之间界面摩阻力的发挥根据两者相对位移的大小可以分为三个阶段：

（1）当土体与土工织物之间相对位移很小时，界面摩阻力的三部分：咬合力、摩擦力和黏着力，尚未充分发挥，界面摩阻力与相对位移呈线性关系。第一阶段可称为弹性阶段，如图 2-46 中 OA 段所示。

（2）随着两者间相对位移的增加，邻近土体中微裂缝开展，界面摩阻力逐步得到充分发挥，界面摩阻力与相对位移呈非线性关系。第二阶段可称为弹塑性硬化阶段。如图 2-46 中 AB 段所示。在 B 点，界面摩阻力达到峰值 τ_{max}；

（3）随着土体中微裂缝增多，土体与土工织物咬合力减小直至等于零，界面摩阻力等于滑动摩擦力。最后，当两者间相对位移再增加时，界面摩阻力保持定值 τ_c。τ_c 又称残余摩阻力。第三阶段可称为塑性软化阶段，如图 2-46 中 BC 段

53

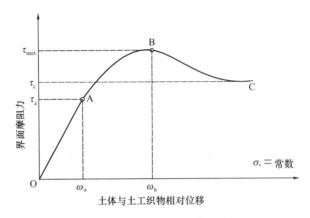

图 2-46　界面摩阻力发展三阶段

所示。

　　界面摩阻力处在哪一发展阶段难以用摩阻力大小来判断，因为它与土体中的竖向应力密切相关。可以在竖向应力和相对位移关系图上分成三个区域以判断摩阻力处于哪一发展阶段，如图 2-47 所示。当土体中竖向应力保持不变时，土工织物与土体间相对位移的发展也可以分为三个阶段，开始是线弹性状态，继而是弹塑性状态，最后处于塑性流动状态，如图 2-46 所示。

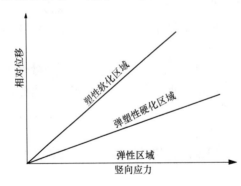

图 2-47　竖向应力-相对位移关系图

　　土工织物与土体两者界面上界面摩阻力-相对位移—界面法向应力之间关系可由试验测定。根据试验曲线可以建立相应的本构模型，确定模型参数，供分析时使用。

　　2. 土工合成材料复合土体强度特性

　　土工合成材料复合土体由于土工合成材料加筋体的加筋作用。复合土体强度和模量都得到提高。在荷载作用下，加筋体中产生拉伸应力，同时通过界面摩阻力的发挥，约束土体的侧向变形，这相当于产生一个类似于侧向约束应力的作用，使复合土体强度提高，模量增大。土工合成材料复合土体的强度特性可以通过复合土体的三轴试验加以研究。

　　土工织物复合土土样制备如图 2-48 所示。在土体中水平铺设一层或若干层土工织物。试验时先进行反压饱和，然后固结，再进行三轴剪切试验。一组铺设土工织物不同层数的复合土体固结不排水三轴剪切试验应力-应变关系曲线如图 2-49 所示（陈文华，1989）。由图中可以看出，随着复合土试样中土工织物层数

54

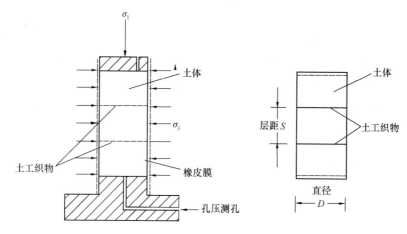

图 2-48 三轴试验示意图

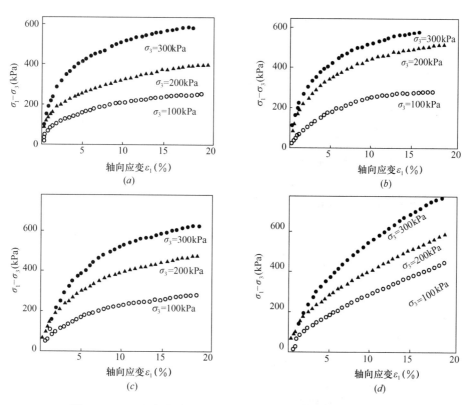

图 2-49 土工织物复合土固结不排水三轴剪切试验应力应变曲线

(a) 无加筋土；(b) 复合土（一层织物）；(c) 复合土（二层织物）；

(d) 复合土（三层织物）

（引自陈文华，1989）

增加，即加筋层层距减小，复合土强度提高，模量增大。随着轴向应变的增大，土工织物层数的影响愈益明显。从图中还可看到，复合土体的破坏应变也随着土工织物层数的增加而变大。由此可见，土工织物层距和土发生的应变对土工织物加筋作用的发挥影响较大。表 2-15 表示由试验测定的一组土工织物加筋体对复合土的固结不排水内摩擦角 φ_{cu} 影响很小或没有影响，复合土体的 φ_{cu} 值与原状土的 φ_{cu} 值基本相同。复合土体的固结不排水黏聚力 c_{cu} 值，复合土体的有效黏聚力 c' 值和有效内摩擦角 φ' 随着加筋层数的增多而增大，或者说随着加筋体层距的减小而增大。复合土体强度表示式可用总应力强度指标表示：

土工织物复合土强度指标　　　　　　　　　　　表 2-15

强度指标	无加筋土	加筋土		
		一层织物	二层织物	三层织物
c_{cu}（kPa）	10	28	38	68
φ_{cu}	25°14′	25°38′	25°38′	25°47′
c'（kPa）	10	12	16	24
φ'	36°12′	34°01′	37°23′	45°16′

（引自陈文华，1986）

$$\tau = c_c + \sigma\tan\varphi_{cu} \qquad (2-28)$$

式中　　c_c——复合土体黏聚力；

　　　　φ_{cu}——无加筋土固结不排水内摩擦角。

　　　　c_c 可表示为两部分之和

$$c_c = c + \Delta c \qquad (2-29)$$

式中　　c——无加筋土黏聚力；

　　　　Δc——加筋体引起的黏聚力增量。

　　　　若采用有效应力强度指标表示，则复合土体强度表达式为

$$\tau = c'_c + \sigma'\tan\varphi'_c \qquad (2-30)$$

式中　　c'_c——复合土体有效黏聚力，$c'_c = c' + \Delta c'$，c' 为无加筋土有效黏聚力，$\Delta c'$ 为加筋体引起的有效黏聚力增量；

　　　　φ'_c——复合土体有效内摩擦角，也可表示为两部分之和，$\varphi'_c = \varphi' + \Delta\varphi'_c$，其中 φ' 为无加筋土有效内摩擦角，$\Delta\varphi'_c$ 为加筋体引起的有效内摩擦角增量。

　　图 2-50 表示一组土工织物层数不同的复合土土样（直径 6.18cm，高度 13.6cm）进行固结排水三轴剪切试验得到的应力-应变关系曲线（图 2-50a）和轴

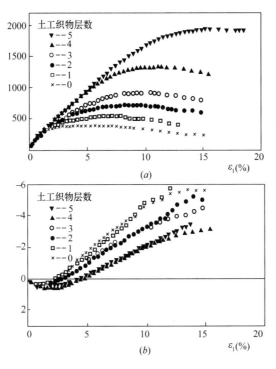

图 2-50　土工织物复合体固结排水三轴试验曲线

(a) $(\sigma_1 - \sigma_3) - \varepsilon_1$ 关系曲线 $(\sigma_3 = 100\text{kPa})$；

(b) $\varepsilon_1 - \varepsilon_v$ 关系曲线 $(\sigma_3 = 100\text{kPa})$

（引自徐立新，1990）

向应变与体积应变的关系曲线（图 2-50b）。从图中也可看出，复合土体的强度和模量随土工织物层数增多而提高，土工织物的加筋作用只有当土体的变形达到一定数量时才能起作用。这些与由固结不排水三轴试验得到的结论是一致的。由图 2-50 还可看到复合土体在加荷初期土体发生压缩，但随着土工织物加筋作用的发挥，复合土体产生膨胀，呈剪胀性。

Ingold，T. S.（1982）在平面应变试验的基础上，假设沿土工织物和土体界面上的界面摩阻力均达到 $\tau = aC_u$ 值，式中 C_u 为未加筋土不排水抗剪强度，α 为界面摩阻力发挥系数。通过理论分析得到平面应变条件下复合土体的不排水抗剪强度 C_{uc} 表示式，

$$C_{uc} = C_u + \left[1 + \frac{\alpha(B + D/2)}{2S(2 + \pi)} \right] \tag{2-31}$$

式中　B——土工织物加筋体宽度；

　　　D——土工织物加筋体深度；

　　　S——土工织物加筋体层距。

由式（2-31）可以看到复合土体不排水抗剪强度 C_{uc} 随着加筋体宽度的增大，加筋体层距的减小，深度的增大而增大。界面摩阻力愈大，复合体不排水抗剪强度也愈大。实际工程中，土工织物与土体两者界面上界面摩阻力的发挥情况是很复杂的，特别是当 B/S 较大时，采用式（2-31）计算可能产生较大的误差；实际应用中，系数 α 值也不易确定。

第3章　复合地基的分类、形成条件及选用原则

3.1　概　　述

近些年来，复合地基技术在我国各地的建筑工程、公路和铁道工程、堆场和机场工程、水利工程等土木工程建设中得到广泛应用。目前在我国应用的复合地基主要有：由多种施工方法形成的各类砂石桩复合地基、水泥土桩复合地基、各类刚性桩复合地基、各类组合桩复合地基、长短桩复合地基、桩网复合地基、加筋土地基等。

本章首先对工程中常用的复合地基进行分类，然后讨论复合地基的形成条件，最后一节分析复合地基的合理选用原则。

在地基中设置竖向增强体（桩体）形成加固区，在荷载作用下天然地基土体和竖向增强体是否能够直接共同承担荷载的作用是有条件的。如果在荷载作用下只有桩体承担荷载而桩间地基土体不能直接承担荷载，则不能形成复合地基。在不能形成复合地基的情况下，按复合地基设计计算。在设计计算中考虑了桩间土直接承担荷载，而实际上桩间土不能直接承担荷载，这是偏不安全的，是工程设计的大忌。在3.3节详细分析复合地基的本质和形成条件。

3.2　复合地基的分类

3.2.1　散体材料桩和黏结材料桩

根据组成竖向增强体的材料特性，复合地基中的竖向增强体可分为二大类，散体材料桩和黏结材料桩。

散体材料桩桩身由散体材料组成。散体材料如砂、碎石等。散体材料桩需要桩周土的围箍作用才能在地基中维持桩体的形状。在荷载作用下，散体材料桩桩体发生鼓胀变形，依靠桩周地基土体提供的被动土压力维持平衡，承受上部荷载的作用。

黏结材料桩桩身由黏结体组成。黏结体可独自成形，如水泥土、混凝土等。在荷载作用下，黏结材料桩依靠桩侧地基土体提供的摩阻力和桩端地基土层提供

的端承力承受上部荷载的作用。

砂桩、碎石桩和砂石桩等属于散体材料桩，水泥土桩、灰土桩、各类混凝土桩等均属于黏结材料桩。在荷载作用下，散体材料桩和黏结材料桩的荷载传递机理、承载和变形特性是有较大的区别。

3.2.2 柔性桩、刚性桩及组合桩

在荷载作用下，黏结材料桩依靠桩周地基土体提供的摩阻力和桩端地基土层提供的端承力把作用在桩体上的荷载传递给地基土体。研究表明桩体刚度的大小对黏结材料桩的荷载传递规律有较大的影响。

对黏结材料桩的荷载传递规律有较大的影响不仅是桩体本身的刚度，还有地基土体的刚度和桩体长径比。评价一根桩的刚和柔，应综合考虑桩体本身的刚度、地基土体的刚度和桩体的长径比。一般情况下采用桩体与地基土体的相对刚度的概念。以下简称为桩土相对刚度。若桩体的弹性模量为 E，桩间土的剪切模量为 G_s，可定义桩的柔性指数 λ_p，

$$\lambda_p = \frac{E}{G_s} \tag{3-1}$$

桩体长度为 L，桩体半径为 r，则桩的长径比 λ_l 为

$$\lambda_l = \frac{L}{r} \tag{3-2}$$

王启铜博士（1991）建议桩土相对刚度定义如下：

$$K = \frac{\sqrt{\lambda_p}}{\lambda_l} = \sqrt{\frac{E}{G_s}}\frac{r}{L} = \sqrt{\frac{2E(1+\nu_s)}{E_s}}\frac{r}{L} \tag{3-3}$$

式中，E_s、ν_s 分别为桩间土弹性模量和泊松比。

可以采用桩土相对刚度的大小来评判桩的刚和柔，将黏结材料桩划分为柔性桩和刚性桩两大类。

段继伟博士（1993）对桩土相对刚度表达式（3-3）作了修正，并引进了有效桩长的影响，建议桩土相对刚度采用下式表示：

$$K = \sqrt{\frac{\xi E}{2G_s}}\frac{r}{l} \tag{3-4}$$

式中　$\xi = \ln[2.5l(1-\nu_s)/r]$；

　　l——当桩长小于有效桩长 l_0，l 为实际桩长；当桩长大于有效桩长 l_0 时，
　　　　$l = l_0$。

其他符号同式（3.2.3）。

有效桩长的概念详见第 4 章 4.3 节分析。

段继伟博士（1993）采用数值分析，探讨了桩土相对刚度 K 与桩的沉降关系，建议柔性桩和刚性桩的判别准则为

$$K<1.0 \qquad 柔性桩$$

$$K>1.0 \qquad 刚性桩$$

上述判别准则是否合适有待进一步验证。工程中严格界限柔性桩与刚性桩也是很困难的。桩土相对刚度是连续变化的，桩的性状也是连续变化的。严格界限柔性桩和刚性桩也不一定合理。但桩土相对刚度大小对桩的荷载传递性状影响是明显的，工程设计中应重视概念设计，要重视桩土相对刚度对桩的荷载传递性状的影响。

浙江省工程建设标准《复合地基技术规程》DB33/1051－2008 中指出：为增加水泥搅拌桩单桩承载力，可在水泥搅拌桩中插设预制钢筋混凝土，形成加筋水泥土桩。加筋水泥土桩又可称为复合桩或组合桩。在本书统一称为组合桩。多数发展的组合桩技术是在水泥土桩中插入钢筋混凝土桩或钢筋混凝土管桩形成水泥土-钢筋混凝土组合桩。该类组合桩比水泥土桩承载能力和抗变形能力大，比钢筋混凝土桩性价比好，近年来在工程中得到推广应用。水泥土桩有的采用深层搅拌法施工形成，有的采用高压旋喷法施工形成。组合桩的承载能力可通过试验测定。上述组合桩作为增强体的复合地基称为组合桩复合地基。组合桩的形式很多，除钢筋混凝土桩、钢筋混凝土管桩外，也有采用钢管桩等其他型式刚性桩。组合桩中的刚性桩可与水泥土桩同长，也可小于水泥土桩，形成变刚度组合桩。组合桩属于黏结材料桩，宜归为刚性桩的一种。

3.2.3 复合地基的分类

在第 1 章中已给出下述复合地基定义：复合地基是指天然地基在地基处理过程中部分土体得到增强，或被置换，或在天然地基中设置加筋材料，加固区是由基体（天然地基土体或被改良的天然地基土体）和增强体两部分组成的人工地基。同时还要求在荷载作用下，基体和竖向增强体共同直接承担荷载。

复合地基中增强体方向不同，复合地基性状不同。根据复合地基中增强体的方向和设置情况，复合地基首先可分为三大类：竖向增强体复合地基、水平向增强体复合地基和组合型复合地基。竖向增强体复合地基常称为桩体复合地基。桩体复合地基中，桩体是由散体材料组成，还是由黏结材料组成，以及黏结材料桩的刚度大小，都将影响复合地基荷载传递性状。因此首先将桩体复合地基分为两类：散体材料桩复合地基和黏结材料桩复合地基，然后根据桩体刚度又将黏结材料桩复合地基分为柔性桩复合地基与刚性桩复合地基二类。水泥土钢筋混凝土组合桩等组合桩的性状较接近刚性桩，这里将组合桩复合地基归入刚性桩复合地

基，没有单独分类。组合桩复合地基的设计计算可参考刚性桩复合地基的设计计算。由两种及两种以上增强体的复合地基称为组合型复合地基。如：由长桩和短桩形成的各类长短桩复合地基；由竖向增强体和加筋垫层形成的各类双向增强复合地基，桩网复合地基是典型的双向增强复合地基。

根据工作机理复合地基可作下述分类：

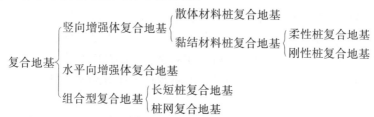

水平向增强体复合地基主要指各类加筋土地基，目前常用的加筋材料主要有土工格栅等土工合成材料。各类砂桩复合地基、砂石桩复合地基和碎石桩复合地基等属于散体材料桩复合地基。各类水泥土桩复合地基和各类灰土桩复合地基等一般属于柔性桩复合地基。各类混凝土桩及类混凝土桩（水泥粉煤灰碎石桩、石灰粉煤灰混凝土桩等）复合地基等一般属于刚性桩复合地基。各类组合桩复合地基也归入刚性桩复合地基。

目前对复合地基分类原则逐步走向统一，但对称谓尚不统一。有的论文、著作中将上述散体材料桩复合地基称为柔性桩复合地基，将上述柔性桩复合地基称为半刚性桩复合地基。也有的将上述散体材料桩复合地基称为散体材料桩复合地基，但将上述柔性桩复合地基称为半刚性桩复合地基。早在几年前，同济大学一博士学位论文通过调查分析指出当时发表出版的论文、著作中复合地基分类有 7 种之多，该博士学位论文建议采用笔者提出的复合地基分类。

3.3 复合地基的本质与形成条件

3.3.1 浅基础、桩基础和复合地基

当天然地基能够满足建筑物对地基的要求时，通常采用浅基础（shallow foundation）；当天然地基不能满足建筑物对地基的要求时，需要对天然地基进行处理形成人工地基以满足建筑物对地基的要求。桩基础（pile foundation）是软弱地基最常用的一种人工地基形式。广义讲，桩基技术也是一种地基处理技术，而且是一种最常用的地基处理技术。考虑桩基技术比较成熟，而且已形成一套比较全面、系统的理论，通常将桩基技术与地基处理技术并列，在讨论地基处理技术时一般不包括桩基技术。经过地基处理形成的人工地基多数可归属为两类：一类是在荷载作用范围下的天然地基土体的力学性质得到普遍的改良，如通过预压

法、强夯法以及换填法等形成的土质改良地基。这类人工地基承载力与沉降计算基本上与浅基础相同，因此可将其划归为浅基础。另一类是在地基处理过程中部分土体得到增强，或被置换，或在天然地基中设置加筋材料，形成复合地基（composite foundation）。例如水泥土复合地基、碎石桩复合地基、低强度混凝土桩复合地基等。根据上述分析，浅基础（shallow foundation）、复合地基（composite foundation）和桩基础（pile foundation）已成为工程建设中常用的三种地基基础型式。

下面分析浅基础、桩基础和桩体复合地基的荷载传递机理和基本特征。

图 3-1 至图 3-3 分别为浅基础、桩基础和复合地基的示意图。在图 3-1 所示的浅基础中，上部结构荷载是通过基础

图 3-1　浅基础

板直接传递给地基土体的。图 3-2（a）和（b）分别表示端承桩和摩擦桩。按照经典桩基理论，在图 3-2（a）所示的端承桩桩基础中，上部结构荷载通过基础板传递给桩体，再依靠桩的端承力直接传递给桩端持力层。不仅基础板下地基土不传递荷载，而且桩侧土也基本上不传递荷载。在图 3-2（b）所示的摩擦桩桩基础中，上部结构荷载通过基础板传递给桩体，再通过桩侧摩阻力和桩端端承力传递给地基土体，而以桩侧摩阻力为主。经典桩基理论不考虑基础板下地基土直接对荷载的传递作用。虽然客观上大多数情况下摩擦桩桩间土是直接参与共同承担荷载的，但在计算中是不予以考虑的。图 3-3（a）和（b）分别表示设垫层和不设垫层的两类复合地基。在图 3-3（a）所示的复合地基中，上部结构荷载通过基础板直接同时将荷载传递给桩体和基础板下地基土体。对散体材料桩，由桩体承担的荷载通过桩体鼓胀传递给桩侧土体和通过桩体传递给深层土体。对黏结材料桩由桩体承担的荷载则通过桩侧摩阻力和桩端端承力传递给地基土体。图 3-3（b）与（a）不同的是由基础板传递来的上部结构荷载先通过垫层再直接同时将荷载传递给桩体和垫层下的桩间土体。垫层的效用不改变桩和桩间土同时直接承担荷

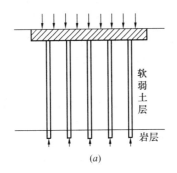

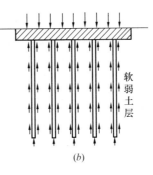

（a）

（b）

图 3-2　桩基础

（a）端承桩基础；（b）摩擦桩基础

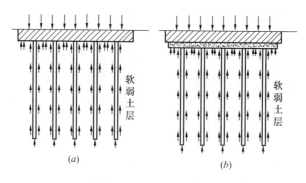

图 3-3　桩体复合地基

(a) 不设垫层；(b) 设垫层

载这一基本特征。

由上面分析可以看出，浅基础、桩基础和复合地基的分类主要是考虑了荷载传递路线。荷载传递路线也是上述三种地基基础型式的基本特征。简言之，对浅基础，荷载直接传递给地基土体；对桩基础，荷载通过桩体传递给地基土体；对复合地基，荷载一部分通过桩体传递给地基土体，一部分直接传递给地基土体。

3.3.2　复合地基的本质

通过分析浅基础、桩基础和复合地基在荷载作用下的荷载传递路线和传递规律可以较好认识复合地基的本质，并获得浅基础、桩基础和复合地基三者之间的关系。

由上一节分析可知：对浅基础，荷载通过基础直接传递给地基土体。对桩基础，荷载通过基础先传递给桩体，再通过桩体传递给地基土体。对桩体复合地基，荷载通过基础将一部分荷载直接传递给地基土体，另一部分通过桩体传递给地基土体。由上面分析可以看出，浅基础、桩基础和复合地基三者的荷载传递路线是不同的。从荷载传递路线的比较分析可看出复合地基的本质是桩和桩间土共同直接承担荷载。这也是复合地基与浅基础和桩基础之间的主要区别。在地基中设置桩体，桩体与桩间土能否直接同时承担荷载是有条件的，下一节分析复合地基的形成条件。

顺便指出，复合地基中桩体与桩间土直接同时承担荷载是复合地基的基本特征，也是复合地基的本质。因此，是否设置垫层不应该是形成复合地基的必要条件，只要桩体和桩间土直接同时承担荷载，不管有无设置垫层均应属于复合地基。另外，桩体不与基础底板连接也不应是形成复合地基的必要条件。只要桩体和桩间土直接同时承担荷载，桩体与基础底板连接与不连接均应属复合地基。我们强调从荷载传递路线来判断是否属于复合地基。

3.3.3 复合地基的形成条件

在荷载作用下，桩体和地基土体是否能够共同直接承担上部结构传来的荷载是有条件的，也就是说在地基中设置桩体能否与地基土体共同形成复合地基是有条件的。这在复合地基的应用中特别重要。

如何保证在荷载作用下，增强体与天然地基土体能够共同直接承担荷载的作用？在图 3-4 中，$E_p > E_{s1}$，$E_p > E_{s2}$，其中 E_p 为桩体模量，E_{s1} 为桩间土模量，图 3-4 (a) 和 (d) 中 E_{s2} 为加固区下卧层土体模量，图 3-4 (b) 中 E_{s2} 为加固区垫层土体模量。散体材料桩在荷载作用下产生侧向鼓胀变形，能够保证增强体和地基土体共同直接承担上部结构传来的荷载。因此当增强体为散体材料桩时，图 3-4 中各种情况均可满足增强体和土体共同承担上部荷载。然而，当增强体为粘结材料桩时情况就不同了。在图 3-4 (a) 中，在荷载作用下，刚性基础下的桩和桩间土沉降量相同，这可保证桩和土共同直接承担荷载。在图 3-4 (b) 中，桩落在不可压缩层上，在刚性基础下设置一定厚度的柔性垫层。一般情况在荷载作用下，通过刚性基础下柔性垫层的协调，也可保证桩和桩间土两者共同承担荷载。但需要注意分析柔性垫层对桩和桩间土的差异变形的协调能力和桩和桩间土之间可能产生的最大差异变形两者的关系。如果桩和桩间土之间可能产生的最大差异变形超过柔性垫层对桩和桩间土的差异变形的协调能力，则虽在刚性基础下设置了一定厚度的柔性垫层，在荷载作用下，也不能保证桩和桩间土始终能够共同直接承担荷载。在图 3-4 (c) 中，桩落在不可压缩层上，而且未设置垫层。在刚性基础传递的荷载作用下，开始时增强体和桩间土体中的竖向应力大小大致上按两者的模量比分配，但是随着土体产生蠕变，土中应力不断减小，而增强体中应力逐渐增大，荷载逐渐向增强体上转移。若 $E_p \gg E_{s1}$，则桩间土承担的荷载比例极小。特别是若遇地下水位下降等因素，桩间土体进一步压缩，桩间土可能不再承

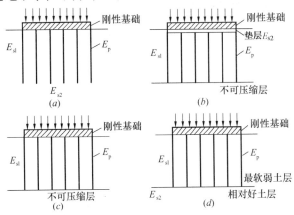

图 3-4　复合地基形成条件示意图

担荷载。在这种情况下增强体与桩间土体两者难以始终共同直接承担荷载的作用，也就是说桩和桩间土不能形成复合地基以共同承担上部荷载。在图 3-4（d）中，复合地基中增强体穿透最薄弱土层，落在相对好的土层上，$E_{s2}>E_{s1}$。在这种情况下，应重视 E_p、E_{s1} 和 E_{s2} 三者之间的关系，保证在荷载作用下通过桩体和桩间土变形协调来保证桩和桩间土共同承担荷载。因此采用黏结材料桩，特别是对采用刚性桩形成的复合地基需要重视复合地基的形成条件的分析。

现行国家标准《复合地基技术规范》GB/T 50783 在一般规定中指出："在复合地基设计中，应根据各类复合地基的荷载传递特性，保证复合地基中桩体和桩间土在荷载作用下能够共同承担荷载。复合地基中桩体采用刚性桩时应选用摩擦型桩。"当复合地基中的桩体采用端承桩时，就很难保证在荷载作用下桩和桩间土共同直接承担荷载。即使在复合地基上铺设一定厚度的柔性垫层，也要分析柔性垫层对桩和桩间土的差异变形的协调能力以及桩和桩间土之间可能产生的最大差异变形两者的关系。如果桩和桩间土之间可能产生的最大差异变形超过柔性垫层对桩和桩间土的差异变形的协调能力，即使设置了一定厚度的柔性垫层，在荷载作用下，也不能保证桩和桩间土始终能够共同直接承担荷载。对此不少工程师和专家不够重视，甚至存在错误概念。

在实际工程中设置的增强体和桩间土体不能满足形成复合地基的条件，而以复合地基理念进行设计是不安全的。把不能直接承担荷载的桩间土承载力计算在内，高估了承载能力，降低了安全度，可能造成工程事故，应引起设计人员的充分重视。

3.4 复合地基的常用形式及合理选用原则

3.4.1 复合地基的常用形式

目前在我国工程建设中应用的复合地基型式很多，下面从四个方面对工程中常用复合地基进行分类：（1）增强体设置的方向；（2）增强体采用的材料；（3）基础刚度以及是否设置垫层；（4）增强体的长度。

复合地基中增强体设置的方向除竖向设置（图 3-5（a））和水平向设置（图 3-5（b））外，还可斜向设置（图 3-5（c））。桩体复合地基多数采用竖向设置，复合地基中增强体设置采用斜向设置的如树根桩复合地基。土工材料加筋土地基为水平向设置。在形成桩体复合地基中，竖向增强体可以采用同一长度，也可采用不同长度，采用长短桩型式（图 3-5（d））。

长桩和短桩可采用同一材料制桩，也可采用不同材料制桩。例如短桩采用散体材料桩或柔性桩，长桩采用钢筋混凝土桩或低强度混凝土桩。在深厚软土地基

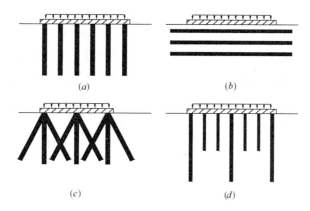

图 3-5　复合地基型式示意图

(*a*) 竖向增强体复合地基；(*b*) 水平向增强体复合地基；

(*c*) 斜向增强体复合地基；(*d*) 长短桩复合地基

中采用长短桩复合地基既可有效提高地基承载力，又可有效减小沉降，且具有较好的经济效益。

长短桩复合地基中长桩和短桩可相间布置，如图 3-6 (*c*) 中所示。长桩和短桩除相间布置外也可采用中间长四周短或四周长中间短两种型式布置。如图 3-6 中 (*a*) 和 (*b*) 所示。研究表明（龚晓南，陈明中，2001），采用四周长中间短的布置型式与采用中间长四周短的布置型式相比较，前者的沉降要比后者的小一些，而前者上部结构中的弯矩则要比后者的大不少。在工程实践中究竟取哪一种型式比较合适，应视具体情况确定。

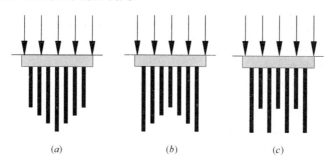

图 3-6　长短桩复合地基布桩型式

(*a*) 外短内长布置；(*b*) 外长内短布置；(*c*) 长短桩相间布置

对在地基中设置增强体所用的材料，水平向增强体的材料多采用土工合成材料，如土工格栅、土工布等；竖向增强体的材料可采用砂石桩、水泥土桩、低强度混凝土桩、管桩、薄壁筒桩、土桩与灰土桩、渣土桩、钢筋混凝土桩等。

在建筑工程中桩体复合地基承担的荷载通常通过钢筋混凝土基础或筏板传

递，而在填土路堤工程中，荷载是由刚度比钢筋混凝土基础或筏板小得多的路堤直接传递给桩体复合地基。前者基础刚度比增强体刚度大，而后者路堤材料刚度往往比增强体材料刚度小。理论研究和现场实测表明，建筑工程刚性基础下和填土路堤下复合地基性状具有较大的差异。基础刚度对复合地基性状的影响将在第5章中详细介绍。为叙述方便，将填土路堤下的复合地基称为柔性基础下复合地基。理论研究和现场实测表明，柔性基础下复合地基的沉降量远比刚性基础下复合地基的沉降大。为了减小柔性基础复合地基的沉降，常在桩体复合地基加固区上面设置一层刚度较大的"垫层"，防止桩体刺入上层土体，达到充分发挥桩体的承载作用。对刚性基础下的桩体复合地基有时需设置一层柔性垫层以改善复合地基受力状态。垫层刚度对复合地基性状的影响将在第15章中详细介绍。

综上所述，复合地基常用型式可从下述四个方面进行分类：

1. 按增强体设置方向分类

根据复合地基中增强体设置方向可将复合地基分为下述三类：

（1）竖向增强体复合地基；

（2）水平向增强体复合地基；

（3）竖向和斜向增强体相结合的复合地基，如树根桩复合地基。

2. 按增强体的材料分类

根据增强体采用的材料可分为下述七类复合地基：

（1）土工合成材料，如土工格栅、土工布等形成的加筋土复合地基；

（2）砂石桩复合地基、碎石桩复合地基等；

（3）水泥土桩复合地基；

（4）土桩复合地基、灰土桩复合地基、渣土桩复合地基等；

（5）各类低强度混凝土桩复合地基，如粉煤灰碎石桩复合地基、石灰粉煤灰混凝土桩复合地基等；

（6）各类钢筋混凝土桩复合地基，如管桩复合地基、薄壁筒桩复合地基、钢筋混凝土桩复合地基等；

（7）各类组合桩复合地基，如水泥土-管桩组合桩复合地基、水泥土-钢筋混凝土桩组合桩复合地基等。

第1类一般为水平向增强体复合地基，也可与其他桩体复合地基形成双向增强复合地基；第2类为散体材料桩复合地基；第3类和第4类为柔性桩复合地基，第5类、第6类和第7类为刚性桩复合地基。

3. 按基础刚度和垫层设置分类

根据基础刚度和垫层设置情况可分为下述4种情况：

（1）刚性基础下设有垫层的复合地基；

（2）刚性基础下不设垫层的复合地基；

（3）柔性基础下设垫层的复合地基；

（4）柔性基础下不设垫层的复合地基。

关于基础刚度和垫层对复合地基性状的影响将在第 5 章和第 15 章讨论，这里首先指出在柔性基础下应慎用不设垫层的桩体复合地基，特别是桩土相对刚度较大时。

4. 按设置的增强体长度分类

根据复合地基中设置的增强体长度可分为下述 2 类：

（1）等长度桩复合地基；

（2）长短桩复合地基。

长短桩复合地基中长桩和短桩布置可采用三种型式：长短桩相间布置、外长中短布置和外短中长布置。

长短桩相间布置的长短桩复合地基中的长桩和短桩一般采用不同材料制桩。短桩多采用散体材料桩或柔性桩，视工程地质条件采用碎石桩、水泥土桩和石灰桩等；长桩多采用钢筋混凝土桩、组合桩或低强度混凝土桩，视工程地质条件采用管桩、粉煤灰碎石桩复合地基、钢筋混凝土桩、组合桩等。在深厚软土地基中，或在高压缩土层深厚的地基中，采用长短桩复合地基既可有效提高地基承载力，又可有效减小沉降，并且具有较好的经济效益。

从增强体设置方向、增强体的材料组成，基础刚度以及垫层情况，增强体长度等方面的分析基本上可对目前应用的各种复合地基情况有个全面的了解。不难发现在工程中得到应用的复合地基具有很多种类型，要建立可适用于各种类型复合地基承载力和沉降计算的统一公式是困难的，或者说是不可能的。在进行复合地基设计时一定要因地制宜，不能盲目套用一般理论，应该以一般理论作指导，结合具体工程进行精心设计。

3.4.2　复合地基的合理选用原则

在工程中常用的复合地基型式很多，对一具体工程合理选用复合地基型式可以取得较好的社会效益和经济效益。下面讨论复合地基型式的选用原则。

1. 在选用复合地基型式时应坚持具体工程具体分析和因地制宜的选用原则。应根据工程地质条件，工程类型，使用要求综合考虑，应充分利用地方材料，通过综合分析达到合理选用复合地基型式的目的。

2. 水平向增强体复合地基主要应用于提高地基稳定性。在高压缩性土层不是很厚的情况下，采用水平向增强体复合地基不仅可有效提高地基稳定性，还可有效减小沉降。对高压缩性土较厚的情况，采用水平向增强体复合地基对减小总沉降效果不明显。

3. 散体材料桩单桩承载力主要取决桩周土体所能提供的最大侧限力，因此散体材料桩复合地基主要适用于在设置桩体过程中桩间土能够振密挤密，强度得到较大提高的砂性土地基。对饱和软黏土地基，使用散体材料桩复合地基承载力提高幅度不大，而且可能产生较大的工后沉降，应慎用。

4. 对深厚软土地基，为了减小沉降应采用增加桩体长度，以减小加固区下卧层压缩量。若软土层很厚，可采用刚度较大的桩体复合地基，也可采用长短桩复合地基以减小地基处理费用。

5. 采用刚性基础下黏结材料桩复合地基型式时，视桩土相对刚度大小决定在刚性基础下是否设置柔性垫层。桩土相对刚度较大，而且桩体强度较小时，设置柔性垫层较有必要。刚性基础下黏结材料桩复合地基通过设置柔性垫层可有效减小桩土应力比，改善接近桩顶部分桩体的受力状态。桩土相对刚度较小，或桩体强度足够时，也可不设置柔性垫层。

6. 填土路堤下采用黏结材料桩复合地基时，应在桩体复合地基上铺设刚度较好的垫层，如土工格栅砂垫层、灰土垫层等。垫层的铺设可防止桩体向上刺入，增加桩土应力比，充分利用桩体的承载潜能。不设垫层的黏结材料桩体复合地基，特别是桩土相对刚度较大的复合地基不设垫层在填土路堤下应慎用。

第4章　复合地基荷载传递机理和位移场特点

4.1　概　　述

在荷载作用下，增强体和地基土体同时直接承担上部结构传来的荷载是桩体复合地基的基本特征，也是它与浅基础和桩基础的区别所在。桩体复合地基中的竖向增强体可分为两类：散体材料桩和粘结材料桩。它们传递荷载的性状有很大差别。散体材料桩受荷载作用，桩体产生侧胀，将荷载传递给地基土体；黏结材料桩受荷载作用，主要产生向下位移，通过桩侧摩阻力和桩端端承力将荷载传递给地基土体。复合地基中应用的粘结材料桩的刚度变化范围很大，有刚度较小的水泥土桩，也有刚度较大的钢筋混凝土桩，还有各类组合桩。桩体刚度的差异造成复合地基荷载传递性状不同，故可将粘结材料桩分为柔性桩和刚性桩两大类。在讨论中，将各类组合桩归入刚性桩内；在应用时应注意两者间的差别。本章主要讨论在荷载作用下各类桩体复合地基的荷载传递机理，基础刚度和垫层的影响将分别在第5章和第15章中讨论。

天然地基经过地基处理形成复合地基后，由于复合地基加固区的存在，在荷载作用下复合地基位移场性状与天然地基位移场性状两者间具有较大的差异。复合地基加固区的存在使荷载作用下在地基中形成的应力泡形状发生变化。应力泡的高应力区强度减小，而范围变大，并向深处发展。本章最后一节讨论复合地基位移场特点。揭示的复合地基位移场特点已成为复合地基优化设计的理论依据。

4.2　散体材料桩荷载传递机理

地基中的散体材料桩需要桩周土的围箍作用才能维持桩体的形状。在荷载作用下，散体材料桩桩体发生鼓胀变形，依靠桩周土提供的被动土压力维持桩体平衡，承受上部荷载的作用。散体材料桩桩体破坏模式一般为鼓胀破坏。

散体材料桩的承载能力主要取决于桩周土体的侧限能力，还与桩身材料的性质及其紧密程度有关。在荷载作用下，散体材料桩的存在将使桩周土体从原来主要是垂直向受力的状态改变为主要是水平向受力的状态，桩周土的侧限能力对散体材料桩复合地基的承载力起了关键作用。散体材料桩单桩承载力的一般表达式可用下式表示：

$$p_{pf} = \sigma_{ru} K_p \qquad\qquad (4\text{-}1)$$

式中　σ_{ru}——桩侧土能提供的侧向极限应力；

　　　K_p——桩体材料的被动土压力系数。

由式 4-1 可知，散体材料桩的承载力主要取决于桩侧土的侧限力，而桩侧土所能提供的最大的侧限力主要取决于土的抗剪强度。因此散体材料桩的承载力主要取决于天然地基土体的抗剪强度，更确切地说主要取决于桩周地基土体的抗剪强度。若天然地基土体抗剪强度较低，在成桩过程中又不能得到提高，采用散体材料桩加固地基，地基承载力提高幅度是不大的。由式 4.2.1 还可知道，散体材料桩的承载力并不是随着桩长的增加而增大的。从承载力角度，散体材料桩应满足一定的长度即可，从减小沉降的角度，增加散体材料桩的长度对减小沉降是有利的。

4.3　黏结材料桩荷载传递机理

上章已经分析过黏结材料桩的桩体刚度大小是相对地基土体的刚度而言的，也与桩体长径比有关。常用桩土相对刚度来评价桩体的刚度，可以用桩土相对刚度的大小来区分柔性桩和刚性桩。

研究分析桩土相对刚度对柔性桩荷载传递特性的影响对发展复合地基理论具有重要意义。在荷载作用下，桩侧摩阻力的发挥依靠桩和桩侧土之间存在相对位移趋势或产生相对位移。若桩侧和桩侧土体间不存在相对位移或相对位移趋势，则桩侧不能产生摩阻力，或者说桩侧摩阻力等于零。桩端端阻力的发挥则依靠桩端向下移动或存在位移趋势，否则桩端端阻力等于零。理论上，理想刚性桩在荷载作用下，如果桩体顶端产生位移 δ，则桩底端的位移 δ_b 也等于 δ，因为理想刚性桩在荷载作用下轴向压缩量等于零。图 4-1 中桩长为 L，在荷载 P_1 作用下，桩体顶端产生位移 δ_1，则桩底端的位移 δ_{b1} 也等于 δ_1（图 4-1b），在荷载 P_2 作用下，

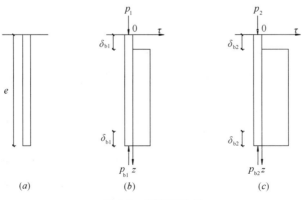

图 4-1　理想刚性桩

桩体顶端产生位移 δ_2，则桩底端的位移 δ_{b2} 也等于 δ_2（图 4-1c）。对理想刚性桩，桩周各处摩擦力和桩端端阻力均能同步得到发挥。若考虑地基土是均质的，且初始应力场也是均匀的，不考虑其随深度的变化，则桩侧摩阻力沿深度方向分布是均匀的。而且桩侧摩擦力和桩端端阻力是同步发挥的。当荷载增加，桩周各处摩擦力和桩端端阻力均能同步增大，如图 4-1 中所示。但是理想刚性桩是不存在的，所有的工程桩都是可压缩性桩。实际工程现场实测资料表明，桩侧摩阻力和

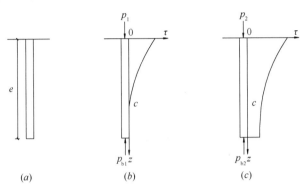

图 4-2　可压缩性桩

桩端端阻力并不是同步发挥的，桩侧摩阻力的发挥早于桩端端阻力的发挥，上层桩侧摩阻力的发挥早于下层桩侧摩阻力的发挥。图 4-2 中桩长为 L，当荷载 P_1 较小时，在荷载 P_1 作用下，桩体顶端产生位移 δ_1，则桩底端的位移 δ_{b1} 等于零（图 4-2b）。当荷载较大时，如在荷载 P_2 作用下，桩体顶端产生位移 δ_2，桩底端产生位移 δ_{b2}，此时桩底端产生的位移 δ_{b2} 小于桩体顶端产生的位移 δ_2（图 4-2c）。因此对于可压缩性桩，在荷载作用下桩体发生压缩，桩底端位移 δ_b 小于桩顶端位移 δ。若桩土相对刚度较小，在荷载作用下，桩体本身的压缩量等于桩顶端的位移量，桩底端相对于周围土体没有产生相对位移而且无产生相对位移的趋势，则桩端端阻力等于零。对于桩土相对刚度较小的柔性桩，桩体四周桩土之间相对位移自上而下是逐步减小的。假设地基土是均质的，且初始应力场是均匀的，则桩侧摩擦力也是自上而下逐步减小的。事实上，若桩土相对刚度较小，在极限荷载作用下，桩体一定长度内的压缩量已等于桩顶端位移，则该长度以下的桩体与土体间无相对位移及位移倾向，故该长度以下桩体对桩的承载力没有贡献。对桩的承载力有贡献的桩长称为有效桩长。当实际桩长大于有效桩长时，桩的承载力不会增大。

段继伟博士（1993）采用数值分析研究了桩长与极限承载力的关系。在其他条件相同的条件下，随着桩长的增加，桩的极限承载力开始增加很快，后来增加幅度减小，最后趋于某一数值，如图 4-3 所示。也就是说当桩长超过某一桩长 l_0 时，继续增加桩长，桩的极限承载力增加很小，桩长 l_0 可称为有效桩长。根据段

继伟博士的研究，有效桩长 l_0 与桩土模量比和桩径有关，其取值参考范围为

    （1）$l_0 = (8 \sim 20) \, d$，当 $E_P / E_s = 10 \sim 50$ 时；

    （2）$l_0 = (20 \sim 25) \, d$，当 $E_P / E_s = 50 \sim 100$ 时；

    （3）$l_0 = (25 \sim 33) \, d$，当 $E_P / E_s = 100 \sim 200$ 时。

上式中 d 为桩径，E_p 为桩体模量，E_s 为桩间土模量。

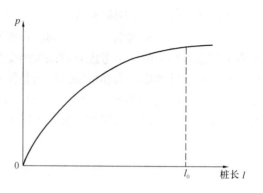

图 4-3　桩长与极限承载力关系示意图

桩土相对刚度较小的桩可称为柔性桩。柔性桩承载力计算理论尚不成熟，正处于发展之中。下面介绍一种计算柔性桩桩侧摩擦力分布的计算方法（王启铜，1991），以加深对柔性桩荷载传递机理的认识，合理评价柔性桩的承载力。

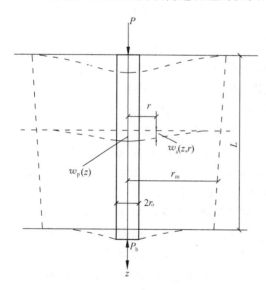

图 4-4　单桩计算简图

根据柔性桩在荷载作用下桩侧摩擦力和端阻力的实际分布计算桩的承载力显然更为合理。然而，由于柔性桩载荷试验实测资料较少，特别是桩侧摩擦力分布情况的实测资料更少，理论上研究也很不够，至今尚未见到考虑柔性桩桩侧摩擦力实际分布情况桩的承载力计算方法的报道，下面介绍王启铜（1991）博士论文中提出的计算柔性桩桩侧摩阻力的计算方法，然后提出计算柔性桩承载力的新思路。

图 4-4 表示均质地基中单桩的计算简图。桩长（入土深度）为 L，桩体半径为 r_0，桩上作用竖向荷载 P，桩体材料的弹性模量为 E，桩周土剪切模量为 G_s。

计算、室内试验及现场观测资料表明，在轴向荷载作用下，桩体周围土体的竖向位移 $w_s \, (z, r)$ 是深度 z 和离开桩轴线的径向距离 r 的函数，并且随 r 的增大呈对数规律递减（Cooke，1974；Cooke et al，1979，1980；Frank，1975）。因而，可设

$$w_s(z,r) = f(z)\ln(r_m/r) \tag{4-2}$$

式中 $f(z)$——深度 z 的函数；

        r_m——桩对周围土体的最大影响半径，当 $r \geqslant r_m$ 时，$w_s(z, r) = 0$。r_m 是深度 z 的函数，但变化不大，可取平均值或半桩长处最大影响半径。

考虑桩体侧表面处（$r=r_0$）土体位移与桩体位移协调，即有

$$w_s(z,r_0) = w_p(z) \tag{4-3}$$

由式（4-2）和式（4-3）可得

$$f(z) = \frac{w_p(z)}{\ln(r_m/r_0)} \tag{4-4}$$

将式（4-4）代回式（4-2），得

$$w_s(r,z) = w_p(z)\frac{\ln(r_m/r)}{\ln r_m/r_0} \tag{4-5}$$

对于土体中的桩体，在轴向荷载作用下，除了轴向发生压缩变形外，在径向也会发生一定的变形。与轴向变形相比，桩体的径向变形是很小的。由于桩体的径向位移很小，桩周土体的径向位移也很小。为了简化分析，在计算中略去径向位移的影响，则土体中任一点处的剪应力表达式可简化为

$$\begin{aligned}\frac{\tau_s(z,r)}{G_s} &= -\left(\frac{\partial w_s(z,r)}{\partial r} + \frac{\partial u_s(z,r)}{\partial z}\right) \\ &= -\frac{\partial w_s(z,r)}{\partial r}\end{aligned} \tag{4-6}$$

将式（4-5）代入上式，得

$$\tau_s(z,r) = \frac{G}{\ln(r_m/r_0)}\frac{w_p(z)}{r} \tag{4-7}$$

上式中令 $r=r_0$，即可得到桩的侧摩擦力 $\tau(z)$ 与轴向位移 $w_p(z)$ 之间的关系，

$$\tau(z) = \frac{G_s}{\xi r_0}w_p(z) \tag{4-8}$$

式中，$\xi = \ln(r_m/r_0)$。

根据桩体受力分析（图 4-5），轴向力 $P(z)$ 和侧摩擦力 $\tau(z)$ 之间关系为

$$\frac{\partial P(z)}{\partial z} = -2\pi r_0\tau(z) \tag{4-9}$$

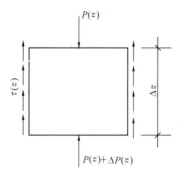

图 4-5 桩体受力分析简图

另一方面，桩的轴向力 $P(z)$ 与轴向位移 $w_p(z)$ 之间存在下述关系，

$$\frac{\partial w_p(z)}{\partial z} = -\frac{P(z)}{EA_p} \tag{4-10}$$

式中 $A_p = \pi r_0^2$，为桩体横断面积。

结合式 (4-9) 和式 (4-10)，可得

$$\frac{\partial^2 w_p(z)}{\partial z^2} = \frac{2}{Er_0}\tau(z)$$（4-11）

将式 (4-8) 代入上式，可得

$$\frac{\partial^2 w_p(z)}{\partial z^2} = \mu^2 w_p(z)$$（4-12）

式中，$\mu^2 = \frac{2}{\xi\lambda_p}\frac{1}{r_0^2}$；$\lambda_p = E/G_s$。

式 (4-12) 的解为

$$w_p(z) = C_1 e^{\mu z} + C_2 e^{-\mu z}$$（4-13）

式中，C_1 和 C_2 为积分常数，可由下述边界条件确定：

① $$\left(\frac{\partial w_p(z)}{\partial z}\right)_{z=0} = -\frac{P}{EA_P}$$（4-14）

② $$w_p(L) = w_{pb}$$（4-15）

式中，w_{pb} 为桩底端竖向位移。若桩底端端阻力为 P_b，根据 Boussinesq 理论可求出土体竖向位移，亦即桩底端竖向位移为

$$w_{pb} = \frac{P_b(1-\nu)}{4r_0 G_s}\eta = n_b P_b$$（4-16）

式中，$n_b = \frac{\eta(1-\nu)}{4r_0 G_s}$；系数 η 是考虑该处上覆土层对该处位移影响的桩端位移影响系数。一般说来，$\eta = 0.5 \sim 1.0$；ν 为土体泊松比。

根据式 (4-13)、式 (4-14) 和式 (4-15) 可求出积分常数 C_1 和 C_2，再代回到式 (4-13)，可得

$$w_p(z) = \frac{1}{ch\alpha}\left\{w_{pb}ch(\mu z) + \frac{P}{EA_P\mu}sh[\mu(L-z)]\right\}$$（4-17）

式中

$$\alpha = \mu L = \sqrt{\frac{2}{\xi\lambda_P}}\lambda_l$$（4-18）

$$\lambda_l = L/r_0$$（4-19）

根据式 (4-10) 和式 (4-17)，可得

$$P(z) = \frac{1}{ch\alpha}\{P \cdot ch[\mu(L-z)] - EA_p\mu w_{pb}sh(\mu z)\}$$（4-20）

当 $z=L$ 时，$P(z) = P_b$，由式 (4-20) 可得

$$P_b = P(L) = P(ch\alpha + nsh\alpha)^{-1}$$（4-21）

式中，$n = EA_P\mu n_b$。

将式 (4-16) 和式 (4-21) 代入式 (4-20) 中，可得

$$P(z) = P_b[ch(\alpha\theta) + nsh(\alpha\theta)]$$（4-22）

式中 $\theta = 1 - z/L$。

由式 (4-9)、式 (4-21) 和式 (4-22)，可得

$$\tau(z) = \frac{P\alpha}{F} \frac{\mathrm{sh}(\alpha\theta) + n\mathrm{ch}(\alpha\theta)}{\mathrm{ch}\alpha + n\mathrm{sh}\alpha} \qquad (4\text{-}23)$$

式中 $F = 2\pi r_0 L$；

$\theta = 1 - z/L$；

$\alpha = \sqrt{\dfrac{2}{\xi\lambda_p}}\lambda_l$；

$n = EA_p\mu n_b$；

$n_b = \dfrac{\eta(1-\nu)}{4r_0 G_s}$；

$\mu = \alpha/L$；

$\lambda_p = E/G_s$；

$\lambda_1 = L/r_0$；

$A_p = \pi r_0^2$；

$\xi = \ln(r_m/r_0)$。

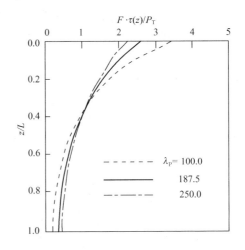

图 4-6　侧摩擦力的一般分布形式

取 $r_w = 2.5L(1-\nu)$，$\eta = 0.85$，$\nu = 0.33$，代入式 (4-23) 计算，可得桩体侧摩擦力的一般分布形式如图 4-6 所示。由图中可以看出桩侧摩擦力随着深度的增大而减小，变化比较大。随着桩的刚度增大，桩侧摩擦力沿深度变化梯度减小。从承载力角度，为了充分发挥桩侧摩擦力的作用，柔性桩不易设计得过长，桩体刚度不宜过小，以短而粗的桩体较为合适。但从以后分析可以看到，从减少复合地基沉降角度，复合地基中桩体较长较合理。深厚软土地基中应用复合地基技术，控制沉降至关重要。

4.4　复合地基荷载传递机理和位移场特点

采用复合地基形式加固地基的优点就是能够较好地发挥地基土体和增强体两部分承担荷载的潜能，达到提高地基承载力和减小地基沉降的目的。采用复合地基形式加固地基可获得较好的经济效益。

如何较好地发挥地基土体和增强体在提高承载力和减小沉降方面的潜能，需要了解复合地基承载力特性和变形特性，然后根据复合地基承载力特性和变形特性进行合理设计，或进行优化设计。

地基土体在力的作用下产生位移，因此在分析位移场特性之前，首先分析复合地基在荷载作用下应力场特性。采用有限元法分析得到的单桩带台地基和均质地基在均布荷载作用下地基中应力泡情况如图 4-7 所示。在有限元法分析中承台尺寸为 1.0m×1.0m，桩截面为 0.5m×0.5m，桩长为 5.0m，桩体模量 $E_p =$

300MPa，土体模量为 2MPa。承台上作用荷载为 1kPa，均质地基中应力泡如图 4-7（a）所示，应力泡从上往下依次为 900N，700N，500N，400N，300N，200N，100N，单桩带台地基土中应力泡如图 4-7（b）所示。比较分析图 4-7（a）和（b）可知，桩体的存在使地基中的高应力区下移，使附加应力影响范围加深。

将复合地基加固区视为一复合土体，采用平面有限元分析。设荷载作用面和复合地基加固区范围相同，复合地基加固区为宽度 4.0m，深度 9.0m，土体模量为 2MPa，加固区复合模量为 60MPa，在荷载作用下均质地基和复合地基中应力泡分别如图 4-8（a）和（b）所示。作用荷载为 1kN，应力泡从内到外依次为 900N，700N，500N，300N，100N。由图可知，与均质地基相比，复合地基中高应力区往下移，而且高应力值减小，附加应力影响范围加深。

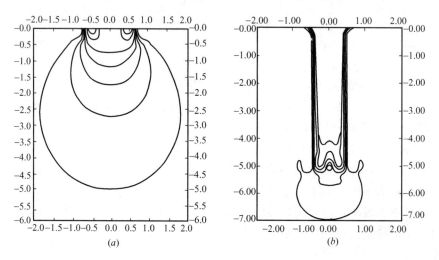

图 4-7   均质地基和单桩带台地基土中应力泡
(a) 均质地基；(b) 单桩带台地基

综合图 4-7 和图 4-8 中均质地基和复合地基中应力场分布的比较分析结果可知，与均质地基（或称浅基础）相比，桩体复合地基中的桩体的存在使浅层地基土中附加应力减小，而使深层地基土中附加应力增大，附加应力影响深度加深。这一应力场特性决定了复合地基的位移场特性。

曾小强（1993）比较分析了宁波一工程采用浅基础和采用搅拌桩复合地基两种情况下地基沉降情况。

场地位于宁波甬江南岸，属全新世晚期海冲积平原，地势平坦，大多为耕地，地面标高为 2.0m，其土层自上而下分布如下：

I2层：成因时代为 mQ43，黏土，灰黄～黄褐色，可塑；厚层状，含 Fe、Mn 质，顶板标高为 1.87～2.27m，层厚为 1.00～1.20m。

I3层：成因时代为 mQ43，淤泥质粉质黏土，浅灰色，流塑；厚层状，含

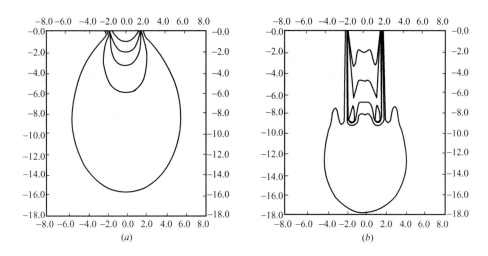

图4-8　复合地基中应力泡

(a) 均质地基；(b) 复合地基

腐烂植物碎屑，顶板标高为 0.77～1.27m，层厚为 1.4～2.0m。

各土层物理力学性质指标　　　　　　　　　　　表 4-1

土层	编号	天然含水量 W (%)	容量 r (kN/m³)	孔隙比 e	塑性指数 I_p	压缩系数 a_{1-2} (MPa⁻¹)	压缩模量 E_s (MPa)	无侧限强度 q_u (kPa)	固结快剪		建议设计系数			渗透系数	
									C (kPa)	ϕ (°)	压缩模量 E_s (MPa)	极限承载力 P_u (kPa)	极限摩阻力 f_u (kPa)	水平 K_h (10⁻⁷ cm/s)	垂重 K_v (10⁻⁷ cm/s)
黏土	Ⅰ₂	33.02	19.06	0.91	23.22	0.42	4.44	59	18.91	10.73		65	30	2.3	3.2
淤泥质粉质黏土	Ⅰ₂	41.76	18.09	1.14	15.28	0.83	2.50	32	4.92	13.33	2.5		15	3.7	1.1
淤泥	Ⅱ₁₋₂	54.15	16.93	1.52	20.69	1.59	1.47 2.98	48.6	6.11	9.42	1.59	55	10	3.8	3.6
淤泥质黏土	Ⅱ₂	48.00	17.31	1.36	21.65	0.69	2.58 3.56	79.8	13.71	9.05	3.56	60	18	3.8	3.6

Ⅱ1-2层：成因时代为 mQ42，淤泥，灰色，流塑；薄层理，下部可见鳞片，土质细黏，软弱，顶板标高为 -0.53～-1.05m，层厚为 12.62～15.2m。

Ⅱ2层：成因时代为 mQ42，淤泥质黏土，深灰色，流塑；局部贝壳富集，土质细黏，软弱，顶板标高为 -13.62～-15.83m，层厚为 12.1～25m。

各土层土的物理力学性质指标如表 4-1 所示。

搅拌桩复合地基设计参数为：水泥掺入量 15%，搅拌桩直径 500mm，桩长

15.0m，复合地基置换率为18.0%，桩体模量为120MPa。

图4-9表示采用浅基础和采用水泥土桩复合地基的沉降情况，图中$1'$、$2'$、$3'$分别表示复合地基加固区压缩量、复合地基加固区下卧层压缩量和复合地基总沉降量。图中1、2、3分别表示浅基础情况下（地基不加固）与复合地基加固区、复合地基加固区下卧层和整个复合地基对应的土层的压缩量。由图中可以看出，经水泥土加固后加固区土层压缩量大幅度减小（$1'<1$），而复合地基加固区下卧层土层由于加固区存在其压缩量比浅基础相应的土层压缩量要大（$2'>2$）。这与复合地基加固区的存在使地基中附加应力影响范围向下移是一致的。复合地基沉降量（$3'=1'+2'$）比浅基础沉降量（$3=1+2$）明显减小，说明采用复合地基对减小沉降是有效的。可以说图4-9反映了复合地基的位移场特性。由于附加应力影响范围加深，较深处土层压缩量增大。图4-9表明，要进一步减小复合地基沉降量，依靠提高复合地基置换率，或提高桩体模量来增大加固区复合土体模量以减小复合地基加固区压缩量$1'$的潜力是很小的。进一步减小复合地基沉降量的关键是减小复合地基加固区下卧层的压缩量。减小下卧层部分的压缩量最有效的办法是增加加固区厚度，减小下卧层中软弱土层的厚度。

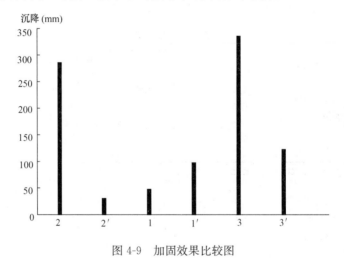

图4-9　加固效果比较图

复合地基位移场特性为复合地基合理设计或优化设计提供了基础，指明了方向。

第 5 章　基础刚度对复合地基性状的影响

5.1　概　　述

早期复合地基多用于建筑工程，无论是条形基础还是筏板基础都有较大的刚度。条形基础或筏板基础，连同上部结构可视为刚性基础。刚性基础下复合地基，桩体和桩间土的沉降量是相等的。早期关于复合地基承载力和变形计算理论的研究都是针对刚性基础下复合地基的。一些关于复合地基的计算方法和参数的选用方法都是基于对刚性基础下复合地基性状的研究得出的。

随着复合地基技术在高等级公路建设中的应用，人们将刚性基础下复合地基承载力和沉降计算方法应用到填土路堤下复合地基承载力和沉降计算。然而工程实践表明，将刚性基础下复合地基承载力和沉降计算方法应用到填土路堤下复合地基设计，复合地基实际承载力比设计值小，实际产生的沉降值比设计值大。有的工程还发生失稳破坏。人们发现将刚性基础下复合地基承载力和沉降计算方法应用到填土路堤下复合地基承载力和沉降计算将低估路堤的沉降量、严重高估路堤的稳定性，是偏不安全的，有时还会形成工程事故。这一现象引起人们的高度重视。

为了叙述方便，本文将钢筋混凝土基础下复合地基称为刚性基础下复合地基，而将填土路堤和柔性面层堆场下桩体复合地基称为柔性基础下复合地基。

为了探讨基础刚度对复合地基性状的影响，采用现场试验研究和数值分析方法对基础刚度对复合地基性状影响作了分析，研究表明基础刚度对复合地基性状有较大影响。

5.2　模型试验研究

5.2.1　试验概况

为了探讨基础刚度对复合地基性状的影响，吴慧明博士（2000）在宁波大学校园内进行了刚性基础和柔性基础下复合地基模型试验。

试验场地工程地质情况如下：表层为耕植土，然后是淤泥质黏土，约 0.60m

厚，下面是淤泥层，层厚大于 20m。试验用桩为水泥土桩。在地基中设置水泥土桩步骤如下：挖除耕植土层，用钢管静压入土，取土成孔；直径 200mm，桩长 2.0m。ϕ10 钢筋下焊 ϕ120 厚 10mm 铁板，外套 ϕ20PVC 管，置入孔中；烘干的黏土中掺入 18% 水泥，分层倒入孔中，分层夯实。试验时水泥土桩龄期 50d。桩长 2.0m，水泥掺入量为 18%。复合地基置换率采用 15%，试验规范采用《建筑地基处理技术规范》JGJ 79—2012。

主要测试设备：1）特制 ϕ120、中孔 ϕ20、高 100mm、量程 50kN 荷重传感器一只，精度 0.001kN，外接 JC-H2 显示仪。荷重传感器直接置于桩头测读桩所受的荷载，安装方便、精度高，远优于土压力计。2）量程 500kN 荷重传感器及 HC-J1 显示仪两套，用于柔性基础试验。3）量程 50mm 百分表 4 只，以及 15kg、30kg 和 60kg 重钢锭若干。

完成的现场试验有：原状土承载力试验；单桩竖向承载力试验；刚性基础下复合地基承载力试验和柔性基础下复合地基承载力试验。

原状土承载力试验采用 275mm×275mm 刚性载荷板进行试验。

刚性基础下复合地基承载力试验，复合地基置换率 m＝15%，采用 275mm×275mm 刚性载荷板，采用钢锭施加荷载。刚性基础下复合地基荷载试验示意图如图 5-1（a）所示。

柔性基础下复合地基承载力试验，特制底孔 275mm×275mm、高 1500mm、顶 900mm×900mm 正台形木斗，柔性基础下复合地基荷载试验示意图如图 5-1（b）所示。木斗中放砂，两者总重（磅秤先称量）减去木斗周侧摩阻力（由木斗

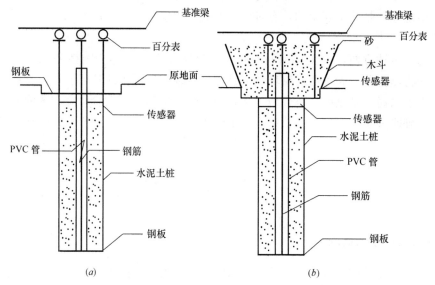

图 5-1　刚性基础和柔性基础下复合地基模型试验

（a）刚性基础试验示意图；（b）柔性基础试验示意图

下的荷重传感器测读），即为柔性基础所受荷载。

以上试验均进行了两组。测试项目有：地基沉降，水泥土桩桩底端沉降，复合地基桩土荷载情况等。

原状地基静载荷试验所采用的载荷板尺寸同复合地基静载荷试验所采用的载荷板尺寸。

5.2.2 试验成果

图 5-2 为原状土地基静载荷试验荷载-沉降曲线。图 5-3 为水泥土桩单桩载荷试验荷载-沉降曲线。由试验曲线可得原状土地基的极限承载力为 3.20kN（275mm×275mm 载荷板）。单桩极限承载力为 1.75kN（$L=2.0m$，$\phi120mm$）。

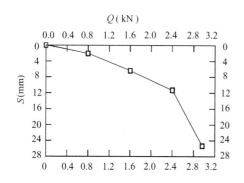

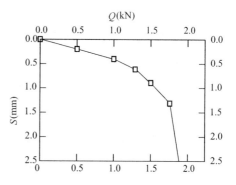

图 5-2　原状土地基载荷试验荷载-沉降曲线　　图 5-3　水泥土桩单桩载荷试验荷载-沉降曲线

刚性基础下复合地基载荷试验测试成果如表 5-1 所示。表中给出加荷过程中桩和土承受的荷载，桩头和土的沉降，以及桩底的沉降。柔性基础下复合地基载荷试验测试成果如表 5-2 所示。表中给出加荷过程中桩和土承受的荷载，桩头沉降，土的沉降，以及桩底的沉降。

从表 5-1 中可以看到：刚性基础下复合地基静载荷试验中，当复合地基荷载为 6.40kN 时，沉降为 5.89mm，认为此时桩开始进入极限状态。刚性基础下复合地基中桩首先进入极限状态，其极限承载力为 3.95kN，大于自由单桩静载试验中的单桩极限承载力 1.75kN。此时土尚未进入极限状态，土体强度发挥度小于 1.0。当复合地基中桩进入极限状态后，荷载继续增加桩间土也随即进入极限状态，此时土承担的荷载为 3.18kN，相应极限承载力为 49.40kPa，也大于原状土静载荷试验所得的极限承载力 42.30kPa。

从表 5-2 中可以看到：与刚性基础下复合地基载荷试验不同，柔性基础下复合地基静载荷试验中，复合地基中土首先进入极限状态。此时复合地基总荷载为 4.25kN，土分担的荷载为 3.56kN，相应的极限承载力为 5.54MPa，大于原状土静载试验所得的极限承载力。而此时桩的荷载分担为 0.69kN，远低于桩的极限承载力，其强度发挥度很低。当荷载进一步施加至 4.8kN 时，桩的荷载分担也只有 0.78kN，远远低于其单桩极限承载力，但此时基础沉降已很大，复合地基已处于破坏状态。

由以上分析可知，刚性基础下复合地基中桩和土的承载力都能得到较好的发挥。刚性基础下桩和土的沉降保持一致，在相同沉降变形时，正常条件下桩首先承受较大荷载，并首先进入极限状态，随后土亦进入极限状态。柔性基础下桩和土的变形可相对自由发展，正常条件下土首先承受较大荷载，并随荷载增加率先进入极限状态，而桩的承载力较难得到充分发挥。由试验成果还可知：刚性基础下复合地基中桩的极限承载力比自由单桩的极限承载力大，刚性基础下复合地基中土的极限承载力和柔性基础下复合地基中土的极限承载力均比原状土地基的极限承载力要大。

刚性基础下复合地基载荷试验结果　　　　　　　　表 5-1

总荷载（kN）	1.60	3.20	4.80	6.40	6.60
桩承受的荷载（kN）	1.08	2.32	3.53	3.95	3.42
土承受的荷载（kN）	0.52	0.88	1.28	2.45	3.18
桩头及土沉降（mm）	0.72	1.25	1.95	5.89	>10.00
桩底沉降（mm）	0.02	0.04	0.15	0.28	>5.00

柔性基础下复合地基载荷试验结果　　　　　　　　表 5-2

总荷载（kN）	1.60	2.30	3.00	3.65	4.25	4.80
桩承受的荷载（kN）	0.36	0.47	0.57	0.62	0.69	0.78
土承受的荷载（kN）	1.24	1.83	2.43	3.03	3.56	4.02
桩头沉降（mm）	0.48	0.79	1.26	1.66	2.34	3.56
土沉降（mm）	1.38	2.00	2.94	3.92	5.82	>10.00
桩底沉降（mm）	0.30	0.47	0.61	0.74	1.06	1.72

图 5-4 为刚性基础下复合地基载荷试验荷载-沉降曲线，图 5-5 为柔性基础下复合地基载荷试验荷载-沉降曲线。由表 5-1 和表 5-2，或图 5-4 和图 5-5 均可得到：刚性基础下复合地基极限承载力大于柔性基础下复合地基极限承载力；荷载水平相同时，柔性基础下复合地基的沉降要大于刚性基础下复合地基的沉降。刚性基础下复合地基中桩和土的沉降是相同的，而柔性基础下复合地基中桩和土的沉降是不相同的，桩的沉降小于土的沉降。桩体复合地基在土堤荷载作用下，桩顶会刺入土堤。

在加荷过程中刚性基础下复合地基中桩土应力比的变化趋势与柔性基础下复合地基中桩土应力比的变化趋势也是不同的。刚性基础下复合地基中桩土应力比随着荷载增加而增大，直至桩体到达极限状态，然后随着荷载继续增加而减小。刚性基础下复合地基中桩土应力比与荷载水平关系曲线如图 5-6 所示。图 5-7 表示柔性基础下复合地基中桩土应力比与荷载水平关系曲线。柔性基础下复合地基中桩土应力比随着荷载增加而减小，直至土体到达极限状态，然后随着荷载继续增加而增大。在工程应用荷载水平阶段，刚性基础下复合地基中桩土应力比随着荷载增加而增大，而柔性基础下复合地基中桩土应力比随着荷载增加而减小。

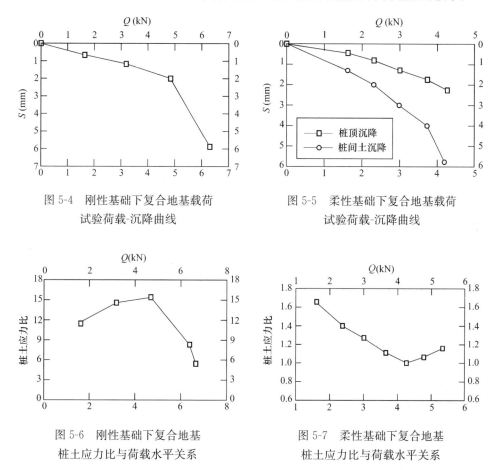

图 5-4 刚性基础下复合地基载荷
试验荷载-沉降曲线

图 5-5 柔性基础下复合地基载荷
试验荷载-沉降曲线

图 5-6 刚性基础下复合地基
桩土应力比与荷载水平关系

图 5-7 柔性基础下复合地基
桩土应力比与荷载水平关系

试验研究表明，在荷载作用下柔性基础下桩体复合地基性状与刚性基础下桩体复合地基性状有较大的差别，在柔性基础下桩体复合地基设计中不能简单搬用在刚性基础下桩体复合地基设计中的设计计算方法和设计参数。

5.3 复合地基性状数值分析

5.3.1 基础刚度的影响

采用数值分析方法可以得到不同刚度基础下应力场和位移场的分布情况。有限元分析计算简图如图 5-8 所示。在计算中，计算范围取 50m×50m，基础宽度取 16.8m，复合地基加固区深度为 10.0m，即桩长取 10.0m，置换率 $m=14\%$，桩和土均采用线弹性模型。土体模量取 2MPa，泊松比取 0.3，桩体模量取 60MPa，泊松比取 0.15。基础板厚 0.5m，模量 E 分别取 5MPa、60MPa、600MPa 三种情况。基础上作用均布荷载 $P=10$kPa。把模型简化为平面应变问题进行计算。图 5-9 到图 5-11 分别是基础模量 E 分别取 5MPa、60MPa、600MPa 时地基中附加应力场和位移场的分布情况。为了更好的说明土中的应力分布，应力场中的曲线是用土中应力与分布荷载数值比的等值线。

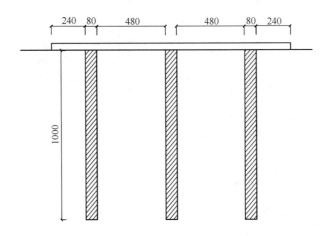

图 5-8 有限元分析计算简图（cm）

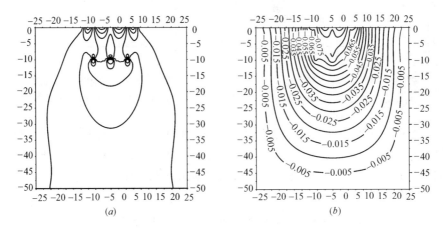

图 5-9 复合地基中的应力场和位移场（基础模量 $E=5$MPa）
(a) 应力场（kPa）；(b) 位移场（m）

比较分析图 5-9、图 5-10 和图 5-11 中所示复合地基中的应力场和位移场情

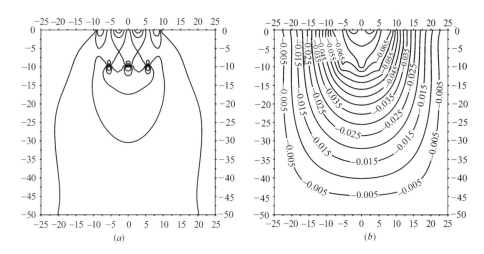

图 5-10　复合地基中的应力场和位移场（基础模量 E＝60MPa）

(a) 应力场（kPa）；(b) 位移场（m）

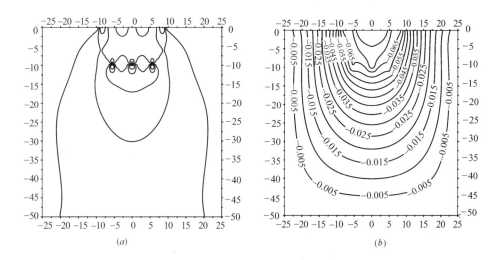

图 5-11　复合地基中的应力场和位移场（基础模量 E＝600MPa）

(a) 应力场（kPa）；(b) 位移场（m）

况，可以看到复合地基沉降随着基础刚度增加而减小。因此柔性基础的沉降要比刚性基础的沉降大。

图 5-12 为基础模量与复合地基桩土应力比和地基中最大沉降的关系，图（a）表示基础模量与复合地基桩土应力比的关系曲线，图（b）表示基础模量与地基中最大沉降的关系曲线。由图中可以看出随着基础刚度（板厚不变，模量增

大即刚度增大）的增大，复合地基桩土应力比增大，而地基中最大沉降减小。随着刚度超过一定值时，其变化趋势变缓。

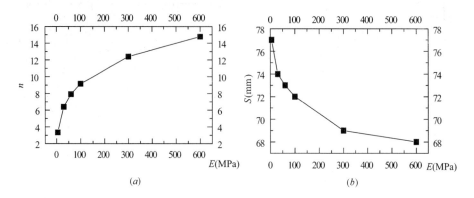

图 5-12　基础模量 E 与桩土应力比 n 及地基最大沉降 S 的关系

（a）E-n 关系；（b）E-S 关系

5.3.2　桩土模量比的影响

复合地基中桩土模量比的大小对复合地基性状有较大影响。图 5-13（a）和（b）分别表示刚性基础下和柔性基础下复合地基中桩土相对刚度与桩土应力比的关系曲线。从图中可以看到基础刚度对复合地基中桩土应力比的影响，基础刚度大，桩土应力比大。

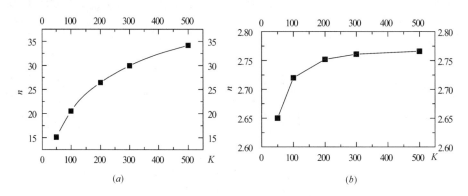

图 5-13　刚性基础和柔性基础下复合地基桩土相对刚度

K 与桩土应力比的关系曲线

（a）刚性基础（E＝600MPa）；（b）柔性基础（E＝5MPa）

图 5-14（a）和（b）分别表示刚性基础下和柔性基础下复合地基中桩土相对刚度与地基最大沉降的关系曲线。从图中可以看到基础刚度对复合地基沉降的影响，基础刚度大，复合地基沉降小。

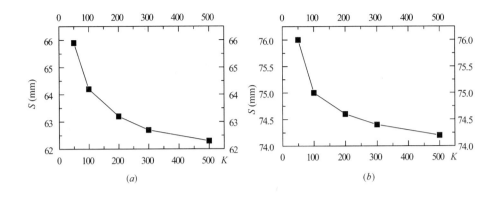

图 5-14　刚性基础和柔性基础下复合地基桩土相对刚度
K 与地基最大沉降 S 的关系曲线
(a) 刚性基础（$E=600\mathrm{MPa}$）；(b) 柔性基础（$E=5\mathrm{MPa}$）

5.3.3　置换率的影响

复合地基置换率复合地基性状有较大影响。图 5-15（a）和（b）分别表示刚性基础下和柔性基础下复合地基置换率与桩土应力比的关系曲线。图 5-16（a）和（b）分别表示刚性基础下和柔性基础下复合地基置换率与地基最大沉降的关系曲线。从图中可以看出，在算例情况下，随着复合地基置换率增加，桩土应力比减小，地基最大沉降也减小。复合地基置换率相同情况下，刚性基础下比柔性基础下复合地基桩土应力比大，而刚性基础下比柔性基础下复合地基沉降要小。

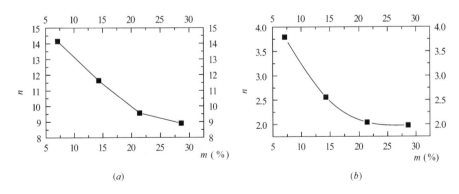

图 5-15　刚性基础和柔性基础下复合地基置换率
与桩土应力比的关系曲线
(a) 刚性基础（$E=600\mathrm{MPa}$）；(b) 柔性基础（$E=5\mathrm{MPa}$）

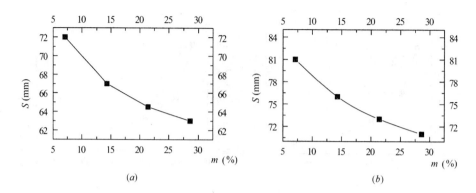

图 5-16　刚性基础和柔性基础下复合地基置换率与地基最大沉降 S 的关系曲线

(a) 刚性基础 $(E＝600\text{MPa})$；(b) 柔性基础 $(E＝5\text{MPa})$

第6章 复合地基在基础工程中的地位

6.1 概　述

复合地基理论和工程应用近年来发展很快，复合地基技术在我国建筑工程、交通工程和市政工程等土木工程建设中得到广泛应用，复合地基在我国已成为一类重要的地基基础型式。经过近 30 年的努力，在我国已形成广义复合地基理论和工程应用体系。如何评价复合地基在基础工程中的地位，如何对复合地基合理定位，既有利于进一步扩大复合地基技术的应用，也有利于复合地基理论的进一步发展。

本章通过分析复合地基与地基处理的相互关系，复合地基与浅基础和深基础的关系，复合地基与双层地基的区别，复合地基与复合桩基的关系，较深入地分析了复合地基在基础工程中的地位，对复合地基合理定位。

复合地基理论和实践的发展丰富了基础工程学，复合地基理论已成为基础工程学的重要部分。复合地基理论和实践的发展促进了基础工程理论和实践的发展。

6.2 复合地基与地基处理

当天然地基不能满足建（构）筑物对地基的要求时，常采用物理的方法、化学的方法、生物的方法，或综合应用上述方法对天然地基进行地基处理以形成满足建（构）筑物对地基要求的人工地基。可从多角度对地基处理方法进行分类，可以按处理深度将地基处理方法分为深层处理方法和浅层处理方法两大类。也可根据工程需要分为永久处理方法和临时处理方法两大类。地基处理方法也可分为物理的方法、化学的方法、生物的方法等。下面按照加固地基的机理将地基处理方法分为六类：置换，排水固结，灌入固化物，振密、挤密，加筋和冷、热处理。事实上对地基处理方法进行严格的分类是很困难的，一种地基处理方法加固地基机理往往有几种，如采用石灰桩法加固地基有：置换作用；石灰与地基土之间离子交换等化学作用；生石灰熟化过程中，吸水形成桩周土排水固结作用；生石灰熟化放热形成热加固作用等。而且新的地基处理方法还在不断产生，也增加地基处理方法分类的困难。在《地基处理手册》（第三版）中将常用地基处理方法分类如下：

1. 置换，包括：换土垫层法

　　　　　　　　挤淤置换法

　　　　　　　　褥垫法

　　　　　　　　振冲置换法

　　　　　　　　强夯置换法

　　　　　　　　砂石桩置换法

　　　　　　　　EPS超轻质填土法

2. 排水固结，包括：一般堆载预压法

　　　　　　　　超载预压法

　　　　　　　　真空预压法

　　　　　　　　真空预压与堆载预压联合作用法

　　　　　　　　降低地下水位法

　　　　　　　　电渗法

3. 灌入固化物，包括：深层搅拌法

　　　　　　　　高压喷射注浆法

　　　　　　　　渗入性灌浆法

　　　　　　　　劈裂灌浆法

　　　　　　　　压密灌浆法

　　　　　　　　电化学灌浆法

4. 振密、挤密，包括：表层原位压实法

　　　　　　　　强夯法

　　　　　　　　振冲密实法

　　　　　　　　挤密砂石桩法

　　　　　　　　土桩、灰土桩法

　　　　　　　　夯实水泥土桩法

　　　　　　　　孔内夯扩桩法

5. 加筋，包括：加筋土法

　　　　　　　　锚固法

　　　　　　　　树根桩法

　　　　　　　　低强度桩复合地基法

　　　　　　　　钢筋混凝土桩复合地基法

6. 冷、热处理，包括：冻结法

　　　　　　　　烧结法

笔者认为可以将采用各类地基处理方法处理形成的人工地基分为二大类：一类是天然地基在地基处理过程中加固区地基土体的物理力学性质得到普遍的改良，经地基处理后形成的人工地基类似于天然地基中的均质地基。这类人工地基的特点是通过土质改良，提高地基土体的抗剪强度和压缩模量，达到提高地基承载力和减小沉降的目的。这类人工地基的承载力和沉降计算方法基本上与原天然地基上浅基础的计算方法相同，不同的是地基土层的物理力学指标得到改善。通过排水固结法、强夯法、换土垫层法、表层原位压实法和热加固法等方法处理形成的人工地基基本上属于这一类。另一类是在地基处理过程中，地基中部分土体得到增强，或被置换，或在天然地基中设置加筋材料，形成的人工地基称为复合地基。这类人工地基的特点是通过形成复合地基，达到提高地基承载力和减小沉降的目的。采用振冲置换法，强夯置换法，砂石桩置换法，石灰桩法，深层搅拌法，高压喷射注浆法，振冲密实法，挤密砂石桩法，土桩、灰土桩法，夯实水泥土桩法，孔内夯扩桩法，树根桩法，低强度桩复合地基法，钢筋混凝土桩复合地基法等均可形成复合地基。通过地基处理形成复合地基在地基处理形成的人工地基中占有很大的比例，而且呈发展趋势。至今浅基础的设计计算理论比较成熟，而复合地基设计计算理论虽已形成，但还正在发展之中。

从上述分析可以看到复合地基和地基处理两者间的联系，复合地基理论和实践在地基处理中的重要性。很多地基处理方法是通过形成复合地基来达到提高地基承载力和减小沉降的目的，因此一定要重视复合地基理论研究，提高复合地基承载力和沉降计算能力。同时也应该看到复合地基理论和实践的发展将进一步促进地基处理水平的提高。复合地基技术的发展在地基处理技术发展中有着非常重要的地位。

当你在选用地基处理方法时，首先可根据具体工程情况考虑是采用土质改良还是采用复合地基，然后再考虑采用具体的地基处理方法。

6.3 复合地基与浅基础和桩基础

在第 3 章中已详细分析浅基础、桩基础、桩体复合地基三种地基基础形式的荷载传递路线。各自的荷载传递路线也是上述三种地基基础型式的基本特征。简言之，对浅基础，荷载直接传递给地基土体；对桩基础，荷载通过桩体传递给地基土体；对桩体复合地基，荷载一部分通过桩体传递给地基土体，一部分直接传递给地基土体。

通过上述对浅基础、桩体复合地基和桩基础荷载传递路线的分析，可以认为桩体复合地基是介于浅基础和桩基础之间的，如图 6-1 所示。浅基础、桩基础和复合地基三者之间并不存在严格的界限，是连续分布的。复合地基置换率等于零时就是浅基础。复合地基桩土应力比等于1时也就是浅基础。若复合地基中不考虑桩间土的承载力，复合地基承载力计算则与桩基础相同。摩擦桩基础中若能考虑桩间土直接承担荷载的作用，也可属于复合地基。或者说考虑桩土共同作用也可将其归属于复合地基。复合桩基是一种桩基础，也可认为是一种复合地基。

图 6-1　浅基础、复合地基和桩基础

浅基础、桩基础和复合地基已成为工程中常用的三种地基基础形式。上述三种地基基础形式可满足大部分工程的需要。

6.4　复合地基与双层地基

有的学者将复合地基视为双层地基，将双层地基有关计算方法应用到复合地基计算中。笔者认为复合地基与双层地基在荷载作用下的性状有较大区别，在复合地基计算中直接应用双层地基计算方法是不妥当的，有时是偏不安全的。只有当加固区范围比荷载作用区范围大得较多，且加固区厚度较薄时，将复合地基视为双层地基产生的误差较小。

下面通过比较分析在荷载作用下复合地基和双层地基中的附加应力，讨论复合地基和双层地基之间的区别。图 6-2（a）和（b）分别为复合地基和双层地基的示意图。图 6-2（a）中复合地基加固区复合模量设为 E_1，地基中其他区域土体模量为 E_2，显然 $E_1 > E_2$。复合地

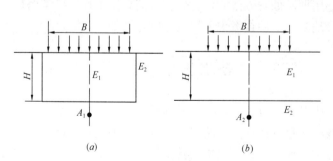

图 6-2　复合地基与双层地基
（a）复合地基；（b）双层地基

基加固区深度为 H。图 6-2（b）中的双层地基上层土体模量设为 E_1，下层土体模量设为 E_2。并设双层地基中上层土体厚度与复合地基加固区深度相同，

也为 H。以条形基础为例，作用在复合地基和双层地基上荷载作用面宽度均为 B，而且荷载密度相同。现分析在荷载作用中心线下复合地基加固区下卧层中 A_1 点（图 a）和双层地基中对应的 A_2 点（图 b）竖向应力情况。不难看出复合地基加固区下卧层中 A_1 点竖向应力 σ_{A1} 比双层地基中对应的 A_2 点的竖向应力 σ_{A2} 要大。如果提高复合地基加固区和双层地基上层土体模量，增大 E_1/E_2 值，则复合地基加固区下卧层中 A_1 点 σ_{A1} 值增大，而双层地基下层土体中时应的 A_2 点 σ_{A2} 值减小。当 E_1/E_2 趋向无穷大时，理论上双层地基下层土体中 A_2 点的竖向应力 σ_{A2} 趋向零，而复合地基加固区下卧层中 A_1 点的竖向应力 σ_{A1} 是不断增大的。当 E_1/E_2 变化时，复合地基加固区下卧层中应力和双层地基下层土体中的应力两者变化趋势刚好相反。由上述分析可以看出复合地基与双层地基在荷载作用下应力场分布有很大差别。在荷载作用下复合地基与双层地基性状的差别是很大的，这一点一定要引起重视。

荷载作用下均质地基中的附加应力可用布西涅斯克解求解。双层地基可采用当层法求解。当层法基本思路如图 6-3 所示。图（a）为双层地基，图（b）为与图（a）对应的均质地基。若图（a）所示双层地基中两层土体模量分别为 E_1 和 E_2，双层地基中上层土体厚度为 H，则可将双层地基中第一层土换成与第二层土相同模量的相当土层，形成与其对应的均质地基。图（b）所示均质地基中与双层地基中第一层土相当的土层的厚度为

$$h = H\sqrt{E_1/E_2} \tag{6-1}$$

式中　H——第一层土层厚度。

用相当土层代替后，双层地基变成均质地基。图（b）所示均质地基与图（a）所示双层地基是等价的。荷载作用下图（b）所示均质地基中附加应力可采用布西涅斯克解求解。于是通过求图（b）所示均质地基中附加应力可得到双层地基中附加应力。

采用当层法可用来计算荷载作用下双层地基中的附加应力。

由图 6-3 可知，当双层地基中上层土体模量 E_1 大于下层土体模量 E_2 时，在荷载作用下双层地基中下层土体中附加应力比对应的土体模量为 E_2 的均质地基要小，如将复合地基视为双层地基采用当层法计算复合地基中的附加应力可能带来很大误差。计算结果是偏不安全的，当层法不适用于复合地基中附加应力计算。

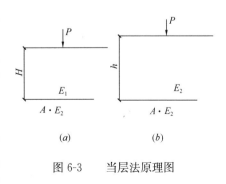

图 6-3　当层法原理图

杨慧（2000）采用有限元法分析比较了复合地基和双层地基中压力扩散情

况。在分析中将作用在复合地基加固区与下卧层界面上和双层地基两层土界面上，荷载作用面对应范围内的竖向应力取平均值，并依此平均值计算压力扩散角。计算中复合地基加固深度和双层地基上一层厚度相同，取 $H=10\mathrm{m}$。复合地基加固区外土体和双层地基下一层土体模量相同，取 $E_2=5\mathrm{MPa}$，复合地基加固区土体和双层地基上一层土体模量相同，为 E_2。首先讨论压力扩散角随 H/B 的变化情况。当 $E_1/E_2=1.0$ 时，此时复合地基和双层地基均蜕化成均质地基。压力扩散角随 H/B 的变化情况如图 6-4 所示，此时复合地基和双层地基为同一曲线。随着 E_1/E_2 值的增大，复合地基和双层地基压力扩散角随 H/B 的变化曲线差距增大。图 6-5 中 E_1/E_2 值等于 1.2。当 E_1/E_2 值等于 6.0 时，复合地基和双层地基压力扩散角随 H/B 的变化曲线如图 6-6 所示。由图 6-4、图 6-5 和图 6-6 可知，双层地基扩散角远大于复合地基的扩散角，且随着 E_1/E_2 的增大这种差距增大。

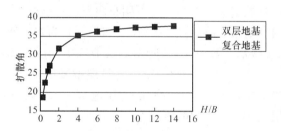

图 6-4　扩散角与 H/B 关系曲线（$H=10\mathrm{m}$，模量比为 1）

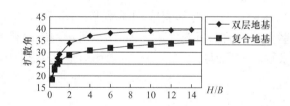

图 6-5　扩散角与 H/B 关系曲线（$H=10\mathrm{m}$，模量比为 1.4）

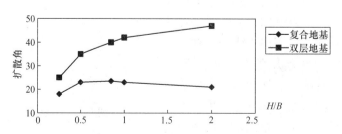

图 6-6　扩散角与 H/B 关系曲线（$H=10\mathrm{m}$，模量比为 6.0）

图 6-7 表示荷载作用下深度 H 处（复合地基下卧层上表面或双层地基二层土交界处）附加应力平均值与模量比变化的关系。计算中取 $H/B=1.0$，$H=10$m，$E_2=5$MPa。由图 6-7 可看出，随着模量比（E_1/E_2）增大，复合地基中加固区与下卧层界面处附加应力平均值略有增大，而双层地基中附加应力平均值随着模量比的增大而迅速减小。图 6-8 表示扩散角随模量比变化关系，计算中取 $H=10$m，$E_2=5$MPa，$H/B=1.0$。由图 6-8 可以看出，双层地基中压力扩散角随着模量比的增大而迅速增大，复合地基的扩散角随着模量比的增大稍有减小。

根据前面分析，在荷载作用下双层地基与复合地基中附加应力场分布及变化规律有着较大的差别，将复合地基认为双层地基，低估了深层土层中的附加应力值，在工程上是偏不安全的。

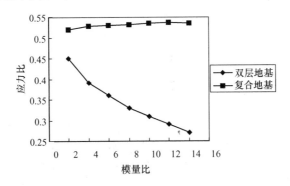

图 6-7　附加应力与模量比关系曲线

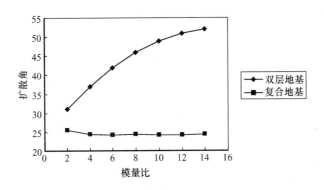

图 6-8　扩散角与模量比关系曲线

6.5　复合地基与复合桩基

前面已分析过复合地基是一个新的概念，复合地基概念源自国外，但形成广义复合地基理论体系则在中国。复合桩基也是一个新的概念，是近二十年来在我国基础工程技术发展中形成的新概念。复合桩基不同于传统的桩基础，是桩基础理论和实践的一个发展。一般情况下，在建筑物采用摩擦桩基础时，桩和桩间土往往共同直接承担荷载。在传统的桩基理论中，一般不考虑桩间土直接参与承担荷载的。如果考虑桩间土直接参与承担荷载，则需解决桩和桩间土共同直接承担荷载的条件，以及如何评估桩和桩间土直接参与承担荷载的比例。笔者曾谈到在传统的桩基理论中，不考虑摩擦桩基中的桩间土直接参与承担荷载的原因可能有下述几方面：不知如何评估桩和桩间土共同直接承担荷载的条件；在桩和桩间土能共同直接承担荷载条件下，如何计算桩土分担荷载的比例；以及考虑在大部分条件下，桩间土所承担荷载的比例较小。因此在常规桩基设计中，若桩间土能承担荷载，只是把它作为一种安全储备。近二十年来随着分析技术和测试技术的发展，人们从不同出发点不断探讨如何让桩间土也能直接承担部分荷载。温州地区软弱黏土层很厚，按常规设计，多层建筑采用桩基础，用桩量较大。为了减少用桩量，降低基础工程投资，管自立（1990）提出了"疏桩基础"的概念。在摩擦桩基设计中，他建议采用较大的桩间距，减少用桩量，让桩间土也参与直接承担荷载。采用'疏桩基础'用桩量减少了，但沉降增加了。因此，在"疏桩基础"设计中要求合理控制工后沉降。就"疏桩基础"字面而言是桩距比较大的桩基础，但它已超越了传统桩基础的概念，其实质是桩和桩间土共同直接承担荷载。同一时期，黄绍铭等（1990）提出了"减小沉降量桩基"的概念。在工程设计中，经常会遇到下述情况：采用天然地基，地基承载力可以满足要求，而工后沉降偏大，不能满足要求，此时就采用桩基础。在桩基础设计中，荷载全部由桩承担。"减小沉降量桩基"的概念认为：采用桩基础有二个主要目的：一是提高地基承载力，二是减少沉降。以减少沉降为主要目的桩基础称为"减小沉降量桩基"。在"减小沉降量桩基"设计中，根据容许沉降量来进行设计。在"减小沉降量桩基"设计中，桩基础不仅以减小沉降为目的，而且在计算中考虑了桩和土直接承担荷载，也已超越了经典的桩基础的概念，其实质也是桩和桩间土共同直接承担荷载。刘金砺等通过大量的现场试验，探讨研究了桩土共同作用。桩土共同作用的实质也是桩和桩间土共同直接承担荷载。"疏桩基础"的概念、"减小沉降量桩基"的概念和桩土共同作用的概念不断地碰撞、融合、发展形成了复合桩基概念。

什么是复合桩基？笔者认为：在荷载作用下，桩和桩间土同时直接承担荷载的桩基础称为复合桩基。在荷载作用下，桩和桩间土同时直接承担荷载也是复合桩基的本质。复合桩基是传统桩基础的扩展或发展。在复合桩基中，桩和桩间土直接承担荷载，应该说超越了经典的桩基础概念。在《建筑桩基技术规范》JGJ 94—2008 中复合桩基称为软土地基减沉复合疏桩基础。

在荷载作用下，桩和桩间土能够同时直接承担荷载是有条件的。由端承桩形成的桩筏基础，在荷载作用下，桩间土是不能够与桩同时直接承担荷载的。由摩擦桩形成的桩筏基础，在荷载作用下，要保证桩间土能够与桩同时直接承担荷载也是有条件的。什么是桩和桩间土能够同时直接承担荷载的条件呢？在荷载作用的全过程中，要求通过桩和桩间土的变形协调，保证桩和桩间土能够同时直接承担荷载。也就是说在复合桩基中，桩和桩间土在各自承担的荷载作用下，桩和桩间土的沉降量是相等的。在荷载作用的全过程中，通过桩和桩间土承担荷载比例的不断调整，达到变形协调，保证桩和桩间土能够同时直接承担荷载。在复合桩基的设计和施工中均要重视形成复合桩基的条件。不能保证桩和桩间土能够同时直接承担荷载，而视为复合桩基是偏不安全的，轻则降低工程安全储备，重则造成安全事故。笔者认为在复合桩基的发展过程中，强调重视形成复合桩基的条件非常重要。

顺便指出，在复合桩基中桩和桩间土直接承担荷载，在复合地基中竖向增强体和桩间土直接承担荷载，两者的实质类同。当复合地基中竖向增强体采用刚性桩时，两者的相同处更多。

另外，在复合桩基发展中，人们采用长短不一的桩形成长短桩复合桩基。长短桩复合桩基又分两类：一类是长桩和短桩采用同一材料形成，另一类长桩和短桩采用不同材料形成。长桩和短桩采用同一材料形成的复合桩基常采用多种桩长，布置形式可内长外短或外长内短。根据分析，在相同荷载作用下，内长外短和外长内短两种布置形式的复合桩基性状有较大差异。外长内短布置的总沉降比内长外短布置的小，而在基础中产生的弯矩要大。长桩和短桩采用不同材料形成的复合桩基中，短桩常采用地基处理加固形成的水泥土桩、石灰桩和散体材料桩。实际上水泥土桩、石灰桩和散体材料桩并不属于桩基础。在这类长短桩复合桩基中，也可理解为由水泥土桩、石灰桩和散体材料桩等增强体与天然地基形成复合地基，复合地基与桩形成复合桩基。这类长短桩复合桩基也称为刚柔性桩复合桩基。长短桩复合桩基与长短桩复合地基有许多类同之处，特别是刚柔性桩复合桩基。

前面已经谈过，复合地基的本质就是考虑桩间土和桩体共同直接承担荷载。由上面分析可知，复合桩基的本质与复合地基的本质是一样的，它们都是考虑桩间土和桩体共同直接承担荷载。因此是否可以认为复合桩基是复合地基的一种，是刚性基础下不带垫层的刚性桩复合地基。

目前在学术界和工程界对复合桩基是属于复合地基还是属于桩基础是有争议的，笔者认为既可将复合桩基视作桩基础，也可将其视为复合地基的一种型式。复合桩基属于桩基还是属于复合地基并不十分重要，重要的是弄清复合桩基的本质，复合桩基的形成条件，复合桩基的承载力和变形特性，复合桩基理论与传统桩基理论的区别。

笔者认为将复合桩基视为复合地基一种，有助于对复合桩基荷载传递规律的认识，也有益于复合桩基理论的发展。

顺便指出形成复合桩基有一定要求，需要重视复合桩基的形成条件。关于复合地基的形成条件的分析同样适用于复合桩基的形成条件的分析。

第7章 散体材料桩复合地基承载力

7.1 概 述

浅基础的各种承载力公式可以说均源于塑性力学 Prandtl 解，而摩擦桩的承载力公式将承载力分成桩侧摩阻力和端承力两部分，分别求出两者再相加组成桩的承载力。对浅基础和桩基础的承载力人们已有较多的工程积累和理论研究成果，虽然还有不少问题值得进一步研究和探讨，还是应该说浅基础和桩基础的承载力计算理论是较为成熟的。现有的桩体复合地基承载力计算公式认为桩体复合地基承载力是由桩间土地基承载力和桩的承载力两部分组成的，一部分是桩的贡献，一部分是桩间土的贡献。如何合理估计两者对复合地基承载力的贡献是桩体复合地基计算的关键。

复合地基在荷载作用下产生破坏时，一般情况下桩体和桩间土地基两者不可能同时到达极限状态，或者说两者同时达到极限状态概率很小。当基础刚度较大时，通常认为桩体复合地基中桩体先发生破坏。若复合地基中桩体先产生破坏，则复合地基破坏时桩间土承载力发挥度是多少也只能估计。而且复合地基中的桩间土地基的极限承载力与天然地基的极限承载力是不同的。当基础刚度较小时，复合地基中桩间土可能先发生破坏。此时，复合地基破坏时桩的承载力发挥度是多少也只能估计。而且复合地基中的桩所能承担的极限荷载与自由单桩所能承担的极限荷载也是不同的。因此桩体复合地基承载力的精确计算是比较困难的。

桩体复合地基中，散体材料桩、柔性桩和刚性桩荷载传递机理是不同的。桩体复合地基上基础刚度大小，是否铺设垫层，垫层厚度等都对复合地基受力性状有较大影响，在桩体复合地基承载力计算中都要考虑这些因素的影响。

至今复合地基工程实践积累还较少，而且复合地基技术正在发展，不少新的复合地基型式得到应用，应该说复合地基承载力计算理论还很不成熟，需要不断加强研究、发展和提高。

本章首先介绍散体材料桩的承载力计算，然后介绍桩间土地基承载力计算，最后介绍散体材料桩复合地基承载力计算。

7.2 散体材料桩承载力计算模式

散体材料桩极限承载力主要取决于桩侧土体所能提供的最大侧限力。散体材料桩在荷载作用下，桩体发生鼓胀，桩周土随着桩体鼓胀的发展从弹性状态逐步进入塑性状态，形成塑性区。随着荷载不断增大，从 P_1 增大到极限荷载 P_2，桩周土中的塑性区不断扩展而进入极限状态，如示意图 7-1 所示。

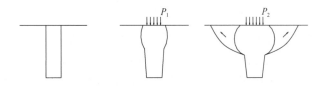

图 7-1   散体材料桩承载极限状态示意图

可通过计算桩间土可能提供的侧向极限应力计算散体材料桩单桩极限承载力。散体材料桩极限承载力一般表达式可用下式表示：

$$P_{pf} = \sigma_{ru} K_p \tag{7-1}$$

式中 σ_{ru}——桩侧土体所能提供的最大侧限力，kPa；

K_p——桩体材料的被动土压力系数。

计算桩侧土体所能提供的最大侧向极限力常用方法有 Brauns（1978）计算式，圆筒形孔扩张理论计算式，Wong H. Y.（1975）计算式、Hughes 和 Withers（1974）计算式以及被动土压力法等，下面逐节加以介绍。除上述方法外，国内外学者还提出其他一些计算公式和经验曲线供设计参考，读者可参阅有关文献，这里不再一一介绍。面对这么多计算方法，读者会问，哪个计算公式比较符合工程记录？南京水利科学研究院应用上述计算方法分析了十几个碎石桩复合地基加固工程的测试成果后认为上述散体材料桩极限承载力公式中很难说哪一个公式计算精度更高一些。有条件应通过载荷试验确定碎石桩的承载力。或采用几个方法进行计算用于综合分析。

从散体材料桩承载极限状态示意图可以看出，散体材料桩承载力的发挥需要散体材料桩具有一定的桩长，但散体材料桩的承载力并不随桩长的不断增加而增加。砂石桩单桩竖向抗压载荷试验表明，砂石桩桩体在受荷过程中，在桩顶以下 4 倍桩径范围内将发生侧向膨胀，因此散体材料桩设计桩长不宜小于 4 倍桩径。从承载力发挥角度，散体材料桩需要满足一定的桩长，但不需要设置太长。工程中有时设置较长的散体材料桩是为了满足减小沉降的需要。

7.3 Brauns（1978）散体材料桩承载力计算式

Brauns（1978）计算式是为计算碎石桩承载力提出的，其原理及计算式也适用于一般散体材料桩情况。Brauns 认为，在荷载作用下，桩体产生鼓胀变形。桩体的鼓胀变形使桩周土进入被动极限平衡状态。Brauns 假设桩周土极限平衡区如图 7-2（a）所示。在计算中，Brauns 还作了下述几条假设：

（1）桩周土极限平衡区位于桩顶附近，滑动面成漏斗形，桩体鼓胀破坏段长度等于 $2r_0 \tan\delta_p$，其中 r_0 为桩体半径，$\delta_p = 45° + \varphi_p/2$，$\varphi_p$ 为散体材料桩桩体材料的内摩擦角；

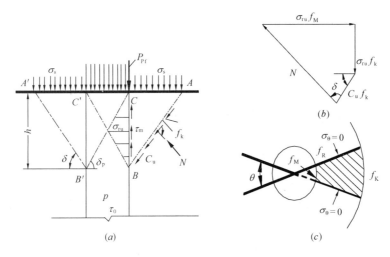

图 7-2 Brauns（1978）计算图式

（2）桩周土与桩体间摩擦力 $\tau_M = 0$，极限平衡土体中，环向应力 $\sigma_\theta = 0$；

（3）不计地基土和桩体的自重。

在上述假设的基础上，作用在图 7-2（c）中阴影部分土体上力的多边形如图 7-2（b）所示。图中 f_M、f_K 和 f_R 分别表示阴影部分所示的平衡土体的桩周界面、滑动面和地表面的面积。根据力的平衡，可得到在极限荷载作用下，桩周土上的极限应力 σ_{ru} 为

$$\sigma_{ru} = \left(\sigma_s + \frac{2c_u}{\sin2\delta}\right)\left(\frac{\tan\delta_p}{\tan\delta} + 1\right) \tag{7-2}$$

式中　c_u——桩间土不排水抗剪强度；

　　　δ——滑动面与水平面夹角；

　　　σ_s——桩周土表面荷载，如图 7-2（a）所示；

　　　δ_p——桩体材料内摩擦角。

将式（7-2）代入式（7-1）可得到桩体极限承载力为

$$P_{\mathrm{pf}} = \sigma_{\mathrm{ru}}\tan^2\delta_{\mathrm{p}} = \left(\sigma_{\mathrm{s}} + \frac{2c_{\mathrm{u}}}{\sin 2\delta}\right)\left(\frac{\tan\delta_{\mathrm{p}}}{\tan\delta} + 1\right)\tan^2\delta_{\mathrm{p}} \qquad (7\text{-}3)$$

滑动面与水平面的夹角 δ 要按下式用试算法求出

$$\frac{\sigma_{\mathrm{s}}}{2c_{\mathrm{u}}}\tan\delta_{\mathrm{p}} = -\frac{\tan\delta}{\tan 2\delta} - \frac{\tan\delta_{\mathrm{p}}}{\tan 2\delta} - \frac{\tan\delta_{\mathrm{p}}}{\sin 2\delta} \qquad (7\text{-}4)$$

当 $\sigma_{\mathrm{s}} = 0$ 时，式（7-3）可改写为

$$P_{\mathrm{pf}} = \frac{2c_{\mathrm{u}}}{\sin 2\delta}\left(\frac{\tan\delta_{\mathrm{p}}}{\tan\delta} + 1\right)\tan^2\delta_{\mathrm{p}} \qquad (7\text{-}5)$$

夹角 δ 要按下式用试算法求得

$$\tan\delta_{\mathrm{p}} = \frac{1}{2}\tan\delta(\tan^2\delta - 1) \qquad (7\text{-}6)$$

设桩体材料内摩擦角 $\varphi_{\mathrm{p}} = 38°$（碎石内摩擦角常取为 $38°$），则 $\delta_{\mathrm{p}} = 64°$。由式（7-6）试算得 $\delta = 61°$，代入式（7-3）可得 $P_{\mathrm{pf}} = 20.8C_{\mathrm{u}}$。这就是计算碎石桩承载力的 Brauns 理论简化计算式。

7.4 圆筒形孔扩张理论散体材料桩承载力计算式

在荷载作用下，散体材料桩桩体材料发生鼓胀变形，对桩周土体产生挤压作用。采用圆筒形孔扩张理论计算式时是将桩周土体的受力过程视为圆筒形孔扩张课题，采用 Vesic 圆孔扩张理论求解。图 7-3 为圆孔扩张理论计算模式示意图。在圆孔扩张力作用下，圆孔周围土体从弹性变形状态逐步进入塑性变形状态。随着荷载增大，塑性区不断发展。达到极限状态时，塑性区半径为 r_{p}，圆孔半径由 r_0 扩大到 r_{u}，圆孔扩张压力为 p_{u}，此时，散体材料桩的极限承载力为

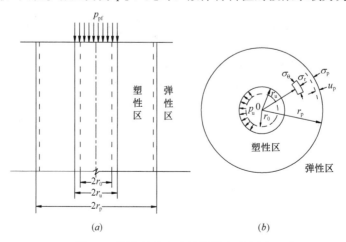

(a)　　　　　　　　　　　(b)

图 7-3　圆孔扩张理论计算模式示意图

$$p_{\text{pf}} = p_{\text{u}} \tan^2\left(45° + \frac{\varphi_{\text{P}}}{2}\right) \tag{7-7}$$

式中 p_{u}——桩周土体对桩体的约束力,即为圆孔扩张压力极限值;

φ_{p}——桩体材料内摩擦角。

现介绍 Vesic 圆孔扩张压力极限值求解方法。

圆筒形孔扩张问题是平面应变轴对称问题,采用极坐标比较方便(图 7-4)。考虑单元力系的平衡,可以得到平面应变轴对称问题的平衡微分方程为:

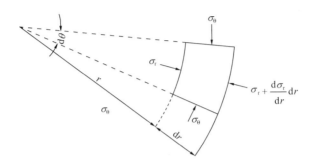

图 7-4 轴对称条件下单元应力状态

$$\frac{\mathrm{d}\sigma_{\text{r}}}{\mathrm{d}r} + \frac{\sigma_{\text{r}} - \sigma_{\theta}}{r} = 0 \tag{7-8}$$

弹性阶段本构方程为广义虎克定律,

$$\left.\begin{array}{l} \varepsilon_{\text{r}} = \dfrac{1 - \nu^2}{E}\left(\sigma^{\text{r}} - \dfrac{\nu}{1 - \nu}\sigma^{\theta}\right) \\[3mm] \varepsilon_{\theta} = \dfrac{1 - \nu^2}{E}\left(\sigma_{\theta} - \dfrac{\nu}{1 - \nu}\sigma^{r}\right) \end{array}\right\} \tag{7-9}$$

屈服条件为莫尔-库伦条件,

$$(\sigma_{\text{r}} - \sigma_{\theta}) = (\sigma_{\text{r}} + \sigma_{\theta})\sin\varphi + 2C\cos\varphi \tag{7-10}$$

当 $\varphi = 0$ 时,上式转化为

$$\sigma_{\text{r}} - \sigma_{\theta} = 2C \tag{7-11}$$

根据弹性理论可得轴对称条件下弹性变形阶段径向位移表达式为

$$u = \frac{(1 + \nu)}{E} r \sigma_{\text{r}} \tag{7-12}$$

式中 E、ν——分别为土体弹性模量和泊松比。

先讨论 $\varphi = 0$ 情况:

将式(7-11)代入式(7-8),然后积分,并考虑边界条件,$r = r_{\text{u}}$ 时,$\sigma_{\text{r}} = p_{\text{u}}$,可得

$$\sigma_{\text{r}} = p_{\text{u}} - 2C\ln\frac{r}{r_{\text{u}}} \tag{7-13}$$

将上式代入式（7-11），可得

$$\sigma_\theta = p_u - 2C\left(\ln\frac{r}{r_u} + 1\right) \tag{7-14}$$

$\varphi = 0$ 时，塑性体积应变等于零。忽略塑性区材料在弹性阶段的体积变化，即认为塑性区总体积不变，则圆筒形孔体积变化等于弹性区体积变化。由图 7-4，可得

$$\pi r_u^2 - \pi r_0^2 = \pi r_p^2 - \pi (r_p - u_p)^2 \tag{7-15}$$

式中　u_p——塑性区外侧边界的径向位移。

展开上式，略去 u_p 的平方项及 r_0^2 项，得

$$2u_p \frac{r_p}{r_u^2} = 1 \tag{7-16}$$

弹塑性区交界处（$r = r_p$），$\sigma_r = \sigma_p$。由式（7-12）得

$$u_p = \frac{(1+\nu)}{E} r_p \sigma_p \tag{7-17}$$

在 $r = r_p$ 时，应力 σ_r 和 σ_θ 应满足屈服条件，即

$$\sigma_p - \sigma_\theta = 2C \tag{7-18}$$

而且

$$\sigma_\theta = -\sigma_r = -\sigma_p \tag{7-19}$$

综合式（7-18）式（7-19）得

$$\sigma_p = C \tag{7-20}$$

综合式（7-16）和（7-17），消去 u_p，得

$$\frac{2r_p^2}{r_u^2} \frac{(1+\nu)}{E} \sigma_p = 1 \tag{7-21}$$

将式（7-20）代入上式，得

$$\frac{r_p^2}{r_u^2} = \frac{E}{2(1+\nu)C} \tag{7-22}$$

引进刚度指标 I_r，且 $C = C_u$，得

$$I_r = \frac{E}{2(1+\nu)C} = \frac{G}{C_u} \tag{7-23}$$

式中　G——土体剪切模量；

C_u——土体抗剪强度，即土体不排水抗剪强度。

于是有

$$\frac{r_p}{r_u} = \sqrt{I_r} \tag{7-24}$$

由式（7-13）可得

$$\sigma_p = p_u - 2C\ln\frac{r_p}{r_u} \tag{7-25}$$

综合式 (7-20)，式 (7-24) 和式 (7-25)，可得

$$p_u = C(\ln I_r + 1) = C_u(\ln I_r + 1) \tag{7-26}$$

将上式代入式 (7-17) 可得桩间土 $\varphi = 0$ 时散体材料桩极限承载力为

$$p_{Pf} = C_u(\ln I_r + 1) \tan^2\left(45° + \frac{\varphi_p}{2}\right) \tag{7-27}$$

式中　C_u——桩间土不排水抗剪强度；

　　$I_r = G/C_u$，土的刚度指标；

　　φ_p——桩体材料内摩擦角。

对 $\varphi \neq 0$ 情况，推导的过程与 $\varphi = 0$ 情况的基本相同，不同的是塑性区体积应变不等于零。圆孔扩张压力极限值表达式为（龚晓南，1999）

$$p_u = (q + C\text{ctan}\varphi)(1 + \sin\varphi)\left[I_{rr}\sec\varphi\right]^{\frac{\sin\varphi}{1+\sin\varphi}} - C\text{ctan}\varphi \tag{7-28}$$

式中　q——土体中初始应力；

　　I_{rr}——修正刚度指标。

修正刚度指标 I_{rr} 表达式为

$$I_{rr} = \frac{I_r(1+\Delta)}{1 + I_r\sec\varphi \cdot \Delta} \tag{7-29}$$

式中　I_r——刚度指标；

　　Δ——塑性区平均体积应变。

刚度指标 I_r 表达式为

$$I_r = \frac{E}{2(1+v)(C + q\tan\varphi)} = \frac{G}{S} \tag{7-30}$$

式中　S——土体抗剪强度

　　G——土体剪切模量；

　　q——土体中初始应力。

将式 (7-28) 代入式 (7-7)，可得桩周土（强度指标 C 和 φ，初始应力为 q）的散体材料桩极限承载力公式，

$$p_{pf} = \{(q + C\text{ctan}\varphi)(1 + \sin\varphi)\left[I_{rr}\sec\varphi\right]^{\frac{\sin\varphi}{1+\sin\varphi}} - C\text{ctan}\varphi\} \times \tan^2\left(45° + \frac{\varphi_p}{2}\right)$$

$$\tag{7-31}$$

式中　φ_p——桩体材料内摩擦角；

　　I_{rr}——修正刚度指标。

修正刚度指标表达式中塑性应变体积在分析中是作为已知值引进的。实际上，塑性区体积应变 Δ 是塑性区内应力状态的函数，只有应力状态为已知值时，才有可能确定 Δ 值。为了克服这一困难，可采用下述迭代法求解：

（1）先假定一个塑性区体积应变平均值 Δ_1，由上述分析可得到塑性区内的应力状态；

（2）由步骤（1）计算得到的应力状态，根据试验确定的体积应变与应力的关系，确定修正的平均塑性体积应变 Δ_2。

（3）用修正的平均体积应变 Δ_2，重复步骤（1）和（2），直至 Δ_n 值与 Δ_{n-1} 值相差不大。这样，就可得到满意的解答。然后根据 Δ_n 值以及其他数据，确定修正刚度指标 I_{rr} 值。

7.5　Wong H. Y.（1975）散体材料桩承载力计算式

Wong（1975）采用计算挡土墙上被动土压力的方法计算作用在桩体上的侧限压力，于是可得到桩的承载力计算式为：

$$P_{pf} = (K_{ps}\sigma_{s0} + 2C_u\sqrt{K_{ps}})\tan\left(45° + \frac{\varphi_p}{2}\right) \tag{7-32}$$

式中　σ_{s0} ——桩间土上竖向荷载；

$\quad\quad\varphi_p$ ——桩体材料内摩擦角；

$\quad\quad K_{ps}$ ——桩间土的被动土压力系数；

$\quad\quad C_u$ ——桩间土不排水抗剪强度。

7.6　Hughes 和 Withers（1974）散体材料桩承载力计算式

Hughes 和 Withers（1974）用极限平衡理论分析，建议按下式计算单桩的极限承载力 P_{pf}

$$p_{pf} = (p'_0 + u_0 + 4C_u)\tan^2\left(45° + \frac{\varphi_p}{2}\right) \tag{7-33}$$

式中，p'_0，u_0 分别为初始径向有效应力和超孔隙水压力，从原型观测资料分析认为 $p'_0 + u_0 = 2C_u$，故式（7-33）可改写为

$$p_{pf} = 6C_u\tan^2\left(45° + \frac{\varphi_p}{2}\right) \tag{7-34}$$

式中　C_u ——桩间土不排水抗剪强度。

$\quad\quad\varphi_P$ ——桩体材料内摩擦角。

对碎石桩，一般取 $\varphi_p = 38°$，则式（7-34）可进一步简化为

$$P_{pf} = 25.2C_u \tag{7-35}$$

Broms（1979）推荐上式计算碎石桩极限承载力。

7.7　被动土压力散体材料桩承载力计算式

通过计算桩周土中的被动土压力计算桩周土对散体材料桩的侧限力。桩体承

载力表达式为

$$p_{pf} = \left[(\gamma z + q) K_{ps} + 2C_u \sqrt{K_{ps}} \right] K_p \qquad (7\text{-}36)$$

式中 γ——土的重度；

       z——桩的鼓胀深度；

       q——桩间土上荷载；

       C_u——土的不排水抗剪强度；

    K_{ps}——桩周土的被动土压力系数；

     K_p——桩体材料被动土压力系数。

7.8 桩间土地基承载力

根据天然地基载荷板试验结果，或根据其他室内外土工试验资料可以确定天然地基极限承载力。散体材料桩复合地基中桩间土地基极限承载力与天然地基极限承载力密切相关，但两者并不完全相同。在地基中设置散体材料桩后，桩间土地基极限承载力不同于天然地基承载力。两者的差别随地基土的工程特性、散体材料桩的性质、复合地基的置换率、特别是散体材料桩的设置方法不同而不同。有的情况下两者区别很小，或者虽有一定区别，但桩间土地基极限承载力比天然地基极限承载力大，而且又较难计算时，在工程实用上，常用天然地基极限承载力值作为桩间土地基极限承载力。

散体材料桩复合地基中桩间土地基极限承载力有别于天然地基极限承载力的主要影响因素有下列几个方面：在桩的设置过程中对桩间土的挤密作用，特别是挤密散体材料桩在桩的设置过程中对桩间土的挤密作用更为明显；在软黏土地基设置置换散体材料桩过程中，由于振动、挤压、扰动等原因，使桩间土中出现超孔隙水压力，土体强度有所降低，但复合地基施工完成后，一方面随时间发展原地基土的结构强度逐渐恢复，另一方面地基中超孔隙水压力消散，桩间土中有效应力增大，抗剪强度提高。这两部分的综合作用使桩间土地基承载力往往大于天然地基承载力。散体材料桩的材料性质有时对桩间土强度也有影响。如碎石桩和砂桩等具有良好透水性的桩体的设置，有利于桩间土排水固结，桩间土抗剪强度提高，使桩间土地基承载力得到提高。桩的遮拦作用也使桩间土地基承载力得到提高。以上影响因素大多是使桩间土地基极限承载力高于天然地基极限承载力。

散体材料桩复合地基承载力计算式中的天然地基极限承载力可通过载荷试验确定，也可根据土工试验资料和相应规范确定。

若无试验资料，天然地基极限承载力常采用 Skempton 极限承载力公式进行计算。Skempton 极限承载力公式为

$$P_{sf} = c_u N_c \left(1 + 0.2 \frac{B}{L} \right) \left(1 + 0.2 \frac{D}{L} \right) + \gamma D \qquad (7\text{-}37)$$

式中　D——基础埋深；

　　　c_u——不排水抗剪强度；

　　　N_c——承载力系数，当 $\varphi=0$ 时，$N_c=5.14$；

　　　B——基础宽度；

　　　L——基础长度。

7.9　散体材料桩复合地基承载力

7.9.1　桩体复合地基承载力计算模式

桩体复合地基承载力的计算思路通常是先分别确定桩体的承载力和桩间土的承载力，然后根据一定的原则叠加这两部分承载力得到复合地基的承载力。复合地基的极限承载力 p_{cf} 可用下式表示：

$$p_{cf} = k_1\lambda_1 m p_{pf} + k_2\lambda_2(1-m)p_{sf} \tag{7-38}$$

式中　p_{pf}——单桩极限承载力，单位 kPa；

　　　p_{sf}——天然地基极限承载力，单位 kPa；

　　　k_1——反映复合地基中桩体实际极限承载力与单桩极限承载力不同的修正系数；

　　　k_2——反映复合地基中桩间土实际极限承载力与天然地基极限承载力不同的修正系数；

　　　λ_1——复合地基破坏时，桩体发挥其极限强度的比例，称为桩体极限强度发挥度；

　　　λ_2——复合地基破坏时，桩间土发挥其极限强度的比例，称为桩间土极限强度发挥度；

　　　m——复合地基置换率，$m = \dfrac{A_p}{A}$，其中 A_p 为桩体面积，A 为对应的加固面积。

上式中的系数 k_1 主要反映散体材料桩复合地基中桩体实际极限承载力与自由单桩载荷试验测得的极限承载力的区别。复合地基中桩体实际极限承载力一般比自由单桩载荷试验测得的极限承载力要大。其机理是作用在桩间土上的荷载和作用在邻桩上的荷载两者对桩间土的作用造成了桩间土对桩体的侧压力增加，使桩体实际极限承载力提高。对散体材料桩，其影响效果更大。式（7-38）中的系数 k_2 主要反映复合地基中桩间土地基实际极限承载力与天然地基极限承载力的区别。对系数 k_2 的影响因素很多。如：在桩的设置过程中对桩间土的挤密作用，采用振动挤密成桩法影响更为明显；在软黏土地基设置桩体过程中，由于振动、挤压、扰动等原因，地基土的结构强度有所降低；碎石桩和砂桩等具有良好透水性的桩体的设置，有利于桩间土排水固结，桩间土抗剪强度提高，使桩间土承载力得到提高。以上影响因素中除施工扰动，黏性土结构强度有所降低外，其他都是使桩间土极限承载力高于天然地基极限承载力。总之系数 k_1 和系数 k_2 与工程地质条件、桩体设置方法、桩体材料等因素有关。遗憾的是目前还不能分门别类给出系数 k_1 和系数 k_2 的参考数值。值得高兴的是近年来人们重视该领域的研究与工程经验积累，已有不少论文和工程实录报道这方面的成果，较多的理论研究和工程实录积累将可能给出定量的意见。

复合地基的容许承载力 p_{cc} 计算式为

$$p_{cc} = \frac{p_{cf}}{K} \tag{7-39}$$

式中 K——安全系数。

当复合地基加固区下卧层为软弱土层时，按复合地基加固区容许承载力计算基础的底面尺寸后，尚需对下卧层承载力进行验算。要求作用在下卧层顶面处附加应力 p_0 和自重应力 σ_r 之和 p 不超过下卧层土的容许承载力 $[R]$，即

$$p = p_0 + \sigma_r \leqslant [R] \tag{7-40}$$

为了简化起见，实用上附加应力 p_0，可以采用压力扩散法计算。

7.9.2 散体材料桩复合地基承载力影响因素分析

散体材料桩一般指碎石桩、砂桩和砂石混合料桩等。通常采用振动、沉管或水冲等方式在地基中成孔后，再将碎石、砂或砂石混合料挤压入已成的孔中，形成大直径的砂石体所构成的散体材料桩。根据加固地基土体在成桩过程中的可压密性，可分为挤密散体材料桩和置换散体材料桩两大类。在松散的砂土、粉土、粉质黏土等土层，及人工填土、粉煤灰等可挤密土层中设置散体材料桩，在成桩过程中地基土体被挤密，形成的散体材料桩和被挤密的桩间土使复合地基承载力得到很大提高，压缩模量也得到很大提高。在饱和黏性土地基和饱和黄土地基中设置散体材料桩，在成桩过程中地基土体不能被挤密，复合地基承载力提高幅度不大，且工后沉降较大。因此一定要重视挤密散体材料桩和置换散体材料桩两大类之间的差别。

挤密散体材料桩成桩过程中除逐层振密外，近年发展了多种采用锤击夯扩散体材料桩的施工方法。填料除碎石、砂石和砂以外，还有采用矿渣和其他工业废料。在采用工业废料作为填料时，除重视其力学性质外，尚应分析对环境可能产生的影响。

挤密散体材料桩复合地基中桩间土经振密、挤密后，其承载力提高较大，因此公式（7-38）中桩间土地基承载力应采用处理后桩间土地基承载力值，并且宜通过现场载荷试验或根据当地经验确定。

采用置换散体材料桩复合地基加固软黏土地基，国内外有不少工程实例，有

成功的经验，也有失败的教训。由于软黏土含水量高、透水性差，形成散体材料桩时很难发挥挤密效果，其主要作用是通过置换与软黏土构成复合地基，同时形成排水通道利于软土的排水固结。由于散体材料桩的单桩竖向抗压承载力大小主要取决于桩周土的侧限力，而软土抗剪强度低，因此碎石桩单桩竖向抗压承载力小。采用砂石桩处理软土地基承载力提高幅度相对较小。虽然通过提高置换率可以提高复合地基承载力，但成本较高。另外在工作荷载作用下，地基土产生排水固结，砂石桩复合地基工后沉降较大，这点往往得不到重视而酿成工程事故。采用置换散体材料桩复合地基处理软土地基应慎重。用置换散体材料桩复合地基处理饱和软黏土地基，最好先预压。

一般认为置换砂石桩法用振冲法处理软土地基，被加固的主要土层十字板强度不宜小于 20kPa，被加固的主要土层强度较低时，易造成串孔，成桩困难。也有采用袋装（土工布制成）砂石桩和竹笼砂石桩形成置换砂石桩复合地基。

散体材料桩复合地基承载力的影响因素很多、很复杂，因此一般应通过复合地基竖向抗压载荷试验确定。

第8章 黏结材料桩复合地基承载力

8.1 概　　述

桩体复合地基承载力由两部分组成,一部分是桩的贡献,另一部分是桩间土的贡献。黏结材料桩复合地基承载力与散体材料桩复合地基承载力的主要区别在于黏结材料桩承载力与散体材料桩承载力的区别。黏结材料桩与散体材料桩在设置过程中对桩间土的影响也有区别,在计算桩间土地基承载力时也要注意。

黏结材料桩竖向抗压承载力与由桩周土和桩端土的抗力可能提供的单桩竖向抗压承载力有关,也与由桩体材料强度可能提供的单桩竖向抗压承载力有关,二者中应取小值。

在第4章中对黏结材料桩荷载传递机理分析表明,黏结材料桩由桩周土和桩端土的抗力可能提供的单桩竖向抗压承载力大小与桩的有效长度有关。桩的有效长度与桩土相对刚度有关。在计算黏结材料桩竖向抗压承载力要重视桩土相对刚度的影响。

为了重视桩土相对刚度对黏结材料桩竖向抗压承载力的影响,本章首先分别讨论柔性桩、刚性桩和组合桩的承载力,然后讨论桩间土地基的承载力,最后介绍黏结材料桩复合地基承载力。

8.2 柔性桩承载力

桩土相对刚度较小的桩可称为柔性桩,由深层搅拌法和高压旋喷法设置的水泥土桩,以及各类灰土桩等一般属于柔性桩。柔性桩的承载力取决于由桩周土和桩端土的抗力可能提供的单桩竖向抗压承载力和由桩体材料强度可能提供的单桩竖向抗压承载力,二者中应取小值。

由桩周土和桩端土的抗力可能提供的柔性桩单桩竖向极限抗压承载力的表达式为

$$P_{pf} = [\beta_1 \sum f S_a L_i + \beta_2 A_p R] / A_P \tag{8-1}$$

式中　f ——桩周土的极限摩擦力。

β_1 ——桩侧摩阻力折减系数。取值与桩土相对刚度大小有关,取值范围为

$0.6\sim1.0$。

S_a——桩身周边长度。

L_i——按土层划分的各段桩长。当桩长大于有效桩长时，计算桩长应取有效桩长值。

R——桩端土极限承载力。

β_2——桩的端承力发挥度。取值与桩土相对刚度大小有关，取值范围为 $0.0\sim1.0$，当桩长大于有效桩长时取零。

A_p——桩身横断面积。

由桩体材料强度可能提供的单桩竖向极限抗压承载力的表达式为

$$p_{pf} = q \tag{8-2}$$

式中 q——桩体极限抗压强度。

由式（8-1）和式（8-2）计算所得的二者中取较小值为柔性桩的极限承载力。

柔性桩的容许承载力 p_{pc} 计算式为

$$p_{pc} = \frac{p_{pf}}{K} \tag{8-3}$$

式中 K——安全系数，一般可取 2.0。

8.3 刚性桩承载力

桩土相对刚度较大的桩可称为刚性桩，钢筋混凝土桩、素混凝土桩、预应力管桩、大直径薄壁筒桩、水泥粉煤灰碎石桩（CFG 桩）、二灰（石灰粉煤灰）混凝土桩和钢管桩等一般属于刚性桩。钢筋混凝土桩和素混凝土桩包括现浇、预制，实体、空心，以及异形桩等。

用于形成复合地基中的刚性桩应为摩擦型桩。

刚性桩的承载力取决于由桩周土和桩端土的抗力可能提供的单桩竖向抗压承载力和由桩体材料强度可能提供的单桩竖向抗压承载力，二者中应取小值。

由桩周土和桩端土的抗力可能提供的单桩竖向极限抗压承载力的表达式为

$$P_{pf} = [S_a \sum f_i L_i + \beta_2 A_{pb} R]/A_P \tag{8-4}$$

式中 f_i——桩周土的极限摩擦力；

S_a——桩身周边长度；

L_i——按土层划分的各段桩长；

R——桩端土极限承载力；

β_2——桩的端承力发挥度；

A_p——桩身横断面积；

A_{pb}——桩底端桩身实体横断面积。对等断面实体桩，A_{pb} 等于 A_p。

对实体桩，由桩体材料强度可能提供的单桩竖向极限抗压承载力的表达式为

114

$$P_{pf} = q \qquad (8\text{-}5)$$

式中　q——桩体极限抗压强度。

对空心与异形桩，由桩体材料强度可能提供的单桩竖向极限抗压承载力的表达式为

$$P_{pf} = qA_{Pt}/A_P \qquad (8\text{-}6)$$

式中　A_{Pt}——桩身实体横断面积；

　　　A_p——桩身横断全面积。

对实体桩，由式（8-4）和式（8-5）计算所得的二者中取较小值为刚性桩的极限承载力。对空心与异形桩，由式（8-4）和式（8-6）计算所得的二者中取较小值为刚性桩的极限承载力。

刚性桩的容许承载力 P_{pc} 计算式为

$$p_{pc} = \frac{p_{pf}}{K} \qquad (8\text{-}7)$$

式中　K——安全系数，一般可取 2.0。

8.4　组 合 桩 承 载 力

由两种或两种以上的材体组合形成的桩可称为组合桩，如在水泥土桩中插入钢筋混凝土桩，或素混凝土桩，或预应力管桩等刚性桩形成由水泥土和插入的刚性桩组合形成的桩。插入的钢筋混凝土桩和素混凝土桩包括现浇、预制，实体、空心，以及异形桩等。在水泥土桩中插入的刚性桩的桩长可与水泥土桩的桩长相同，也可小于水泥土桩的桩长，分别如图 8-1（a）和（b）所示。组合桩的性状基本上同刚性桩。用于形成复合地基中的组合桩应为摩擦型组合桩。在水泥土桩中插入的刚性桩的桩长小于水泥土桩的桩长的组合桩一般可视为摩擦型组合桩。

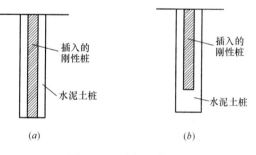

图 8-1　组合桩示意图

组合桩承载力一般可通过试验确定，也可通过计算预估。组合桩承载力取决于由组合桩桩周土和组合桩桩端土的抗力可能提供的单桩竖向抗压承载力、水泥土和插入的刚性桩桩侧抗力和刚性桩桩端土的抗力可能提供的单桩竖向抗压承载力、由组合桩桩体材料强度可能提供的单桩竖向抗压承载力，三者中应取小值。

由组合桩桩周土和组合桩桩端土的抗力可能提供的单桩竖向极限抗压承载力

的表达式为

$$P_{pf} = [S_a \sum f_i L_i + \beta_2 A_{pb} R] / A_P \tag{8-8}$$

式中 f_i ——组合桩桩周土提供的极限摩擦力，即组合桩桩周土与水泥土体的极限摩擦力；

S_a ——桩身周边长度；

L_i ——按土层划分的各段桩长；

R ——组合桩桩端土极限承载力；

β_2 ——组合桩的端承力发挥度；

A_p ——组合桩桩身横断面积；

A_{pb} ——桩底端桩身实体横断面积。

由水泥土和插入的刚性桩桩侧抗力和刚性桩桩端土的抗力可能提供的单桩竖向极限抗压承载力的表达式为

$$P_{pf} = [S_{a1} \sum f_{i1} L_i + \beta_3 A_{pb1} R] / A_{P1} \tag{8-9}$$

式中 f_{i1} ——组合桩中水泥土和插入的刚性桩桩侧抗力提供的极限摩擦力；

S_{a1} ——插入的刚性桩桩身周边长度；

L_i ——按土层划分的各段桩长；

R ——组合桩桩端土极限承载力；

β_3 ——组合桩中插入的刚性桩的端承力发挥度；

A_{p1} ——组合桩插入的刚性桩桩身横断面积；

A_{pb1} ——组合桩中插入的刚性桩桩底端桩身实体横断面积。

对实体组合桩，由桩体材料强度可能提供的单桩竖向极限抗压承载力的表达式为

$$P_{pf} = q_p + q_c \tag{8-10}$$

式中 q_p ——插入的刚性桩的桩体极限抗压强度；

q_c ——水泥土桩的桩体极限抗压强度。

插入的刚性桩为空心或异形桩时，由桩体材料强度可能提供的单桩竖向极限抗压承载力的表达式为

$$P_{pf} = q A_{Pt} / A_P + q_c \tag{8-11}$$

式中 A_{Pt} ——桩身实体横断面积；

A_P ——桩身横断全面积；

q_c ——水泥土桩桩体极限抗压强度。

插入的刚性桩为实体桩时，由式（8-8）、式（8-9）和式（8-10）计算所得的三者中取较小值为组合桩的极限承载力。插入的刚性桩为空心桩或异形桩时，由式（8-8）式（8-9）和式（8-11）计算所得的三者中取较小值为组合桩的极限承载力。

组合桩的容许承载力 P_{pc} 计算式为

$$p_{pc} = \frac{p_{pf}}{K} \tag{8-12}$$

式中 K——安全系数，一般可取 2.0。

8.5 桩间土地基承载力

根据天然地基载荷板试验结果，或根据其他室内外土工试验资料可以确定天然地基极限承载力。黏结材料桩复合地基中桩间土地基极限承载力与天然地基极限承载力密切相关，但两者并不完全相同。在地基中设置黏结材料桩后，桩间土地基极限承载力不同于天然地基承载力。两者的差别随地基土的工程特性、黏结材料桩的性质、黏结材料桩的设置方法、复合地基的置换率不同而不同。与散体材料桩复合地基相比，黏结材料桩复合地基中桩间土地基极限承载力与天然地基极限承载力两者区别较小。有时桩间土地基极限承载力与天然地基极限承载力两者区别较小，或者虽有一定区别，但桩间土地基极限承载力比天然地基极限承载力大，而且又较难计算时，在工程实用上，常用天然地基极限承载力值作为桩间土地基极限承载力。

黏结材料桩复合地基中桩间土地基极限承载力有别于天然地基极限承载力的主要影响因素有下列几个方面：在桩的设置过程中对桩间土的挤密作用，采用振动沉管桩法施工影响更为明显；在软黏土地基设置桩体过程中，由于振动、挤压、扰动等原因，使桩间土中出现超孔隙水压力，土体强度有所降低，但复合地基施工完成后，一方面随时间发展原地基土的结构强度逐渐恢复，另一方面地基中超孔隙水压力消散，桩间土中有效应力增大，抗剪强度提高。这两部分的综合作用使桩间土地基承载力往往大于天然地基承载力。桩体材料性质有时对桩间土强度也有影响。例如石灰桩的设置，由于石灰的吸水、放热，以及石灰与周围土体的离子交换等物理化学作用，使桩间土承载力比原天然地基承载力有较大的提高。桩的遮拦作用也使桩间土地基承载力得到提高。以上影响因素大多是使桩间土地基极限承载力高于天然地基极限承载力。

复合地基承载力计算式中的天然地基极限承载力或天然地基承载力特征值等可通过载荷试验确定，也可根据土工试验资料和相应规范确定。

若无试验资料，天然地基极限承载力常采用 Skempton 极限承载力公式进行计算。Skempton 极限承载力公式为

$$P_{sf} = c_u N_c \left(1 + 0.2\frac{B}{L}\right)\left(1 + 0.2\frac{D}{L}\right) + \gamma D \tag{8-13}$$

式中 D——基础埋深；

c_u——不排水抗剪强度；

N_c——承载力系数，当 $\varphi=0$ 时，$N_c=5.14$；

B——基础宽度；

L——基础长度。

8.6 黏结材料桩复合地基承载力

黏结材料桩复合地基承载力的计算思路与散体材料桩复合地基承载力的计算思路是相同的。黏结材料桩复合地基承载力的计算思路也是先分别确定桩体的承载力和桩间土的承载力，然后根据一定的原则叠加这两部分承载力得到复合地基的承载力。黏结材料桩复合地基的极限承载力 p_{cf} 可用下式表示：

$$p_{cf} = k_1\lambda_1 mp_{pf} + k_2\lambda_2(1-m)p_{sf} \tag{8-14}$$

式中 p_{pf}——黏结材料桩单桩极限承载力，单位 kPa。柔性桩单桩极限承载力计算见 8.2 节介绍，刚性桩单桩极限承载力计算见 8.3 节介绍，组合桩单桩极限承载力计算见 8.4 节介绍；

p_{sf}——天然地基极限承载力，单位 kPa。见 8.5 节介绍；

k_1——反映黏结材料桩复合地基中桩体实际极限承载力与自由单桩极限承载力不同的修正系数；

k_2——反映黏结材料桩复合地基中桩间土地基实际极限承载力与天然地基极限承载力不同的修正系数；

λ_1——黏结材料桩复合地基破坏时，桩体发挥其极限强度的比例，称为桩体极限强度发挥度；

λ_2——黏结材料桩复合地基破坏时，桩间土发挥其极限强度的比例，称为桩间土极限强度发挥度；

m——复合地基置换率，$m = \dfrac{A_p}{A}$，其中 A_p 为桩体面积，A 为对应的加固面积。

式（8-14）中的系数 k_1 主要反映黏结材料桩复合地基中桩体实际极限承载力与自由单桩载荷试验测得的极限承载力的区别。黏结材料桩复合地基中桩体实际极限承载力一般比自由单桩载荷试验测得的极限承载力要大。其机理是作用在桩间土上的荷载和作用在邻桩上的荷载两者对桩间土的作用造成了桩间土对桩体的侧压力增加，使桩体实际极限承载力提高。式（8-14）中的系数 k_2 主要反映黏结材料桩复合地基中桩间土地基实际极限承载力与天然地基极限承载力的区别。对系数 k_2 的影响因素很多。如：在桩的设置过程中对桩间土的挤密作用；如石灰桩的设置，由于石灰的吸水、放热，以及石灰与周围土体的离子交换等物理化学作用，使桩间土承载力比原天然地基承载力有较大的提高。总之系数 k_1 和系数 k_2 与工程地质条件、桩体设置方法、桩体材料等因素有关。遗憾的是目前还不能分

门别类给出系数 k_1 和系数 k_2 的参考数值。值得高兴的是近年来人们重视该领域的研究与工程经验积累，已有不少论文和工程实录报道这方面的成果，较多的理论研究和工程实录积累将可能给出定量的意见。

黏结材料桩复合地基的容许承载力 p_{cc} 计算式为

$$p_{cc} = \frac{p_{cf}}{K} \qquad (8\text{-}15)$$

式中 K——安全系数。

当黏结材料桩复合地基加固区下卧层为软弱土层时，按黏结材料桩复合地基加固区容许承载力计算基础的底面尺寸后，尚需对下卧层承载力进行验算。要求作用在下卧层顶面处附加应力 p_0 和自重应力 σ_r 之和 p 不超过下卧层土的容许承载力 $[R]$，即

$$p = p_0 + \sigma_r \leqslant [R] \qquad (8\text{-}16)$$

为了简化起见，实用上附加应力 p_0，可以采用压力扩散法计算。

黏结材料桩复合地基承载力也可采用特征值形式表示。黏结材料桩复合地基承载力特征值表达式可采用下式表示

$$f_{spk} = K_1 \lambda_1 m f_{pk} + K_2 \lambda_2 (1-m) f_{sk} \qquad (8\text{-}17)$$

式中 f_{spk}——黏结材料桩复合地基承载力特征值，kPa；

$\quad\quad f_{pk}$——黏结材料桩桩体承载力特征值，kPa；

$\quad\quad f_{sk}$——天然地基承载力特征值，kPa；

$\quad\quad K_1$——反映复合地基中桩体实际的承载力特征值与单桩承载力特征值不同的修正系数；

$\quad\quad K_2$——反映复合地基中桩间土实际的承载力特征值与天然地基承载力特征值不同的修正系数；

$\quad\quad \lambda_1$——复合地基达到承载力特征值时，桩体实际承担荷载与桩体承载力特征值的比例；

$\quad\quad \lambda_2$——复合地基达到承载力特征值时，桩间土实际承担荷载与桩间土承载力特征值的比例；

$\quad\quad m$——复合地基置换率。

注意式（8-17）中 K_1、K_2 和 λ_1、λ_2 的取值与式（8-14）是不相同的。

第9章 长短桩复合地基承载力

9.1 概　　述

由长桩和短桩形成的桩体复合地基称为长短桩复合地基，长短桩复合地基是一种组合型复合地基。长短桩复合地基中的长桩常采用刚性桩，如各类混凝土桩、钢管桩等，短桩常根据被加固的地基土体性质采用柔性桩或散体材料桩，如水泥搅拌桩、石灰桩以及砂石桩等。长桩常采用刚性桩，短桩采用柔性桩的长短桩复合地基也有人将其称为刚柔性桩复合地基。应该说刚柔性桩复合地基是长短桩复合地基中的一种类型。当刚性长桩与基础相连接时，也有人将其称为刚柔性桩复合桩基。在浙江温州刚柔性桩复合地基和刚柔性桩复合桩基均有应用。

长短桩复合地基加固区中上部置换率高，下部置换率低，与在荷载作用下地基中附加应力上部大、下部小的分布相适应，因此长短桩复合地基具有良好的承载性能。长短桩复合地基具有承载力高、沉降量小的优点，具有较好的经济效益。

长短桩的置换率是根据上部结构荷载大小、长桩和短桩的承载力、长桩和短桩的直径等综合因素经试算确定。

长短桩复合地基在加固深厚软土地基工程中应用较多，在建筑工程、道路工程和堆场工程中均有应用。在建筑工程中常用于小高层和高层建筑中的地基加固。在处理深厚软黏土地基时，常采用水泥搅拌桩作为短桩，钢筋混凝土桩作为长桩；在处理深厚砂性土地基时，常采用砂石桩作为短桩，钢筋混凝土桩作为长桩；在处理深厚黄土地基时，常采用灰土桩作为短桩，钢筋混凝土桩作为长桩。

因为长短桩复合地基具有良好的承载性能，在工程中应用发展很快。

9.2 长短桩复合地基承载力计算

长短桩复合地基承载力由长桩、短桩和桩间土地基三部分所提供的承载力组成。长短桩复合地基承载力的极限承载力 p_{cf} 可用下式表示：

$$p_{cf} = k_{11}\lambda_{11}m_1 p_{p1f} + k_{12}\lambda_{12}m_2 p_{p2f} + k_2\lambda_2(1 - m_1 - m_2)p_{sf} \qquad (9\text{-}1)$$

式中　p_{p1f}——长桩极限承载力，单位 kPa；

p_{p2f}——短桩极限承载力，单位 kPa；

p_{sf}——天然地基极限承载力，单位 kPa；

k_{11}——反映长短桩复合地基中长桩实际极限承载力与单桩极限承载力不同的修正系数；

k_{12}——反映长短桩复合地基中短桩实际极限承载力与单桩极限承载力不同的修正系数；

k_2——反映长短桩复合地基中桩间土实际极限承载力与天然地基极限承载力不同的修正系数；

λ_{11}——长短桩复合地基破坏时，长桩发挥其极限强度的比例，称为长桩极限强度发挥度；

λ_{12}——长短桩复合地基破坏时，短桩发挥其极限强度的比例，称为短桩极限强度发挥度；

λ_2——长短桩复合地基破坏时，桩间土发挥其极限强度的比例，称为桩间土极限强度发挥度；

m_1——长桩的面积置换率；

m_2——短桩的面积置换率。

长短桩复合地基中的长桩一般为刚性桩，其承载力计算可参阅第 8 章黏结材料桩复合地基承载力中刚性桩承载力部分；长短桩复合地基中的短桩一般为散体材料桩或柔性桩。散体材料桩的承载力计算可参阅第 7 章散体材料桩复合地基承载力中的有关内容，柔性桩的承载力计算可参阅第 8 章黏结材料桩复合地基承载力中柔性桩承载力部分。长短桩复合地基中的桩间土地基承载力计算与采用的短桩形式有关。若长短桩复合地基中采用的短桩为散体材料桩，桩间土地基承载力计算可参阅第 7 章散体材料桩复合地基承载力中的桩间土地基承载力部分，若采用的短桩为柔性桩，桩间土地基承载力计算可参阅第 8 章黏结材料桩复合地基承载力中的桩间土地基承载力部分。

长短桩复合地基容许承载力 p_{cc} 计算式为

$$p_{\text{cc}} = \frac{p_{\text{cf}}}{K} \tag{9-2}$$

式中 K——安全系数。

从前面的分析已经看出，长短桩复合地基的承载力由长桩、短桩和桩间土地基三部分所提供的承载力组成，在设计中也可分两步考虑。先计算由短桩和桩间土地基形成的复合地基承载力，再将此承载力作为长桩的桩间土地基的承载力与长桩的承载力组合形成长短桩复合地基承载力。刚柔性桩复合桩基承载力计算多采用这一思路。先采用地基处理技术加固天然地基形成复合地基，然后再设计刚性长桩形成刚柔性桩复合桩基。

9.3 长短桩复合地基的布置形式和受力性状

长短桩复合地基中长桩和短桩的布置形式可分三类：一类是长桩和短桩相间布置，如图 9-1（*a*）所示；另一类是长桩居中，向外桩长逐步递减，如图 9-1（*b*）所示；再一类是短桩居中，向外桩长逐步增长，如图 9-1（*c*）所示。第一类长短桩复合地基在工程中应用最多，上节中介绍的承载力计算方法主要对这一类长短桩复合地基。第二类和第三类长短桩复合地基在工程中应用较少，第二类和第三类长短桩复合地基中的长桩和短桩一般用同一种桩。上述第二类与第三类长短桩复合地基各有优缺点，比较分析表明：在用桩量及荷载等条件相同的情况下，短桩居中，向外桩长逐步增长的长短桩复合地基（图 9-1（*c*））沉降量较小，而基础底板中弯矩较大，而长桩居中，向外桩长逐步递减的长短桩复合地基（图 9-1（*b*））沉降量较大，而基础底板中弯矩较小。

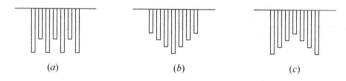

图 9-1 长短桩复合地基中长桩和短桩的布置形式

第 10 章　水平向增强体复合地基承载力

10.1　概　　述

水平向增强体复合地基主要包括由各种土工合成材料，如土工格栅、土工织物等形成的加筋土复合地基。加筋土常被用作加筋垫层用于加固软土路基、堤基和油罐基础等。我国在八十年代初开始采用土工织物加筋处理软基，首次在广州至茂名铁路路堤，后来铁道部又迅速推广到黄埔港专用线、东陇海线、衡广复线等铁路，最近又在国家重点工程南昆铁路中使用了大量的土工网。在公路系统中，杭甬高速及沪宁高速等都在软土路段使用了土工织物并作了大量测试工作。在围海工程中，秦山核电站海堤、深圳赤湾西防波堤、北仑电厂灰坝、过桥山围堤、青岛前湾港防波堤、胜利油田弧东海堤等工程中都使用了土工合成材料加筋技术。铁道部第四勘测设计院等单位结合工程分别在广茂线的腰古、基塘，黄埔港专用线，东陇海线的连云港做过四次现场试验，取得了一些宝贵的资料。近些年来，土工合成材料发展很快。在砂垫层中铺一层或几层土工织物组成加筋体复合地基用以软基加固工程逐渐增多。有时加筋垫层与排水固结法联合应用，在水平向加筋复合土体下卧层中设置排水砂井，以加速下卧层土体固结，有利于进一步提高地基承载力和早日完成固结沉降。图 10-1 为赤湾港防波堤采用土工织物砂垫层加固软土地基的断面情况（俞仲泉，顾家龙，1991）。赤湾港防波堤为建造在 8～12m 厚的淤泥地基上的抛石堤。淤泥呈流塑状态。天然含水量在 80%～90%以上。堤基处理采取了局部清淤，抛砂垫层、铺设土工织物并与镇压层相结合的方法。采用土工织物加筋砂垫层复合体加固堤基取得了良好效果。

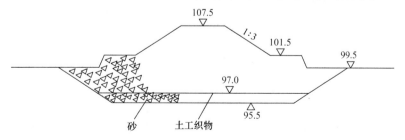

图 10-1　赤湾港防波堤土工织物砂垫层复合体加固堤基断面图（单位，m）

（引自俞仲泉，顾家龙，1991）

图 10-2 为南京金陵石油化工公司炼油厂一期油罐土工织物砂垫层复合体加固软基的计算简图（王铁儒等，1990）。由图可见，在复合体下卧层中设置袋装砂井，有利于地基土体在荷载作用下排水固结。水平向增强体复合地基的工程实践促进了水平向增强体复合地基理论的发展。然而，理论落后于工程实践。至今对水平向增强体复合地基的工作机理了解还很肤浅，工程实测资料较少。因此，水平向增强体复合地基的承载力和沉降计算尚无较成熟的理论。各国学者从室内外试验、理论分析和工程实践等方面对水平向增强体复合地基的作用机理、破坏形式开展研究，其中对土工织物和土工格栅复合地基研究较多。本章简要介绍该领域的一些研究成果。

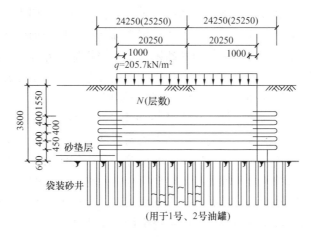

图 10-2　油罐土工织物垫层计算简图（单位，m）

（引自王铁儒等，1990）

10.2　加 筋 机 理 分 析

水平向增强体复合地基中对筋材拉力发挥机制的研究，有利于揭示加筋体与地基土、填料之间的作用机理，了解土工合成材料加筋的作用原理与功效。杨晓军（1999）对加筋机理作了系统分析，现作简要介绍。

1. 筋材的拉力激发

加筋体处于路堤填料和地基土之间，其拉力的激发受到以下几方面的影响，一方面，路堤填料对地基的水平推力由加筋体承担；另一方面，地基土在填料竖向荷载作用下产生的横向变形，受到加筋体的约束，在加筋体中产生一个相应的拉力；同时由于地基固结沉降，路堤在横断面上受弯，产生拱的效应，使得加筋体产生附加拉力。

1）路堤填料的水平推力

研究路堤的载荷特性是研究加筋机理的基础。对于地基来说路堤填料是松散材料，路堤填料荷载一方面表现为竖向的柔性荷载，另一方面还表现为由轴线向两侧的水平向推力，如图 10-3 所示。

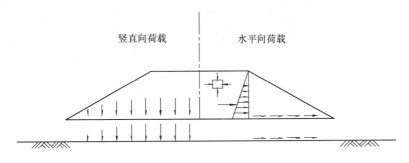

图 10-3　未加筋路堤的荷载特性

高路堤同一般大面积柔性堆载不同之处在于有这个向两侧的水平推力存在，这个水平推力有时对路堤的稳定性起着决定性的作用，在桩承式路堤中，常常要设置斜桩来承担水平推力。在加筋堤中，由于加筋体是良好的受拉材料，当加筋体具有足够的刚度和强度时，路堤填料传下来的水平推力就由加筋体来承受，加筋体内相应地产生一个拉力来平衡，如图 10-4 所示。

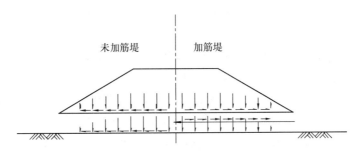

图 10-4　加筋体承担水平推力示意图

2）地基表层土受到约束的反作用力

地基土受到路堤填料竖向荷载的作用，必定产生侧向变形，特别是地基表层土，所受到的竖向附加压力最大，同时所受的侧限力又最小，要产生显著的侧向变形。在未加筋的堤中，由于路堤填料为散体材料，不能提供有效的拉力，地基表层土的侧向变形就得不到约束；而在加筋堤中，由于加筋体的存在，通过筋体与地基土之间的界面作用，地基土表层的侧向变形受到加筋体的约束，同时相应地在筋体中会由此产生一个附加的拉力，如图 10-5 所示。

3）拱的作用

以上两种筋体受力机理都是在填料填筑的瞬间就产生的，当地基土在填料竖

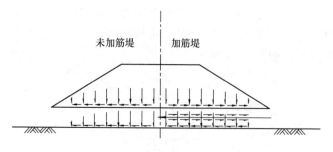

图 10-5 加筋体受力示意图

向荷载长期作用下产生固结变形，就会产生显著的固结沉降。在未加筋路堤中，地基表层将产生"锅底状"的沉降变形，于是路堤在横断面上将产生受弯的效应，但由于路堤填料不能提供拉力，拱的效应不能很好的发挥，堤底将产生张拉裂缝；在加筋堤中，由于加筋体是良好的受拉材料，使得土拱能够得到足够的拱脚水平力，可以形成有效的土拱效应，路堤在横截面上就像是一根受弯的梁，图10-6 是 C. C. Hird & C. M. Kwok 用有限元数值分析得到的路堤填料中的土压力分布图。这种图式非常类似于钢筋混凝土梁的截面压应力分布。加筋体在其中就发挥着类似于钢筋混凝土梁中的钢筋的作用，承担了较大的拉力。这样就充分利用了路堤填料本身的刚度，调整了地基的沉降变形，在加筋堤中一般能将"锅底状"沉降调整成"碟形"（或"平底锅形"）沉降，显著减小最大沉降量。

2. 加筋的作用

对应以上加筋体拉力的发挥机制，加筋的作用相应地体现在如下三方面：

1）降低荷载水平，提高地基土承载力

对于地基土来说，最主要的荷载是竖向荷载，即路堤填料的自重。另一个重要的荷载是路堤填料由轴线向两侧的水平向推力，由于这个水平向的推力，使得地基承受竖向的荷载的能力下降，水平向荷载对地基竖向承载力的影响如图 10-7 所示，

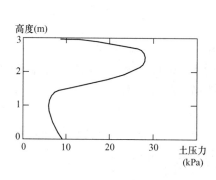

图 10-6 路堤填料中的土压力

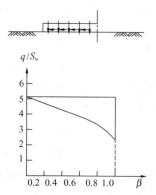

图 10-7 水平荷载造成的竖向承载力降低（Bolton 1979、Jewell 1988）

图 10-7 表示为一均匀黏性土地基上的均布竖向荷载（黏性土的不排水抗剪强度
S_u），当同时存在水平荷载 $\tau = \beta \cdot S_u$ 时，地基土所能承担的最大竖向应力由下式给
出：

$$q = S_u \left\{ 1 + \frac{\pi}{2} + \cos^{-1}(\beta) + \sqrt{(1 - \beta^2)} \right\} \tag{10-1}$$

地基土竖向承载力 q 与 β 的关系也已在图 10-7 中给出。从图中可见，当 β 从
0 逐渐增加到 1 时，q 从 $5.14S_u$ 降低到 $2.57S_u$，竖向承载力由于水平荷载的存在
大幅度下降，最大降幅达到 50%。因此，水平荷载的存在对于地基土的竖向承
载力的充分发挥是十分不利的。在加筋堤中，利用一层或几层土工合成材料加筋
体来承担水平荷载就能显著地提高地基承载力。

2）增强地基土的约束力，提高竖向承载力

对于未加筋路堤，由于路堤填料是松散材料，无法承担拉应力，于是就不能
约束表面地基土在路堤传来的竖向荷载下产生的侧向变形。约束表面地基土的侧
向变形，能提高地基土的竖向承载力，是否对表面地基土有约束作用，相当于基
底粗糙或基底光滑两种极端情况下的基础。

在以下两种情况下，基底粗糙（即地基土表面水平位移有约束）对提高基底
土竖向承载力有特别显著的作用（R. A. Jewel 1988、R. K. Rowe 1987）：

a）地基土的强度随深度增加较明显；

b）软土层较薄。

或是以上两种情况的组合。

地基承载力系数 N_c（$N_c = q/S_u$）的塑性解如图 10-8 所示。图中基础宽度为
$2B$，地基土不排水强度随深度线性增加（$S_u = S_{u0} + \rho \cdot z$），图中将 N_c 表示成无
量纲量 $\rho B/S_{u0}$ 的函数。由图 10-8 可以看出，当地基土的强度随深度增加时，基
底粗糙的情况地基土能承担更大的竖向荷载（Davis & Booker 1973，Houlsby &
Wroth 1983）。

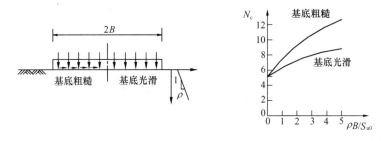

图 10-8　地基土强度随深度增加对地基承载力的影响

（Davis & Booker 1973，Houlsby & Wroth 1983）

3）增强路堤填料土拱的效应，调整不均匀沉降

工程实践证明，加筋体协调路面沉降的能力是很强的，在软土地基上都能明显地将路堤横断面上的"锅底状"沉降调整成"平底碟状"，显著减小最大沉降量，在深厚软土地区尤其明显。土拱效应使得地基所受竖向压力重新分布，使路肩下压力减小，堤趾处压力增大，从而增加了路堤的稳定性。

10.3 加筋垫层路堤的破坏形式

张道宽（1991）在 Andrawes（1982），Rowe（1985），Fowler（1982）等人的研究成果的基础上，利用数值分析，室内模型试验和基于土力学经典理论，对土工织物加固软土地基问题开展了较系统的研究。他认为加筋垫层路堤的破坏形式可分为滑弧破坏、加筋体绷断、承载破坏和薄层挤出等四种类型。具体工程的主控破坏类型与材料性质、受力情况及边界条件有关，但不是一成不变的，在一定条件下，有从一种形式向另一种形式过渡转化的可能，这是由土的强度发挥程度和土工织物加筋体强度发挥程度的相互关系决定的。

1. 滑弧破坏形式

Fowler（1982）介绍一处公路试验堤的破坏情况如图 10-9（a）所示，属滑弧破坏形式。这种破坏的特点是填土、地基和土工织物三者共同起作用，它们在滑弧面上产生的抗滑力矩可以相叠加，其生成条件是土工织物的抗拉刚度低、延伸率较大。对这种情况，可采用圆弧滑动稳定分析法进行分析，其计算简图如图10-9（b）所示。在分析中假定滑动面上各点，包括填土、地基土和土工织物，同时达到强度峰值，并且认为土工织物加筋体的存在基本上不改变滑弧位置，加筋体拉力方向与滑弧相切。

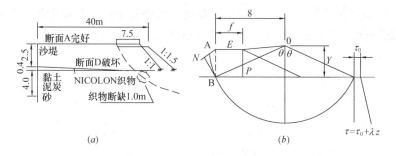

图 10-9 荷兰试验地破坏情况和稳定分析计算简图
（a）破坏情况；（b）计算简图

2. 加筋体绷断破坏形式

Hannon（1982）报道的美国旧金山一段桥头路堤的破坏情况如图 10-10 所

示,属加筋体绷断破坏。这类破坏的特点是与路堤底面弓形沉陷曲线的扩张程度有关,其生成条件是加筋体的刚度大、延伸率小、而强度又不高的情况。

3. 承载破坏形式

承载破坏形式是指加筋土层作为地基整体,其地基承载力不能满足要求,引起地基整体失稳。我国黄埔港试验堤的断面如图 10-11 所示。填筑中曾因一次加荷过大而路堤突然发生下沉 0.8m,但仍未丧失稳定,其破坏形式与前述滑弧破坏形式和加筋体绷断破坏形式不同。

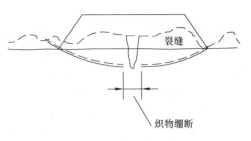

图 10-10 美国一桥头路堤破坏情况

黄埔港试验堤最终破坏属承载破坏,如图 10-11 所示。它的主要特点是加筋体土工织物与垫层构成一个柔性的整体基础,其形成条件是土工织物垫层能够确保填土的整体性。在这种情况下,路堤边坡稳定转化为地基承载力问题。

4. 薄层挤出破坏形式

图 10-12 表示我国三茂铁路试验堤的断面图,路堤底宽近 45m,软弱土层厚 80m,宽厚比 $B_0/D = 22.5/8 = 2.8$,施工中亦曾突然下沉,日沉降量达 0.419m,但仍能很快趋向稳定,且仅用 43 天即填到 9.2m 堤高。成功的原因主要是薄层土抗剪强度较高。若薄层土强度低,则可能造成薄层土水平向塑性挤出,形成薄层挤出破坏形式。

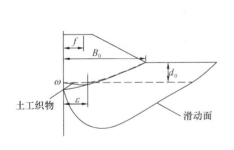

图 10-11 黄埔港试验堤

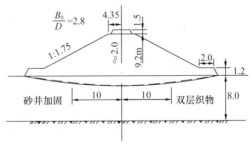

图 10-12 三茂铁路试验堤

由上述分析可以看到,在荷载作用下,水平向增强体复合地基的工作性状是很复杂的,加筋体的作用及工作机理也很复杂。复合地基的破坏具有多种形式,影响因素也较多。到目前为止,许多问题尚未完全搞清楚,水平向增强体复合地基的计算理论正处在发展之中,尚不成熟。在下一节介绍几位学者提出的土工织物加筋体垫层承载力计算方法,供读者参考。

10.4 几个承载力计算公式

水平向增强体复合地基承载力计算理论尚不成熟，下面介绍几位学者提出的几种实用计算方法。

1. Florkiewicz（1990）承载力公式

图 10-13 表示一水平向增强体复合地基上的条形基础。刚性条形基础宽度为 B ，下卧层厚度为 Z_0 的加筋复合土层，其似黏聚力为 C_r 和内摩擦角为 φ_0，复合土层的天然土层黏聚力为 C、内摩擦角为 φ。Florkiewicz 认为基础的极限荷载 $q_f B$ 是无加筋体（$C_r = 0$）的双层土体系的常规承载力 $q_0 B$ 和由加筋引起的承载力提高值 $\Delta q_f B$ 之和，即

$$q_f = q_0 + \Delta q_f \tag{10-2}$$

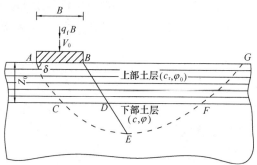

图 10-13　水平向增强体复合地基上的条形基础

复合土层中各点的似黏聚力 C_r 值取决于所考虑的方向，其表达式为（Schlosser 和 Long，1974）

$$C_r = \sigma_0 \frac{\sin\delta\cos(\delta - \varphi_0)}{\cos\varphi_0} \tag{10-3}$$

式中　δ——考虑的方向与加筋体方向的倾斜角；

　　　φ_0——加筋体材料的纵向抗拉强度。

当加筋复合土层中加筋体沿滑移面 AC 断裂时，地基破坏，此时刚性基础速度为 V_0，加筋体沿 AC 面断裂引起的能量消散率增量为

$$D = AC \cdot C_r \cdot V_0 \frac{\cos\varphi_0}{\sin(\delta - \varphi_0)} = \sigma_0 V_0 Z_0 \tan(\delta - \varphi_0) \tag{10-4}$$

于是承载力的提高值可用下式表示

$$\Delta q_f = \frac{D}{V_0 B} = \frac{Z_0}{B}\sigma_0 \tan(\delta - \varphi_0) \tag{10-5}$$

上述分析中忽略了 $ABCD$ 和 $BGFD$ 区中由于加筋体存在（$C_r \neq 0$）能量消耗

率增量的增加。

δ 值根据 Prandtl 的破坏模式确定，由式（8-5）算的结果同 Binguent 和 Lee（1975）的试验数据作了比较，如图 10-14 所示。计算结果和试验资料比较表明，该法可推荐于实际工程的计算。

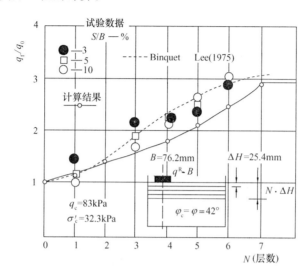

图 10-14　计算与试验结果比较

（引自 Florkiewicz，1990）

2. Nishigata-Yamaoka（1990）承载力公式

土工织物加筋体复合地基在荷载作用下，荷载作用面的正下方产生沉降，其周边地基产生侧向位移和部分隆起。土工织物加筋体约束地基的位移，土工织物加筋体复合土层的应力条件假定如图 10-15 所示。加筋复合土层厚度为 D，底面最大沉降为 w_{max}，应力扩散角如图中所示。图中所示作用在复合土层上的力 q_r，为郎金被动土压力。被动土压力

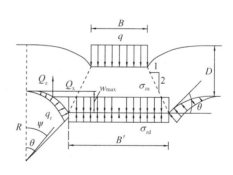

图 10-15　土工织物加筋复合土层假设应力条件

的竖向分量 Q_z 和水平向分量 Q_x 可由下述式子计算：

$$Q_z = \int_0^\theta q_r \cos\psi R \, \mathrm{d}\psi \tag{10-6}$$

$$Q_x = \int_0^\theta q_r \sin\psi R \, \mathrm{d}\psi \tag{10-7}$$

Yamanouchi（1979）提出用太沙基承载力公式考虑土工织物加筋体中拉应

力的影响，建议承载力公式采用下述形式，

$$q_{\mathrm{u}1} = C_{\mathrm{u}}N_{\mathrm{c}} + 2Q_z/B' + q_{\mathrm{r}}N_{\mathrm{q}} + \gamma w_{\max}N_{\mathrm{q}} \tag{10-8}$$

式中　γ——土体重度；

　　　C_{u}——土的不排水抗剪强度；

　　　B'——应力扩散后作用面宽度，如图中所示；

N_{c}，N_{q}——承载力系数。

　　式（10-8）中尚未考虑复合土层中土体对加筋体的约束引起承载力的提高。采用 Meyerhof（1974）提出的黏土层上砂垫层的极限承载力表达式，

$$q_{\mathrm{u}2} = C_{\mathrm{u}}N_{\mathrm{c}} + 2p_{\mathrm{p}}\sin\delta/B \tag{10-9}$$

　　式中第二项代表由水平向被动土压力引起的砂土层的承载力分量，p_{p} 为被动土压力，δ 为被动土压力与水平向夹角。对加筋体复合土层尚需考虑由加筋体引起的被动土压力水平分量的约束作用引起的承载力分量 Q_z。于是可以得到土工织物加筋复合地基的极限承载力公式为

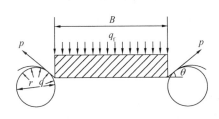

图 10-16　土工织物加筋复合
土层计算简图

$$q_{\mathrm{f}} = C_{\mathrm{u}}N_{\mathrm{c}} + 2Q_z/B' + q_{\mathrm{r}}N_{\mathrm{q}} + 2(p_{\mathrm{p}} + Q_z)\sin\delta/B + \gamma w_{\max}N_{\mathrm{q}} \tag{10-10}$$

　　若简化图 10-15 所示的应力条件，采用图 10-16 所示计算图，则极限承载力公式可用下式表示：

$$q_{\mathrm{f}} = CN_{\mathrm{c}} + 2p\sin\theta/B + \beta\frac{p}{r}N_{\mathrm{q}} \tag{10-11}$$

式中　p——土工织物抗拉强度；

　　　θ——基础边缘加筋体倾斜角，一般为 $\theta = 10\sim17°$；

　　　r——假想圆半径，一般取 3m，或为软土层厚度的一半，但不能大于 5m；

　　　β——系数，一般取 $\beta = 0.5$；

　　　C——地基土黏聚力；

　　　B——基础宽度；

N_{c}，N_{q}——与内摩擦角有关的承载力系数，一般取 $N_{\mathrm{c}} = 5.3$，$N_{\mathrm{q}} = 1.4$；

　　式（10-11）中第一项是原天然地基承载力，第二和第三项是由于铺设土工织物加筋体引起承载力的提高部分。式（10-10）比式（10-11）考虑的影响因素更多。

　　3. 土工织物加筋复合土体极限承载力

　　陈文华（1989）改进了 Ingold，T. S.（1982）提出的加筋复合土体的不排水抗剪强度理论，推导了土工织物加筋复合土体极限承载力公式。

平面应变问题如图 10-17 所示，B 为加筋宽度，$B = 2b$，S 为加筋间距，取一单元体进行分析，并假定：

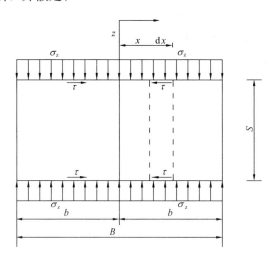

图 10-17 平面应变问题

（1）土体与土工织物加筋体界面上每处均达到最大剪应力 τ_f 而屈服，τ_f 表达式为

$$\tau_f = C_a + \sigma_z \tan\varphi_a \tag{10-12}$$

式中 C_a ——土与土工织物界面上的似凝聚力；

φ_a ——土与土工织物界面上的似摩擦角。

（2）土与土工织物之间无相对滑动。

（3）复合土体破坏遵循摩尔—库伦准则

根据理想弹塑性增量理论及摩尔—库伦准则，不排水条件下单元体中有

$$d\sigma_z = d\sigma_z \tag{10-13}$$

考虑在 x 方向受力平衡，得

$$2\tau_f dx + S d\sigma_x = 0 \tag{10-14}$$

结合式（10-12）、式（10-13）和式（10-14），得微分方程，

$$\frac{d\sigma_z}{dx} + \frac{2\tan\varphi_a}{S}\sigma_z = -\frac{2C_a}{S} \tag{10-15}$$

考虑边界条件，当 $x = b$ 时，$\sigma_z = 2C_u - \sigma_3$，解微分方程式（10-15），可得

$$\sigma_z = \frac{C_a}{\tan\varphi_a}\left[e^{f(x)} - 1\right] + (2C_u + \sigma_3)e^{f(x)} \tag{10-16}$$

式中

$$f(x) = -\frac{2\tan\varphi_a}{S}(x - b) \tag{10-17}$$

133

式中　　C_u ——土体的不排水抗剪强度；

　　　　σ_z —— Z 方向上的局部应力；

　　　　S ——土工织物加筋体间距；

　　　　σ_3 —— $x=b$ 时，土体中水平向应力。

沿 x 方向加筋范围内平均竖向应力 $\overline{\sigma_z}$ 为

$$\overline{\sigma_z} = \frac{1}{b}\int_0^b \sigma_z \mathrm{d}x \tag{10-18}$$

将式（10-16）和式（10-17）代入式（10-18），经整理可得

$$\overline{\sigma_z} = C_a\left[\frac{S}{B}\frac{e^{f_1}-1}{\tan^2\varphi_a} - \frac{1}{\tan\varphi_a}\right] + (2C_u+\sigma_3)\frac{S}{B}\frac{e^{f_1}-1}{\tan\varphi_a} \tag{10-19}$$

式中

$$f_1 = \frac{B\tan\varphi_a}{S} \tag{10-20}$$

在实际工程中，土工织物加筋体是多层布置的，如图 10-18 所示。在宽度为 B 的均布荷载作用下，由于土工织物加筋复合土层的应力扩散作用，在土工织物加筋复合土层中平均荷载范围 $\overline{B}$ 为

$$\overline{B} = B + nS\tan\beta \tag{10-21}$$

式中　　B ——土工织物加筋体宽度，

　　　　　　$B = 2b$；

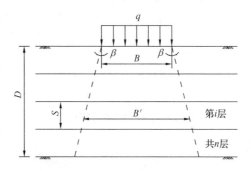

图 10-18　土工织物加筋体多层布置

　　　　n ——土工织物加筋体层数；

　　　　S ——土工织物加筋体间距；

　　　　β ——应力扩散角。

将式（10-21）代入式（10-19），得到多层土工织物加筋体复合地基的竖直向极限承载力表达式：

$$\overline{p_f} = C_a\left[\frac{S}{B}\frac{(e^{f_2}-1)}{\tan^2\varphi_a} - \frac{1}{\tan\varphi_a}\right] + (2C_u+\sigma_3)\frac{S}{B}\frac{(e^{f_2}-1)}{\tan\varphi_a} \tag{10-22}$$

式中

$$f_2 = \frac{\overline{B}\tan\varphi_a}{S} \tag{10-23}$$

假设土工织物加筋深度超过临界深度 D_c，复合地基在荷载作用下，在土工织物加筋复合土层范围内达到塑性破坏，且破坏模式与太沙基破坏模型相同。首先考虑无土工织物加筋情况，即 $C_a=0$，$\varphi_a=0$，$\beta=0$，代入式（10-22），可得

$$\overline{p_f} = 2C_u + \sigma_3 \tag{10-24}$$

另外根据 Prandtl 解，有

$$\overline{p}_f = (\pi + 2)C_u \tag{10-25}$$

比较式（10-24）和式（10-25），得

$$\sigma_3 = \pi C_u \tag{10-26}$$

将式（10-26）代回式（10-22），可得到土工织物加筋复合土体极限承载力公式，

$$p_f = C_a\left[\frac{S}{\overline{B}}\frac{(e^{f_2}-1)}{\tan^2\varphi_a} - \frac{1}{\tan\varphi_a}\right] + (2+\pi)C_u\frac{S}{\overline{B}}\frac{(e^{f_2}-1)}{\tan\varphi_a} \tag{10-27}$$

式中

$$\overline{B} = B + nS\tan\beta \tag{10-28}$$

$$f_2 = \frac{\overline{B}\tan\varphi_a}{S} \tag{10-29}$$

4. Binquet 和 Lee（1975）极限承载力计算方法

JeanBinquet 等（1975）通过模型试验研究了加筋复合土体在荷载作用下的破坏情况。他们认为加筋复合土层大致有以下三种破坏形式，如图 10-19 所示。三种破坏形式为：

（1）最上层加筋位置以上的土体剪切破坏

这种破坏形式发生在第一层加筋体埋置较深，而且加筋体强度较大的情况。这时上部土体剪切面无法穿过加筋体，破坏局限于上部土体。

（2）加筋体被拉出或产生较大的相对滑动而破坏

在加筋体埋置较浅，加筋层较少，或加筋体过短时容易发生这种破坏形式。

（3）加筋体被拉断

在加筋体埋置较浅，加筋层较多，并且加筋体足够长时容易发生这种破坏形式。这时最上层加筋体首先被拉断，然后逐渐向下发展。

根据上述三种破坏模式，采用不同的计算方法计算极限承载力。对第一种情况，可采用 Meyerhof（1974）提出的具有刚性下卧层上浅基的极限承载力公式计算。对第二种和第三种情况，加筋复合土体的破坏取决于任何一层加筋体的最低抗拉强度。如果一层加筋体破坏

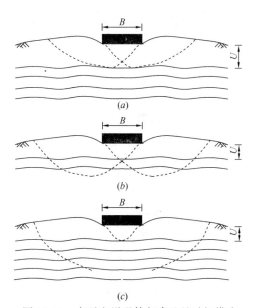

图 10-19　水平向增强体复合地基破坏模式

(a) $U/B > \frac{2}{3}$；(b) $U/B < \frac{2}{3}$，$N<2$ 或 3；

(c) $U/B < \frac{2}{3}$，$N>4$

（滑动或破裂），则由这一层承担的荷载将传递到其他层，因而引起连续的破坏。第二种和第三种破坏模式的容许承载力可用下式表示：

$$T_D \leqslant \left[\frac{R_y}{F_{s1}}, \frac{T_f}{F_{s2}} \right]$$ （10-30）

式中　　T_D——加筋复合土体中任一加筋层的张拉力；

　　　　R_y——该加筋层的极限强度；

　　　　T_f——该加筋层的极限摩擦阻力；

　　F_{s1}, F_{s2}——安全系数。

极限承载力的计算方法如下：

（1）T_D 值确定

根据实验结果，Binquet 假定第二种和第三种情况下加筋复合土层的破坏形式如图 10-20 所示。加筋复合土层的破坏后将地基分成三个区，一区 $acc'a'$ 范围土体向下位移，破坏位置由最大剪应力 τ_{xzmax} 确定。在分析中假定加筋体的设置并不改变地基中应力分布规律，地基中各点应力可由弹性方法计算。

根据对称性，加筋复合土层的承载力分析原理如图 10-21 所示。在 $acc'a'$ 区取单元 $ABCD$。单元体上受力分析如图 10-22 所示。图（a）表示无加筋情况，单元 $ABCD$ 上作用有竖向压力 $F_{VAD}(q_0, z)$，$F_{VBC}(q_0, z)$ 和竖向剪切力 $S(q_0, z)$，q_0 表示荷载，z 表示深度。加筋情况如图（b）和图（c）所示。相应荷载为 q，则单元体上作用竖向压力 $F_{VAD}(q, z)$、$F_{VBC}(q, z)$ 和竖向剪切力 $S(q, z)$，以及加筋体张拉力 $T_D(z, D)$。N 为加筋层数。因为缺少足够的数据资料，现假定有下式成立，

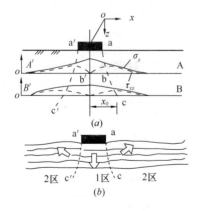

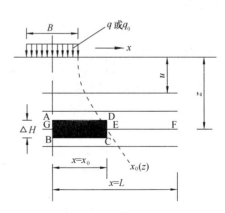

图 10-20　加筋复合土层破坏模式　　　　图 10-21　加筋复合土层承载力分析原理

（a）条形基础下应力分布；（b）破坏模式

$$T_D(z, N) = \frac{T_D(z, N=1)}{N}$$ （10-31）

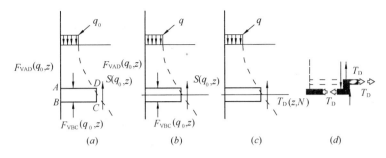

图 10-22 单元体 ABCD 受力分析图

(a) 无加筋情况；(b) 加筋情况土中分量；(c) 加筋情况加筋体中分量；(d) 作用机理

考虑无筋时单元 $ABCD$ 上竖向作用力平衡，可得

$$F_{VAD}(q_0,z) - F_{VBC}(q_0,z) - S(q_0,z) = 0 \quad (10\text{-}32)$$

近似地考虑 $N=1$ 时加筋复合土体中单元竖向力平衡，得

$$F_{VAD}(q,z) - F_{VBC}(q,z) - S(q,z) - T_D(z,N=1) = 0 \quad (10\text{-}33)$$

在相同的基础形式及相等的竖向沉降条件下，F_{VBC} 应相等，即

$$F_{VBC}(q_0,z) = F_{VBC}(q,z) \quad (10\text{-}34)$$

结合式 (10-32)，式 (10-33)，式 (10-34)，得

$$F_{VAD}(q,z) - F_{VAD}(q_0,z) = S(q,z) - Sq_0,z) + T_D(z,N=1) \quad (10\text{-}35)$$

式中

$$F_{VAD}(q,z) = \int_0^{x_0} \sigma_z(q,x,z)\mathrm{d}x \quad (10\text{-}36)$$

$$S(q,z) = \tau_{xy}(x_0,z)\Delta H \quad (10\text{-}37)$$

式中　x_0——由 τ_{xzmax} 值确定，对均质地基，应力 σ_z、τ_{xy} 可用布辛奈斯克解；

ΔH——单元体厚度。

式 (10-36) 和式 (10-37) 同样适用于无加筋情况。为了容易适用于任意基础尺寸及荷载条件，可将式 (10-36) 和式 (10-37) 表示为下述形式，

$$F_{VAD}(q,z) = J\left(\frac{z}{B}\right)qB \quad (10\text{-}38)$$

式中

$$J\left(\frac{z}{B}\right) = \int_0^{x_0} \sigma_z\left(\frac{z}{B}\right)\mathrm{d}x/qB \quad (10\text{-}39)$$

$$S(q,z) = I\left(\frac{z}{B}\right)q\Delta H \quad (10\text{-}40)$$

式中

$$I\left(\frac{z}{B}\right) = \tau_{xzmax}\left(\frac{z}{B}\right)/q \quad (10\text{-}41)$$

一般情况下应力 σ_z 和 τ_{zx} 可由土力学教科书中的方法求解，复杂情况也可采

用有限元法计算。

将式（10-38）和式（10-40）代入式（10-35），并结合式（10-31），得

$$T_D(z, N) = \frac{1}{N}\left[J\left(\frac{z}{B}\right)B - I\left(\frac{z}{B}\right)\Delta H \right]q_0\left(\frac{q}{q_0} - 1\right) \quad (10\text{-}42)$$

由上式可确定 T_D 值。

（2） R_y 值的确定

加筋体的极限强度 R_y 由其材料性质决定，其计算式为

$$R_y = WN_r t f_y \quad (10\text{-}43)$$

式中　　W——单筋宽度；

　　t——单筋厚度；

　　N_r——条形基础单位长度上的加筋数；

　　f_y——加筋体材料的屈服极限。

（3） T_f 值的确定

加筋体的极限摩擦力的计算需要求出假定剪切面以外部分 EF（如图 10-21所示）长度上的正压力 F_{VEF}。

$$F_{VEF}(q, z) = WN_r BM\left(\frac{z}{B}\right)q \quad (10\text{-}44)$$

式中

$$M\left(\frac{z}{B}\right) = \int_{x_0}^{L} \sigma_z\left(\frac{z}{B}\right)\mathrm{d}x / Bq \quad (10\text{-}45)$$

式中　　L——加筋体长度，考虑对称性，取总长度的 $1/2$。

若基础埋深为 D，则深度 z 处总的竖向压力为

$$F_{VZ} = F_{VEF}(q, z) + WN_r\gamma(L - x_0)(z + D) \quad (10\text{-}46)$$

式中　　γ——土的重度。

结合式（10-44）和式（10-46），可得

$$T_f(z) = 2fWN_r\left[M\left(\frac{z}{B}\right)Bq_0\left(\frac{q}{q_0}\right) + \gamma(L - x_0)(z + D) \right] \quad (10\text{-}47)$$

式中　　f——加筋体与土体界面摩擦系数。

至此已可确定 $T_D(z, N)$，R_y 和 $T_f(z)$ 值。比较 T_f、R_y 与 T_D 可以确定加筋体是否会拉断或滑动，以及确定设计条件下承载力之比 BCR 值，

$$BCR = \frac{q}{q_0} \quad (10\text{-}48)$$

在任何条件下，T_D 和 T_f 值是承载力之比 BCR 的线性函数，而 R_y 则是常量。图 10-23 表示 T_D、T_f 和 R_y 值与 BCR 之间的关系。当 $N=1$ 时，极限状态条件下 $BCR = 1.2$，$T_D = T_f$，表明破坏是由于摩擦力不够而滑动引起破坏。在相同条件下，当 $N = 5$ 时，极限状态条件下 $BCR = 2.5$，$T_D = R_y$，表明破坏是由于加筋体被拉断。

应该注意图 10-23 仅表示 $z=2.54$cm 处的加筋体的情况，事实上应该验算全部 N 层加筋体的情况。

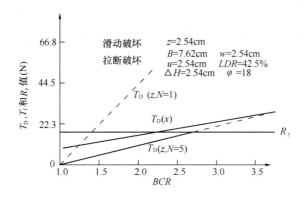

图 10-23 T_D，T_f 和 R_y 与 BCR 关系

采用 Binquet-Lee（1975）极限承载力计算方法计算，关键在于正确地确定加筋复合土层中加筋体的张拉力 $T_D(z，N)$ 以及各层加筋体与土体间的极限摩阻力 $T_f(z)$。

第 11 章　桩网复合地基承载力

11.1　概　　述

桩网复合地基是一种组合型复合地基，可理解为由桩体复合地基和水平向增强体复合地基加筋土垫层组合形成。桩网复合地基中的桩体多采用刚性桩，并附有桩帽；桩网复合地基中的加筋土垫层多采用土工格栅垫层。桩网复合地基中的刚性桩应采用摩擦型桩，其机理同刚性桩复合地基。当桩网复合地基中的刚性桩采用端承桩时，桩间土地基难以直接参加工作，桩网复合地基蜕变为桩承式加筋路堤（简称桩承堤）。国外已有许多应用桩承式加筋路堤的工程实例，如伦敦的 Stansted 机场的铁路连接线加宽工程、巴西圣保罗北部的公路拓宽工程、荷兰的部分高速公路等，在英国、瑞典、德国、日本等国家还相继出台了有关规程，其中以英国的 BS8006 为典型代表。国内桩网复合地基和桩承堤两种形式在工程中都有应用。

近年来，铁道部科学院、铁道部第四勘察设计院、湖南大学、浙江大学等科研院所结合工程实践对桩网复合地基和桩承堤的承载机理开展了很多研究，已取得一些成果，有力地推进了桩网复合地基和桩承堤的工程应用。

桩网复合地基能较好调动桩、网、土三者的承载潜力，具有承载力高、沉降变形小、工后沉降容易控制、稳定性高、工期短、施工方便等优点。已有的研究及实践表明，桩网复合地基特别适合于在天然软土地基上快速修筑路堤或堤坝类构筑物，与其他地基处理方法相比，具有经济技术等多方面优势。

11.2　桩网复合地基和桩承堤

桩网复合地基和桩承式加筋路堤（简称桩承堤）在工程中易混淆，它们有相近的结构组成。桩网复合地基自上而下由路堤填土、加筋垫层、刚性桩（带桩帽或不带桩帽）和地基土四部分组成，如图 11-1（a）所示；桩承堤自上而下由路堤填土、加筋垫层、刚性桩（带桩帽）和地基土四部分组成如图 11-1（b）所示。桩网复合地基和桩承堤两种处理方法的主要区别在于：桩网复合地基中的刚性桩为摩擦型桩，而桩承堤中的刚性桩为端承桩。在桩网复合地基中，路堤自重及其承担的荷载通过加筋垫层直接分别传递给桩和桩间土地基，而桩承堤中，路堤自重及其承担的荷载通过加筋垫层直接传递给桩，桩间土地基是可以不直接承担荷载的。也可以说，在桩网复合地基中，刚性桩与桩间土地基形成刚性桩复合地基承担路堤荷载，而在桩承堤中，刚性桩是作为桩基础承担路堤荷载。

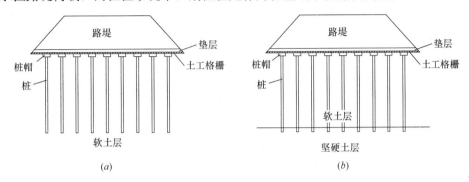

图 11-1　桩承式路堤与桩网复合地基
(a) 桩网复合地基；(b) 桩承堤

　　桩网复合地基和桩承堤除在荷载传递机理上有较大区别外，在加筋垫层作用、桩帽设置、承载力和沉降计算等方面都有较大差异。

　　桩网复合地基和桩承堤中的加筋垫层的作用都是将上部荷载向桩上集中，不同的是：在桩承堤中要求通过加筋垫层和路堤填土的土拱作用将上部荷载全部向桩上集中，由桩体承担绝大部分或全部荷载；而在桩网复合地基中要求通过加筋垫层将上部荷载适度向桩上集中，使作用在桩间土地基上的上部荷载小于桩间土地基的承载力。桩承堤中一般均要设置桩帽，缩小桩间距，利于加筋垫层将上部荷载全部向桩上集中。而且，作用在桩承堤中的桩上荷载很大，设置桩帽有利于桩的受力状态。一般情况下，作用在桩网复合地基中的桩上荷载较小。因此，桩网复合地基中可设置桩帽，也可不设置桩帽。

　　通过以上分析可知：桩承堤在加筋垫层的张力膜效应和路堤填土的土拱作用下，由桩体承担绝大部分荷载，而且土层的沉降使得桩还要承担负摩阻力作用；桩网复合地基通过加筋垫层的分担调节作用以及桩体上刺、下刺的动态平衡过程，使桩与桩间土地基共同直接承担上部荷载。

　　桩承式加筋路堤中加筋垫层主要是将绝大部分上部荷载传递至桩上，而桩网复合地基中加筋垫层的作用主要是使得桩土共同承担荷载，因此，类似情况下桩承式加筋路堤中所需的网材强度、褥垫层模量及厚度都应该比桩网复合地基中的大。

　　桩承式加筋路堤中桩承担绝大部分上部荷载，作用在桩上的荷载基本上是明确的。桩是端承桩，可应用桩基理论进行分析。桩承式加筋路堤设计难点是如何保证将绝大部分上部荷载传递给桩。桩承式加筋路堤中的桩是端承桩，因此桩帽以下的压缩量是比较小的。路堤沉降主要来自加筋垫层的挠曲变形和路堤本身的压缩。

桩网复合地基中桩与桩间土地基通过变形协调共同承担上部荷载，通过桩-土-垫层共同作用分配上部荷载，并使作用在桩间土地基上的上部荷载小于桩间土地基的承载力。桩网复合地基设计难点是如何较充分利用桩间土地基的承载力。桩网复合地基上的路堤沉降除来自加筋垫层的挠曲变形和路堤本身的压缩外，还来自桩体可能产生的下刺量，以及桩底端以下土层的压缩。

比较分析桩网复合地基和桩承堤的结构组成、荷载传递机理、加筋垫层作用等，也可认为桩承堤是桩网复合地基的一种特殊情况。当桩网复合地基中上部荷载全部由桩承担，桩间土地基不承担上部荷载时，桩网复合地基蜕变成桩承堤。严格地讲，桩承堤是桩基础，不属于复合地基。考虑到介绍桩承堤的资料较少，以及桩网复合地基和桩承堤之间的关系，先在下一节介绍桩承堤的计算，然后在11.4节介绍桩网复合地基承载力。

11.3 桩承堤的计算

11.3.1 概述

前已提及，桩承堤通过加筋垫层和路堤填土的土拱作用将上部荷载全部向桩上集中，由桩体承担绝大部分或全部荷载。一般情况下，在桩承堤中，桩帽以上和形成的土拱以上的填土荷载和使用荷载通过土拱作用传递至桩帽进而由桩承担。当桩间土下沉量较大时，土拱下土体的重量通过加筋体的提拉作用也传递至桩帽，由桩承担。在桩承堤中上部荷载全部由桩承担。

在桩承堤计算中，要计算土拱高度、加筋垫层中的加筋体拉力、桩的承载能力和桩帽的计算。下面分节予以介绍。

11.3.2 实用的土拱计算方法

桩承堤设计计算中实用的土拱计算方法主要有英国规范法、日本细则法和北欧规范法等。英国规范 BS8006（1995）根据 Hewlett、Low 和 Randolph 等人的研究成果，假定土体在压力作用下形成的土拱为半球拱，提出了桩网土拱临界高度的概念，并认为：路堤的填土高度超过临界高度（$H_c = 1.4(S-a)$）时（S 为桩中心距，a 为桩帽边长，见图 11-2），才能产生完整的土拱效应。该规定忽视了路堤填土材料的性质，在对路堤填料有严格限制的条件下，英国规范的方法方便实用。

北欧规范引用了 Carlsson 的研究成果，假定桩承堤地基平面土拱的形式为三角形楔体，顶角为 30°。可计算得土拱高度为 $H_c = 1.87(S-a)$。

日本细则采用了应力扩散角的概念，同样假定桩承堤平面土拱的形式为三角形楔体，顶角为 2φ，φ 为材料的内摩擦角，黏性土取综合内摩擦角（图 11-2）。

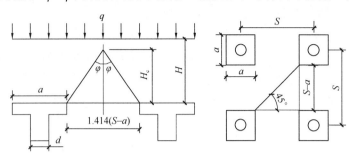

图 11-2　土拱高度计算简图

桩承堤中采用间距为 S 的正方形布桩，正方桩帽边长为 a，土拱高度计算应考虑桩帽之间最大的间距，$H_c = 0.707(S-a)/\tan\varphi$。当 $\varphi = 30°$ 时，$H_c = 1.22(S-a)$；日本细则另外规定土拱高度计算取 1.2 的安全系数，设计取值时 $H_c = 1.46(S-a)$。

目前各国采用的规范方法略有不同，但是考虑到路堤填料规定的差异，各国关于土拱高度计算方法实质上差异较小。

11.3.3　加筋垫层的加筋体拉力的计算方法

在桩承堤中，桩帽以上和土拱以上的填土荷载和使用荷载是通过土拱作用直接传递至桩帽由桩承担。土拱以下土体通过加筋体的提拉作用也传递至桩帽，由桩承担。目前关于加筋垫层中的加筋体拉力的计算方法主要有下列几种：

（1）英国规范 BS8006 法

将水平加筋体受竖向荷载后的悬链线近似看成双曲线，假设水平加筋体之下脱空，得到竖向荷载（W_T）引起的水平加筋体张拉力（T）按下式计算：

$$T = \frac{W_T(S-a)}{2a}\sqrt{1+\frac{1}{6\varepsilon}} \tag{11-1}$$

式中　S——桩间距（m）；

　　　a——桩帽宽度（m）；

　　　ε——水平加筋体应变；

　　W_T——作用在水平加筋体上的土体重量（kN）。

当 $H > 1.4(S-a)$ 时，W_T 按下列公式计算：

$$W_T = \frac{1.4S\gamma(S-a)}{S^2-a^2}\left[S^2-a^2\left(\frac{C_c a}{H}\right)^2\right] \tag{11-2}$$

对于端承桩：

143

$$C_c = 1.95H/a - 0.18 \tag{11-3}$$

对于摩擦桩及其他桩：

$$C_c = 1.5H/a - 0.07 \tag{11-4}$$

式中　C_c——成拱系数。

（2）北欧规范法

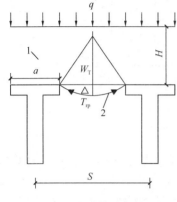

图 11-3　加筋体计算简图

1—路堤；2—水平加筋体

北欧规范法的计算模式采用了三角形楔形土拱的假设（图 11-3），不考虑外荷载的影响，则二维平面时的土楔重量（W_{T2D}）按下式计算：

$$W_{T2D} = \frac{(S-a)^2}{4\tan 15^\circ}\gamma \tag{11-5}$$

该方法中水平加筋体张拉力的计算采用了索膜理论，也假定加筋体下面脱空，得到二维平面时的加筋体张拉力（T_{rp2D}）可按下式计算：

$$T_{rp2D} = W_{T2D}\left(\frac{S-a}{8\Delta}\right)\sqrt{1 + \frac{16\Delta^2}{(S-a)^2}} \tag{11-6}$$

式中　Δ——加筋体的最大挠度（m）。

瑞典 Rogheck 等考虑了三维效应，得到三维情况下土楔重量（W_{T3D}）可按下式计算：

$$W_{T3D} = \left(1 + \frac{S-a}{2}\right)W_{T2D} \tag{11-7}$$

则三维情况下水平加筋体的张拉力（T_{rp3D}）可按下式计算：

$$T_{rp3D} = \left(1 + \frac{S-a}{2}\right)T_{rp2D} \tag{11-8}$$

（3）日本细则方法

日本细则方法考虑拱下三维楔形土体的重量，假定加筋体为矢高 Δ 的抛物线，土拱下土体荷载均布作用在加筋体上，推导出加筋体张拉力可按下式计算：

$$W = \frac{1}{2}h\gamma\left(S^2 - \frac{1}{4}a^2\right) \tag{11-9}$$

格栅上的均布荷载：

$$q = \frac{W}{2(S-a)a} \tag{11-10}$$

加筋体的张力：

$$T_{\max} = \sqrt{H^2 + \left(\frac{q\Delta}{2}\right)^2} \tag{11-11}$$

$$H = q(S-a)^2/8\Delta \tag{11-12}$$

（4）复合地基技术规范法

144

国家标准《复合地基技术规范》中采用应力扩散角确定的土拱高度，考虑空间效应计算加筋体张拉力（图11-4）。

土拱设计高度 $h = 1.2H_c$，$H_c = 0.707(S - a)/\tan\varphi$（图11-4）。加筋体张拉力产生的向上的分力承担图中阴影部分楔体土的重量，假定加筋体的下垂高度为 Δ，变形近似于三角形，土荷载的分项系数取1.35，则加筋体张拉力可按下式计算：

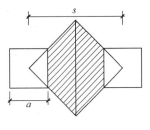

图11-4 加筋体计算平面图

$$T \geqslant \frac{1.35\gamma h(S^2 - a^2)\sqrt{(S-a)^2 + 4\Delta^2}}{32\Delta a}$$

（11-13）

（5）不同方法计算结果的对比

以一个算例对比上述不同方法计算土拱高度和加筋拉力的结果。算例中：布桩间距2.0m，桩帽尺寸1.0m，填料内摩擦角取35°、30°和25°三种情况，填土的重度取20kN/m³，填土的总高度大于2.5m，加筋体最大允许下垂量0.1m。土拱的高度和加筋体的拉力分别按照上述不同的方法计算，计算结果如表11-1中所示。

不同规范土拱高度和加筋体拉力计算比较 　　　　表11-1

规范或方法名称		英国规范 BS8006	北欧规范	日本细则	本规范
$\varphi = 35°$	土拱高度（m）	1.68	2.24	1.45	1.45
	加筋拉力（kN/m）	64.10	101.90	49.90	58.30
$\varphi = 30°$	土拱高度（m）	1.68	2.24	1.76	1.76
	加筋拉力（kN/m）	64.10	101.90	60.70	69.40
$\varphi = 25°$	土拱高度（m）	1.68	2.24	2.18	2.18
	加筋拉力（kN/m）	64.10	101.90	75.20	85.32

11.3.4 桩的承载力计算

在桩承堤中上部荷载全部由桩承担。桩常为端承桩，桩的作用荷载除填土荷载和使用荷载外，尚需考虑地基土层发生沉降可能产生的负摩阻力。

由桩周土和桩端土的抗力可能提供的单桩竖向极限抗压承载力的表达式为

$$Q_{pf} = S_a \sum f_i L_i \beta_1 + \beta_2 A_p R$$

（11-14）

式中　f_i——第 i 层桩周土的极限摩擦力；

　　　S_a——桩身周边长度；

　　　L_i——第 i 层土层对应的桩段长度；

R——桩端土极限承载力；

β_1——桩的侧阻力综合修正系数；

β_2——桩端阻力修正系数；

A_p——桩身横断面积。

由桩体材料强度可能提供的单桩竖向极限抗压承载力的表达式为

$$Q_{pf} = qA_p \tag{11-15}$$

式中 q——桩体极限抗压强度。

由式（11-14）和式（11-15）计算所得的二者中取较小值为桩的极限承载力。

桩的容许承载力 Q_{pc} 计算式为

$$Q_{pc} = \frac{Q_{pf}}{K} \tag{11-16}$$

式中 K——安全系数，一般可取 2.0。

11.3.5　桩帽的计算

桩帽面积与单桩处理面积之比宜取 15%～25%。当桩径为 300～400mm 时，桩帽之间的最大净间距宜取 1.0～2.0m。方案设计时，可预估需要的上覆填土厚度为最大间距的 1.5 倍。

桩帽作为结构构件，采用荷载基本组合验算截面抗弯和抗冲剪承载力。

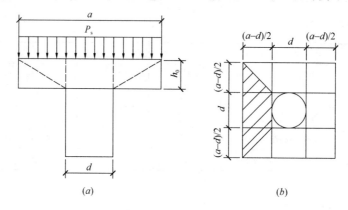

图 11-5　桩帽计算简图

(a) 桩帽抗冲剪验算简图；(b) 桩帽抗弯截面验算简图

图 11-5 为桩帽计算简图，桩帽为正方形，边长为 a，厚度为 h_0。桩径为 d。桩帽抗冲剪按下列公式验算：

$$V_s/u_m h_0 \leqslant 0.7\beta_{hp}f_t/\eta \tag{11-17}$$

其中：

$$V_s = P_s a^2 - (\tan45°h_0 + d)^2 \pi P_s/4 \tag{11-18}$$

$$u_m = 2(d/2 + \tan45°h_0/2)\pi \tag{11-19}$$

式中 V_s——桩帽上作用的最大冲剪力（kN）；

    P_s——相应于荷载效应基本组合时，作用在桩帽上的压力值（kPa）；

    β_{hp}——冲切高度影响系数，取 1.0；

    f_t——混凝土轴心抗拉强度（kPa）；

    η——影响系数，取 1.25。

桩帽截面抗弯承载力按下列公式验算：

$$M_R \geqslant M \tag{11-20}$$

其中：

$$M = \frac{1}{2} P_s d \left(\frac{a-d}{2} \right)^2 + \frac{2}{3} P_s \left(\frac{a-d}{2} \right)^3 \tag{11-21}$$

式中 M_R——截面抗弯承载力（kN·m）；

    M——桩帽截面弯矩（kN·m）。

当采用圆形桩帽时，可采用面积相等的原理换算圆形桩帽的等效边长（a_0）。等效边长按下式计算：

$$a_0 = \frac{\sqrt{\pi}}{2} d_0 \tag{11-22}$$

式中 d_0——圆形桩帽的直径（m）。

11.4 桩网复合地基承载力

11.4.1 概述

前面已经谈到，桩网复合地基是一种组合型复合地基，可理解为由桩体复合地基和水向增强体复合地基加筋土垫层组合形成。桩网复合地基中的桩体多采用刚性桩，可附有桩帽；桩网复合地基中的刚性桩应采用摩擦型桩，其机理同刚性桩复合地基。桩网复合地基中的加筋土垫层多采用土工格栅垫层。

在桩网复合地基中通过加筋垫层将上部荷载适度向桩上集中，使作用在桩间土地基上的上部荷载小于桩间土地基的承载力。或者说桩网复合地基中桩与桩间土地基通过变形协调共同承担上部荷载，通过桩-土-垫层共同作用分配上部荷载，并使作用在桩间土地基上的上部荷载小于桩间土地基的承载力。桩网复合地基设计难点是如何较充分利用桩间土地基的承载力。

在桩网复合地基计算中，要计算桩体复合地基承载能力、加筋垫层的承载能力，若桩附有桩帽，还有桩帽的计算。下面分节予以介绍。

11.4.2 桩体复合地基承载能力

桩网复合地基中桩体复合地基承载力计算基本同刚性桩复合地基承载力计

算。桩网复合地基中桩体复合地基的极限承载力 p_{cf} 可用下式表示：

$$p_{cf} = k_1\lambda_1 m p_{pf} + k_2\lambda_2(1-m)p_{sf} \tag{11-23}$$

式中　p_{pf}——单桩极限承载力，单位 kPa；

　　　p_{sf}——天然地基极限承载力，单位 kPa；

　　　k_1——反映复合地基中桩体实际极限承载力与自由单桩极限承载力不同的修正系数；

　　　k_2——反映复合地基中桩间土地基实际极限承载力与天然地基极限承载力不同的修正系数；

　　　λ_1——复合地基破坏时，桩体发挥其极限强度的比例，称为桩体极限强度发挥度；

　　　λ_2——复合地基破坏时，桩间土发挥其极限强度的比例，称为桩间土极限强度发挥度；

　　　m——复合地基置换率，$m = \dfrac{A_p}{A}$，其中 A_p 为桩体面积，A 为对应的加固面积。若桩附有桩帽时，A_p 为桩帽面积，A 为对应的加固面积。

桩网复合地基中桩体复合地基的容许承载力 p_{cc} 计算式为

$$p_{cc} = \frac{p_{cf}}{K} \tag{11-24}$$

式中　K——安全系数，一般可取 2.0。

桩网复合地基中桩体一般采用刚性桩，刚性桩的承载力取决于由桩周土和桩端土的抗力可能提供的单桩竖向抗压承载力和由桩体材料强度可能提供的单桩竖向抗压承载力，二者中取小值。

由桩周土和桩端土的抗力可能提供的单桩竖向极限抗压承载力的表达式为

$$Q_{pf} = S_a \sum f_i L_i + \beta_2 A_p R \tag{11-25}$$

式中　f_i——第 i 层桩周土的极限摩擦力；

　　　S_a——桩身周边长度；

　　　L_i——第 i 层土层相应的桩段长度；

　　　R——桩端土极限承载力；

　　　β_2——桩的端承力发挥度；

　　　A_p——桩身横断面积。

由桩体材料强度可能提供的单桩竖向极限抗压承载力的表达式为

$$Q_{pf} = q A_p \tag{11-26}$$

式中　q——桩体极限抗压强度。

由式（11-25）和式（11-26）计算所得的二者中取较小值为刚性桩的极限承载力。

无桩帽时，刚性桩的极限承载力 Q_{pf} 与式（11-23）中 p_{pf} 的关系为

$$p_{pf} = \frac{Q_{pf}}{A_p} \tag{11-27}$$

式中 A_p——桩身横断面积。

有桩帽时，刚性桩的极限承载力 Q_{pf} 与式 11-23 中 p_{pf} 的关系为

$$p_{pf} = \frac{Q_{pf}}{A_m} \tag{11-28}$$

式中 A_m——桩帽平面横断面积。

11.4.3 加筋垫层的承载能力计算

前面已谈到桩网复合地基中桩与桩间土地基通过变形协调共同承担上部荷载，通过桩-土-垫层共同作用分配上部荷载，并使作用在桩间土地基上的上部荷载小于桩间土地基的承载力。在桩网复合地基承担上部荷载过程中，加筋垫层应具有承担上部荷载的能力。

在桩网复合地基中，刚性桩复合地基置换率较小，桩距较大，又是摩擦型桩，土拱作用较小，在计算中不考虑土拱作用。

加筋垫层地基承载力由垫层底地基承载力和水平加筋体对地基承载能力提高量两部分组成。水平加筋土对地基承载能力的提高主要体现在以下三个方面，其一是垫层对应力的扩散；其二是筋材拉力反作用力对土体的约束，其三是筋材拉力的向上分力对上部荷载的分担。

加筋垫层对应力的扩散作用可根据垫层底面和顶面的受力平衡来计算。设垫层底地基承载力为 f_{sk}，上部荷载 q_1 的作用宽度为 B，应力扩散角为 θ，相邻两根桩之间的加筋土长度为 L，垫层的厚度为 Z_n，如图 11-6 所示，则由应力扩散作用导致的承载力增量 Δf_1 为：

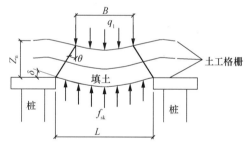

图 11-6 加筋垫层承载力计算示意图

$$\Delta f_1 = \frac{2Z_n \tan\theta}{S - a - 2Z_n \tan\theta} f_{sk} \tag{11-29}$$

上式中：S 为相邻两根桩的桩间距，a 为桩帽长度，$L = S - l$。

加筋体变形后产生的拉力为 T_r，加筋体与水平方向的夹角为 δ，则拉力在水平方向上产生的应力 $\Delta\sigma_3$ 为：

$$\Delta\sigma_3 = \frac{nT_r \cos\delta}{Z_n} \tag{11-30}$$

加筋体水平拉力对土体有侧向约束作用，约束作用引起的承载力提高用极限平衡理论计算，即承载力的增加量 $\Delta\sigma_1$ 为：

$$\Delta\sigma_1 = \frac{nT_r\cos\delta}{Z_n}\tan^2\left(45° + \frac{\varphi}{2}\right)$$ (11-31)

其中，φ 为垫层材料的内摩擦角。

加筋体拉力在竖直方向分力会抵消相同数量的上部附加应力，对应的承载力提高设为 Δp：

$$\Delta p = \frac{nT_r\sin\delta}{(B+L)/2} = \frac{nT_r\sin\delta}{S - a - Z_n\tan\theta}$$ (11-32)

因此，加筋体垫层的承载力 f_{spk1} 为：

$$f_{spk1} = f_{sk} + \Delta f_1 + \Delta\sigma_1 + \Delta p$$ (11-33)

结合式（11-29）、式（11-30）、式（11-31）和式（11-32），可得加筋体垫层的承载力表达式，

$$f_{spk1} = \frac{S - a}{S - a - 2Z_n\tan\theta}f_{sk} + nT_r\left[\frac{\cos\delta\,\tan^2(45° + \varphi/2)}{Z_n} + \frac{\sin\delta}{S - a - Z_n\tan\theta}\right]$$

(11-34)

11.4.4 桩帽计算

桩网复合地基中的桩帽受的剪切力比桩承堤中桩帽受的剪切力小，桩网复合地基中的桩帽计算采用桩承堤中桩帽的计算方法计算是安全的。因此，桩网复合地基中的桩帽计算可采用桩承堤中桩帽的计算方法计算，详见 11.3.4 节中介绍。

第12章 复合地基稳定分析

12.1 概 述

国家标准《复合地基技术规范》在一般规定中指出:"复合地基设计应进行承载力和沉降计算,其中用于填土路堤和柔性面层堆场等工程的复合地基除应进行承载力和沉降计算外,尚应进行稳定分析;对位于坡地、岸边的复合地基均应进行稳定分析。"

在复合地基稳定分析中,所采用的稳定分析方法、计算参数、计算参数的测定方法和稳定安全系数取值应相互匹配。

国内外学者提出的稳定分析方法很多,在这一章主要介绍圆弧稳定分析法。

复合地基稳定分析方法宜根据复合地基类型合理选用。

对散体材料桩复合地基,稳定分析中最危险滑动面上的总剪切力可由传至复合地基面上的总荷载确定,最危险滑动面上的总抗剪切力计算中,复合地基加固区强度指标可采用复合土体综合抗剪强度指标,也可分别采用桩体和桩间土的抗剪强度指标;未加固区可采用天然地基土体抗剪强度指标。

对柔性桩复合地基可采用上述散体材料桩复合地基稳定分析方法。在分析时,应视桩土模量比对抗力的贡献进行折减。

对刚性桩复合地基,最危险滑动面上的总剪切力可只考虑传至复合地基桩间土地基面上的荷载,最危险滑动面上的总抗剪切力计算中,可只考虑复合地基加固区桩间土和未加固区天然地基土体对抗力的贡献,稳定安全系数可通过综合考虑桩体类型、复合地基置换率、工程地质条件、桩持力层情况等因素确定。稳定分析中没有考虑由刚性桩承担的荷载产生的滑动力和刚性桩抵抗滑动的贡献。由于没有考虑由刚性桩承担的荷载产生的滑动力的效应可能比刚性桩抵抗滑动的贡献要大,稳定分析安全系数可适当提高。

12.2 稳定分析四匹配原则

岩土工程稳定分析中,为什么要强调所采用的稳定分析方法、计算参数、计算参数的测定方法和稳定安全系数取值应相互匹配呢?应该说这与岩土工程稳定分析的对象-岩土的特性有关。国内外学者先后提出了很多稳定分析方法，至今很难说哪一方法是最好的，可适用各种土层、工程类别。每一种岩土工程稳定分析方法对应用的参数都有一定的要求。岩土体的强度指标也很复杂。以饱和黏性土为例，抗剪强度指标有有效应力指标和总应力指标两大类，也可直接测定土的不排水抗剪强度。测定的室内外试验方法很多，采用不同试验方法测得的抗剪强度指标值，或不排水抗剪强度值是有差异的。甚至采用的取土器不同也可造成较大差异。对灵敏度较大的软黏土，采用薄壁取土器取样试验得到的抗剪强度指标值比一般取土器取的大 30% 左右。在岩土工程稳定分析中取的安全系数值一般是特定条件下的经验总结。因此，一定要重视岩土工程稳定分析中采用的稳定分析方法、计算参数、计算参数的测定方法和稳定安全系数取值相互匹配。目前不少规程规范，特别是商用岩土工程稳定分析软件中不重视上述四者相匹配的原则。

在岩土工程稳定分析中，不能做到稳定分析方法、计算参数、计算参数的测定方法和稳定安全系数取值相互匹配，采用再好的稳定分析方法，再好的测试手段，也难以取得客观的分析结果，失去进行稳定分析的意义。不能简单以稳定安全系数是否大于 1.0 判断。在岩土工程稳定分析中，不能坚持稳定分析四匹配原则，简单以稳定安全系数是否大于 1.0 判断，有时还会酿成工程事故，应予以充分重视。

复合地基稳定分析属于岩土工程稳定分析，在复合地基稳定分析中，应重视采用的稳定分析方法、计算参数、计算参数的测定方法和稳定安全系数取值四者相互匹配的原则。

12.3　散体材料桩复合地基稳定分析

散体材料桩复合地基稳定分析常采用圆弧分析法，圆弧分析法计算原理如图12-1 所示。在圆弧分析法中，假设地基土的滑动面呈圆弧形。在圆弧滑动面上，总剪切力记为 T，总抗剪切力记为 S，则沿该圆弧滑动面发生滑动破坏的安全系数 K 为

$$K = \frac{S}{T} \tag{12-1}$$

取不同的圆弧滑动面，可得到不同的安全系数值，通过试算可以找到最危险的圆弧滑动面，并可确定最小的安全系数值。通过圆弧分析法按确定的荷载计算复合地基在该荷载作用下的安全系数，并根据要求的安全系数值判断复合地基的稳定性。

在散体材料桩复合地基圆弧分析法计算中，假设的圆弧滑动面往往经过复合地基加固区和未加固区两部分。地基土的强度计算参数应分区采用，对复合地

加固区和未加固区的土体应采用不同的强度计算参数。对复合地基中的未加固区采用天然地基土体强度计算参数。对复合地基加固区的土体强度计算参数可采用复合土体综合强度计算参数，也可分别采用散体材料桩桩体和桩间土的强度计算参数计算。

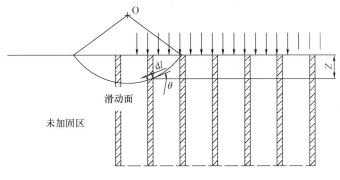

图 12-1　　圆弧稳定分析法

散体材料桩复合地基加固区复合土体的抗剪强度 τ_c 可用下式表示：

$$
\begin{aligned}
\tau_c &= (1-m)\tau_s + m\tau_p \\
&= (1-m)\left[C + (\mu_s P_c + \gamma_s z)\cos^2\theta\tan\varphi_s\right] \\
&\quad + m\left[C_p + (\mu_p P_c + \gamma_p z)\cos^2\theta\tan\varphi_p\right]
\end{aligned}
\tag{12-2}
$$

式中　τ_s——桩间土抗剪强度；

τ_p——散体材料桩桩体抗剪强度；

m——复合地基置换率；

C——桩间土内聚力；

P_c——复合地基上作用荷载；

μ_s——应力降低系数，$\mu_s = 1/[1+(n-1)\,m]$；

μ_p——应力集中系数，$\mu_p = n/[1+(n-1)\,m]$；

n——桩土应力比；

γ_s，γ_p——分别为桩间土体和桩体的重度；

φ_s，φ_p——分别为桩间土体和桩体的内摩擦角；

θ——滑弧在地基某深度处剪切面与水平面的夹角，如图 12-1 所示；

z——分析中所取单元弧段的深度。

若 $\varphi_s = 0$，则式（12-2）可改写为

$$
\tau_c = (1-m)C + m(\mu_p P_c + \gamma_p Z)\cos^2\theta\tan\varphi_p + mC_p
\tag{12-3}
$$

复合土体综合强度指标可采用面积比法计算。复合土体内聚力 C_c 和内摩擦角 φ_c 表达式可用下述两式表示：

$$C_c = C_s(1-m) + mC_p \qquad (12\text{-}4)$$
$$\tan\varphi_c = \tan\varphi_s(1-m) + m\tan\varphi_p \qquad (12\text{-}5)$$

式中　C_s 和 C_p 分别为桩间土和桩体的内聚力；其余符号同式 12-2。

12.4　柔性桩复合地基稳定分析

国内外一些学者通过数值分析和离心机试验对深层搅拌桩加固路堤进行了研究，发现深层搅拌桩加固路堤桩的破坏模式有桩体弯曲破坏、桩体倾斜、桩体侧移、桩体剪切破坏、桩体受压破坏以及桩周土体绕流，分析认为按 12.3 节介绍的散体材料桩复合地基稳定分析中桩体剪切破坏模式过高估计了路堤的稳定性。Broms（1999）也指出路堤下不同位置的水泥土桩体的可能破坏模式有弯曲破坏和受拉破坏两种模式，并不一定发生剪切破坏，如图 12-2 所示。

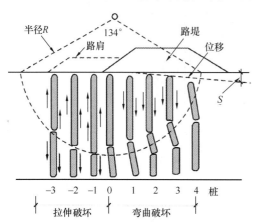

图 12-2　路堤下桩体的破坏模式（Broms，1999）

在柔性桩复合地基稳定破坏过程中，桩的破坏模式有桩体弯曲破坏、桩体倾斜、桩体侧移、桩体剪切破坏等多种形式，一律按桩体剪切破坏模式过高估计了柔性桩对抗力的贡献，得到了高估路堤稳定的分析结果，是偏不安全的，严重的甚至造成事故。

根据以上分析，在水泥土桩等柔性桩复合地基稳定分析中，采用 12.3 节介绍的散体材料桩复合地基稳定分析方法中桩体剪切破坏模式进行稳定分析时，应对柔性桩对抗力的贡献进行适当折减，也可通过提高稳定分析安全系数取值来补偿。

12.5　刚性桩复合地基稳定分析

对刚性桩复合地基稳定分析的研究较少。根据对采用数值分析和离心机试验对深层搅拌桩加固路堤进行的研究成果分析，可以得到采用刚性桩复合地基加固路堤桩的破坏模式肯定不可能均为桩体剪切破坏，而是有桩体弯曲破坏、桩体倾斜、桩体侧移、桩体剪切破坏、桩体受压破坏以及桩周土体绕流等多种破坏模式。桩的破坏模式与桩体强度、桩土相对刚度、桩的直径等因素有关。可以推想，与深层搅拌桩等柔性桩加固路堤相比，刚性桩复合地基加固路堤桩的破坏模式中，桩体剪切破坏和桩体弯曲破坏等破坏模式的比例减少，而桩体倾斜、桩体侧移、桩周土体绕流等破坏模式的比例增多，很难发生桩体受压破坏模式。

根据以上分析，对刚性桩复合地基也可采用柔性桩复合地基稳定分析方法，只是在稳定分析中对刚性桩对抗力的贡献的折减比例比柔性桩对抗力的贡献的折减比例大一些，也可通过提高稳定分析安全系数取值来补偿。

刚性桩复合地基稳定分析也可采用天然地基圆弧稳定分析法分析。在稳定分析中最危险滑动面上的总剪切力只考虑传至刚性桩复合地基桩间土地基面上的荷载，最危险滑动面上的总抗剪切力计算中，只考虑复合地基加固区桩间土和未加固区天然地基土体对抗力的贡献，稳定安全系数取值可通过综合考虑桩体类型、复合地基置换率、工程地质条件、桩持力层情况等因素确定。刚性桩复合地基稳定分析中没有考虑由刚性桩承担的荷载产生的滑动力和刚性桩抵抗滑动的贡献。由于没有考虑由刚性桩承担的荷载产生的滑动力的效应可能比刚性桩抵抗滑动的贡献要大，稳定分析安全系数取值应适当提高。

12.6   加筋堤圆弧滑动稳定性分析

杨晓军（1999）进行了加筋堤圆弧滑动稳定性分析方法的探索，采用了Jewell 关于将滑弧限制在地基中的建议，发展了加筋堤与非加筋堤的圆弧稳定分析方法。下面作简要介绍。

12.6.1   计算模型

在加筋堤圆弧滑动稳定性分析中采用以下计算模型：
1）将滑弧限制在地基土中，而把路堤填料作为荷载作用在地基上；
2）地基土中的附加应力场由解析法计算确定；
3）稳定分析用条分法进行。
对作用在地基土上的荷载，作如下三个方面考虑：
1）路堤填料的自重按梯形分布竖向荷载考虑；
2）加筋材料对地基软土的水平向约束作为水平荷载计入；
3）由于土拱作用而产生的竖向基底应力的调整。
关于将路堤填料自重按梯形分布荷载考虑，应该是容易接受的。而对于加筋材料对基底软土的水平作用力的分布特性，曾有多种不同的假定，Madhira. R. Madhav 等（1994 年）假定筋材水平摩擦力分别是梯形、矩形、三角形分布的情况下加筋对地表沉降的影响，表明水平力合力相等时，分布模式不同带来的影响并不显著，本文采用三角形分布模式。

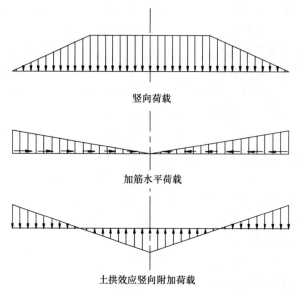

竖向荷载

加筋水平荷载

土拱效应竖向附加荷载

图 12-3　地基稳定分析的荷载模型

12.6.2　地基附加应力计算

在分析中首先在上述荷载作用下算出沿滑弧各土条滑弧段中点的地基附加应力，进而得到各点沿滑弧的切向应力和法向应力。再采用条分法求稳定安全系数。该分析方法中，计算地基中的附加应力是基础。

在平面应变条件下，竖向表面线荷载作用下弹性半空间附加应力分布：

$$
\left.
\begin{aligned}
\sigma_z &= \frac{2\bar{p}z^3}{\pi(x^2+z^2)^2} \\[2mm]
\sigma_x &= \frac{2\bar{p}x^2z}{\pi(x^2+z^2)^2} \\[2mm]
\tau_{xz} &= \frac{2\bar{p}xz^2}{\pi(x^2+z^2)^2}
\end{aligned}
\right\}
\tag{12-6}
$$

水平向表面线荷载作用下弹性半空间附加应力分布：

$$
\left.
\begin{aligned}
\sigma_z &= \frac{2\bar{q}xz^2}{\pi(x^2+z^2)^2} \\[2mm]
\sigma_x &= \frac{2\bar{q}x^3}{\pi(x^2+z^2)^2} \\[2mm]
\tau_{xz} &= \frac{2\bar{q}x^2z}{\pi(x^2+z^2)^2}
\end{aligned}
\right\}
\tag{12-7}
$$

下面将以上两式作某几个特定荷载分布下的积分，求出几个下面将要用到的在不同荷载分布形式下地基附加应力的分布。

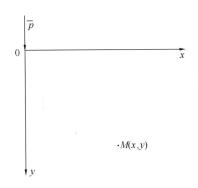

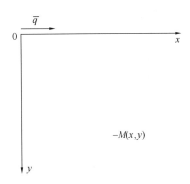

图 12-4　竖向表面线荷载作用下弹性
半空间地基附加应力计算简图

图 12-5　水平向表面线荷载作用下弹性
半空间地基附加应力计算简图

a) 竖向均布条形荷载作用下地基中的附加应力:

$$
\begin{cases}
\sigma_y = \dfrac{p}{\pi}\left[\arctan\dfrac{m}{n} - \arctan\dfrac{m-1}{n} + \dfrac{mn}{m^2+n^2} - \dfrac{(m-1)n}{(m-1)^2+n^2}\right] \\
\sigma_x = \dfrac{p}{\pi}\left[\arctan\dfrac{m}{n} - \arctan\dfrac{m-1}{n} - \dfrac{mn}{m^2+n^2} + \dfrac{(m-1)n}{(m-1)^2+n^2}\right] \\
\tau_{xy} = \dfrac{p}{\pi}\left[\dfrac{n^2}{(m-1)^2+n^2} - \dfrac{n^2}{m^2+n^2}\right]
\end{cases}
\quad (12\text{-}8)
$$

式中, $m = \dfrac{x}{b}$, $n = \dfrac{y}{b}$, b 为荷载作用宽度 (下同)。

b) 竖向三角形分布条形荷载作用下地基中的附加应力:

$$
\begin{cases}
\sigma_y = \dfrac{p}{\pi}\left[m \cdot \arctan\dfrac{m}{n} - m \cdot \arctan\dfrac{m-1}{n} - \dfrac{(m-1)n}{(m-1)^2+n^2}\right] \\
\sigma_x = \dfrac{p}{\pi}\left[m \cdot \arctan\dfrac{m}{n} - m \cdot \arctan\dfrac{m-1}{n} - n \cdot \ln\dfrac{m^2+n^2}{(m-1)^2+n^2} + \dfrac{(m-1)n}{(m-1)^2+n^2}\right] \\
\tau_{xy} = \dfrac{p}{\pi}\left[-n \cdot \arctan\dfrac{m}{n} + n \cdot \arctan\dfrac{m-1}{n} + \dfrac{n^2}{(m-1)^2+n^2}\right]
\end{cases}
$$

$$
(12\text{-}9)
$$

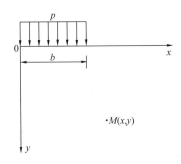

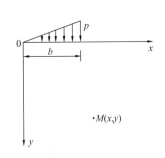

图 12-6　条形竖向均布荷载作用

图 12-7　条形竖向三角形分布荷载作用

c) 水平向三角形分布条形荷载作用下地基中的附加应力：

$$
\begin{cases}
\sigma_{\mathrm{y}} = \dfrac{q}{\pi}\left[-n \cdot \arctan\dfrac{m}{n} + n \cdot \arctan\dfrac{m-1}{n} + \dfrac{n^2}{(m-1)^2+n^2}\right] \\[3mm]
\sigma_{\mathrm{x}} = \dfrac{q}{\pi}\left[3n \cdot \arctan\dfrac{m}{n} - 3n \cdot \arctan\dfrac{m-1}{n} + m \cdot \ln\dfrac{m^2+n^2}{(m-1)^2+n^2} - \dfrac{2\,(m-1)^2+3n^2}{(m-1)^2+n^2}\right] \\[3mm]
\tau_{\mathrm{xy}} = \dfrac{q}{\pi}\left[m \cdot \arctan\dfrac{m}{n} - m \cdot \arctan\dfrac{m-1}{n} - n \cdot \ln\dfrac{m^2+n^2}{(m-1)^2+n^2} + \dfrac{(m-1)n}{(m-1)^2+n^2}\right]
\end{cases}
$$

$$(12\text{-}10)$$

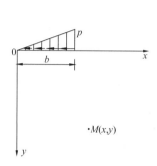
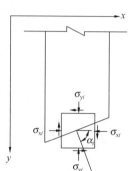

图 12-8　条形表面水平向三角形　　　　图 12-9　土条滑弧段中点应力
　　　　　分布荷载作用　　　　　　　　　　　　　方向转换

综合运用以上公式，并结合坐标变换，即可得到如图 12-3 所示荷载模式作用下的地基附加应力。

在圆弧滑动稳定分析时，还要将计算得到的各土条底的滑弧段中点的应力换算成沿滑弧的剪应力和滑弧法向的正应力（见图 12-2）。换算公式如下：

$$
\begin{cases}
\sigma_{\mathrm{n}i} = \dfrac{\sigma_{\mathrm{x}i}+\sigma_{\mathrm{y}i}}{2} + \dfrac{\sigma_{\mathrm{x}i}-\sigma_{\mathrm{y}i}}{2}\cos 2\alpha_i + \tau_{\mathrm{xy}i}\sin 2\alpha_i \\[3mm]
\tau_{\mathrm{n}i} = -\dfrac{\sigma_{\mathrm{x}i}-\sigma_{\mathrm{y}i}}{2}\sin 2\alpha_i + \tau_{\mathrm{xy}i}\cos 2\alpha_i
\end{cases}
$$

$$(12\text{-}11)$$

12.6.3　稳定分析计算步骤

稳定分析计算步骤如下：

1. 将普通路堤填料的自重考虑成均布条形竖向荷载与条形三角形分布竖向荷载的组合；

2. 估算路堤填料中的水平侧压力，估算筋材的拉力，加筋材料拉力与填料侧压力之差为筋材对软土地基的水平约束力；

3. 加筋材料对软土地基的水平约束力近似地按三角形分布考虑；

4. 当以上荷载确定之后，可以按上述公式（12-8）～（12-10）计算地基附加应力，在实际计算中只需计算滑弧中点的地基附加应力；

5. 选择圆心和半径，进行圆弧滑动分析；

6. 对圆心与半径进行优选，经过优选、试算、比较，最后找到最危险滑弧位置及其对应的圆弧滑动安全系数。

第13章 复合地基沉降计算

13.1 概　　述

基础工程事故中很大的比例是由于基础沉降过大，特别是基础不均匀沉降过大造成的工程事故。在深厚软土地基地区，这种情况更为突出。在深厚软弱地基上进行工程建设，合理控制沉降量特别重要。人们不难发现，不少工程采用复合地基加固主要是为了减少或控制沉降，因此复合地基沉降计算在复合地基设计中具有很重要的地位。

土是自然、历史的产物。地基土层分布不确定性因素很多，土的本构模型很复杂，土中初始应力和模型参数难以正确测定。对自然条件的依赖性和条件的不确知性，计算条件的模糊性和信息的不完全性，参数的不确定性和测试方法的多样性，使精确计算沉降是比较困难的。目前，复合地基沉降设计计算水平远低于复合地基承载力的设计计算水平，也远远落后于工程实践的需要。目前，对各类复合地基在荷载作用下应力场和位移场的分布情况研究较少，实测资料更少，复合地基沉降计算理论还很不成熟，正在发展之中。不少学者结合自己的工程实践经验提出了一些沉降计算方法，笔者将其综合、分解，并结合笔者与学生多年的研究成果，使其系统化、实用化。

下面首先介绍复合地基沉降计算模式，然后介绍各类复合地基的沉降计算方法，并指出存在的问题，最后介绍一加筋路堤软基沉降性状。

13.2　复合地基沉降计算模式

在各类实用计算方法中，通常把复合地基沉降量分为两部分，复合地基加固区压缩量和下卧层压缩量。复合地基加固区的压缩量记为 S_1，地基压缩层厚度内加固区下卧层压缩量记为 S_2。于是，在荷载作用下复合地基的总沉降量 S 可表示为这两部分之和，即

$$S=S_1+S_2 \tag{13-1}$$

若复合地基设置有垫层，通常认为垫层压缩量很小，且在施工过程中已基本完成，故可以忽略不计。

至今提出的复合地基沉降实用计算方
法中，对下卧层压缩量 S_2 大都采用分层总
和法计算，而对加固区范围内土层的压缩
量 S_1 则针对各类复合地基的特点采用一种
或几种计算方法计算。

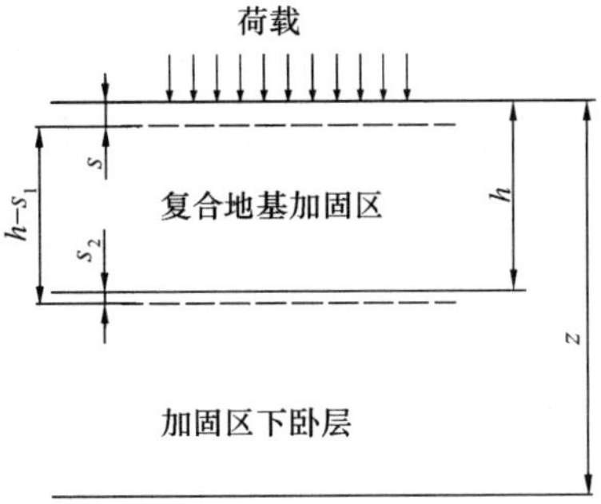

1. 加固区土层压缩量 S_1 的计算方法

加固区土层压缩量 S_1 的计算方法主要
有复合模量法，应力修正法和桩身压缩量
法，下面分别加以介绍：

（1）复合模量法（E_c 法）

图 13-1　复合地基沉降

将复合地基加固区中增强体和基体两部分视为一复合土体，采用复合压缩模
量 E_{cs} 来评价复合土体的压缩性，并采用分层总和法计算加固区土层压缩量。加
固区土层压缩量 S_1 的表达式为

$$S_1 = \sum_1^n \frac{\Delta p_i}{E_{csi}} H_i \tag{13-2}$$

式中　Δp_i——第 i 层复合土上附加应力增量；

　　　H_i——第 i 层复合土层的厚度。

竖向增强体复合地基复合土压缩模量 E_{cs} 通常采用面积加权平均法计算，即

$$E_{cs} = mE_{ps} + (1-m)E_{ss} \tag{13-3}$$

式中　E_{ps}——桩体压缩模量；

　　　E_{ss}——桩间土压缩模量；

　　　m——复合地基置换率。

复合土体的复合模量也可采用弹性理论求出解析解或数值解。张土乔
（1992）采用弹性理论方法，根据复合地基总应变能与桩和桩间土应变能之和相
等的原理推出复合土体的复合模量公式：

$$E_{cs} = mE_p + (1-m)E_s + \frac{4(\nu_p - \nu_s)^2 K_p K_s G_s (1-m)m}{[mK_p + (1-m)K_s]G_s + K_p K_s} \tag{13-4}$$

式中

$$K_p = \frac{E_p}{2(1+\nu_p)(1-2\nu_p)}$$

$$K_s = \frac{E_s}{2(1+\nu_s)(1-2\nu_s)_s}$$

$$G_s = \frac{E_s}{2(1+\nu_s)}$$

　　E_p、E_s——分别为桩体和土体的杨氏模量；

　　ν_p、ν_s——分别为桩体和土体的泊松比；

m——复合地基置换率。

式（13-4）中第一项和第二项表示面积加权之和，第三项可看成是桩体和桩间土在荷载作用下相互作用引起的复合模量的改变量。不难看出，式（13-4）中第三项大于零，于是有

$$E_{cs} \geqslant mE_p + (1-m)E_s \qquad (13-5)$$

复合土体的复合模量也可以通过室内试验测定。林琼（1989）采用不同置换率的水泥土-土复合土样进行压缩试验得到置换率与复合模量的关系曲线。图 13-2 表示试验得到的置换率与复合模量的关系曲线与分别由式（13-2）和式（13-4）计算得到的置换率与复合模量的关系曲线的比较情况。由图 13-2 可以看出：由压缩试验得到的复合模量最大，由弹性理论分析得到的式（13-4）计算得到的次之，由面积比公式（13-2）计算得到的最小。工程上应用面积比公式（13-2）计算的复合土体的复合模量进行沉降计算是偏安全的。

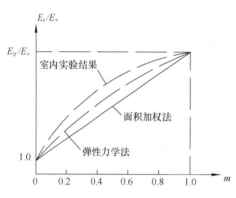

图 13-2　水泥土-土复合土体置换率与复合
模量的关系曲线（引自张土乔 1992）

上述复合模量的计算式（13-2）和（13-4），以及压缩试验都是在等应变假设条件下进行的。在实际工程中桩和土体的变形并不是相同的，整个加固区也会产生侧向变形。当桩土相对刚度较大时，桩和土的变形差距明显，桩可能刺入下卧土层中。因此，复合模量的计算式（13-2）较适用于桩土相对刚度较小的情况。

（2）应力修正法（E_s 法）

根据复合地基桩间土分担的荷载，按照桩间土的压缩模量，采用分层总和法计算桩间土的压缩量。将计算得到的桩间土的压缩量视为加固区土层的压缩量。该法称为计算复合地基加固区压缩量的应力修正法。

应力修正法计算复合地基加固区土层压缩量表达式为

$$S_1 = \sum_{i=1}^{n} \frac{\Delta p_{si}}{E_{si}} H_i = \mu_s \sum_{i=1}^{n} \frac{\Delta p_i}{E_{si}} H_i = \mu_s S_{1s} \qquad (13-6)$$

式中　Δp_i——未加固地基（天然地基）在荷载 p 作用下第 i 层土上的附加应力增量；

　　　Δp_{si}——复合地基中第 i 层桩间土上的附加应力增量；

　　　S_{1s}——未加固地基（天然地基）在荷载 p 作用下相应厚度内的压缩量；

　　　μ_s——应力修正系数，$\mu_s = \dfrac{1}{1+m(n-1)}$；

　　　n——桩土应力比；

m ——复合地基置换率。

笔者认为复合地基加固区压缩量的应力修正法计算中存在下述问题：

式（13-6）形式看起来很简单，但在设计计算中引进的应力修正系数 μ_s 值是难以合理确定的。复合地基置换率是由设计人员确定的，但桩土应力比很难合理选用。对散体材料桩复合地基，桩土应力比变化范围不大，而黏结材料桩复合地基，特别是桩土相对刚度较大时，桩土应力比变化范围较大。

另外在设计计算中忽略增强体的存在将使计算值大于实际压缩量，即采用该法计算加固区压缩量往往偏大。

（3）桩身压缩量法（E_p 法）

在荷载作用下复合地基加固区的压缩量也可通过计算桩体压缩量得到。设桩底端刺入下卧层的沉降变形量为 Δ，则相应加固区土层的压缩量 S_1 的计算式为

$$S_1 = S_P + \Delta \tag{13-7}$$

式中 S_P ——桩身压缩量；

Δ ——桩底端刺入下卧层土层的刺入量。

在桩身压缩量法中，复合地基加固区的压缩量等于桩身压缩量和桩底端刺入下卧层土层的刺入量两者之和，概念清楚。但在计算桩身压缩量和桩底端刺入下卧层土层的刺入量中，都会遇到一些困难。桩身压缩量与桩体中轴力沿深度分布有关，而桩体中轴力与荷载分担比、桩土相对刚度等因素有关。桩体中轴力沿深度分布计算是比较困难的。桩底端刺入下卧层土层的刺入量计算模型很多，但工程实用性较差。因此，采用桩身压缩量法计算复合地基加固区压缩量困难比较大。但桩身压缩量法思路清晰，有时用于估计复合地基加固区压缩量还是比较有效的。

前面介绍了复合地基加固区压缩量的三种计算思路，相比较而言复合模量法使用比较方便，特别是对于散体材料桩复合地基和柔性桩复合地基。总的说来，复合地基加固区压缩量数值不是很大，特别是在深厚软土地基中应用复合地基技术加固地基工程中，加固区压缩量占复合地基沉降总量的比例较小（龚晓南，2002）。因此，笔者认为加固区压缩量采用上述方法计算带来的误差对工程设计影响不会很大。

2. 下卧层土层压缩量 S_2 的计算方法

下卧层土层压缩量 S_2 的计算常采用分层总和法计算，即

$$S_2 = \sum_{i=1}^{n} \frac{e_{1i} - e_{2i}}{1 + e_{1i}} H_i = \sum_{i=1}^{n} \frac{a_i(p_{2i} - p_{1i})}{(1 + e_i)} H_i = \sum_{i=1}^{n} \frac{\Delta p_i}{E_{si}} H_i \tag{13-8}$$

式中 e_{1i} ——根据第 i 分层的自重应力平均值 $\dfrac{\sigma_{ci} + \sigma_{c(i-1)}}{2}$（即 p_{1i}）从土的压缩曲线上得到的相应的孔隙比；

σ_{ci}、$\sigma_{c(i-1)}$ ——分别为第 i 分层土层底面处和顶面处的自重应力；

e_{2i}——根据第 i 分层自重应力平均值 $\dfrac{\sigma_{ci}+\sigma_{c(i-1)}}{2}$ 与附加应力平均值

$\dfrac{\sigma_{zi}+\sigma_{z(i-1)}}{2}$ 之和（即 p_{2i}），从土的压缩曲线上得到相应的孔隙比；

σ_{zi}、$\sigma_{z(i-l)}$——分别为第 i 分层土层底面处和顶面处的附加应力；

H_i——第 i 分层土的厚度；

a_i——第 i 分层土的压缩系数；

E_{si}——第 i 分层土的压缩模量。

在计算复合地基加固区下卧层压缩量 S_2 时，作用在下卧层上的荷载是比较难以精确计算的。目前在工程应用上，常采用下述几种方法计算。

（1）压力扩散法

若复合地基上作用荷载为 p，复合地基加固区压力扩散角为 β，如图 13-3 中所示，则作用在下卧土层上的荷载 p_b 可用下式计算：

$$p_b = \frac{BDp}{(B+2h\tan\beta)+(D+2h\tan\beta)} \tag{13-9}$$

式中 B——复合地基上荷载作用宽度；

D——复合地基上荷载作用长度；

h——复合地基加固区厚度。

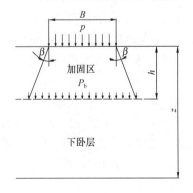

图 13-3　压力扩散法　　　　　图 13-4　等效实体法

对平面应变情况，式（13-9）可改写为下式：

$$p_b = \frac{Bp}{(B+2h\tan\beta)} \tag{13-10}$$

研究表明：虽然式（13-9）和式（13-10）同双层地基中压力扩散法计算第二层土上的附加荷载计算式形式相同，但是复合地基中压力扩散角与双层地基中压力扩散角数值是不相同的。详细分析见复合地基与双层地基部分。

（2）等效实体法

将复合地基加固区视为一等效实体，作用在下卧层上的荷载作用面与作用在复合地基上的荷载作用面相同，如图 13-4 所示。在等效实体四周作用有侧摩阻力，设侧摩阻力密度为 f，则复合地基加固区下卧层上荷载密度 p_b 可用下式计算：

$$p_b = \frac{BDp - (2B + 2D)hf}{BD} \tag{13-11}$$

式中　B、D——分别为荷载作用面宽度和长度；

　　　h——加固区厚度。

对平面应变情况，式（13-11）可改写为下式：

$$p_b = p - \frac{2h}{B}f \tag{13-12}$$

研究表明：应用等效实体法的计算误差主要来自对侧摩阻力 f 值的合理选用。当桩土相对刚度较大时，选用误差可能较小。当桩土相对刚度较小时，f 值选用比较困难。桩土相对刚度较小时，侧摩阻力变化范围很大，很难合理估计 f 值的平均值。事实上，将加固体作为一分离体，两侧面上剪应力分布是非常复杂的。采用侧摩阻力的概念是一种近似，对该法适用性应加强研究。

（3）改进 Geddes 法

黄绍铭等（1991）建议采用下述方法计算复合地基土层中应力。复合地基总荷载为 P，桩体承担 P_p，桩间土承担 $P_s = P - P_p$。桩间土承担荷载 P_s 在地基中所产生的竖向应力 σ_z，其计算方法和天然地基中应力计算方法相同，可应用布辛奈斯克解。桩体承担的荷载 P_p 在地基中所产生的竖向应力采用 Geddes 法计算。然后叠加两部分应力得到地基中总的竖向应力。再采用分层总和法计算复合地基加固区下卧层压缩量 S_2。

S. D. Geddes（1966）认为长度为 L 的单桩在荷载 Q 作用下对地基土产生的作用力，可近似视作如图 13-5 所示的桩端集中力 Q_p，桩侧均匀分布的摩阻力 Q_r 和桩侧随深度线性增长的分布摩阻力 Q_t 等三种形式荷载的组合。S. D. Geddes 根据弹性理论半无限体中作用一集中力的 Mindlin 应力解积分，导出了单桩的上述三种形式荷载在地基中产生的应力计算公式。地基中的竖向应力 σ_z, Q 可按下式计算，

$$\sigma_z, Q = \sigma_z, Q_p + \sigma_z, Q_r + \sigma_z, Q_t$$
$$= Q_p K_p / L^2 + Q_r K_r / L^2 + Q_t K_t / L^2 \tag{13-13}$$

式中　K_p、K_r 和 K_t 为竖向应力系数，其表达式较繁冗，详见文献（Geddes，1966）。

对于由 n 根桩组成的桩群，地基中竖向应力可对这 n 个根桩逐根采用式（13-13）计算后叠加求得。

由桩体荷载 P_p 和桩间土荷载 P_s 共同产生的地基中竖向应力表达式为

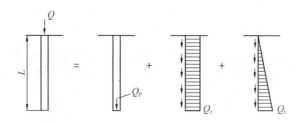

图 13-5　单桩荷载分解为三种形式荷载的组合

$$\sigma_z = \sum_{i=1}^{n} (\sigma_{z,Q_p^i} + \sigma_{z,Q_r^i} + \sigma_{z,Q_t^i}) + \sigma_{z,P_s} \tag{13-14}$$

根据式（13-14）计算地基土中附加应力，采用分层总和法可计算复合地基沉降。

采用改进 Geddes 法计算需要确定荷载分担比，另外需假定桩侧摩阻力分布，上述两项估计将给计算带来误差。特别是后者，桩土相对刚度对其影响很大，建议进一步开展研究。

复合地基在荷载作用下沉降计算也可采用有限单元法计算。在几何模型处理上大致上可以分为两类：一类在单元划分上把单元分为两类，增强体单元和土体单元，增强体单元如桩体单元、土工织物单元等，并根据需要在增强体单元和土体单元之间设置或不设置界面单元。另一类是在单元划分上把单元分为加固区复合土体单元和非加固区土体单元，复合土体单元采用复合体材料参数。采用有限单元法计算复合地基沉降将在下一节作简要介绍。

13.3　复合地基沉降计算有限单元法

随着计算机的发展，有限单元法在土工问题分析中得到愈来愈多的应用。根据在分析中所采用的几何模型分类，复合地基有限单元分析方法大致可以分为两类，一类是采用增强体单元＋界面单元＋土体单元进行分析计算，另一类是将加固区视为一等效区采用复合土体单元＋土体单元进行计算。前一类可称为分离式分析方法，后一类可称为复合模量分析方法。

在分离式分析方法中，对桩体复合地基，可采用桩体单元、界面单元和土体单元三种单元型式。在桩体复合地基中，桩体材料比之地基土体一般刚度较大，在分析中常采用线性弹性模型，桩间土一般可采用非线性弹性模型或弹塑性模型，有时也采用线性弹性模型。在分离式分析方法中，无论是三维有限元分析还是二维有限元分析，一般都对桩体几何形状作等价变化。在三维分析中，常将圆柱体等价转换为正方柱体，有时也采用管单元。在二维分析中，需将空间布置等价转化为平面问题。几何形状经等价转化后，桩体单元和土体单元可采用平面三角形单元或四边形单元。界面单元可根据需要设置。当桩体和桩周土体不会产生较大相对位移时，可不设界面单元，在分析中考虑桩侧和桩周土变形相等。若桩体和桩周土体可能产生较大相对位移时，桩侧和桩周土体之间应设界面单元。在水平向增强体复合地基中，加筋体一般具有较高的抗拉强度和抗拉模量。在荷载作用下，加筋体承受拉力。在有限元分析中，常采用一维拉杆单元模拟加筋体。

杆单元、平面三角形单元或四边形单元的单元刚度矩阵在一般的有限单元法教材中均可找到，这里只简单介绍一下界面单元的情况。最早的界面单元是 Goodman（1968）提出的，如图 13-6 所示。界面单元一面与增强体单元边界重合，另一面与土体单元的边界相重合，Goodman 界面单元的厚度为无限小。因此，节点 i 和 p，j 和 m 具有相同的坐标。取位移模式为

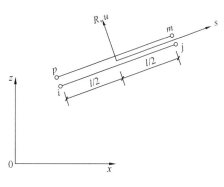

图 13-6　界面单元

线性函数，则可导出界面单元刚度矩阵 $[K_e]$ 的表达式：

$$[K_e]=\begin{bmatrix} 2K_s & 0 & K_s & 0 & -K_s & 0 & -2K_s & 0 \\ 0 & 2K_n & 0 & K_n & 0 & -K_n & 0 & -2K_n \\ K_s & 0 & 2K_s & 0 & -2K_s & 0 & -K_s & 0 \\ 0 & K_n & 0 & 2K_n & 0 & -2K_n & 0 & -K_n \\ -K_s & 0 & -2K_s & 0 & 2K_s & 0 & K_s & 0 \\ 0 & -K_n & 0 & -2K_n & 0 & 2K_n & 0 & K_n \\ -2K_s & 0 & -K_s & 0 & K_s & 0 & 2K_s & 0 \\ 0 & -2K_n & 0 & K_n & 0 & K_n & 0 & 2K_n \end{bmatrix}$$

(13-15)

式中　K_n——压缩刚度，等于产生单位相对压缩所需的力；

　　　K_s——剪切刚度，等于产生单位相对滑动所需的力；

K_n 和 K_s 值可以由试验测定。可能是常量，也可能与应力水平有关。例如下式为与应力水平有关的表达式，

$$K_s = \frac{(1-b\tau)^2}{a}$$

(13-16)

式中　τ——剪应力；

a、b——试验测定的参数，与土和增强体材料性质有关。

其他界面单元可参阅有关专著（龚晓南，2000）介绍。

采用复合模量法进行有限元法分析与一般平面问题有限单元法分析没有什么

区别。在分析中，复合地基加固区采用复合土体本构方程。至今，对复合土体的本构理论研究不多，希望今后能加强复合土体本构理论的研究。下面介绍徐立新（1990）在土工织物加筋垫层的有限单元法分析中采用的土工织物复合土体模量方程。

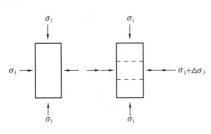

图 13-7　等效应力约束概念

土工织物复合土体三轴试验表明：复合土体中的加筋体在试验中约束了试样的侧向变形，提高了试样的强度，可以认为在土体中加筋相当于在侧向增加了约束应力。这就是加筋土的等效约束应力的概念（图 13-7）。

假定土和土工织物在界面达到破坏前，两者变形是协调的，且土工织物又承受拉力，土体是各向同性的，且土工织物又承受拉力，土体是各向同性的。根据上述假设，可以得到平面应变条件下，单元体 i（图 13-8）中所产生的增量等效约束力，其表达式为

$$\Delta\sigma_{xi} = \frac{(1+\nu_1)\nu_1 K}{(1-\nu_1)^2 K + (1-\nu_2)^2}\sigma_z + \frac{(1-\nu_1)^2 K}{(1-\nu_1)^2 K + (1-\nu_2)^2}\left(\sigma_z + \sum_{j=1}^{i-1}\Delta\sigma_{xi}\right)$$

(13-17)

式中　　$K = \dfrac{E_2 t}{E_1 S}$；

t——土工织物加筋体厚度；

S——加筋体层距；

$E_1，\nu_1$——分别为土体的弹性模量和泊松比；

$E_2，\nu_2$——分别为织物加筋体的弹性模量和泊松比；

$\sigma_x，\sigma_z$——分别为 x 方向和 z 方向的正应力。

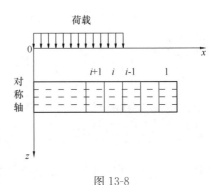

图 13-8

在单元体 i 上的等效约束力 σ_{xi} 为从第 1 单元到第 i 单元上增量等效约束力 $\Delta\sigma_{xi}$ 之和，对平面应变条件，即

$$\sigma_{xi} = \sum_{j=1}^{i}\Delta\sigma_{xi}$$

(13-18)

把土工织物加筋复合体视为横观各向同性体，根据加筋土的等效约束应力概念，土工织物对土体的约束作用相当于土体附加了一等效的约束应力作用。据此就可通过未加筋土的应力应变关系来建立加筋土的应力应变关系。这里基本的应力应变关系采用 Duncan-Chang（1970）非线性弹性模型的切线模量方程式，考

虑等效约束力可以得到加筋复合土体的竖向切线模量表达式，

$$E_{Vt} = E_i \left[1 - \frac{R_f(1 - \sin\varphi)[\sigma_1 - (\sigma_3 + \Delta\sigma_3)]}{2C\cos\varphi + 2(\sigma_3 + \Delta\sigma_3)\sin\varphi} \right]^2 \tag{13-19}$$

式中 E_i 为初始模量，其表达式为

$$E_i = KP_a \left(\frac{\sigma_3 + \Delta\sigma_3}{P_a} \right)^n \tag{13-20}$$

式中　$\Delta\sigma_3$ ——等效约束应力，可由式（13-18）计算得到；

　　C, φ ——分别为土的强度指标黏聚力和内摩擦角；

　　R_f ——破坏比；

　　K, n ——参数，由试验确定；

　　P_a ——单位应力。

加筋复合土体的水平向切线模量表达式为

$$E_{Ht} = E_r \frac{t}{t + S} + E_{Vt} \frac{S}{t + S} \tag{13-21}$$

式中　E_r ——土工织物加筋体弹性模量；

　　t, S ——分别为土工织物加筋体厚度和两层加筋体之间距离；

　　E_{Vt} ——竖向切线模量，由式（13-19）计算。

若复合土体水平向受压缩，则 $E_r = 0$。

加筋复合土体的剪切模量可采用下式计算：

$$G_{Vt} = \frac{E_{Vt}E_{Ht}}{E_{Ht}(1 + 2\nu_{VH}) + E_{Vt}} \tag{13-22}$$

式中　ν_{VH} ——竖向应力引起水平向应变的泊松比。

加筋后复合土体的泊松比 ν_{VH} 和 ν_{HH} 有减小趋势，但变化极小，在计算中，复合土体的 ν_{VH} 值和 ν_{HH} 值可采用土体的泊松比值。

采用有限单元法计算复合地基的沉降能否取得较好的成果关键在于本构模型的合理选用以及模型参数的正确确定。前面已经谈到，采用分离式分析方法分析桩体复合地基时，往往需要在几何模型选用上加以简化，否则计算单元过多，所需计算机容量大，计算费用高。复合模量分析法较简单，分析结果取决于所用复合土体模型的合理性和模型参数的正确性。

13.4　散体材料桩复合地基沉降计算

散体材料桩复合地基与刚性桩和柔性桩复合地基相比，其置换率高，桩土应力比小。散体材料桩复合地基中的加固区压缩量可采用复合模量法计算。下卧层压缩量可采用分层总和法计算，下卧层地基中的附加应力可采用压力扩散法计算。

一些学者提出散体材料桩复合地基沉降也可分三段计算。孙林娜（2006）将散体材料桩复合地基桩与桩间土的相互作用视为空间问题，将复合地基分三段进行沉降计算，并推导出相应的计算公式。下面作简要介绍：

Brauns（1978）认为，在荷载作用下，桩体产生鼓胀变形，桩体的鼓胀破坏长度为

$$h = d\tan(45° + \varphi_{\mathrm{p}}/2) \tag{13-23}$$

式中 h ——鼓胀破坏深度，m；

  d ——桩径，m；

  φ_{p} ——散体材料桩桩体材料的内摩擦角，度。

在鼓胀破坏深度以下，当荷载作用时，散体材料桩复合地基的桩与桩间土在接触面上不产生径向应力差，因此只产生竖向变形而无径向变形。根据复合地基各段的受力变形性状不同，将散体材料桩复合地基沉降分为鼓胀段、非鼓胀段及下卧层三部分分别进行计算。

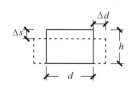

图 13-9 桩体单元变形
示意图

1. 鼓胀段复合地基沉降计算

假定鼓胀段鼓胀变形均匀，且桩体变形前后的体积不变，如图 13-9 所示。

竖向体积压缩增量：

$$\Delta V_{\mathrm{zp}} = \frac{\pi d^2}{4}\Delta s$$

横向体积膨胀增量：

$$\Delta V_{\mathrm{rp}} = \pi\left[\left(\frac{d}{2} + \Delta d\right)^2 - \left(\frac{d}{2}\right)^2\right](h - \Delta s)$$

由体积不变，并考虑忽略二阶小量，可得：

$$d\Delta s = 4\Delta \mathrm{d}h \tag{13-24}$$

散体材料桩复合地基上作用的荷载由散体材料桩和桩间土共同承担，尽管在不同荷载作用下，桩与桩间土的分担比不同，但在整个过程中，作用在桩土单元上的复合地基荷载总量是不变的，即

$$\sigma_{\mathrm{p}}\frac{\pi(d + 2\Delta d)^2}{4} + \frac{\sigma_{\mathrm{p}}}{n}\left(l^2 - \frac{\pi(d + 2\Delta d)^2}{4}\right) = pl^2 \tag{13-25}$$

式中 n ——桩土应力比；

  σ_{p} ——桩的竖向应力，kPa；

  p ——作用在复合地基上的荷载，kPa；

  l ——为桩间距，m。

根据空间问题中的虎克定律，桩的竖向和径向变形量为

$$\Delta s_1 = \frac{h}{E_{\mathrm{p}}}(\sigma_{\mathrm{p}} - 2\mu_{\mathrm{p}}\sigma_{\mathrm{r}}) \tag{13-26}$$

$$\Delta d = \frac{d}{2E_p}\left[(1-\mu_p)\sigma_r - \mu_p\sigma_p\right] \qquad (13\text{-}27)$$

式中　Δs_1——桩体竖向变形量，m；

　　　h——鼓胀破坏深度，m；

E_p 和 μ_p——分别为桩的弹性模量和泊松比；

　　　Δd——桩的水平向鼓胀变形量，m；

σ_p 和 σ_r——分别为鼓胀段桩的竖向和水平向应力，kPa。

联立式（13-24）至式（13-27）可得到关于 Δs_1 的一元三次方程，求解可得 Δs_1

$$AB\Delta s_1^3 + 4hAB\Delta s_1^2 + 4Ah^2(B+4l^2)\Delta s_1 = 16nph^2l^2 \qquad (13\text{-}28)$$

其中，

$$A = \frac{E_p}{h(1-\mu_p)(1+2\mu_p)}$$

$$B = \pi d^2(n-1)$$

2. 非鼓胀段复合地基沉降计算

随深度的增加，距桩顶一定深度以下桩的侧向鼓胀很小，主要是竖向压缩变形。因此假定非鼓胀段 $\Delta d = 0$，式（13-25）变为

$$\sigma'_p\frac{\pi d^2}{4} + \sigma'_s\left(l^2 - \frac{\pi d^2}{4}\right) = p'l^2 \qquad (13\text{-}29)$$

非鼓胀段桩与桩间土在接触面上不产生径向应力差，即

$$K_p\sigma'_p = K_s\sigma'_s \qquad (13\text{-}30)$$

此时，桩间土的竖向和径向变形量为

$$\Delta s_2 = \frac{H-h}{E_p}(\sigma'_p - 2\mu_p\sigma'_r) \qquad (13\text{-}31)$$

$$0 = (1-\mu_p)\sigma'_r - \mu_p\sigma'_p \qquad (13\text{-}32)$$

联立式（13-29）至式（13-32），可得

$$\Delta s_2 = \frac{(H-h)(1+\mu_p)(1-2\mu_p)p'l^2}{E_p(1-\mu_p)\left(\frac{K_s-K_p}{K_s}\cdot\frac{\pi d^2}{4} + \frac{K_p}{K_s}l^2\right)} \qquad (13\text{-}33)$$

式（13-29）～（13-33）中，Δs_2 为非鼓胀段桩的竖向变形量，m；p' 为作用在非鼓胀段上的荷载，kPa；σ'_p、σ'_s 分别为非鼓胀段桩和桩间土的竖向应力，kPa；σ'_r 为非鼓胀段桩的水平向应力，kPa；K_p、K_s 分别为桩和桩间土的静止侧压力系数，$K_p = \mu_p/(1-\mu_p)$，$K_s = \mu_s/(1-\mu_s)$。

3. 下卧层沉降计算

若桩体打到坚硬岩层，则忽略下卧层沉降；若桩体打不到相对硬层，下卧层沉降 Δs_3 按分层总和法计算，作用在复合地基第 i 层的附加应力按应力扩散法计算。

因此，散体材料桩复合地基的总沉降量为

$$s = \Delta s_1 + \Delta s_2 + \Delta s_3 \qquad\qquad (13\text{-}34)$$

13.5 柔性桩复合地基沉降计算

柔性桩复合地基的置换率一般比散体材料桩复合地基的置换率低，而桩土应力比比散体材料桩复合地基的大。如水泥搅拌桩复合地基置换率一般在 18%～25%左右，桩土应力比在 5～10 左右。柔性桩复合地基加固区压缩量一般可用复合模量法计算，下卧层压缩量可采用分层总和法计算，下卧层地基中的附加应力可采用压力扩散法或等代实体法计算。

柔性桩复合地基沉降也可采用有限元法计算。常采用复合模量来评价加固体复合土体。在计算中采用土体单元和复合土体单元。

13.6 刚性桩复合地基沉降计算

通常刚性桩复合地基的置换率较小，而桩土应力比比较高。例如钢筋混凝土桩复合地基桩距通常大于 6 倍桩径，复合地基置换率约为 2%左右，桩土应力比介于 20～100 之间。刚性桩体复合地基中，加固区桩间土的竖向压缩量等于桩体的弹性压缩量和桩端刺入下卧层的桩端沉降量之和。对刚性桩复合地基，刚性桩桩体的弹性压缩量很小，在计算中可以忽略或作粗略估计，复合地基加固区桩间土的竖向压缩量等于桩端刺入下卧层的桩端沉降量和桩体压缩量之和。由于置换率较低，桩土模量比大，在荷载作用下，桩的承载力一般能得到充分发挥，达到极限工作状态。按桩的极限状态荷载计算得到桩底端承力密度，再计算相应的桩端刺入量。也有人按经验根据桩体达到极限工作状态时所需沉降来估算桩端刺入量。采用这些方法得到的计算沉降量往往比实测沉降大。

刚性桩复合地基加固区下卧层中若有压缩性较大的土层，则复合地基沉降量主要发生在下卧层中。刚性桩复合地基中桩体一般落在较好的持力层上，在下卧层沉降计算中要合理评价该持力层对减小下卧层土体压缩量的作用。若加固区下卧层中没有压缩性较大的土层，则刚性桩复合地基下卧层压缩量也会很小。

刚性桩复合地基沉降计算可采用 Geddes 法计算，也可采用有限元法分析。

如加固区压缩量采用桩身压缩量法计算，下卧层地基中附加应力可采用改进 Geddes 法计算，也可采用压力扩散法或等代实体法计算。

13.7 长-短桩复合地基沉降计算

长-短桩复合地基的沉降由垫层压缩量、加固区复合土层压缩变形量 s_1 和加固区下卧土层压缩变形量 s_2 组成。加固区复合土层压缩变形量又由短桩范围内复合土层压缩变形量 s_{11} 和短桩以下只有长桩部分复合土层压缩变形量 s_{12} 组成。垫层压缩量小，且在施工期已基本完成，可以忽略不计。长-短桩复合地基的沉降计算式为

$$s = s_{11} + s_{12} + s_2 \tag{13-35}$$

长-短复合地基中短桩范围内复合土层压缩变形量 s_{11} 和短桩以下只有长桩部分复合土层压缩变形量 s_{12} 可按复合模量法计算，加固区下卧土层压缩变形量 s_2 可参照刚性桩复合地基加固区下卧土层压缩变形量的计算方法计算。

短桩范围内第 i 层复合土体的压缩模量 E_{spi} 可按下式计算：

$$E_{spi} = m_1 E_{p1i} + m_2 E_{p2i} + (1 - m_1 - m_2) E_{si} \tag{13-36}$$

式中　E_{p1i} ——第 i 层长桩桩体压缩模量（kPa）；

　　　E_{p2i} ——第 i 层短桩桩体压缩模量（kPa）；

　　　E_{si} ——第 i 层桩间土压缩模量（kPa），宜按当地经验取值，无经验时，可取天然地基压缩模量。

在实际工程中，长-短复合地基长桩常采用刚性桩，刚性桩又支承在较好的土层上，因此沉降一般较小。

长-短复合地基的沉降计算方法也可参照采用刚性桩复合地基的沉降计算方法。

13.8　水平向增强体复合地基沉降计算

水平向增强体复合地基加固区一般为加筋土垫层，如土工织物垫层、土工格栅垫层等。通常在加筋土垫层上修筑路堤、堤坝、油罐等构筑物。由水平向增强体形成的复合土体垫层比一般垫层具有更多的优点，它能抵抗水平向受拉破坏，保持垫层的完整性，具有较好的刚度，扩散附加应力效果好等。对水平向增强体复合地基沉降计算至今研究尚少，尚无较成熟的计算方法，一般可采用有限元法计算。下面简要介绍分层总和法和文克尔地基上弹性地基量法，供参考。

（1）分层总和法

采用分层总和法计算水平向增强体复合地基的沉降计算如下式所示：

$$S = S_1 + S_2 = \sum_{i=1}^{n_1} \frac{\Delta p_i}{E_{csi}} H_i + \sum_{i=n_1+1}^{n_2} \frac{\Delta p_i}{E_{ci}} H_i \tag{13-37}$$

式中　E_{csi} ——水平向增强体复合土体压缩模量；

　　　n_1、n_2 ——分别为水平向增强体复合土体垫层（加固区）分层数和压缩层土层总分层数；

　　　Δp_i ——第 i 层土层附加应力增量；

H_i——第 i 层土层厚度。

地基中附加应力计算如图 13-10 所示。荷载通过水平向增强体加固区即加筋土垫层扩散效果较好，为了简化计算，下卧层上荷载 p_2 可采用下式计算：

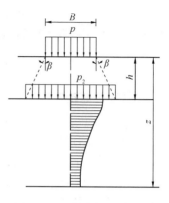

$$p_2 = \frac{Bp}{B + 2h\tan\beta} \qquad (13\text{-}38)$$

式中　　B——地基上荷载宽度；

　　　　β——应力扩散角，与增强体复合体复合模量、厚度以及下卧层土体性质有关，对淤泥质黏土上的土工织物垫层 β 值为 $40°\sim50°$；

图 13-10　水平向增强体复合地基应力扩散

　　　　h——加固区即加筋土垫层厚度。

（2）文克尔地基上弹性地基梁法

陈文华（1989）提出了一种土工织物垫层变形计算的实用方法。该法也适用于一般水平向增强体复合地基的沉降计算，现加以介绍。

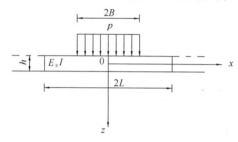

图 13-11　计算简图

在计算中将水平向增强体复合土体加固区及垫层视为一层具有一定刚度的无限长正交各向异性体，并假设垫层中加筋体不拉断，垫层与下卧层土体间无相对滑动，垫层竖向压缩量很小，在计算中不考虑。在计算中垫层下卧层视为均质的文克尔弹性地基。计算简图如图 13-11 所示，垫层宽度为 $2L$，厚度为 h，复合模量为 E_c，垫层抗弯刚度为 $E_c I$，地基基床系数为 K，受局部对称荷载 $p(x)$ 作用。考虑荷载的对称性，有限长弹性地基梁的弯曲变形方程为

$$E_c I \frac{\mathrm{d}^4 w}{\mathrm{d}x^4} + Kw(x) = p(x) \qquad 0 \leqslant x \leqslant B \qquad (13\text{-}38a)$$

$$E_c I \frac{\mathrm{d}^4 w}{\mathrm{d}x^4} + Kw(x) = 0 \qquad B \leqslant x \leqslant L \qquad (13\text{-}38b)$$

根据对称性，$x = 0$ 时，剪力 Q_0 和转角 θ_0 均等于零，并设其弯矩等于 M_0，挠度为 w_0，则用克雷洛夫函数法可解得挠度 w 为

$$w = w_0 y_1(\beta x) - \frac{M_0}{E_c I \beta^2} y_3(\beta x) + \frac{4\beta}{K} \int_0^x p(x) y_4 \left[\beta(x - \overline{n}) \right] \mathrm{d}\overline{n} \qquad (13\text{-}39)$$

式中　　$\beta = \sqrt[4]{\dfrac{K}{4E_c I}}$；$y_1(\beta x)$、$y_3(\beta x)$、$y_4(\beta x)$ 为克雷洛夫函数。

根据边界条件，当 $x = L$ 时，剪力 Q_l 和转角 θ_l 均等于零，即

$$\left. \frac{\mathrm{d}^3 w(x)}{\mathrm{d}x^3} \right|_{x=L} = 0 \tag{13-40a}$$

$$\left. \frac{\mathrm{d}^2 w(x)}{\mathrm{d}x^2} \right|_{x=L} = 0 \tag{13-40b}$$

代入式（13-38）就可以确定 w_0 和 M_0 值。确定 w_0 和 M_0 值后，就可由式（13-39）计算垫层的挠度，即复合地基的沉降。

当荷载为均布荷载时，即

$$p(x) = \begin{cases} p & 0 \leqslant x \leqslant B \\ 0 & B \leqslant x \leqslant L \end{cases} \tag{13-41}$$

代入式（13-39），可得地基沉降计算式为

$$w = w_0 y_1(\beta x) - \frac{M_0}{E_c I \beta^2} y_3(\beta x) + \frac{p}{K} \left[1 - y_1(\beta x) \right] \quad 0 \leqslant x \leqslant B \tag{13-42a}$$

$$w = w_0 y_1(\beta x) - \frac{M_0}{E_c I \beta^2} y_3(\beta x) + \frac{p}{K} \left[1 - y_1(\beta x) \right]$$

$$- \frac{p}{K} \left\{ 1 - y_1 \left[\beta(x - B) \right] \right\} \quad B \leqslant x \leqslant L \tag{13-42b}$$

式中

$$M_0 = \frac{\begin{vmatrix} B_1 & A_{12} \\ B_2 & A_{22} \end{vmatrix}}{\begin{vmatrix} A_{11} & A_{12} \\ A_{21} & A_{22} \end{vmatrix}}; \quad w_0 = \frac{\begin{vmatrix} A_{11} & B_1 \\ A_{21} & B_2 \end{vmatrix}}{\begin{vmatrix} A_{11} & A_{12} \\ A_{21} & A_{22} \end{vmatrix}}; \quad A_{11} = \frac{4 y_4(\beta l)}{E_c I}; \quad A_{12} = -4\beta^2 y_2(\beta l);$$

$$A_{21} = \frac{y_1(\beta l)}{E_c I}; \quad A_{12} = 4\beta^2 y_3(\beta l); \quad B_1 = \frac{4 p \beta^2}{K} \left\{ y_2 \left[\beta(L - a) \right] - y_2(\beta L) \right\};$$

$$B_2 = \frac{4 p \beta^2}{K} \left\{ y_3 \left[\beta(L - a) \right] - y_3(\beta L) \right\}$$

实际的水平向增强体复合土体加固区在荷载作用下会产生竖向压缩，另外在计算中假设增强体复合土体在水平方向刚度是相同的，这些都会影响计算结果的精确性。在应用时应考虑这些因素的影响。

13.9 桩网复合地基沉降计算

桩网复合地基常用于加固路堤地基。路堤沉降 s 由桩网复合地基加固区复合土层压缩变形量 s_1、加固区下卧土层压缩变形量 s_2，以及桩帽以上垫层和填土层

的压缩变形量 s_3 三部分组成，如下式所示：

$$s = s_1 + s_2 + s_3 \tag{13-43}$$

桩网复合地基是一种组合型复合地基，由桩体复合地基和加筋垫层组合形成。桩常采用刚性桩，因此式（13-43）中复合地基加固区复合土层压缩变形量 s_1 和加固区下卧土层压缩变形量 s_2 可参照刚性桩复合地基沉降计算方法进行计算。桩土共同作用形成复合地基时，桩帽以上垫层和填土层的变形 s_3 在施工期完成，在计算工后沉降时可忽略不计。另外桩帽以上垫层和填土层的变形 s_3 与填土施工质量有关，应该给予重视。

第 14 章 复合地基固结分析

14.1 概　　述

在荷载作用下，复合地基中会产生超孔隙水压力。随着时间发展复合地基中超孔隙水压力逐步消散，土体产生固结，复合地基发生固结沉降。在软黏土地基中形成的复合地基固结沉降过程历时较长，应予以重视。对工后沉降要求比较高的更要重视。

在荷载作用下复合地基固结性状的影响因素较多，不仅与地基土体的物理力学性质、增强体的几何尺寸、分布有关，还与增强体的刚度、强度、渗透性有关。在空间上，复合地基分加固区和非加固区。加固区中增强体与地基土体三维相间，非加固区又分加固区周围区域和加固区下卧层。复合地基增强体有散体材料桩、柔性黏结材料桩和刚性黏结材料桩三大类。散体材料桩一般具有较好的透水性能，黏结材料桩一般可认为不透水，但具有透水性能的黏结材料桩也在发展中。不同类型复合地基增强体的刚度和强度性能差异性很大。所以，在荷载作用下复合地基固结性状非常复杂。在工程分析中应抓主要矛盾，采用简化分析方法。

复合地基发生固结沉降过程中，复合地基的桩土荷载分担比会产生调整。一般情况下，桩土荷载分担比会随着固结过程进展逐步增大，直至固结稳定而达到新的平衡状态。复合地基沉降随着固结发展会增大，复合地基承载力随着固结发展也会增大，直至固结稳定而稳定。采用复合地基加固软黏土地基，桩土模量比较大时，设计应考虑复合地基在固结过程中桩土荷载分担比会产生调整的情况。

对于具有较好透水性能的某些竖向增强体形成的复合地基，如碎石桩复合地基，砂桩复合地基等，可采用常用的砂井固结理论计算复合地基的沉降与时间关系。一般情况下，可采用 Biot 固结有限元分析法计算。

下面首先介绍复合地基固结有限元分析，然后介绍散体材料桩复合地基固结分析和黏结材料桩复合地基固结分析，最后介绍土工合成材料加筋路堤软基的固结性状。

14.2 复合地基固结有限元分析

复合地基固结分析可采用 Biot 固结理论有限单元法分析。Biot 固结理论有

限单元法方程的增量形式可表示为（龚晓南，1981），

$$\begin{bmatrix} K_\delta & K_p \\ K_v & -\dfrac{\Delta t}{2} K_q \end{bmatrix} \begin{Bmatrix} \Delta\delta \\ \Delta p_w \end{Bmatrix} = \begin{Bmatrix} \Delta F \\ \Delta R \end{Bmatrix} \tag{14-1}$$

式中　$[K_\delta]$——相应单元节点位移产生的单元刚度矩阵；

　　　$[K_v]$——单元体变矩阵；

　　　$[K_p]$——相应单元节点孔隙水压力产生的单元刚度矩阵；

　　　$[K_q]$——单元渗透流量矩阵；

　　　$\{\Delta\delta\}$——节点位移增量矢量；

　　　$\{\Delta p_w\}$——节点孔隙水压力增量矢量；

　　　$\{\Delta F\}$——荷载增量矢量；

　　　$\{\Delta R\}$——t 时刻前一时段节点孔隙水压力对应的节点力。

　　采用 Biot 固结理论有限单元法分析复合地基固结过程理论上是可行的，但实施过程中会遇到一些困难。复合地基在空间上分布复杂，是复杂的三维问题，简化成二维问题就会带来较大误差。复合地基中增强体一般为圆柱体，土体几何形状则很复杂。在有限单元法分析中，往往需要对增强体几何形状作等价转换，采用简化几何模型，也会带来不确定的误差。复合地基中增强体与土体刚度差别较大，在分析中也会带来不确定的误差。还有增强体与土体间的界面性状合理描述也很困难。因此，采用 Biot 固结理论有限单元法分析复合地基固结过程目前主要还处于研究阶段。研究结果用于定性参考。

　　在采用 Biot 固结理论有限单元法分析复合地基固结过程中，也可采用一些简化的计算方法。如将复合地基加固区视为一复合土体区，采用复合土体复合参数分析法，确定复合土体的竖向和水平向复合模量、复合泊松比、复合渗透系数。用一般地基 Biot 固结理论三维有限元法分析复合地基固结问题。

14.3　散体材料桩复合地基固结分析

14.3.1　概述

　　1948 年 Barron 首先提出了砂井地基径向轴对称固结理论。其后，众多学者不断对 Barron 固结理论中的假定进行修正，并取得了大量的研究成果，推动了砂井地基固结理论的发展。复合地基固结理论源于砂井地基固结理论，其研究方法和研究内容都借鉴了砂井理论的研究成果。1979 年，Yoshikuni 针对碎石桩复合地基中应力逐渐向桩体转移的现象提出了应力集中效应，并将之引入到砂井地基固结理论中，从而提出了考虑应力集中效应的散体材料桩复合地基固结理论。如今，经过几十年的发展，复合地基固结理论在研究对象、研究内容和研究方法

等方面都已取得了大量的研究成果。从研究对象来看，近年来复合地基固结理论已由原来的散体材料桩复合地基朝着黏结材料桩复合地基、多桩型的组合桩复合地基和桩体材料多样化的复合桩复合地基发展。从研究内容来看，复合地基固结理论由原来仅考虑应力集中效应朝着更能反映复合地基自身特点的方向发展，例如由于桩体自身直径较大从而考虑桩体内的径向渗流和桩体自身固结的影响，由于散体材料桩的侧向膨胀从而考虑桩体发生径、竖向二维变形，由于荷载随时间变化而考虑荷载多级线性施加和多级瞬时施加且附加应力沿深度线性变化的影响等。从研究方法来看，复合地基固结理论也由原来的分析单元只含一个桩体发展到分析单元可以同时包含多个不同类型的桩体，为求解组合桩复合地基的固结问题提供了方法支撑。

如前所述，现有的散体材料桩复合地基固结理论源于砂井地基固结理论，因此复合地基固结分析中的很多假定都直接源于砂井理论，而这些假定条件在复合地基中的适用性未经验证而直接加以采用，从而导致对地基固结性状的误判。例如，现有复合地基固结理论大多都沿用桩（井）周流量相等的假定，认为任一时刻从桩周流入桩体的水量等于从桩体流出的水量。这相当于认为桩体内的含水量始终保持不变，所以该假定暗指桩体的体积不发生变化（因为体积变化源于含水量变化），这显然和等应变条件互相矛盾，因为等应变条件假定桩体和土体均发生变形而且变形量相等。从另一角度来看，和普通砂井或塑料排水板相比，散体材料桩除了存在明显的应力集中效应以外，另一个显著的特点即在于其直径较大。因此，土体中的孔隙水沿径向流入桩体后必将继续沿径向发生渗流，直到流至桩体的中心轴线为止（源于对称性），因此桩体内除了发生竖向渗流也必然存在径向渗流。同时考虑桩体的径向和竖向渗流，对桩体和土体一样均采用固结方程进行求解，即可从根本上克服桩周流量相等假设和等应变假设之间的矛盾。

基于上述分析，本节主要介绍卢萌盟（2010）给出的考虑桩体内径、竖向渗流的散体材料桩复合地基固结度计算方法。

14.3.2　基本假定与控制方程

图 14-1 为考虑桩体内径、竖向渗流的散体材料桩复合地基固结计算模型。和砂井地基的固结研究方法一样，散体材料桩复合地基的固结也取一个桩-土单元来研究，图中 H 为软土层厚度，也为桩长；r_c 为散体材料桩体半径；r_s 为扰动区半径；r_e 为影响区半径。为了考虑桩体施工扰动的影响，如图 14-2 所示，假定扰动区内土体的水平渗透系数沿径向朝着桩体呈三种模式衰减，分别为常数型（模式一）、线性衰减（模式二）和抛物线形衰减（模式三）；距离桩体越近，扰动效应越强，土体水平渗透系数越小。由于复合地基固结以径向固结为主，桩体施工扰动造成的土体水平渗透系数在径向的衰减对其固结速率影响较大，而竖向

渗透系数的衰减对其固结速率影响极为有限，可以不予考虑。

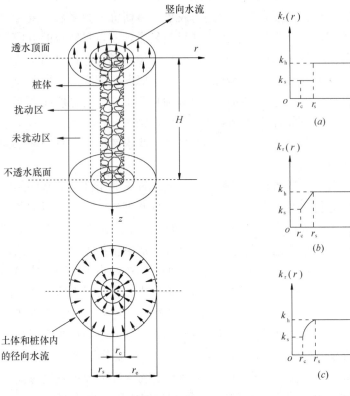

图 14-1　计算模型

图 14-2　土体水平渗透系数的
三种衰减模式
(*a*) 模式一；(*b*) 模式二；(*c*) 模式三

本节理论考虑了桩体内的径向渗流，不再采用桩周流量相等假设，而是对桩体直接采用固结方程求解，这样也就考虑了桩体的固结压缩与桩体体积变化之间的协调关系。另外，由于考虑了桩体内径向渗流，桩体内的孔压将沿着径向发生变化，而不是以往理论中假定的桩内孔压沿径向均保持不变。本节采用基本假定如下：

① 等应变条件成立，即同一深度处土体和桩体均只发生竖向变形而且竖向变形相等；

② 土体和桩体内的径、竖向渗流均服从 Darcy 定律；

③ 荷载瞬时施加，即 $p(t) = p_0$。

等应变条件下土体和桩体的固结方程可以分别写为

$$\frac{1}{r}\frac{\partial}{\partial r}\left[\frac{k_r(r)}{\gamma_w}r\frac{\partial u_s}{\partial r}\right]+\frac{k_v}{\gamma_w}\frac{\partial^2 \overline{u}_s}{\partial z^2}=-\frac{\partial \varepsilon_v}{\partial t}, \ r_c \leqslant r \leqslant r_e \qquad (14\text{-}2)$$

180

$$\frac{1}{r}\frac{\partial}{\partial r}\left(\frac{k_{hc}}{\gamma_w}r\frac{\partial u_c}{\partial r}\right)+\frac{k_{vc}}{\gamma_w}\frac{\partial^2 \overline{u}_c}{\partial z^2}=-\frac{\partial \varepsilon_v}{\partial t},\ 0\leqslant r\leqslant r_c \qquad (14\text{-}3)$$

式中，$k_r(r)$ 表示土体在整个影响区的水平渗透系数，其表达式为 $k_r(r)=k_h f(r)$，$f(r)$ 是一个关于径向距离 r 的分段函数，用来描述土体水平渗透系数在扰动区和未扰动区的变化模式；k_h 是未扰动区土体水平渗透系数；k_s 为扰动区土体水平向渗透系数最小值（见图 14-2）；k_v 是土体沿径向平均后的竖向渗透系数；k_{hc} 和 k_{vc} 分别为桩体水平和竖向渗透系数，设计时可取 $k_{hc}=k_{vc}$；$u_s=u_s(r,z,t)$ 和 $u_c=u_c(r,z,t)$ 分别为土体和桩体中任一点任一时刻的超静孔压；$\overline{u}_s=\overline{u}_s(z,t)$ 和 $\overline{u}_c=\overline{u}_c(z,t)$ 分别为土体和桩体内任一深度处的平均孔压；γ_w 为水的重度；ε_v 为土体任一深度处的体积应变，一维压缩时为竖向应变。

因为单元外边界不透水，桩土界面上孔压相等，则下面两个边界条件成立

$$\left. \begin{array}{l} r=r_e:\dfrac{\partial u_s}{\partial r}=0 \\ r=r_c:u_s=u_c \end{array} \right\} \qquad (14\text{-}4)$$

由于考虑了桩体内的径向渗流，桩体内任一点的孔压和该深度处的平均孔压不再相等，因此多出一个变量，同时又弃用了桩周流量相等的假设，因此还需要新增两个边界条件才能求解。桩体内的水流沿径向朝桩体中心轴线汇聚，因此桩体中心轴线相当于不排水轴，则有下列边界条件

$$r=0:\frac{\partial u_c}{\partial r}=0 \qquad (14\text{-}5)$$

桩-土界面上径向流速相等，即有另一个边界条件

$$r=r_c:k_r(r_c)\frac{\partial u_s}{\partial r}=k_{hc}\frac{\partial u_c}{\partial r} \qquad (14\text{-}6)$$

以上就是考虑桩体内径、竖向渗流的散体材料桩复合地基两个固结方程和对应的四个边界条件。经过一系列的推导，可得到最终的控制方程为

$$\overline{u}_c=\overline{u}+C\frac{\partial \overline{u}}{\partial t}-D\frac{\partial^2 \overline{u}}{\partial z^2} \qquad (14\text{-}7)$$

$$D\frac{\partial^4 \overline{u}}{\partial z^4}-C\frac{\partial^3 \overline{u}}{\partial t\partial z^2}-(B+1)\frac{\partial^2 \overline{u}}{\partial z^2}+A\frac{\partial \overline{u}}{\partial t}=0 \qquad (14\text{-}8)$$

式中，$\overline{u}$ 为整个地基任一深度处的平均孔压，其定义为 $\overline{u}(z,t)=\dfrac{2}{r_e^2}\left(\displaystyle\int_0^{r_c}nu_c dr+\int_{r_c}^{r_e}nu_s dr\right)$；

A、B、C 和 D 均为常数，表达式为 $A=\dfrac{n^4\gamma_w}{E_s(k_{vc}-k_v)(n^2-1+Y)}$，$B=\dfrac{n^2 k_v}{k_{vc}-k_v}$，$C=$

$\dfrac{\gamma_w[(n^2-1)k_{vc}+k_v]}{E_s(n^2-1+Y)(k_{vc}-k_v)}\left[\dfrac{r_e^2 F_c}{2k_h}+\dfrac{r_c^2(n^2-1)}{8k_{hc}}\right]$，$D=\dfrac{k_v k_{vc}}{k_{vc}-k_v}\left[\dfrac{r_e^2 F_c}{2k_h}+\dfrac{r_c^2(n^2-1)}{8k_{hc}}\right]$。另外，其他参数意义如下：$Y$ 为模量比，$Y=E_c/E_s$，E_c 和 E_s 分别为桩、土的压缩模量；n 称为井径比，$n=r_e/r_c$。F_c 是一个综合参数，能够反映地基的几何特征以及

桩体施工的扰动效应，针对图 14-2 所示的土体水平渗透系数三种衰减模式，F_c 表达式详见 Xie K. H. 等（2009a）。

如图 14-1 所示，复合地基顶面透水，底面不透水，则与控制方程对应的竖向边界条件可以写为

$$
\left.
\begin{array}{l}
z = 0: \quad \bar{u}(z,t) = 0, \quad \bar{u}_c(z,t) = 0 \\[2mm]
z = H: \quad \dfrac{\partial \bar{u}(z,t)}{\partial z} = 0, \quad \dfrac{\partial \bar{u}_c(z,t)}{\partial z} = 0
\end{array}
\right\}
\tag{14-9}
$$

在初始时刻，地基内的总附加应力由土体和桩体中的孔隙水承担，有效应力为零，此时土体和桩体均未发生变形，根据静力平衡条件可得新的初始条件为

$$
\bar{u}(z,0) = p_0 \tag{14-10}
$$

砂井地基固结理论认为土体和井内的孔压相等，初始时刻土体内的平均超静孔压等于地基内的平均附加应力。而这里提出的关于复合地基固结的新初始条件则认为由于桩、土的共同承担外部荷载，初始时刻土体和桩体内的径向平均孔压并不相等，整个地基（包括桩体和土体）的平均孔压才等于初始时刻地基内的平均附加应力。

14.3.3 方程解答及固结度计算公式

1. 方程解答

采用分离变量法，结合边界条件式（14-9）和初始条件式（14-10），可得到方程式（14-7）和式（14-8）的解为

$$
\bar{u}(z,t) = 2p_0 \sum_{m=1}^{\infty} \frac{1}{M} \sin\left(\frac{M}{H}z\right) e^{-\beta_m t} \tag{14-11}
$$

$$
\bar{u}_c(z,t) = 2p_0 \sum_{m=1}^{\infty} \frac{1}{M}\left(1 - C\beta_m + D\frac{M^2}{H^2}\right) \sin\left(\frac{M}{H}z\right) e^{-\beta_m t} \tag{14-12}
$$

式中，$M = (2m-1)\pi/2, \ (m = 1,2,3\cdots)$；

$$
\beta_m = \frac{k_v k_{vc}\left(\dfrac{M}{H}\right)^2 \left[\dfrac{r_e^2 F_c}{2k_h} + \dfrac{r_c^2(n^2-1)}{8k_{hc}}\right] + \left[(n^2-1)k_v + k_{vc}\right]}{\dfrac{\gamma_w}{E_s(n^2-1+Y)}\left\{n^4\left(\dfrac{H}{M}\right)^2 + \left[(n^2-1)k_{vc} + k_v\right]\left[\dfrac{r_e^2 F_c}{2k_h} + \dfrac{r_c^2(n^2-1)}{8k_{hc}}\right]\right\}}
$$

$$
\tag{14-13}
$$

2. 固结度求解

任意时刻复合地基按应力定义的总平均固结度可以表示为

$$
U_p(t) = \frac{\displaystyle\int_0^H (p - \bar{u})\mathrm{d}z}{\displaystyle\int_0^H p_u \mathrm{d}z} \tag{14-14}
$$

式中，p_u 为最终荷载，当荷载为瞬时一次施加时，$p(t) = p_u = p_0$。

把式（14-11）代入式（14-14），可得

$$U_p(t) = 1 - \sum_{m=1}^{\infty} \frac{2}{M^2} e^{-\beta_m t} \qquad (14-15)$$

复合地基固结度也可按变形定义为地基在任一时刻和最终的固结沉降之比，即

$$U_s = \frac{S_t}{S_\infty} \qquad (14-16)$$

式中，S_t 和 S_∞ 分别为复合地基任一时刻和最终的固结沉降。

任意时刻的沉降可按下式计算

$$S_t = \int_0^H \varepsilon_z \mathrm{d}z = \frac{n^2}{E_s(n^2 - 1 + Y)} \int_0^H (p - \overline{u}) \mathrm{d}z \qquad (14-17)$$

令 $t \to \infty$，则 $\overline{u}(z,t) \to 0$，可由任意时刻的沉降求得最终沉降。然后再将式（14-11）代入可得按变形定义的固结度计算式为

$$U_s(t) = 1 - \sum_{m=1}^{\infty} \frac{2}{M^2} e^{-\beta_m t} \qquad (14-18)$$

对比式（14-15）和式（14-18）可知，对于一般的线性固结问题，即不考虑土体在固结过程中压缩模量随有效应力增大、渗透系数随有效应力减小时，复合地基按应力和按变形定义的总平均固结度相等，即 $U_p = U_s$。

14.3.4 解答的讨论及验证

① 首先，令 $k_{hc} \to \infty$，则本节解答退化为 Xie KH 等（2009a）给出的考虑桩体固结的散体材料桩复合地基固结解答。这一点也可由图 14-3 得到验证：随着桩体径向渗透系数的增大，考虑桩体内径向渗流给出的孔压分布逐渐趋同于忽略桩体内径向渗流的孔压分布。另外，由图 14-3 还可以看出：当考虑桩体内径向渗流时，桩体内的孔压朝向中心轴线逐渐衰减，呈漏斗状分布，而忽略桩径渗流时桩内孔压沿径向保持不变，显然这种漏斗状的孔压分布形式更符合实际。另外，通过此处的讨论和解得退化，可以得出以下结论：以往基于桩周流量相等假设的复合地基固结理论暗含以下两个不足，即，

a. 忽略桩体内径向渗流并非桩体内不存在径向渗流，而是桩体的径向排水渗透系数被假定为无穷大，也就是说径向无井阻；

b. 由于桩周流量相等假设和等应变假设之间存在的矛盾，基于桩周流量相等假设的理论未能将桩体固结和变形协调起来，而是分开考虑。

② 如果令桩体和土体的材料性质一样，即桩体的压缩模量和渗透系数均与

土体的相同，也就是令 $k_h = k_{hc}$，$k_v = k_{vc}$，$E_c = E_s$，此时地基的固结度表达式退化为 Terzaghi 一维固结解。也就是说，如果假定了土体和桩体的渗透性和压缩性相同，地基就转化为天然地基，此时地基的固结也就转化为 Terzaghi 一维固结。

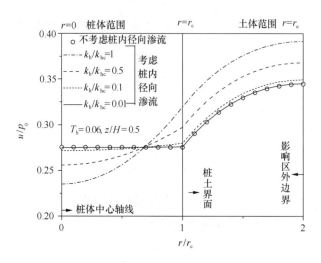

图 14-3 地基内某一深度某一时刻的孔压沿径向的分布

③ 当 $n \to 1$ 时，本节解答即可退化为 Terzaghi 一维固结解。实际上，当 $n \to 1$ 时，土体被桩体全部置换，复合地基变为介质为桩体材料的均质地基，此时地基固结也必然为一维固结。以往散体材料桩复合地基固结解答在 $n \to 1$ 时并不能退化到天然地基解答，显然，本节给出的解答比以往解答更合理。

④ 当 $n \to \infty$ 时，本节解答也可退化为如式 Terzaghi 一维固结解。因为 $n \to \infty$ 相当于桩体的半径为零，此时复合地基即转化为天然地基。

14.3.5 实用设计计算方法

本节给出的孔压和固结度解答均为级数解，在实际设计中，级数解使用起来有所不便，对于工程人员来说，如何进行简化计算显然有一定的实用意义。另外，工程设计人员往往需要预估地基固结度达到 90% 时所需的时间，此时采用级数解进行预估显得更为不便。Lu Mengmeng 等（2017）的研究表明：针对荷载瞬时施加的情况，当固结度大于 60% 时，取固结度计算公式（14-15）中的第一项即可获得完全的精度，此时，固结度计算公式简化为

$$U_p(t) = U_s(t) = 1 - \frac{8}{\pi^2} e^{-\beta_1 t} \tag{14-19}$$

式中，β_1 为式（14-12）中 β_m 取 $M = \pi/2$ 时的值。

根据上式，可得固结度达到 90％ 时所需要的时间为 $t_{90} = 2.1/\beta_1$。同样，当需要预估大于 60％ 的任一固结度所需的时间时，也可通过对式（14-19）进行简单的推导获得。

如图 14-4 所示，实际工程中，荷载往往采用分级施加的方式作用于地基表面，而且每级荷载的施加往往需要一定的时间（如图 14-4b），即荷载是一个随时间变化的量，而不是常量。荷载瞬时施加时固结控制方程为齐次偏微分方程（如式（14-7）和（14-8）），荷载随时间变化时控制方程为非齐次偏微分方程。一般来说，获得齐次方程的精确解即可获得非齐次方程的精确解。然而，由于本节固结问题的特殊性，无法获得荷载随时间变化时的精确解。

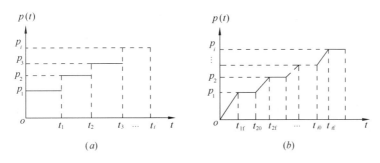

图 14-4　两种随时间变化的荷载施加方法
(a) 多级瞬时荷载；(b) 多级线性荷载

当荷载多级施加而且荷载施加速度极快的时候，可以用如图 14-4a 所示的多级瞬时荷载来描述该加载过程。多级瞬时荷载曲线为一条不连续曲线，存在多个断点。然后，对每一级荷载而言，其从荷载施加开始均保持不变，只是每级荷载开始加载的起始时间点不同。因此，当求解任一时刻的固结度时，可将该时刻以前每一级荷载增量在该时段以前引起的固结度叠加即为多级瞬时荷载下的解答。因此，可获得第 i 级荷载时地基固结度精确解析解如下：

$$U(t) = \frac{p_i}{p_u} - \sum_{j=1}^{i} \sum_{m=1}^{\infty} \frac{2}{M^2} \left(\frac{p_j - p_{j-1}}{p_u} \right) e^{-\beta_m (t - t_{j-1})}, \quad t_{i-1} \leqslant t < t_i \quad (14\text{-}20)$$

实际工程中，建筑荷载或者路堤荷载都是逐渐施加在地基表面的。这种荷载逐级施加的方式在某些特使情况下显得尤为重要。比如，当地基土的强度较低时，荷载施加过快有可能会导致地基失稳。这时，工程中可采用如图 14-4b 所示的多级线性加载的方式来避免工程事故的发生，即在上一级荷载施加后保持荷载不变，让土体发生固结，随着固结的发生，土体的强度不断增长，直至能够承担下一级荷载时再开始下一级加载。如前所述，对于多级线性加载而言，无法获得本节问题的精确解答，然而可以基于多级瞬时荷载的解答，采用改进的 Terzaghi 方法进行近似计算：

$$U(t) = \begin{cases} \dfrac{p(t)}{p_{\mathrm{u}}} - \displaystyle\sum_{j=1}^{i}\sum_{m=1}^{\infty}\dfrac{2}{M^2}\left(\dfrac{p_{\mathrm{s}} - p_{j-1}}{p_{\mathrm{u}}}\right)e^{-\beta_m\left(t - \frac{t_{j0}+t_{\mathrm{s}}}{2}\right)}, & t_{i0} \leqslant t < t_{i\mathrm{f}} \\[3mm] \dfrac{p_i}{p_{\mathrm{u}}} - \displaystyle\sum_{j=1}^{i}\sum_{m=1}^{\infty}\dfrac{2}{M^2}\left(\dfrac{p_j - p_{j-1}}{p_{\mathrm{u}}}\right)e^{-\beta_m\left(t - \frac{t_{j0}+t_{j\mathrm{f}}}{2}\right)}, & t_{i\mathrm{f}} \leqslant t < t_{(i+1)0} \end{cases}$$

(14-21)

式中，$p(t) = p_{i-1} + \kappa_i(t - t_{i0})$，$\kappa_i = \dfrac{p_i - p_{i-1}}{t_{i\mathrm{f}} - t_{i0}}$，$t_{\mathrm{s}} = \min(t,\ t_{i\mathrm{f}})$，$p_{\mathrm{s}} = \min(p_j,\ p(t))$，$j = 1,\ 2,\ \cdots i$，$t_{i0}$ 和 $t_{i\mathrm{f}}$ 分别为第 i 级荷载开始施加和加载至不变的时间，见图 14-4b。

14.3.6 在中、高置换率挤密砂桩复合地基中的应用

根据《Technical Standards and Commentaries for Port and Harbour Facilities in Japan》（2009）规定，挤密砂桩根据置换率（本节用 α_{s} 表示，和井径比 n 的关系为 $\alpha_{\mathrm{s}} = 1/n^2$）大小，可以分为低置换率 $\alpha_{\mathrm{s}} \leqslant 0.4$，中等置换率 $0.4 < \alpha_{\mathrm{s}} < 0.7$，高置换率 $\alpha_{\mathrm{s}} \geqslant 0.7$。中、高置换率挤密砂桩在日本起步较早，在沿海软土地基工程中得到广泛的使用。在我国，中高置换率挤密砂桩的应用则刚刚起步，主要用于海底软基处理、外海筑港和人工岛建设等工程中。例如，港珠澳大桥岛隧过渡段下卧有软弱土层，采用中、高置换率挤密砂桩进行地基处理，置换率从 26%~70%，对地基进行挤密置换的同时实现排水固结；上海国际航运中心洋山深水港区的工作船重力式码头也采用中、高置换率挤密砂桩进行软基加固。

随着中、高置换率挤密砂桩工程应用量的增加，工程技术人员对其加固的复合地基固结度计算自然成为设计中不可回避的一个重要问题。我国现行的相关规范还没有涉及中、高置换率挤密砂桩复合地基固结度计算的问题，对各种置换率散体材料桩复合地基固结度的计算基本都采用改进的高木俊介法。然而，日本的港口技术规范《Technical Standards and Commentaries for Port and Harbour Facilities in Japan》（2009）根据大量工程观测结果发现：相比以往理论的计算结果，工程实测得到的挤密砂桩复合地基固结速率普遍较慢，固结完成所需的时间明显延迟，而且，延迟的时间会随着桩体置换率的增大而增大，即计算误差随置换率增大而增大。这一工程现象无法用已有固结理论进行解释。鉴于上述发现，日本的港口技术规范建议对 Barron（1948）解答计算得到的固结度进行折减，但是对折减系数的取值没有相关规定，要靠技术人员的经验来确定。

此处采用本节理论对中、高置换率挤密砂桩复合地基的固结进行分析。为了体现本节理论在求解中、高置换率挤密砂桩复合地基固结方面的优势，此处通过和已有解答计算结果进行对比来加以说明。值得说明的是，本节解答在进行理论推导时并不局限于中、高置换率挤密砂桩，而是适用于任意大小置换率，只是其优势在于可以求解中、高置换率挤密砂桩复合地基的固结问题。

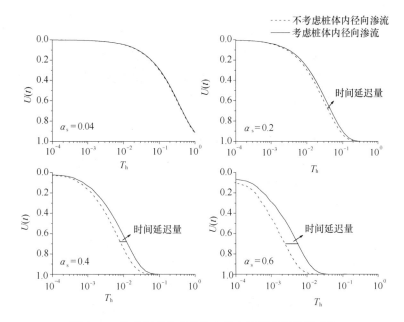

图 14-5　考虑和不考虑桩体内径向渗流的固结度对比

图 14-5 给出了不同置换率时本节解和 Xie K. H. 等（2009b）解答计算固结度的对比，计算参数如下：荷载一次瞬时施加，$H = 20\text{m}$，$r_e = 1\text{m}$，$k_{vc}/k_h = 2 \times 10^3$，$k_{vc}/k_{hc} = 1$，$k_v/k_h = 1$，$Y = 10$。Xie K. H. 等（2009b）解答建立在传统桩周流量相等的假设之上，即认为任一时刻从桩周流入桩体的水量等于流出桩体的水量，其他考虑因素和计算参数两种理论完全相同。通过对比，还可以对桩周流量相等假设的适用性进行评价。

如图 14-5 可以看出：①考虑桩体内径向渗流时，地基的固结速率慢于不考虑桩体内径向渗流；或者说，达到相同固结度时，考虑桩体内径向渗流比不考虑桩体内径向渗流所需要的时间长，即本节理论计算的时间有所延迟；②随着桩体置换率的增大，两种理论计算的固结度之间的差值越来越大；或者说，达到相同固结度时，本节理论计算的时间延迟量随着置换率的增大而增大；这一点和《Technical Standards and Commentaries for Port and Harbour Facilities in Japan》（2009）在大量试验结果中发现的规律完全一致，因此，本节解答可以从理论上对该发现予以解释；③当桩体置换率 $\alpha_s \geqslant 0.04$，即井径比 $n \leqslant 5$ 时，考虑和不考虑桩体径向渗流得到的固结度开始出现差别，也就是说，如果井径比大于 5 时，考虑桩体内径向渗流和采用桩周流量相等假设所得到的结果完全一致。实际上，对于砂井地基和塑料排水板地基而言，井径比一般大于 10，此时桩周流量相等假设是完全精确的。

对上述结论可做如下解释。建立在桩周流量相等假设之上的理论仅仅将桩体作为排水通道来考虑，认为土体内的水流至桩-土界面即可流出桩体，忽略了水流继续沿径向在桩内发生渗流的过程，这样显然缩短了水流的径向排水路径，所以高估了地基的固结速率。该固结速率高估值显然跟桩体的直径大小有着直接关系，桩体直径越大，被缩减的径向排水路径越大，高估的固结速率也自然越大。因此，针对中、高置换率挤密砂桩的固结而言，其研究的关键在于考虑桩体内径向渗流的影响。

为了直观的给出采用本节理论计算达到某一固结度时的时间延迟量，此处给出时间延迟量的简单计算公式，并结合案例加以说明。当荷载一次瞬时施加，达到相同固结度时，两种理论均采用固结度计算公式的第一项，即

$$1 - \frac{8}{\pi^2}e^{-\beta'_1 t'} = 1 - \frac{8}{\pi^2}e^{-\beta_1 t} = 1 - \frac{8}{\pi^2}e^{-\beta_1(t'+\Delta t)} \tag{14-22}$$

式中，t 和 t' 分别为本节理论和采用桩周流量相等假设的理论（不限于 Xie K. H. 等（2009b）的理论）达到同一固结度时所需要的时间，$t = t' + \Delta t$，Δt 为时间延迟量（见图 14-5）；β_1 和 β'_1 为两种理论 β_m 表达式的第一项。

由上式可得达到某一固结度时本节理论计算的时间延迟量为

$$\Delta t = \left(\frac{1}{\beta'_1} - \frac{1}{\beta_1}\right)\ln\frac{\pi^2[1-U(t)]}{8} \tag{14-23}$$

举例说明，某一单层软土地基，地基径向固结系数为 $c_h = 3 \times 10^{-9}\,\mathrm{m^2/s}$，采用中等置换率挤密砂桩处理，桩体置换率 $\alpha_s = 0.5$，其他参数取值和图 14-5 中取值相同。经过计算，当固结度达到 90% 时，Xie KH 等（2009b）方法计算所需时间为 $t'=144$d，本节理论计算所需时间为 $t=263$d，时间延迟量为 $\Delta t = 263 - 144 = 119$d。也可以直接通过式（14-23）计算为 $\Delta t = \left(\frac{1}{1.6833} - \frac{1}{0.92154}\right) \times 10^7 \times \ln$

$\frac{3.14^2 \times (1-0.9)}{8} = 10280925\mathrm{s} = 119$d。

14.4 黏结材料桩复合地基固结度计算方法

14.4.1 概述

复合地基的桩体按材料性质可以分为散体材料桩和黏结材料桩。一般来说，散体材料桩桩体的渗透性远远大于桩周土体的渗透性，可以视为排水体。例如，工程上常见的碎石桩、砂桩均可视为排水体。和散体材料桩相比，黏结材料桩的渗透性则要小得多，一般小于桩周土体的透水性一至几个数量级，工程上可认为不透水。特制多孔黏结材料透水桩除外。多孔黏结材料透水桩的透水性能与散体材料桩的透水性能相似，有时多孔黏结材料透水桩的透水性比散体材料桩的透水

性还要好。多孔黏结材料透水桩复合地基固结分析同散体材料桩复合地基固结分析，只不过桩体的刚度和强度两者有很大差别，分析时应该重视。

卢萌盟（2013）以轴对称固结模型为基础，假定土体的水平向渗透系数因为受到桩体施工扰动的影响而沿径向逐渐变化，导致土体内既存在竖向水流也可能存在径向水流。另外，因为桩体为不透水桩，则桩-土界面和所取的桩-土单元的径向外边界一样，均是不排水界面。基于该模型，卢萌盟首先推导不透水桩复合地基的轴对称固结控制方程，然后求解附加应力随深度和时间同时变化的解析解答，并对不透水桩复合地基的固结性状进行分析。下面作简要介绍。

14.4.2 控制方程及解答

黏结材料桩复合地基固结分析采用的简化模型如图 14-6 所示。下述的分析基于以下假定：

① 桩体为不透水桩，桩体内不存在超静孔隙水压力；

② 等应变条件成立，即桩体和土体均受侧向约束，并且竖向变形相等；

③ 土体中水的流动符合 Darcy 定律；

④ 荷载在地基中引起的平均附加应力 $\sigma(z,t)$ 为深度与时间的函数。

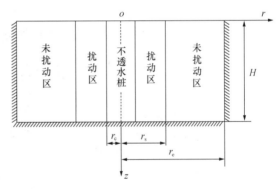

图 14-6 不透水桩复合地基固结简化模型

考虑土体内径、竖向渗流的固结方程为

$$\frac{1}{r}\frac{\partial}{\partial r}\left[\frac{k_r(r)}{\gamma_w}r\frac{\partial u_s}{\partial r}\right]+\frac{k_v}{\gamma_w}\frac{\partial^2 \overline{u}_s}{\partial z^2}=-\frac{\partial \varepsilon_v}{\partial t} \tag{14-24}$$

由于不透水桩复合地基的桩-土界面和单元体外边界均不透水，所以径向边界条件为

$$\begin{cases} r=r_e: \dfrac{\partial u_s}{\partial r}=0 \\[2mm] r=r_c: \dfrac{\partial u_s}{\partial r}=0 \end{cases} \tag{14-25}$$

上式桩-土界面的边界条件是和散体材料桩复合地基的主要不同之处。

利用式（14-25），可由式（14-24）得到不透水桩复合地基的固结控制方程如下

$$\frac{\partial \overline{u}_s}{\partial t}-c_{vf}\frac{\partial^2 \overline{u}_s}{\partial z^2}=\frac{n^2}{n^2-1}\frac{\partial \sigma(z,t)}{\partial t} \tag{14-26}$$

式中，c_{vf}可定义为不透水桩复合地基的固结系数，其表达式为 $c_{vf} = c_v(n^2 - 1 + Y)/(n^2 - 1)$；$c_v$ 为土体的竖向固结系数，$c_v = k_v E_s / \gamma_w$。

由式（14-26）可以看出，不透水桩复合地基的固结问题只与土体内的竖向渗透系数以及桩体和土体的压缩模量相关，而与土体内的水平向渗透系数以及其沿径向的变化模式无关，表明不透水桩复合地基在固结过程中不会产生径向渗流。

由于地基顶面排水而底面不排水，所以其对应的竖向边界条件为

$$\begin{cases} z = 0: \ \overline{u}_s(z,t) = 0 \\ z = H: \ \dfrac{\partial \ \overline{u}_s(z,t)}{\partial z} = 0 \end{cases} \tag{14-27}$$

初始条件为

$$t = 0: \ \overline{u}_s = 0 \tag{14-28}$$

采用分离变量法，可得到满足边界条件和初始条件的方程解答为

$$\overline{u}_s = \begin{cases} \dfrac{n^2}{n^2 - 1}\displaystyle\sum_{m=1}^{\infty} \dfrac{2\left[\sigma_T - (-1)^m\left(\dfrac{\sigma_B - \sigma_T}{M}\right)\right]}{Mt_c\beta_m}(1 - e^{-\beta_m t})\sin\left(\dfrac{M}{H}z\right), \ t < t_c \\ \dfrac{n^2}{n^2 - 1}\displaystyle\sum_{m=1}^{\infty} \dfrac{2\left[\sigma_T - (-1)^m\left(\dfrac{\sigma_B - \sigma_T}{M}\right)\right]}{Mt_c\beta_m}\left[e^{-\beta_m(t-t_c)} - e^{-\beta_m t}\right]\sin\left(\dfrac{M}{H}z\right), \ t \geqslant t_c \end{cases}$$

$$\tag{14-29}$$

14.4.3　固结度及解的讨论

不透水桩复合地基固结度按应力可定义为任一时刻土体中的有效应力和最终荷载即总应力之比，即

$$U(t) = \dfrac{\displaystyle\int_0^H (\overline{\sigma}_s - \overline{u}_s)\mathrm{d}z}{\displaystyle\int_0^H \overline{\sigma}_s(z, \infty)\mathrm{d}z} \tag{14-30}$$

再由孔压的解答可得地基固结度的最终表达式为

$$U(t) = \begin{cases} \dfrac{t}{t_c} - \dfrac{4}{\sigma_T + \sigma_B}\displaystyle\sum_{m=1}^{\infty}\left[\sigma_T - (-1)^m\left(\dfrac{\sigma_B - \sigma_T}{M}\right)\right]\dfrac{1 - e^{-\beta_m t}}{M^2 t_c \beta_m}, \ t < t_c \\ 1 - \dfrac{4}{\sigma_T + \sigma_B}\displaystyle\sum_{m=1}^{\infty}\left[\sigma_T - (-1)^m\left(\dfrac{\sigma_B - \sigma_T}{M}\right)\right]\dfrac{e^{-\beta_m(t-t_c)} - e^{-\beta_m t}}{M^2 t_c \beta_m}, \ t \geqslant t_c \end{cases}$$

$$\tag{14-31}$$

令 $\sigma_B = \sigma_T$，式（14-31）所得的固结度解答转化为

$$U(t) = \begin{cases} \dfrac{t}{t_c} - \displaystyle\sum_{m=1}^{\infty} \dfrac{2}{M^2 t_c \beta_m}\left(1 - e^{-\beta_m t}\right), & t < t_c \\[2ex] 1 - \displaystyle\sum_{m=1}^{\infty} \dfrac{2}{M^2 t_c \beta_m}\left[e^{-\beta_m(t-t_c)} - e^{-\beta_m t}\right], & t \geqslant t_c \end{cases} \tag{14-32}$$

该解即为卢萌盟等（2011）给出的单级荷载下附加应力沿深度均匀分布的不透水桩复合地基固结解答。

令 $t_c \to 0$，$\sigma_B = \sigma_T$，则式（14-31）中 $t \geqslant t_c$ 对应的固结度解答转化为

$$U(t) = 1 - \sum_{m=1}^{\infty} \frac{2}{M^2} e^{-\beta_m t} \tag{14-33}$$

此即为卢萌盟等（2011）给出的瞬时荷载下不透水桩复合地基固结解答。

如果令 $n \to \infty$（即 $r_c \to 0$），则式（14-33）转化为 Terzaghi 天然地基一维固结解。

14.5 土工合成材料加筋路堤软基的性状分析

杨晓军（1999）采用有限元法分析了一土工合成材料加筋路堤软基的性状，现作简要介绍。

14.5.1 有限元计算模型

为了分析加筋的效果，对一假想加筋堤（薄层软基）与一相同条件的假想非加筋堤作了分析比较，该堤的几何尺寸及网格划分如图 14-7 所示。路堤尺寸及软土地基计算范围：

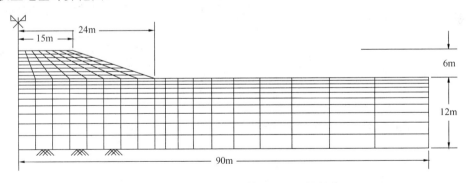

图 14-7 路堤尺寸、计算范围及网格划分

路堤填筑高度 6.0m，堤顶宽度 2×15.0m，堤底宽 2×24.0m，坡度 1：1.5；地基软土层厚度 12.0m，软土层以下认为是固定边界，地基计算宽度取 90m。

为了避免材料参数选取的复杂性掩盖了影响加筋路堤的其他重要因素,在分析中对软土地基采用线弹性模型。地基土参数取杨氏模量 $E=0.6\mathrm{MPa}$,泊桑比 $\nu=0.33$,渗透系数 $4\times10^{-5}\mathrm{cm/s}$。

路堤填料采用线弹性模型,$E=10\mathrm{MPa}$,泊松比 $\nu=0.33$。

筋材单元采用线弹性模型,$K=10000\mathrm{kN/m}$。

摩擦单元采用线弹性模型,$\lambda_\mathrm{t}=10\mathrm{MPa}$,$\lambda_\mathrm{n}=1000\mathrm{MPa}$。

计算划分 17 个时段进行,17 个时段的时间分别为:1d、1d、2d、3d、3d、6d、7d、7d、15d、15d、30d、30d、60d、60d、120d、120d、240d,累计时间为 720d,荷载在前 5 个时段内等速率施加(如图 14-8 所示)。

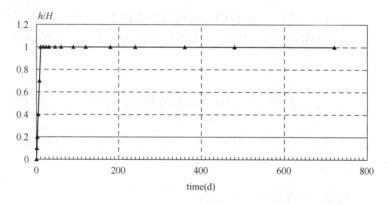

图 14-8　加载—时间曲线

14.5.2　计算结果分析

分析结果将加筋堤和非加筋堤加载完毕时($t=10\mathrm{d}$)及地基基本固结完成时($t=720\mathrm{d}$)的土体水平位移、土体竖向位移、软土地基中的超静孔隙水压力、地基剪应力 τ_{xy}、地基主应力差($\sigma_1-\sigma_3$)绘制成等值线图及其他分布曲线与时程曲线如图 14-9~图 14-12 所示。以下将分别进行讨论。

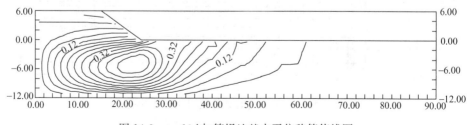

图 14-9　$t=10\mathrm{d}$ 加筋堤地基水平位移等值线图

1. 加筋对土体水平位移的影响

加筋堤和非加筋堤在加载完成时($t=10\mathrm{d}$)及地基固结基本完成时($t=$

720d）的土体水平位移等值线图如图 14-9、图 14-10、图 14-11、图 14-12 所示。由图中可以明显地看到：

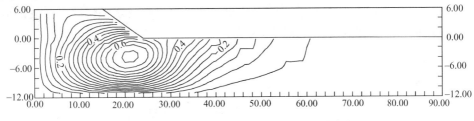

图 14-10　$t=10d$ 非加筋堤地基水平位移等值线图

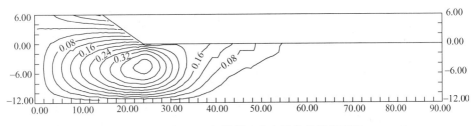

图 14-11　$t=720d$ 加筋堤地基水平位移等值线图

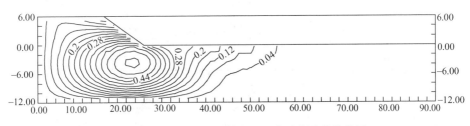

图 14-12　$t=720d$ 非加筋堤地基水平位移等值线图

　　a）加筋堤在加筋位置（堤底）附近有效地限制了土体水平位移，使加筋堤土体水平位移分布形态明显不同于非加筋堤，可见，加筋使得土体位移场发生显著变化。

　　b）加筋堤使得地基土最大侧向位移发生位置移向地基深处。非加筋堤地基土最大侧向位移发生在地面下约 4.0m 处，加筋堤地基土最大侧向位移发生在地面下约 5.0～6.0m 处。可见，如果从圆弧滑动的角度来分析堤的稳定性，加筋堤将使滑弧向深处发展。

　　c）加筋作用有效地减小了地基土最大水平位移。$t=10d$ 时，未加筋堤地基土最大水平位移为 64cm，加筋堤地基土最大水平位移为 44cm。$t=720d$ 时，未加筋堤地基土最大水平位移为 64cm，加筋堤地基土最大水平位移为 40cm。

　　d）在填料区，加筋堤的上层出现负的水平位移区，而非加筋堤则没有出现，加筋堤断面上存在中性轴，中性轴以上水平位移为负，中性轴以下水平位移为正，这使得加筋堤断面上的受力变形性状有些类似钢筋混凝土梁，从而使加筋堤断面上填料的拱效应更加明显。

图 14-13～图 14-16 表现了加筋堤与非加筋堤的堤趾下水平位移沿深度的分布及随时间发展变化的情况，由图中可知：

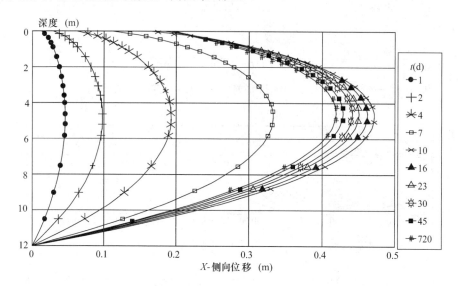

图 14-13　不同时间加筋堤堤趾下地基水平位移曲线

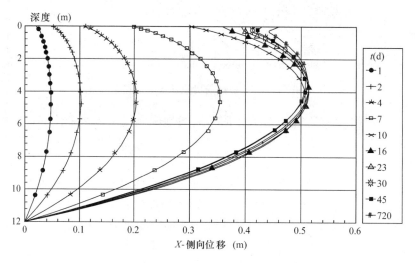

图 14-14　不同时间非加筋堤堤趾下地基水平位移曲线

a) 加筋堤的堤趾下最大位移在加荷完毕时达到最大，随后逐渐减小趋于一稳定值；而非加筋堤这一过程不明显，即加载完毕后深处水平位移变化不明显。

b) 加筋堤的堤趾处水平位移明显地比非加筋堤堤趾水平位移小。在加载完

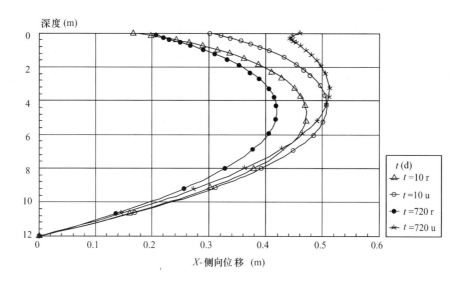

图 14-15　加筋堤与非加筋堤堤趾下地基水平位移曲线比较

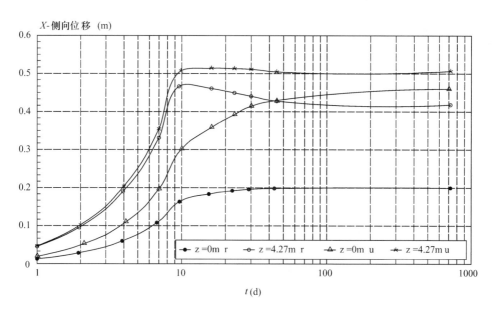

图 14-16　加筋堤与非加筋堤堤趾处及堤趾下 4.27m 水平位移发展曲线

毕后，加筋堤与非加筋堤的堤趾水平位移都随时间增大，但加筋堤此过程相对不明显，而非加筋堤堤趾水平位移在加载完毕后继续增大的过程非常明显，增加的幅度很大（该算例中达 50％以上）。

由此可见，加筋的效果主要是通过约束堤底地表位移来实现的，通过约束堤底地表位移来改变软土地基中的应力场和位移场，从而达到减小位移和提高承载力的目的。

特别需要指出的是，目前在路堤填筑施工中往往根据以往的经验通过观测堤趾桩的水平位移来控制路堤填筑的速率。因为通常在路堤填筑过程中堤趾的水平位移是很明显的，可以作为路堤滑动破坏的监控。然而，从上述分析可以看出，加筋堤区别于非加筋的特征就是地表水平位移受到了约束，从而使得堤趾处水平位移相对于非加筋堤显著减小，路堤整体性显著增强，路堤破坏可能更趋向于整体下沉的承载力破坏形式，仍旧以堤趾水平位移观测来控制填筑速率可能是不合适的，容易给人足够安全的假象。

2. 加筋对土体竖向位移的影响

加筋堤和非加筋堤在荷载完成时（$t=10$d）及地基固结基本完成时（$t=720$d）的土体沉降等值线图如图 14-17、图 14-18、图 14-19、图 14-20 所示。加筋堤和非加筋堤的沉降分布从形态上看是相似的，仔细比较图 14-17 至图 14-20，不难发现：

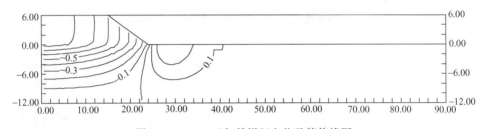

图 14-17　$t=10$d 加筋堤竖向位移等值线图

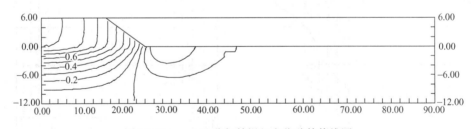

图 14-18　$t=10$d 非加筋堤竖向位移等值线图

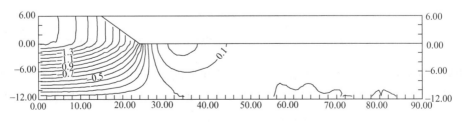

图 14-19　$t=720$d 加筋堤竖向位移等值线图

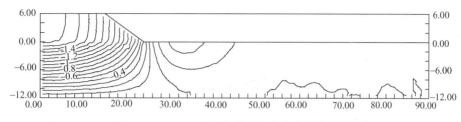

图 14-20 　$t=720d$ 非加筋堤竖向位移等值线图

a) 加筋堤减小了最大沉降量，但总的来说沉降减小量并不明显。由图中可知，$t=10d$ 时非加筋堤最大沉降为 90cm，加筋堤最大沉降为 80cm；$t=720d$ 时非加筋堤最大沉降为 170cm，加筋堤最大沉降为 160cm；

b) 加筋堤和非加筋堤在地基土隆起量上无明显差别，图中显示最大隆起量均为 20cm，加筋堤地基土隆起限制在离堤趾相对较近的范围内，而非加筋堤的隆起影响范围稍远。

图 14-21～图 14-24 是加筋堤与非加筋堤地表沉降分布及发展情况，由图中分析可知，在加筋情况下，路堤横断面内沉降分布更加均匀了，由图 14-24 可以明显地看出这个现象，加筋堤轴线位置沉降比非加筋堤小，而加筋堤堤趾位置沉降比非加筋堤要大。加筋堤的沉降盆比非加筋堤要平坦一些。加筋的这种调整路堤横向不均匀沉降的作用得到了广泛的重视，这种使横向沉降盆变得平坦的作用有时在实际工程中会表现得非常明显。加筋堤的这种作用可以解释为加筋增强了路堤的整体性，从而增加了路堤本身的变形刚度，加强了路堤调整不均匀沉降的能力。

另外，加筋堤与非加筋堤在堤趾处的沉降表现出不同的特性，非加筋堤堤趾

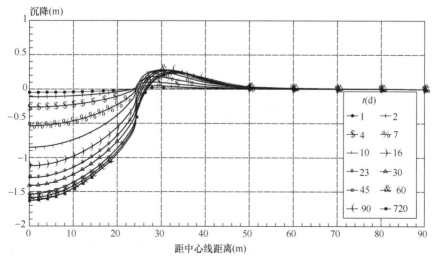

图 14-21 　不同时间加筋堤地表沉降盆曲线

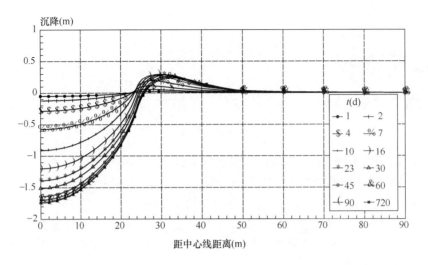

图 14-22　不同时间非加筋堤地表沉降盆曲线

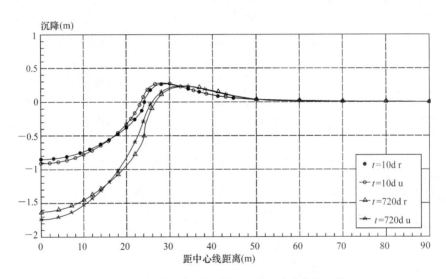

图 14-23　加筋堤与非加筋堤地表沉降盆曲线比较

处先是发生隆起，随后随固结过程而逐渐发生向下的位移，而加筋堤堤趾始终没有明显的隆起变形。

3. 加筋对地基孔压的影响

由图 14-25～图 14-26 可看出，加筋对孔压的影响不是很明显，加筋堤地基孔压最大值比非加筋堤稍小，计算结果 $t=10d$ 加筋堤地基最大孔压 99.112kPa，未加筋堤地基最大孔压 101.097kPa，加筋堤地基最大孔压相对减小了 1.96%。孔压分布表现为单极值分布，最大孔压位于路堤轴线下最深处，孔隙水压力分布

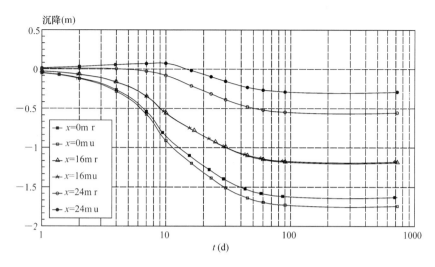

图 14-24　加筋堤与非加筋堤地表不同位置沉降发展曲线

相当集中，基本上集中分布在路堤宽度范围内，两者的区别在于孔压值较高的等值线分布对未加筋堤来说范围较大。

　　必须指出，本文未考虑土体的剪缩性，河海大学的殷宗泽指出，如果考虑土体的剪缩性，那么加筋引起的孔压减小量可达 1/15～1/20（即 5%～6.7%）。

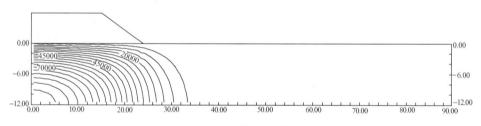

图 14-25　$t=10d$ 加筋堤地基孔压等值线图

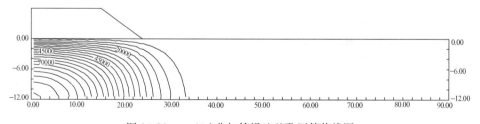

图 14-26　$t=10d$ 非加筋堤地基孔压等值线图

4. 加筋对地基附加应力的影响

　　加筋对地基应力的影响表现得最明显的显然是对地基剪应力的影响。图 14-27、图 14-28 是 $t=10d$ 时刻加筋堤与非加筋堤地基剪应力 τ_{xy} 的分布情况。显然，由于加筋情况下筋材拉力对下卧地基提供了水平向约束，使得加筋堤地基剪应力大为减小，而且分布形态有明显的差别。

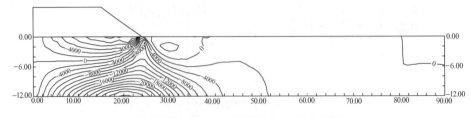

图 14-27 $t=10\text{d}$ 加筋堤地基 τ_{xy} 等值线图

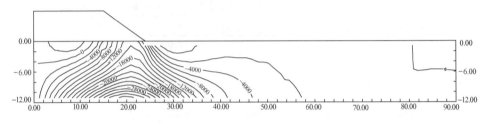

图 14-28 $t=10\text{d}$ 非加筋堤地基 τ_{xy} 等值线图

非加筋堤地基剪应力 τ_{xy} 的分布基本上是单极值分布的，极值在软土层底面靠近坡中正下方位置。路堤底面（特别是边坡下方）有较大的向外的剪应力（表现为负值），这是路堤底面施加在地基表面的水平推力的体现。而加筋堤地基剪应力 τ_{xy} 的分布基本上呈双极值分布，一个正极值和一个负极值，正极值在路堤底面，负极值在软土层底面靠近坡中正下方位置。路堤底面的正剪应力表示筋材对加筋堤地基表面的水平向约束作用。

图 14-29、图 14-30 为 $t=10\text{d}$ 时刻加筋堤与非加筋堤地基主应力差（$\sigma_1-\sigma_3$）等值线图。由图中可知，加筋堤相对非加筋堤大大降低了主应力差，且使较高的主应力差分布的区域大大缩小。

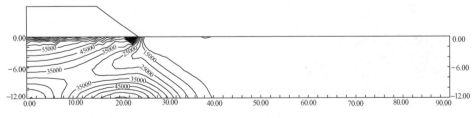

图 14-29 $t=10\text{d}$ 加筋堤地基主应力差（$\sigma_1-\sigma_3$）等值线图

加筋对地基应力的影响的另一个重要方面还表现在对竖向应力的调整上。如图 14-31 所示，加筋使得路堤底面所受竖向压力分布更加均匀，特别是使路肩附近堤底压力显著减小，而堤趾附近竖向压力增大。这是加筋增强路堤填料土拱效

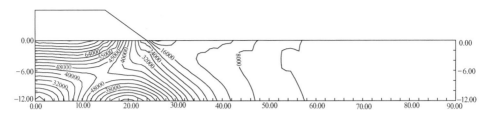

图 14-30　$t=10d$ 非加筋堤地基主应力差（$\sigma_1-\sigma_3$）等值线图

应的体现。若从地基稳定的角度考虑，这种竖向应力的调整是有利的。

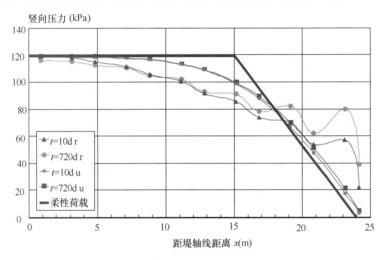

图 14-31　加筋堤与非加筋堤地表竖向压力分布曲线

14.5.3　软土层厚度及加筋刚度对加筋效果的影响

　　计算分析表明，不同厚度的软土地基情况下加筋的作用效果差异很大。图 14-32 及图 14-33 为 $t=10d$ 及 $t=720d$ 堤趾水平位移与软土层厚度的关系曲线，由图可知：

　　当软土层很薄时，加筋引起的堤趾侧移减小量很小，也就是说加筋引起的地基位移场变化不大，同时，加筋堤堤趾水平位移量也不大，说明筋材受拉变形不大，不利于筋材抗拉强度的发挥。

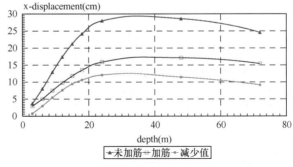

图 14-32　$t=10d$ 堤趾水平位移与软土层厚度关系曲线

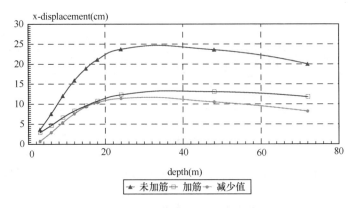

图 14-33 $t=720$d 堤趾水平位移与软土层厚度关系曲线

随着软土层厚度的增加，加筋引起的堤趾侧移减小量也逐渐增大，也就是说，加筋引起的位移场改变也更明显。同时，加筋堤堤趾水平位移量也增大，有利于筋材抗拉强度的发挥。

当软土层厚度大到一定程度后（图 14-32、图 14-33 中反映约 24m，即 B/2），加筋和非加筋堤的堤趾水平位移都变化不大甚至逐渐减小。

图 14-34 表示了加筋刚度对堤趾侧移的影响。图中横坐标为加筋刚度，纵坐标为无量纲的堤趾侧移减小量，堤趾侧移减小量定义如下：

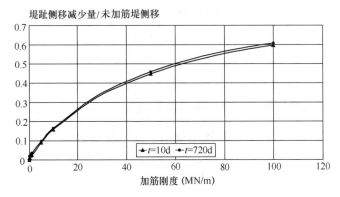

图 14-34   加筋刚度与堤趾水平位移减少量的关系曲线（$D=12$m）

堤趾侧移减小量＝未加筋堤堤趾侧移量－相同条件下加筋堤堤趾侧移量

由图中可见，要有效控制地表侧移，需要相当大的加筋刚度。同时可看到，当加筋刚度大到一定程度之后，继续增加筋材刚度所能减小的侧移量越来越小。

第 15 章   垫层对复合地基性状的影响

15.1   概   述

人们发现在桩体复合地基上铺设垫层对复合地基性状有时会产生较大的影响。人们还发现在刚性基础下复合地基上宜设置柔性垫层，而在填土路堤和柔性面层堆场等工程中采用的复合地基上宜设置刚度较大的垫层。分析表明：在刚性基础下复合地基上设置垫层的效用与在填土路堤和柔性面层堆场等工程中采用的复合地基上设置垫层的效用是不同的。在刚性基础下复合地基上设置垫层的效用是减小桩土荷载分担比，让桩间地基土承担更大比例的荷载。而在填土路堤和柔性面层堆场等工程中采用的复合地基上设置垫层的效用是增大桩土荷载分担比，让复合地基中的桩承担更大比例的荷载。理论分析和工程实践还表明复合地基上设置垫层的厚度对其效用有重要影响。复合地基上设置垫层的厚度不是愈厚愈好，超过一定的厚度后，继续增加厚度其作用很小。在复合地基上设置垫层存在一个合理垫层厚度问题。

在填土路堤和柔性面层堆场等工程中采用的复合地基上设置垫层时，若在砂石垫层中加筋，加筋砂石垫层也可视为水平向增强体，也可称为双向增强体复合地基。

下面分刚性基础下设置垫层对复合地基性状的影响与填土路堤和柔性面层堆场等柔性基础下设置垫层对复合地基性状的影响进行讨论。

15.2   刚性基础下设置垫层对复合地基性状的影响

图 15-1 (a) 和 (b) 分别表示刚性基础下的复合地基上设置垫层和不设置垫层两种情况的示意图。刚性基础下复合地基上设置的柔性垫层一般为砂石垫层。在图 15-1 (a) 中，由于砂石垫层的存在，使图中桩间土地基中的土体单元 A1 中的竖向附加应力比图 15-1 (b) 中相应位置的桩间土地基中的土体单元 A2 中的竖向附加应力要大，而图 15-1 (a) 中桩体单元 B1 中的竖向应力比图 15-1 (b) 中相应位置的桩体单元 B2 中的要小。也就是说设置柔性垫层调整了桩土承担荷载的比例，使桩上的荷载减小，而桩间土地基上的荷载增加。换句话说，设置柔

203

性垫层可减小桩土荷载分担比。同理，由于砂垫层的存在，使图 15-1 (a) 中桩间土地基中的土体单元 A1 中的水平向附加应力比图 15-1 (b) 中相应的桩间土地基中的土体单元 A2 中的水平向附加应力要大。于是，图 15-1 (a) 中桩体单元 B1 中的水平向应力比图 15-1 (b) 中相应的桩体单元 B2 中的水平向应力也要大。通过上面分析已经得到，由于图 15-1 (a) 中砂石垫层的存在，图 15-1 (a) 中桩体单元 B1 中的竖向应力比图 15-1 (b) 中相应的桩体单元 B2 中的要小，而图 15-1 (a) 中桩体单元 B1 中的水平向应力比图 15-1 (b) 中相应的桩体单元 B2 中的要大。由此可得出：由于砂垫层的存在，使图 15-1 (a) 中桩体单元 B1 中的最大剪应力比图 15-1 (b) 中相应的桩体单元 B2 中的要小得多。换句话说，柔性垫层的存在使桩体上端部分中竖向应力减小，水平向应力增大，造成该部分桩体中剪应力减小，这样就有效改善了桩体的受力状态。

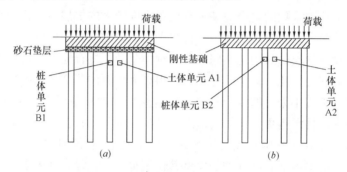

图 15-1 刚性基础下复合地基示意图

(a) 设置垫层情况；(b) 无垫层情况

从上面分析可以看到，在刚性基础下复合地基中设置柔性垫层，一方面可以增加桩间土地基承担荷载的比例，较充分利用桩间土地基的承载潜能；另一方面可以改善桩体上端的受力状态，这对水泥土桩等强度较低的桩是很有利的。因为在荷载作用下，低强度的桩往往在桩体上端 2～4 倍桩径范围发生剪切破坏。改善了桩体上端 2～4 倍桩径范围内桩体的受力状态，有效提高了桩的承载潜能，有效改善了复合地基的工作性状。

另外，设置垫层可减小桩对基础的应力集中现象，一般不需要验算桩对基础是否会产生冲剪破坏。

当没有设置垫层时，基础受到水平荷载作用时，水平荷载主要由桩体来承担。设置垫层后，水平荷载主要由桩间土地基承担。设置垫层有利于减小桩顶的水平应力集中现象，使复合地基具有较大的抵抗水平力的能力。

在复合地基形成条件中曾谈到：当桩体刚度较大又支承在较坚硬土层时，设置垫层有助于保证桩和土同时承担荷载，形成复合地基。

垫层对复合地基性状的影响程度与垫层厚度有关。以桩土荷载分担比为例，垫层厚度愈厚，桩土荷载分担比愈小。但当垫层厚度达到一定数值后，继续增加垫层厚度，桩土荷载分担比并不会继续减小。在实际工程中，还需考虑工程费用。综合考虑，通常采用 150～300mm 厚度左右的砂石垫层。

从提高垫层的承载力和减小压缩变形量方面来看，垫层材料宜选用粒径较大的碎石，但从有利于桩顶刺入及垫层材料调整流动方面来看，垫层材料宜选用中细砂。综合考虑以上两方面的因素，垫层材料宜采用级配砂石，碎石粒径不宜大于 30mm，碎石与砂的体积比可选用 1：2。

顺便指出：在刚性基础下复合地基上铺设垫层的效用还与桩土模量比，或桩土相对刚度有关。桩土相对刚度大，复合地基上铺设垫层的效用明显。另外铺设垫层需要增加投资。从工程实用角度应该进行综合分析，决定是否铺设垫层，以及铺设垫层的厚度。

另外，认为铺设垫层是复合地基的必要条件也是不合适的。事实上，在工程实践中得到成功应用的没有铺设垫层的复合地基已很多。形成复合地基的必要条件应是在荷载作用下，复合地基中的桩和桩间土地基共同直接承担荷载。

15.3 柔性基础下设置垫层对复合地基性状的影响

在填土路堤和柔性面层堆场等工程中采用的复合地基上设置垫层对复合地基性状的影响与刚性基础下的复合地基上铺设垫层的影响是不同的。为简便计，有时将在填土路堤和柔性面层堆场等工程中采用的复合地基简称为柔性基础下的复合地基。

图 15-2 (a) 和图 15-2 (b) 分别表示路堤下复合地基中设置垫层和不设置垫层两种情况的示意图。与刚性基础下复合地基上设置柔性垫层不同，在路堤下复合地基中常设置刚度较大的垫层，如灰土垫层，土工格栅加筋垫层。为什么在路堤下复合地基中需要设置刚度较大的垫层呢？因为在路堤下复合地基中设置垫层的目的是减小桩体向路堤中的刺入变形，让填土路堤荷载向桩上集中。柔性基础下复合地基载荷试验表明：在荷载作用下，由于复合地基中桩体向路堤中的刺入变形，造成桩间土地基上荷载增加很快，桩间土首先进入流动状态。与刚性基础下复合地基相比，柔性基础下复合地基承载力低，而沉降大。柔性基础下复合地基破坏时桩体强度发挥很低。因此，在路堤下复合地基中需要设置刚度较大的垫层，减小在荷载作用下桩体向路堤中产生刺入变形，让荷载向桩上集中，提高复合地基承载力，减小复合地基沉降。比较图 15-2 (a) 和图 15-2 (b) 在荷载作用下的性状，不难理解与刚性基础下设置砂石柔性垫层作用相反，在路堤下复合地基中设置刚度较大的垫层，可有效增加复合地基中的桩体所承担荷载的比例，发挥桩的承载能力，提高复合地基承载力，有效减小复合地基的沉降。

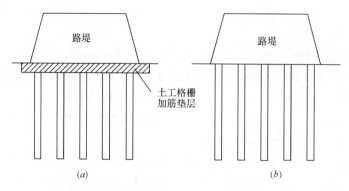

图 15-2 路堤下复合地基示意图

(a) 设置垫层情况；(b) 无垫层情况

在早期采用桩体复合地基加固路堤地基工程中，由于对设置刚度较大的垫层的重要性认识不足，不少工程没有设置刚度较大的垫层，其结果往往是工后沉降很大，也有少数产生失稳破坏。在采用桩体复合地基加固路堤地基工程时一定要重视设置刚度较大的垫层，没有设置刚度较大的垫层的桩体复合地基在加固路堤地基工程中应慎用。

15.4 复合地基设置垫层的设计原则

在桩体复合地基上铺设垫层对复合地基性状有时会产生较大的影响。在复合地基上铺设垫层的效用与基础刚度、复合地基中的桩土相对刚度有关。在刚性基础下复合地基上设置垫层的效用与在填土路堤和柔性面层堆场等工程采用的复合地基上设置垫层的效用是不同的。复合地基中的桩土相对刚度大，复合地基上铺设垫层的效用明显。另外，铺设垫层需要增加工程投资。从工程实用角度应该对铺设垫层进行综合分析，决定是否铺设垫层，铺设什么样的垫层，以及铺设垫层的厚度。

早期软黏土地基上多层建筑采用水泥搅拌桩复合地基加固，基本不用铺设砂石垫层，效果很好。分析其原因一是属刚性基础下的复合地基，二是桩土相对刚度较小。

通过综合分析首先确定是否需要铺设垫层。

若决定铺设垫层，应根据基础刚度决定铺设什么样的垫层。在刚性基础下复合地基上宜设置柔性垫层，如砂石垫层；在填土路堤和柔性面层堆场等柔性基础下复合地基上宜设置刚度较大的垫层，如加筋砂石垫层。

垫层对复合地基性状的影响程度与垫层厚度有关。以桩土荷载分担比为例，垫层厚度愈厚，桩土荷载分担比愈小。但当垫层厚度达到一定数值后，继续增加垫层厚度，桩土荷载分担比并不会继续减小。在实际工程中，还需考虑工程费用。综合考虑，通常常采用 150～300mm 左右的垫层厚度。

在早期采用桩体复合地基加固路堤地基工程中，由于对设置刚度较大的垫层的重要性认识不足，不少工程没有设置刚度较大的垫层，其结果往往是工后沉降很大，也有少数产生失稳破坏。在采用桩体复合地基加固路堤地基工程时一定要重视设置刚度较大的垫层，没有设置刚度较大的垫层的桩体复合地基在加固路堤地基工程中应慎用。

第 16 章　复合地基和上部结构共同作用分析

16.1　引　　言

自 1947 年 G..G. Meyerhof 提出地基与框架结构共同作用的概念，并提出相应计算公式以来，有关地基和上部结构共同作用分析一直受到工程界和学术界的关心。

目前复合地基已与浅基础、桩基础成为三种常用的地基基础型式，在土木工程建设中得到广泛应用。考虑上部结构和复合地基共同作用，特别是在高层建筑中考虑上部结构和复合地基的共同作用具有工程实用意义。

由于上部结构、基础、地基三部分是不可分割的统一整体，在荷载作用下，各部分的性状相互影响。地基承载力和变形与上部结构型式和刚度有关，而上部结构中的应力与地基和基础的刚度有关。上部结构、基础、地基三者相互影响，共同作用。上部结构和浅基础，上部结构和桩基础共同作用分析已取得不少研究成果。复合地基和上部结构共同作用分析研究较少。本章主要介绍葛忻声（2003）采用有限单元法开展复合地基和上部结构共同作用分析的初步成果，供读者参考。

16.2　考虑复合地基和上部结构共同作用的有限元分析基本方程及解题步骤

16.2.1　考虑复合地基和上部结构共同作用的有限元分析基本方程

常采用有限单元法分析复合地基和上部结构共同作用，下面介绍考虑复合地基和上部结构共同作用的有限元分析基本方程。

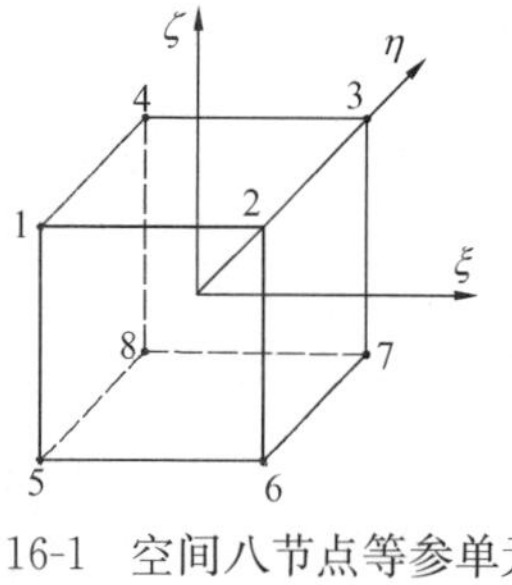

图 16-1　空间八节点等参单元

1. 单元选择和位移模式

由于等参单元的精度较好，目前得到了较广泛的使用。

在空间问题中，多采用八节点或二十节点等参单元，图 16-1 为一八节点等参单元。

$$\xi_i、\eta_i、\zeta_i \text{ 坐标值} \qquad\qquad\text{表 16-1}$$

单元节点号	ξ	η	ζ
1	-1	-1	1
2	1	-1	1
3	1	1	1
4	-1	1	1
5	-1	-1	-1
6	1	-1	-1
7	1	1	-1
8	-1	1	-1

空间八节点等参单元任一节点的形函数 N_i 用局部坐标可表示为：

$$N_i = \frac{1}{8}(1+\xi\xi_i)(1+\eta\eta_i)(1+\zeta\zeta_i) \qquad i=1,\cdots,8 \qquad (16\text{-}1)$$

ξ_i、η_i、ζ_i 坐标值见表 16-1 所示，单元内任意一点的坐标和位移可表示为：

$$x=\sum_{i=1}^{8}N_ix_i \qquad u=\sum_{i=1}^{8}N_iu_i$$

$$y=\sum_{i=1}^{8}N_iy_i \qquad v=\sum_{i=1}^{8}N_iv_i \qquad (16\text{-}2)$$

$$z=\sum_{i=1}^{8}N_iz_i \qquad w=\sum_{i=1}^{8}N_iw_i$$

在上部结构的有限元分析中，对结构的梁、柱构件可采用三维梁单元模拟。

三维梁单元如图 16-2 所示。三维梁单元节点力和节点位移之间的关系：

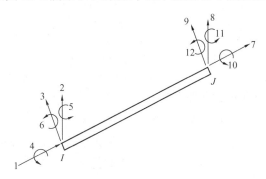

图 16-2 三维梁单元

$$\{F\}^e = [k]^e\,\{\delta\}^e \qquad (16\text{-}3)$$

其中的单元刚度矩阵为：

$$[k]^e = \begin{bmatrix}
AE/L \\
0 & a_z \\
0 & 0 & a_y \\
0 & 0 & 0 & GJ/L & & & & \text{对} \\
0 & 0 & d_y & 0 & e_y \\
0 & c_z & 0 & 0 & 0 & e_z \\
-AE/L & 0 & 0 & 0 & 0 & 0 & AE/L & & & & \text{称} \\
0 & b_z & 0 & 0 & 0 & d_z & 0 & a_z \\
0 & 0 & b_y & 0 & c_y & 0 & 0 & 0 & a_y \\
0 & 0 & 0 & -GJ/L & 0 & 0 & 0 & 0 & 0 & GJ/L \\
0 & 0 & d_y & 0 & f_y & 0 & 0 & 0 & c_z & 0 & e_y \\
0 & c_z & 0 & 0 & 0 & f_z & 0 & d_y & 0 & 0 & 0 & e_z
\end{bmatrix}$$

$$(16\text{-}4)$$

式中　A——截面面积；

　　　E——弹性模量；

　　　L——单位长度；

　　　G——剪切模量；

　　　J——扭转惯性矩；

$$a_z = \frac{12EI_z}{L^3(1+\phi_y)} \qquad a_y = \frac{12EI_y}{L^3(1+\phi_z)} \qquad b_y = -\frac{12EI_y}{L^3(1+\phi_z)}$$

$$b_z = -\frac{12EI_z}{L^3(1+\phi_y)} \qquad c_y = \frac{6EI_y}{L^2(1+\phi_z)} \qquad c_z = \frac{6EI_z}{L^2(1+\phi_y)}$$

$$d_y = -\frac{6EI_y}{L^2(1+\phi_z)} \qquad d_z = -\frac{6EI_z}{L^2(1+\phi_y)} \qquad e_y = \frac{(4+\phi_z)EI_y}{L(1+\phi_z)}$$

$$e_z = \frac{(4+\phi_y)EI_z}{L(1+\phi_y)} \qquad f_y = \frac{(2-\phi_z)EI_y}{L(1+\phi_z)} \qquad f_z = \frac{(2-\phi_y)EI_z}{L(1+\phi_y)}$$

$$\phi_y = \frac{12EI_z}{GA_z^s L^2} \qquad \phi_z = \frac{12EI_y}{GA_y^s L^2}$$

I_i——垂直于方向 i 的惯性矩；

A_i^s——垂直于方向 i 的剪切面积。

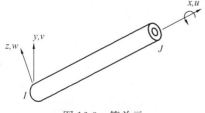

图 16-3　管单元

在桩体的有限元分析中，可采用三维管单元模拟。三维管单元如图 16-3 所示。三维管单元的单元刚度矩阵形式同三维梁单元刚度矩阵形式，仅是其中的参数不同。

在式（16-3）的单元刚度矩阵中，适

应于管单元的参数如下：

$$A = A^w = \frac{\pi}{4}(D_O^2 - D_i^2)$$

$$I_y = I_z = I = \frac{\pi}{64}(D_O^4 - D_i^4)\frac{1}{C_f}$$

$$J = \frac{\pi}{32}(D_O^4 - D_i^4)$$

$$A_i^s = A/2 \tag{16-5}$$

式中　D_O——外部直径；

　　　D_i——内部直径，$D_i = D_O - 2t_w$；

　　　t_w——管壁厚度；

$$C_f = \begin{cases} 1 & \text{if} \quad f = 0 \\ f & \text{if} \quad f > 0 \end{cases} \tag{16-6}$$

　　　f——柔软度系数。

单元轴向刚度由下式确定：

$$K_e(1,1) = \begin{cases} \dfrac{A^w E}{L} & \text{if} \quad K = 0 \\ K & \text{if} \quad K > 0 \end{cases} \tag{16-7}$$

式中　K——可变的轴向管刚度。

2. 几何方程

根据单元的位移，空间问题的几何方程可表示为：

$$\{\varepsilon\} = \begin{Bmatrix} \varepsilon_x \\ \varepsilon_y \\ \varepsilon_z \\ \gamma_{xy} \\ \gamma_{yz} \\ \gamma_{zx} \end{Bmatrix} = \begin{Bmatrix} \dfrac{\partial u}{\partial x} \\ \dfrac{\partial v}{\partial y} \\ \dfrac{\partial w}{\partial z} \\ \dfrac{\partial u}{\partial y} + \dfrac{\partial v}{\partial x} \\ \dfrac{\partial v}{\partial z} + \dfrac{\partial w}{\partial y} \\ \dfrac{\partial w}{\partial x} + \dfrac{\partial u}{\partial z} \end{Bmatrix} = [B]\{\delta\}^e \tag{16-8}$$

式中　$\{\varepsilon\}$——单元应变矢量；

　　　$\{\delta\}^e$——单元位移矢量；

　　　$[B]$——单元应变矩阵。

$$[B]=\begin{bmatrix} \dfrac{\partial N_i}{\partial x} & 0 & 0 \\[2mm] 0 & \dfrac{\partial N_i}{\partial y} & 0 \\[2mm] 0 & 0 & \dfrac{\partial N_i}{\partial z} \\[2mm] \dfrac{\partial N_i}{\partial y} & \dfrac{\partial N_i}{\partial x} & 0 \\[2mm] 0 & \dfrac{\partial N_i}{\partial z} & \dfrac{\partial N_i}{\partial y} \\[2mm] \dfrac{\partial N_i}{\partial z} & 0 & \dfrac{\partial N_i}{\partial x} \end{bmatrix}_{i=1\cdots 8} \qquad (16\text{-}9)$$

3. 本构方程

材料本构模型类型很多，可根据工程情况合理选用。这里只介绍线弹性模型和 D-P 弹塑性模型的表达式。

（1）线弹性模型

线弹性模型是最简单的本构模型，只涉及两个独立参数弹性模量 E 和泊松比 ν。线弹性模型本构方程就是广义虎克定律，其表达式为：

$$\varepsilon_{ij} = \frac{1+\nu}{E}\sigma_{ij} - \frac{\nu}{E}\delta_{ij} \qquad (16\text{-}10)$$

（2）Drucker-Prager（DP）弹塑性模型

Drucker-Prager 屈服准则相对 Mohr-Coulomb 准则比较简单，屈服面无棱角，利于数值分析，在数值分析中得到较多应用。Drucker-Prager 屈服准则屈服面如图 16-4 所示。

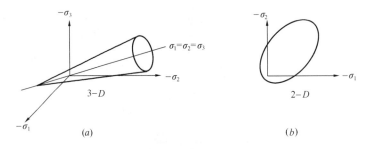

图 16-4 Drucker-Prager 屈服准则的屈服面

（a）主应力空间；（b）$\sigma_1 - \sigma_2$ 平面

Drucker-Prager 屈服准则的表达式为：

$$F = 3\beta\sigma_m + \left[\frac{1}{2}\{S\}^{\mathrm{T}}[M]\{S\}\right]^{\frac{1}{2}} - \sigma_y = 0 \qquad (16\text{-}11)$$

式中　σ_y——材料的屈服参数，定义为：

$$\sigma_y = \frac{6C\cos\phi}{\sqrt{3}(3-\sin\phi)} \tag{16-12}$$

材料常数 β 的表达式为:

$$\beta = \frac{2\sin\phi}{\sqrt{3}(3-\sin\phi)} \tag{16-13}$$

σ_m 为平均应力或静水压力 $= \frac{1}{3}(\sigma_x + \sigma_y + \sigma_z)$

$\{S\}$ 为偏应力 $= \{\sigma\} - \sigma_m \begin{bmatrix} 1 & 1 & 1 & 0 & 0 & 0 \end{bmatrix}^T$

$$[M] = \begin{bmatrix} 1 & 0 & 0 & 0 & 0 & 0 \\ 0 & 1 & 0 & 0 & 0 & 0 \\ 0 & 0 & 1 & 0 & 0 & 0 \\ 0 & 0 & 0 & 2 & 0 & 0 \\ 0 & 0 & 0 & 0 & 2 & 0 \\ 0 & 0 & 0 & 0 & 0 & 2 \end{bmatrix}$$

Drucker-Prager 材料的等效应力的表达式为:

$$\sigma_e = 3\beta\sigma_m + \left[\frac{1}{2}\{S\}^T [M]\{S\} \right]^{\frac{1}{2}} \tag{16-14}$$

式中符号同前。

Drucker-Prager 模型需要输入土体的内摩擦角 ϕ 和黏聚力 C 。

4. 单元刚度矩阵

根据虚功原理,可得:

$$\{F\}^e = [k]^e \{\delta\}^e \tag{16-15}$$

式中　$\{F\}^e$——单元节点力列阵;

$[k]^e$——单元刚度矩阵,$[k]^e = \iiint [B]^T [D][B] \mathrm{d}x\mathrm{d}y\mathrm{d}z$

5. 整体刚度矩阵

按照所有节点的平衡条件,围绕各节点的单元的节点力和节点荷载(包括等效节点荷载)相平衡,即:

$$\sum_{e=1}^{n} \{F\}^e = \sum_{e=1}^{n} \{R\}^e \tag{16-16}$$

把式 (16-6) 代入式 (16-9) 中,得:

$$\sum_{e=1}^{n} [k]^e \{\delta\}^e = \sum_{e=1}^{n} \{R\}^e \tag{16-17}$$

式 (16-17) 也可用下式表示:

$$[K]\{\delta\} = \{R\} \tag{16-18}$$

式中　　$[K]$——整体刚度矩阵，由单元 $[k]^e$ 扩大后叠加而成；

　　　　$[R]$——整体荷载向量，由各单元 $\{R\}^e$ 扩大叠加而成。

6. 等效节点力

单元等效节点荷载 $\{R\}^e$ 是由作用在单元上的集中荷载、体力和面力的等效荷载叠加合成，即：

$$\{R\}^e = \{G\}^e + \{P\}^e + \{Q\}^e \tag{16-19}$$

式中　　$\{G\}^e = [N]^{\mathrm{T}}\{g\}$，$\{g\}$ 为集中荷载矩阵；

　　　　$\{P\}^e = \iiint [N]^{\mathrm{T}}\{\rho\}\mathrm{d}x\mathrm{d}y\mathrm{d}z$，$\{\rho\}$ 为体力矩阵；

　　　　$\{Q\}^e = \iint [N]^{\mathrm{T}}\{q\}\mathrm{d}x\mathrm{d}y$，$\{q\}$ 为面力矩阵。

16.2.2　有限元分析的解题过程

有限元法的分析过程概括起来可分以下六个步骤：

（1）连续体的离散化。离散化即是将给定的连续体分割成有限个单元体，并在单元体的指定点设置节点，使相邻单元的有关参数具有一定的连续性，并构成一个单元的集合体，以代替原来的结构；

（2）选择位移模式；

（3）根据虚功原理，推导单元刚度矩阵，形成平衡方程；

（4）集合所有单元的平衡方程，建立整体结构的平衡方程。这个过程包括两方面的内容：一是将各个单元的刚度矩阵集合成整体刚度矩阵；二是将作用于各单元的等效节点力列阵。于是可得到平衡方程：$[K]\{\delta\} = \{R\}$，然后引入几何边界条件，并按此适当修改上述方程；

（5）计算未知节点位移矢量；

（6）由节点位移矢量计算单元应力。

在有限元分析中经常遇到非线性问题的求解。如土体的本构关系采用 Drucker-Prager 模型，则在求解过程中需要涉及非线性问题的求解。非线性问题的求解分析相对于线性问题来说，更加复杂。通常的方法是将荷载近似地分成一系列的载荷增量。可以在几个载荷增量内或者在一个载荷增量内的几个子增量内施加载荷增量。在每一个增量的求解完成后，继续进行下一个载荷增量之前，程序调整刚度矩阵以反映结构刚度的非线性变化。遗憾的是，纯粹的增量近似不可避免地随着每一个载荷增量积累误差，导致结果最终失去平衡，如图 16-5（a）所示。为了克服这一缺陷可使用牛顿－拉普森（Newton-Raphson）平衡迭代。牛顿－拉普森平衡迭代法可在某个容限范围内，迫使在每一个载荷增量的末端解达到平衡收敛。图 16-5（b）描述了在单自由度非线性分析中牛顿－拉普森平衡迭代的使用。在每次求解前，牛顿－拉普森方法估算出残差矢量，这个矢量是回

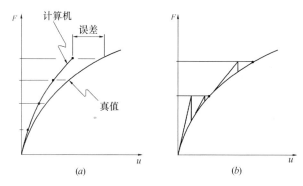

图 16-5 纯粹增量近似与牛顿－拉普森近似的关系

(a) 纯粹增量式解；(b) 牛顿－拉普森迭代求解（2 个载荷增量）

复力（对应于单元应力的载荷）和所加载荷的差值。程序然后使用非平衡载荷进行线性求解，且核查收敛性。如果不满足收敛准则，重新估算非平衡载荷，修改刚度矩阵，获得新解。持续这种迭代过程直到问题收敛。

16.3　复合地基和上部结构相互作用的性状分析

16.3.1　基本假定和计算简图

下面通过一算例了解复合地基和上部结构相互作用的性状。

1. 基本假定

（1）采用总应力法进行分析计算；

（2）不考虑设置桩体引起的土体原始位移场、应力场，但考虑桩体设置对桩间土指标的提高；

（3）上部结构的钢筋混凝土梁柱、钢筋混凝土桩基均为线弹性体；

（4）土体为连续的弹塑性体，符合 Drucker-Prager 模型；

（5）桩与周围土体、筏板与下部土体自始至终是紧密接触的，即在变形过程中，它们之间没有相对滑动或脱离；

（6）为减少单元数目，忽略上部结构中楼板的作用，其上的荷载等效作用在周边的梁上。

2. 计算简图

有限元模型简图如图 16-6 所示。基础采用刚性桩复合地基，上部为框架结构的 22 层高层建筑（包括地下室一层），地下室层高 5.7m，其余层高 3.6m；筏板平面尺寸 17m×64m，厚度 2m；筏板下布置 92 根桩，实行柱下布桩，桩径 $\phi600$、桩长 31m；上部框架结构长向 9 跨、短向 3 跨、共 40 根柱，柱网尺寸为

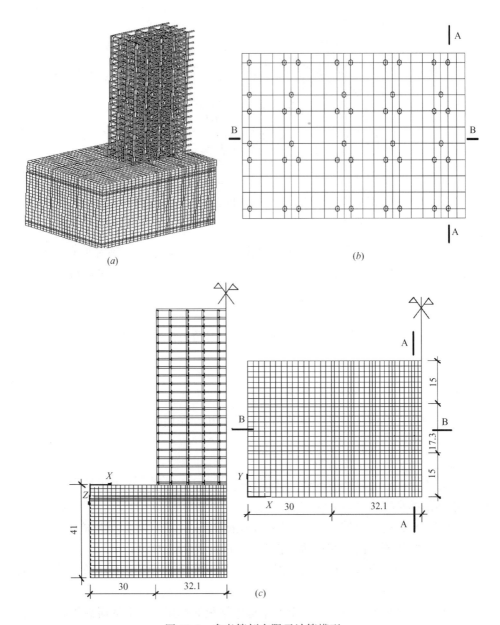

图 16-6 参考算例有限元计算模型

(a) 有限元立体模型；(b) 筏板范围内桩体位置图；(c) 有限元模型的尺寸

5.1m×（6～7.6）m，柱截面尺寸 0.8m×0.8m，梁尺寸 0.3m×0.6m；每层荷载取 20kN/m²，等效施加于梁上。为简化计算，假设地基土是均匀分布。

3. 算例计算参数及算例设计

参考算例材料参数如表 16-2 所示。

	计算土层	混凝土桩	混凝土梁	混凝土柱
E_0（MPa）	9	30000	30000	30000
μ	0.35	0.	0.2	0.2
ρ（kg/m³）	1890	2500	2500	2500
C（kPa）	18			
φ（°）	15			
单元类型	空间八节点协调单元	圆柱形管单元	三维梁单元	三维梁单元

参考算例材料参数　　　　　　　　　　　　　　表 16-2

进行算例设计时，考虑了上部结构刚度（变化层数为 2 层、4 层、8 层、15层、22 层）、桩土模量比（比值为 100、1000、3333、10000）、基底垫层厚度（变化厚度为 0 、0.3m、0.6m、1.2m）、置换率（变化数值为 1.1%、2%、2.5%、6.6%）等因素对复合地基的影响。

16.3.2 上部结构刚度的变化对复合地基性状的影响

图 16-7 表示基底土应力随上部结构层数增加的变化情况。由图中可以看出：上部结构刚度的增加，复合地基中土应力分布形状保持不变，即基底处为边缘应力大中部小。上部结构层数增加，土中应力随之增加。

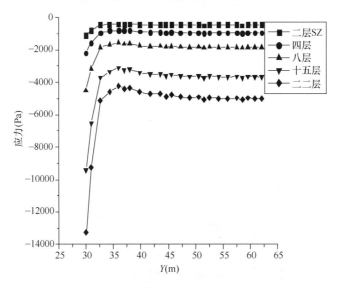

图 16-7　基底土应力 B-B 处的变化

图 16-8 表示桩端平面处土应力随上部结构层数增加的变化情况。由图中可以看出：上部结构刚度的增加，复合地基中桩端平面处土应力分布形状也保持不

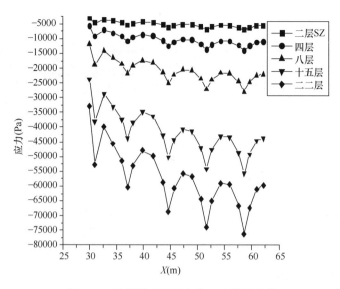

图 16-8 桩端平面处土应力 B-B 处的变化

变，桩端处为中部大边缘小的特征。上部结构层数增加，应力随之增加。

图 16-9 和图 16-10 分别表示基底土位移和桩端位移随上部结构层数增加时的变化情况。从图中可看出：上部结构层数增加，对基底土和桩端各自平面的位移分布形状几乎不产生影响，均为中部位移大、边缘小的特点。随楼层的增加，位移数值随之增大。

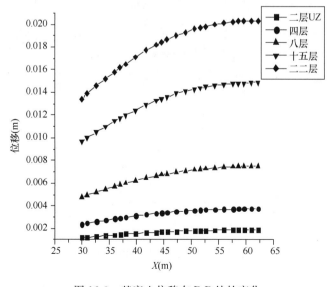

图 16-9 基底土位移在 B-B 处的变化

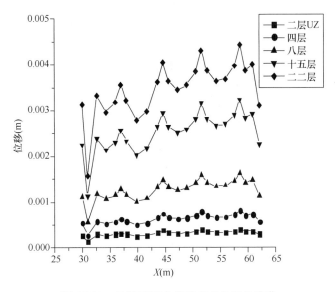

图 16-10　桩端平面土位移在 B-B 处的变化

16.3.3　桩土模量比的变化对复合地基性状的影响

图 16-11 和图 16-12 分别表示桩土模量比变化时基底土应力和桩端平面处土应力的变化情况。从图中可看出：桩土模量比的变化对应力分布形状和数值都有影响。当 E_p/E_s 较小时影响较大，当大于某一数值时，影响较小。

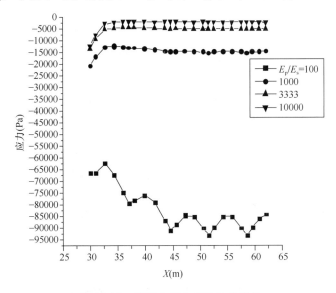

图 16-11　基底土应力 B-B 处的变化

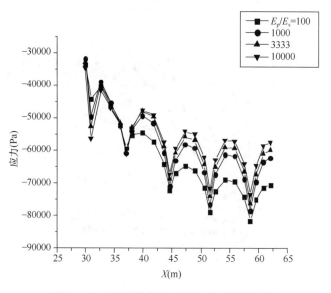

图 16-12　桩端平面处土应力 B-B 处的变化

图 16-13 和图 16-14 分别表示桩土模量比变化时基底土应力和桩端平面处土位移的变化情况。表 16-3 和表 16-4 分别表示桩土模量比变化时相对沉降量和沉降的变化情况。从图和表中可以看出：

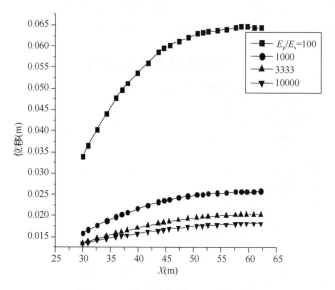

图 16-13　基底处位移 B-B 处的变化

（1）随模量比的增加，对基底、桩端平面处的位移分布形状影响不大，但位移数值随之减小。

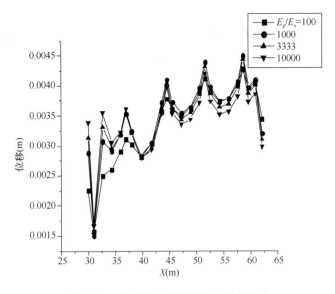

图 16-14　桩端处土体位移 B-B 处的变化

（2）随模量比的增加，加固区、下卧层的相对变形量互相调整，加固区比例逐步减小，下卧层逐步增加。

（3）随模量比的增加，基础差异沉降逐步减少，但超过某一数值时影响减小。

桩土模量比变化对相对沉降量（%）的影响　　　　　　　　　表 16-3

深度（m）		基底 7.1m	桩端 21.4m	边界 40.6m
$E_p/E_s=100$	桩土平均	0	91.75	8.25
	桩位处	0	80.35	19.65
	土体处	0	93.96	6.04
$E_p/E_s=1000$	桩土平均	0	76.54	23.46
	桩位处	0	32.6	67.4
	土体处	0	84.87	15.13
$E_p/E_s=3333$	桩土平均	0	70.25	29.75
	桩位处	0	13.1	86.9
	土体处	0	81.08	18.92
$E_p/E_s=10000$	桩土平均	0	67.66	32.34
	桩位处	0	5.01	94.99
	土体处	0	79.6	20.4

注：相对沉降量＝该点与其上一点的沉降差值/总沉降值

桩土模量比引起的基础沉降变化 表 16-4

	$E_p/E_s=100$	$E_p/E_s=1000$	$E_p/E_s=3333$	$E_p/E_s=10000$
整体平均沉降（mm）	52.19	22.31	17.99	16.57
基础差异沉降（mm）	38.4	12.1	6.54	6.4

16.3.4 垫层的变化对复合地基性状的影响

图 16-15～图 16-19 分别表示垫层厚度对基底土应力、桩端平面土应力、角

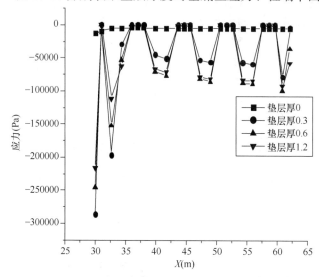

图 16-15 基底土应力 B-B 处的变化

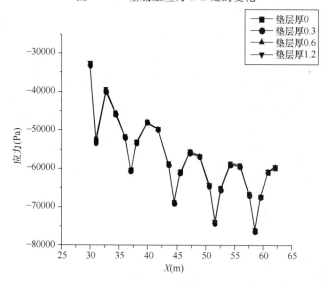

图 16-16 桩端土应力 B-B 处的变化

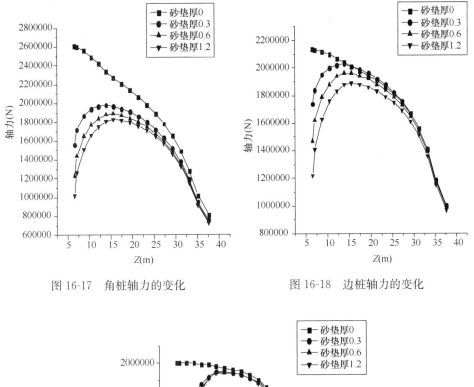

图 16-17　角桩轴力的变化　　　　　　图 16-18　边桩轴力的变化

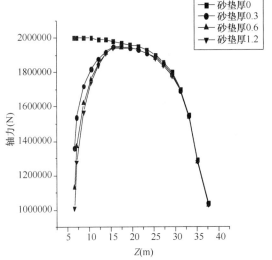

图 16-19　中桩轴力的变化

桩轴力、边桩轴力和中桩轴力的变化的影响。从图中可看出：垫层对浅层约占
1/2 桩体长度范围内的应力分布影响较大，而对深层几乎没有影响。

图 16-20 表示垫层厚度变化对基底土体位移的影响，图 16-21 表示垫层厚度
变化对桩端平面处，土体位移的影响，应力、桩端平面土应力、角桩轴力、边桩

轴力和中桩轴力的变化的影响。图 16-22～图 16-24 分别表示垫层厚度变化对平均沉降、土体沉降和桩体沉降影响，图 16-25 表示垫层厚度变化对刺入变形、平均沉降和差异沉降的影响。表 16-5 反映垫层厚度变化对相对沉降的影响。从上述图表中可以得以下几点：

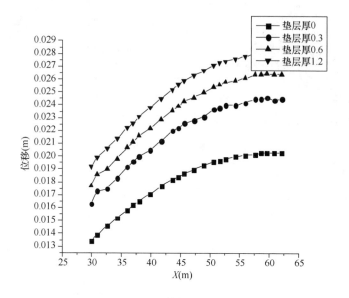

图 16-20　基底处土体位移 B-B 处的变化

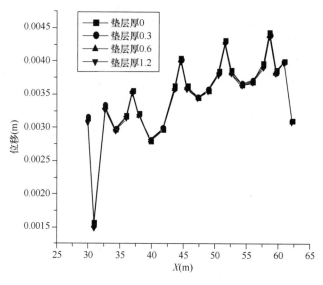

图 16-21　桩端处土体位移 B-B 处的变化

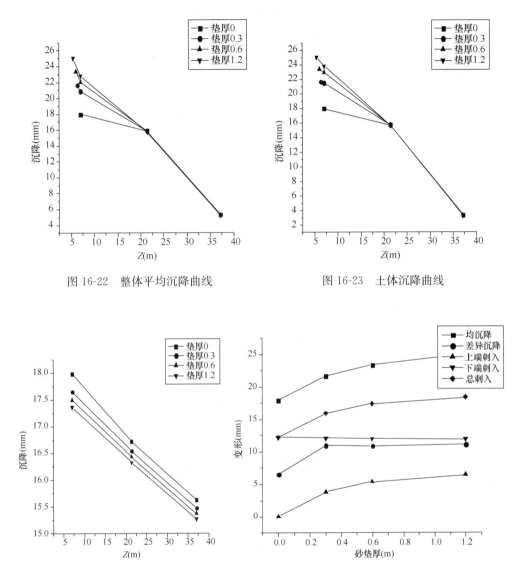

图 16-22　整体平均沉降曲线

图 16-23　土体沉降曲线

图 16-24　桩体沉降曲线

图 16-25　刺入变形、平均沉降、差异沉降随
垫层的变化曲线

（1）垫层厚度的增加，仅对 1/2 桩体长度范围内的浅层地基变形产生影响。垫层厚度增加，沉降随之增大。

（2）垫层厚度的增加，对加固区相对变形影响不大。

（3）垫层厚度对基础差异沉降有影响，但当垫层厚度≥0.30m 后，影响减弱。

垫层变化对相对沉降量（%）的影响　　　　　　　表 16-5

深度（m）		基底处	桩顶 7.1m	桩端 37.1m	边界 40.6m
砂垫层为 0	桩土平均	0	0	70.25	29.75
	桩位处	0	0	13.1	86.9
	土体处	0	0	81.08	18.92
砂垫层为 0.3m	桩土平均	0	3.55	71.55	24.9
	桩位处	0	0	12.31	87.69
	土体处	0	0.73	83.73	15.54
砂垫层为 0.6m	桩土平均	0	5.7	71.77	22.53
	桩位处	0	0	12.14	87.86
	土体处	0	2	83.7	14.3
砂垫层为 1.2m	桩土平均	0	8.9	70	21.1
	桩位处	0	0	12	88
	土体处	0	4.8	81.9	13.3

注：相对沉降量＝该点与其上一点的沉降差值/总沉降值

16.3.5　置换率的变化对复合地基性状的影响

图 16-26、图 16-27、图 16-28 分别表示复合地基置换率变化对复合地基中基底土应力、桩端平面土应力和桩土应力比的影响。从图中可以看出下述几点：

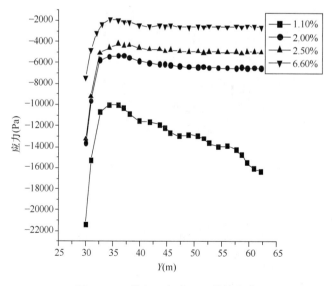

图 16-26　基底土应力 B-B 处的变化

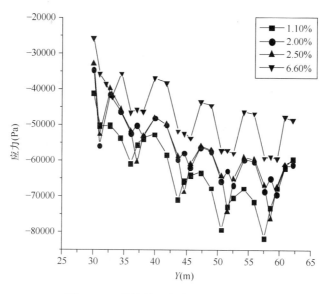

图 16-27　桩端处土应力 B-B 处的变化

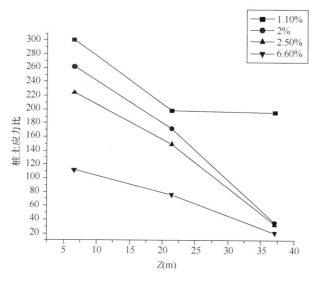

图 16-28　不同置换率下桩土应力比随深度变化曲线

（1）复合地基置换率大小对应力分布形状和数值有影响。置换率 $\alpha=1.1\%$ 的应力分布形状与置换率 $\alpha\geqslant2.0\%$ 的略有差别。$\alpha\geqslant2.0\%$ 的应力分布特征基本保持不变，仅是数值上的变化。

（2）同一平面处，随复合地基置换率的增加，桩土应力比逐步减小。

图 16-29、图 16-30 和图 16-31 分别表示复合地基置换率变化对复合地基中基底处位移、桩端处土体位移和刺入变形、平均沉降和差异沉降的影响。表 16-6

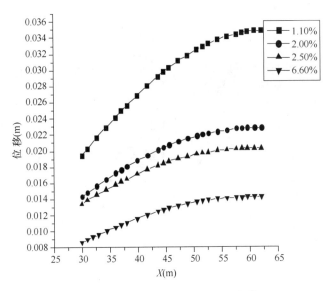

图 16-29　基底处位移 B-B 处的变化

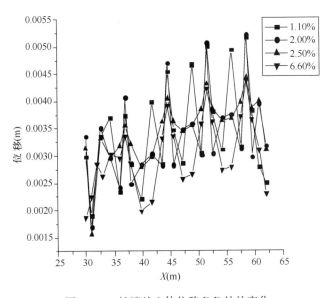

图 16-30　桩端处土体位移 B-B 处的变化

表示置换率变化对复合地基相对沉降量的影响。从上述图表中可以看出以下几点：

（1）复合地基置换率的增加对基底、桩端平面处的沉降分布形状影响不大，但沉降数值随之减小。

（2）复合地基置换率增加，加固区压缩量与下卧层压缩量相对比例发生变化，加固区压缩量所占比例逐步减小，下卧层压缩量所占比例逐步增加。

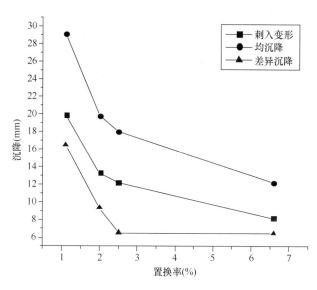

图 16-31 刺入变形、平均沉降、差异沉降随置换率的变化图

置换率变化对相对沉降量（％）的影响 表 16-6

深度（m）		基底 7.1m	桩端 37.1m	边界 40.6m
1.1％置换率	桩土平均	0	83.11	16.89
	桩位处	0	19.58	80.42
	土体处	0	87.94	12.06
2.0％置换率	桩土平均	0	73.38	26.62
	桩位处	0	15.16	84.84
	土体处	0	82.29	17.71
2.5％置换率	桩土平均	0	70.25	29.75
	桩位处	0	13.1	86.9
	土体处	0	81.08	18.92
6.6％置换率	桩土平均	0	54.65	45.35
	桩位处	0	9	91
	土体处	0	76.23	23.77

注：相对沉降量＝该点与其上一点的沉降差值/总沉降值

（3）复合地基置换率的增加对差异沉降有影响，但置换率≥2.5％以后，差异沉降曲线变平缓，受其影响减小。

16.3.6 复合地基和上部结构共同作用主要性状

通过对高层建筑、基础和复合地基共同作用有限元分析，可得到下述主要结论：

（1）上部结构刚度对复合地基性状的影响随着刚度增大而减小。对高层建筑，当达到一定的楼层以后，楼层继续增加并不会改变复合地基中应力、位移的分布形状，只是数值增大。本算例中上部结构大于8层后，楼层继续增加影响不明显。

（2）桩体复合地基中存在着一个合理的桩土模量比。当模量比数值较小时，对复合地基的性状影响较大；当模量比大于某一数值时，模量比对复合地基性状的影响很小。

（3）垫层对刚性桩复合地基的影响主要在1/2桩体长度以内的浅层。随垫层厚度增大，桩体上部产生的负摩阻力增大，桩顶轴力减小，整体沉降增加，但土体应力大大增加。建议在实际工程中，从满足建筑物的容许沉降出发，通过设置合理的垫层厚度来调整桩、土间的受力，达到充分利用天然土体的承载力、桩土共同作用的目的。

（4）桩体复合地基存在着一个合理的置换率。当置换率数值较小时，对地基应力、位移的影响较大；当置换率大于某一数值时，增加置换率对地基应力、位移的影响很小。

第17章 复合地基优化设计和按沉降控制设计

17.1 引 言

优化理论最早是第二次世界大战时期英美等国在军事活动中率先应用的。由于其显著的成效而备受人们的关注，并迅速渗透到各个领域，发展到今天内容已非常丰富。应用优化理论解决问题时一般有以下特点：第一是从全局的观点看问题，追求总体效果最优。第二是通过建立和求解模型，使问题在量化的基础上得到合理的决策。第三是多学科交叉。第四是与计算机密切相关，计算机的出现和发展使许多优化方法得以实现和发展，如果没有计算机，优化只是一种理论科学，不会成为一种广泛应用不断发展的新兴学科。传统的设计思想是只要在可行域中取满足设计要求的一点即可，而优化设计则要求在可行域内用优化方法搜索所有的设计方案，并从中找出最优的设计方案。优化设计在土木工程领域内的应用也是近些年逐渐发展起来的。另外由于地基土的复杂性，地基承载力及变形性状的影响因素很多，很复杂，因此将众多因素综合考虑进行全面的优化设计是比较困难的。

传统的设计方法要求设计人员首先通过判断拟定设计方案，然后根据力学知识去校核方案的安全性和可行性。这种设计方法本身也包括了优化这个概念，因为在选择设计方案的过程中，设计人员已经对设计方案进行了优选，在设计人员知识结构范围内，该设计方案往往是最优的，或者也是比较优的。但是对于一个复杂问题而言，采用这种传统的"优化"设计方法往往是不够的，因此如何进行优化成了一个关键的问题。孙林娜（2006）开展了复合地基沉降及按沉降控制的优化设计研究。

从广义的角度看，优化设计方法主要有三种类型：第一就是传统设计过程，即事先确定不同的方案，然后在此基础上进行方案优选。这种情况只能对少量的几个方案进行比较，因此得到的解可能离真正的最优解还有相当的距离；第二是采用建立在工程概念上的优化设计方法，比如准则法。这种优化方法在桁架等杆件设计中应用比较广，在地基工程中尚未见到有关这方面的应用文献；第三是采用建立在数学规划基础上的优化设计方法，由于这种设计方法有着坚实的理论基础和广泛的适应性，因此有非常广阔的应用前景，目前已有部分研究人员开始采用这种方法对复合地基进行优化设计。从复合地基优化设计的现状来看，大量采用的还是第一种优化设计方法，即对几种设计方案进行比较取最优的一种，虽然这种优化方式可以获得一定的经济效果，但是由于中间包含了经验因素，与设计人员的水平有很大关系，有时效果并不很明显。

从提高设计水平的角度讲，很重要的是推广第三种优化设计方法，采用这种方法首先要将设计问题用一个数学模型来描述，然后用数学优化方法解决设计问题。采用这种方法可以剔除一些人为因素，从数学角度理解，这种方法求解精度自然要高。但是，由于复合地基设计的复杂性，采用这种优化方法必须考虑到优化计算的可行性。由于设计变量的多少和优化耗时及收敛性有很大关系，因此优化前应首先利用设计者的工程经验剔除一部分不可行解，将设计变量、约束条件限制在合理、可行的范围内，然后进行优化设计。由于复合地基设计的复杂性，完善建立在数学规划基础上的优化设计方案还需要研究人员、设计人员的共同努力。从现阶段而言，可建立一些比较简单的优化模型，分析得到复合地基设计中的一些一般规律，并以此直接指导复合地基的设计，使得设计人员在采用第一种优化方法时有规律可循，从而可以挖掘复合地基设计中的潜力，获取更好的经济效果。

17.2 最优设计理论

最优设计是近二十年来在计算机广泛应用的基础上发展起来的一项新技术，从总体最优设计到分系统最优设计，其应用范围已涉及各个领域。最优设计就是在现有工程条件下根据最优化原理，用最优化方法，在许多设计方案中，用计算机自动选出最优设计方案。

工程设计中优化问题模型的三要素包括：设计变量、目标函数和约束条件。

1. 设计变量

在设计中可以调整变化的基本参数称为设计变量。设计变量可以是连续的，也可以是离散的，为简化计算，可以权宜的将离散变量视为连续变量，在决定方案时，再根据连续化变量优化结果，或选取最为接近的离散值，或将其作为预定参数后进行再优化。由于设计变量的多寡很大程度上决定了优化的难度，因此在选择设计变量时，应选择对目标函数影响大的参数作为设计变量，对于一些次要的设计参数可将其视为预定参数。

为了便于矩阵运算，可以用设计向量表示 n 维设计变量，即

$$X = \{x_1 \ x_2 \ \cdots \ x_n\}^{\mathrm{T}}$$

一个设计向量表示一个设计方案，它的 n 个分量可以组成一个设计空间。

2. 约束条件

一个可用的设计方案必须满足一系列条件，这些条件称为优化设计的约束条件。将约束条件用数学式表达，并且令约束条件以≤的形式表示，则可得到约束方程

$$g_j(X) \leqslant 0 \qquad j = 1, 2, \cdots, m$$

从约束条件的特点来看，界限约束一般可以直接用设计变量表示，是设计变量的显函数。而性态约束中的结构反应却需要根据设计变量算出，因而一般是设计变量的隐函数，而且是比较复杂的非线性函数。

3. 目标函数

在满足设计所有的约束条件的基础上，要求某个设计特征达到一个较优值，这个设计特征就是设计的目标，设计目标可以是总造价最小，也可以是承载能力最大，或用材最省，等等。这个约定的广义性能指标自然是设计向量 X 的函数，因此称为目标函数或评价函数。目标函数随着问题的要求不同，表现的形式也是不一样的。

确定目标函数是整个优化设计中最具有决策性的步骤，因为它代表了优化的总方向和目标。一般来说，对复合地基设计方案的评价总是多方面的综合，选择目标函数必须全面考虑该地基的具体条件，抓住问题的主要矛盾。这样，所谓的方案"优"与"不优"就是针对所选定的目标函数和约束条件而言的，其实质上是有条件和相对的。

最优设计的数学描述可归纳为：

寻求
$$\left.\begin{array}{l} X = \{x_1 \; x_2 \; \cdots \; x_n\}^{\mathrm{T}} \\ \mathrm{min.}(\text{或 max.}) \quad f(X) \\ \mathrm{s.t} \; g_j(X) \leqslant 0 \qquad j = 1, 2, \cdots, m \end{array}\right\}$$

优化设计的一般程序如图 17-1 所示。

4. 优化算法

数学模型确定后，下面就是如何求解，也就是选择优化算法的问题。优化算法的选择也是整个优化设计过程中一个相当重要的步骤，其优劣决定了计算结果的可靠性和计算效率。

实际工程问题大多数是带约束条件的非线性规划问题，因此这类问题远比无约束优化问题复杂，求解也较困难。对于这类非线性约束优化问题，现有处理方式主要有如下几类：一类方法是把约束问题转化为一系列无约束问题，然后应用各种无约束优化算法来求解，通过某些参数的调整，使无约束问题的极小点逐步逼近原约束问题的极小点，如序列无约束极小化方法（SUMT）、罚函数法（PEN）和乘子法等；另一类方法是用一系列线性或二次规划问题的解来逼近原非线性

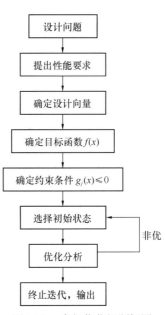

图 17-1　求解优化问题框图

233

约束问题的解，如序列线性规划法（SLP）、割平面法与序列二次规划法（SQP）；第三类方法是直接处理约束条件，研究在约束边界处如何搜索，以获得使目标值逐步改善的可行点列，最后趋近约束问题的极小点，统称为可行方向法，包括 Zoutendjk 可行方向法，梯度投影法和简约梯度法（GRG）等；此外还有不使用导数信息只利用函数值的直接法，如复合型法等。这些算法各有各的优势和适用范围，同时由于显示问题的复杂性，目前还没有一种算法在解题精确性、计算效率、通用性以及应用简便等方面都处于优势的地位。

17.3 复合地基优化设计思路

在决定采用复合地基进行地基加固，进行复合地基设计时，首先要搞清楚该工程采用复合地基加固的主要目的。采用复合地基加固主要是提高地基承载力，还是减小地基工后沉降，还是两者兼而有之。对上述不同情况，采用的复合地基优化设计思路是不同的，下面分别加以讨论。

1. 主要目的提高地基承载力

对沉降量大小控制要求不是很严格，主要要求保证地基稳定的工程归属于主要是解决地基承载力不足这一类。如软弱土层不厚，整个软弱土层都得到加固，工后沉降不大，也属于这类问题。由桩体复合地基承载力公式可知，提高桩的承载力和提高复合地基置换率均可有效提高复合地基承载力，以满足解决承载力不足的问题。

如何提高桩的承载力？

对散体材料桩，桩的承载力主要取决于桩周土对它的极限侧限力。因此，对饱和黏性土地基中的散体材料桩的承载力基本上是由地基土的不排水抗剪强度确定的。也就是说由天然地基土体抗剪强度确定桩体承载力，对某一天然地基散体材料桩桩体承载力基本是定值。提高地基承载力主要依靠增加复合地基置换率。对砂性土等可挤密性地基可以通过挤密桩间土提高桩间土抗剪强度来提高散体材料桩的承载力。对刚性桩和柔性桩，桩的承载力主要取决于桩侧摩阻力和端阻力之和，以及桩身强度。刚性桩主要取决于桩侧摩阻力和端阻力之和，因此增加桩长可有效提高桩的承载力。柔性桩的承载力往往制约于桩身强度，有时还与有效桩长有关，因此有时增加桩长不一定能有效提高桩的承载力。对上述黏结材料桩，特别是刚性桩，如能使由摩阻力和端阻力之和确定的承载力和由桩身强度确定的承载力两者比较接近则可取得较好的经济效益。近年来各种类型的低强度桩复合地基的应用就是基于这个道理。因为低强度桩由桩侧摩阻力和端阻力之和确定的承载力和由桩身强度确定的承载力两者比较靠近，也就是说较好的发挥了桩体材料的承载潜能。

对采用复合地基主要是解决地基承载力不足的情况,在设计中首先要充分利用天然地基的承载力,然后通过协调提高桩体承载力和增大置换率两者来达到既满足承载力要求,又比较经济的目的。在设计中应根据不同的工程地质条件和不同类型的复合地基采取不同的措施提高桩体承载力。

2. 主要目的减小工后沉降

对采用复合地基主要用于减小工后沉降量时,复合地基优化设计显得更为重要。从复合地基位移场特性可知,复合地基加固区的存在使附加应力高应力区向下伸展,附加应力影响深度变深。从深厚软黏土地基上复合地基加固区压缩量和下卧层压缩量的比较分析可知,当软弱下卧层较厚时,下卧层土体压缩量往往占复合地基总沉降量的很大比例。因此,为了有效减小复合地基的沉降量最有效的方法是减小软弱下卧层的压缩量。而减小软弱下卧层压缩量的最有效的方法是加深复合地基的加固区深度,减小软弱下卧层厚度。增加复合地基置换率和增加桩体刚度可以使复合地基加固区的压缩量进一步减小,但因其本身压缩量已较小,特别是它占复合地基总沉降量的比例较小,进一步减小沉降的潜力不大。而且上述增加复合地基置换率和增加桩体刚度两项措施不仅不能减小加固区下卧层土体的压缩量,有时还可能增加加固区下卧层土体的压缩量。其理由是提高复合地基加固区刚度可使加固区下卧层土体中的附加应力值增大。

通过上述分析可得到下述复合地基优化设计思路:根据具体工程地质条件和荷载情况,设计采用的复合地基置换率和桩体强度要满足复合地基承载力的设计要求。在满足复合地基承载力设计要求前提下,增加复合地基加固区深度可有效减小地基沉降。在已经满足复合地基承载力设计前提下,继续增大复合地基置换率和增大桩体刚度,对减小复合地基沉降效果不明显,有时反而有害。考虑到在荷载作用下复合地基中附加应力分布情况,复合地基加固区按深度最好采用变刚度分布。采用变刚度分布在有效减小压缩量的同时,可减小工程投资,取得较好的经济效益。

复合地基加固区变刚度分布可采用两个措施:一个措施桩体采用变刚度设计,浅部采用较大刚度,深部采用较小刚度。例如采用深层搅拌法设置水泥土桩时,浅部采用较高的水泥掺和量,深部采用较低的水泥掺和量。或者浅部采用较大的桩径,深部采用较小的桩径。另一个措施沿深度采用不同的置换率。例如由一部分长桩与一部分短桩相结合组成的长短桩复合地基。减小复合地基沉降量最有效的方法是增大增强体长度,有效减少软弱下卧层厚度。或者说通过加大复合地基加固区深度不仅可减少下卧层厚度,而且还可以减小下卧层中附加应力值。

3. 既要提高地基承载力又要减小地基沉降

对采用复合地基既为了解决地基承载力不足的要求又为了减小地基沉降量时,则首先要考虑满足地基承载力要求,然后再考虑满足减小地基沉降量要求,其优化设计思路应综合前面讨论的两种情况。

17.4　按沉降控制的设计思路

按沉降控制设计理论近年来不断得到人们的重视。什么是按沉降控制设计理论？它的工程背景如何？

任何工程设计都要同时满足达到某一承载力和小于某一沉降量的要求。或者说无论按承载力控制设计还是按沉降控制设计都要满足上述要求。按沉降控制设计和按承载力控制设计究竟有什么不同呢？我们认为主要是工程对象和设计思路的不同。

例如浅基础设计，通常是按承载力控制设计，然后验算沉降量是否满足要求。如果地基承载力不能满足要求或沉降量不能满足要求，通常要进行地基处理，如采用桩基础或复合地基、或对天然地基进行土质改良。又如端承桩桩基础的设计，通常是按承载力控制设计。对一般工程，因为端承桩桩基础沉降较小，通常认为沉降可以满足要求，很少需要进行沉降量验算。上述情况通常被认为是按承载力控制设计。其设计思路是先按满足承载力要求设计，再验算沉降是否满足要求。对沉降量验算结果只要求计算值满足小于某一数值，而不管其量值大小。上述设计思路实际上是目前多数设计人员的常规设计思路。以前很少有人将其称为按承载力控制设计，这里为了与按沉降控制设计对应称其为按承载力控制设计。

对复合地基可以按承载力控制设计，也可按沉降控制设计。按承载力控制设计思路是先满足地基承载力要求，再验算沉降是否满足要求。如沉降量不能满足要求，则考虑提高地基承载力，然后再验算沉降是否满足要求。如沉降还不能满足要求，再提高地基承载力，再验算沉降是否满足要求，直至两者均满足要求为止。按沉降控制设计思路是先按沉降控制要求进行设计，然后验算地基承载力是否满足要求。在沉降满足要求的条件下，地基承载力通常能满足要求。如地基承载力不能满足要求，适当增加复合地基置换率或增长桩体长度，使地基承载力也满足要求即可。

工程上经常遇到这种情况，采用浅基础承载力可以满足要求，而沉降量超过标准不能满足要求。遇到这种情况，目前在设计中多数改用桩基础，也有采用减少沉降量桩基以减小沉降量满足沉降量不超过标准的目的。下面通过一定实例分析，说明按沉降控制设计的思路。例如：某工程采用浅基础时地基是稳定的，也就是说地基承载力是满足设计要求的。但沉降量达 500mm，不能满足设计要求。现采用 250mm×250mm 方桩，桩长 15m。布桩 200 根时，沉降量为 50mm，布桩 150 根时是沉降为 70mm，布桩 100 根时沉降为 120mm，布桩 50 根时，沉降量 250mm，地基沉降量 s 与桩数 n 关系曲线如图 17-2 所示。若沉降量要求小于 150mm，则由图 17-2 可知布桩大于 90 根即要满足要求。从该例可看到按沉降量控制设计的实质及设计思路。

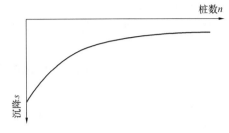

图 17-2 为桩数与沉降的关系，实际上图示规律也表示工程投资与沉降量关系。减小沉降量意味着增加工程投资。

图 17-2 桩数 n 沉降 s 关系曲线示意图

于是按沉降控制设计可以合理控制基础工程的投资，达到节省工程投资的目的。

按沉降控制设计思路特别适用于深厚软弱地基上复合地基设计。

17.5 按沉降控制复合地基优化设计

按沉降控制设计思路特别适合于复合地基设计。在讨论按沉降控制复合地基优化设计前，首先介绍复合地基按沉降控制设计思路。

复合地基按沉降控制设计可以这样进行。对一具体工程可以按不同的加固区深度计算复合地基置换率与复合地基沉降的关系曲线，如采用三种不同加固深度，则不同加固区深度情况下复合地基置换率与复合地基沉降关系曲线如图 17-3 所示。由图 17-3 可知，当沉降量控制值为 150mm 时，当加固区深度取 16m 时，置换率可取 16％，加固区深度取 12m 时，置换率可取 20％，加固区深度取 8m 时，置换率高达 30％时还不能满足要求。通过经济比较取某一技术可行方案时，再验算复合地基承载力，满足要求即可。如不能满足要求，可通过提高置换率来达到满足地基承载力要求。

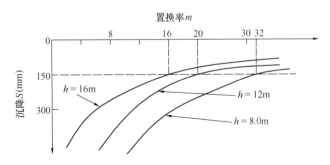

图 17-3 复合地基置换率与沉降关系曲线示意图

上述是复合地基按沉降控制设计思路。

按沉降控制设计对设计人员提出了更高的要求，要求提高沉降计算的精度、要求进行优化设计。按沉降控制设计使工程设计更为合理。

孙林娜（2006）在《复合地基沉降及按沉降控制的优化设计》建立了按沉降控制的优化设计模型，并通过一个具体的工程实例来说明按沉降控制的优化设计思路。现作简要介绍。

孙林娜建立的按沉降控制的优化设计模型主要内容如下：

1. 设计变量

前面已经谈到：在优化设计过程中，一部分参数在优化设计过程中始终保持不变，称为预定参数；另一部分参数在优化设计过程中可视为变量，称为设计变量。设计变量可以是连续的，也可以是离散跳跃的。传统的复合地基设计参数主要有 5 个，分别为桩长、桩径、桩间距、桩体强度、褥垫层厚度及材料。为简化计，这里将只将桩长和置换率作为设计变量，其他视为预定参数，通过调整桩长、置换率对方案进行优化。

2. 目标函数

目标函数有时称价值函数，它是设计变量的函数，有时设计变量本身是函数，则目标函数所表示的是泛函。目标函数是用来选择最佳设计的标准，所以应代表设计中某个重要的特征。复合地基设计中，希望最终的设计方案在满足安全可靠的条件下，工程投资最小，或者说经济效益最显著。在已确定复合地基型式的前提下，经济效益最显著可用最小用桩量来表示。

3. 约束条件

在按沉降控制的复合地基优化设计中，最主要的约束条件为沉降值控制在一定范围内。孙林娜（2006）以 FORTRAN 为运行环境，针对不同类型的复合地基，编制相应的程序对复合地基进行优化设计，其设计流程图如图 17-4 所示。

下面通过一个具体的工程实例来

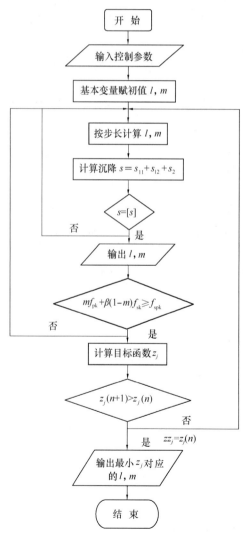

图 17-4 优化设计流程图

说明按沉降控制的优化设计思路。

一个 6m×6m 的群桩承台，承台为钢筋混凝土结构，上部荷载为 160kPa。根据地质报告，承台下卧土层分为两层，第一层为淤泥质软土，土层厚度为 20m，其物理力学参数为：$E_{s1}=4$MPa，$\mu_{s1}=0.45$，第二层为持力层，其土体参数为 $E_{s2}=12$MPa，$\mu_{s2}=0.30$。

由于承台下卧深厚软土层，深度达 20m，并且软土的压缩量极大。该基础对沉降要求较高，限定基底容许沉降为 20cm。因此，必须对软土层加以处理，否则难以满足沉降的要求。据此，设计拟采用碎石桩进行地基处理。根据所选用的制桩机械，确定桩径选用 600mm，设计中采用正方形布桩，拟定桩间距分别为 0.8m、0.9m、1.1m、1.3m、1.5m、2.0m，即置换率分别为 0.441、0.348、0.233、0.167、0.125、0.071。

图 17-5 为计算所得的置换率与沉降关系曲线图。根据工程设计要求，基础基底容许沉降为 20cm。由此可利用图 17-5 选取合适的桩长和置换率。在图 17-5 中，在 20cm 处引一条水平线，该线下部均为可行解。当沉降控制值为 20cm 时，当桩长取 12m 时，置换率约为 26%，当桩长取 15m 时，置换率约为 18%，当桩长取 18m 时，置换率约为 15%，而当桩长取 9m 时，置换率高达 40% 以上仍不能满足沉降控制值。通过经济比较，可取桩长为 15m，置换率为 18% 的最优组合，此时桩间距为 1.25m。

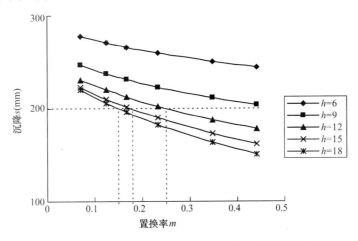

图17-5　不同桩长情况下碎石桩复合地基置换率与沉降关系曲线图

图 17-6 为不同置换率情况下桩长与沉降关系曲线图。同样，当沉降控制值为 20cm 时，在 20cm 处引一条水平线，该线下部均为可行解。当置换率为 0.441 时，桩长约为 9.2m，置换率为 0.348 时，桩长约为 10.1m，置换率为 0.233 时，桩长约为 12.5m，置换率为 0.167 时，桩长约为 15.8m，通过经济比较取置换率为 0.167、桩长为 15.8m 为最优组合，此时桩间距 1.3m。这个结果与上面通过

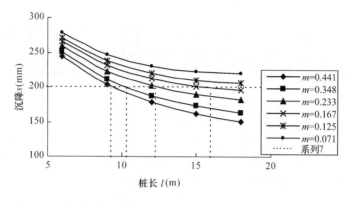

图17-6　不同置换率情况下碎石桩复合地基桩长与沉降关系曲线

置换率与沉降关系曲线求得的最优组合基本一致。

对于上述同一个工程实例，若采用柔性桩复合地基进行加固处理，仍取桩径600mm，正方形布桩，$E_p=120$MPa，拟定桩间距分别为0.8m、0.9m、1.1m、1.3m、1.5m、2.0m，即置换率分别为0.441、0.348、0.233、0.167、0.125、0.071。

根据不同置换率，计算了桩长分别为6m、9m、12m、15m、18m时的复合地基沉降，其沉降随置换率的变化曲线如图17-7所示。

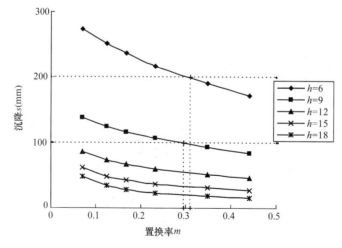

图17-7　不同桩长情况下柔性桩复合地基沉降随置换率变化曲线

由上图可以看出，从总沉降来说，采用柔性桩复合地基的加固效果要比散体材料桩复合地基好。当桩长大于6m、置换率约大于0.31时，就能满足沉降小于200mm的要求；当桩长大于9m时，不论置换率多少则都能满足。即使沉降要求控制在100mm以内，桩长取9m至12m之间、置换率小于0.3也能满足要求。

图17-8为柔性桩复合地基桩长随沉降变化曲线图，从图中可以看出，当置

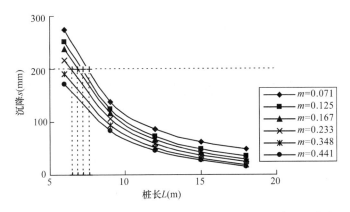

图 17-8　不同置换率情况下柔性桩复合地基桩长随沉降变化曲线图

换率大于 0.348、桩长大于 6m 时均能满足沉降小于 200mm 的要求。且当桩长大于 9m 之后，置换率大于 0.071 都可以满足上述要求。

此外，由图 17-5～图 17-8 可知，随着置换率的增加，沉降减小的幅度相对较小。因此，对于特定的桩长，一味的增加置换率对沉降的减小没有很大的实际意义，而工程投资增加却十分明显，显然不是很经济，所以在工程设计中，除非是特殊要求，否则不应该选用较高的置换率，这样也可以充分发挥地基土本身的承载力。另外，随着桩长的增加沉降曲线迅速下降，因此增加桩长对减小沉降是非常有利的。因此，在沉降不能满足设计要求时，可增加桩长，这样可迅速减小沉降。但是由于制桩机械的限制，桩长不可能无限增长，而且，随着桩长的增加，制桩的难度也增大，制桩费用也不断增加，由此也不宜选取太大的桩长。

第 18 章 复合地基动力分析与抗震设计

18.1 引 言

　　一方面，动力机器基础、机场跑道、道路路基、地震区地基基础等所受动荷载效应不容忽视。另一方面，各种型式复合地基在我国土木工程建设中得到广泛应用，并被看好为最经济的地基基础型式之一。在前面几章除谈到挤密碎石桩复合地基具有较好的抗液化能力与介绍水泥土动力特性外，尚未涉及复合地基在动荷载作用下的性状。至今对复合地基动力分析与抗震设计研究较少。这也影响复合地基理论和实践的进一步发展，影响复合地基技术进一步推广使用。开展复合地基动力分析与抗震设计研究显示出非常重要的现实意义。黄明聪（1999）采用数值分析方法研究了复合地基在周期荷载作用下的振动反应和复合地基地震响应特性及其抗震性能；宋二祥等通过试验、理论及数值模拟分析，深入研究刚性桩复合地基的地震反应性态，给出相应的抗震设计原则和分析方法。在本章先简要介绍黄明聪关于复合地基在周期荷载作用下的振动反应和复合地基地震响应特性方面的工作，然后简要介绍宋二祥等关于刚性桩复合地基动力特性试验研究和刚性桩复合地基动力特性的简化计算分析方法的工作。

18.2 动荷载的类型与动力问题的种类

　　用来描述动荷载作用的基本要素包括：振幅、频率、持续时间和波形的变化。在土动力学的研究中，常根据主要的动荷载作用特点，分为如下三类问题：

　　(1) 单一的、大脉冲荷载问题，如爆破引起的动力作用；

　　(2) 多次重复的微幅振动问题，如机器基础引起的振动荷载；

　　(3) 有限次的、无规律的振动问题，如地震引起的振动作用。

　　根据动力荷载性质，土动力学问题大致可分两类：

　　1. 动力荷载作用于局部土体表面，地基的边界无限，如机器基础、地面或地下爆炸等。这类所谓的源问题中，近域的表面荷载已知，动力反应向远域逐步衰减。

　　2. 远域传来的边界位移或边界加速度已知，而近域的表面无动荷载，地震荷载即属于这种情况。目前的抗震设计计算中大都采用地震波的均匀输入法，即假定地基中截断的边界面上各点的地震加速度在同一时刻都是相同的，好像建筑物是放在刚性很大的振动台上振动一样。根据运动相对性原理，地震问题可以化作边界静止不动而在计算域各点上作用着惯性力的问题进行计算。

图 18-1 (a) 和图 18-1 (b) 分别表示第一类动力问题和第二类动力问题。

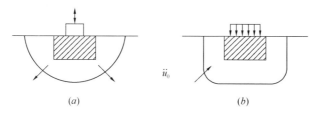

图 18-1　复合地基受两类不同动荷载形式
(a) 地表振动源荷载；(b) 地震荷载

地震是一种自然现象，易造成严重的灾害。地震加速度时程曲线非常复杂，其形状是随机的，可用三个最重要的参数来表征其特性：基岩运动的最大加速度、运动加速度的主要周期、震动持续时间。

工程抗震就是要通过合理的工程措施减轻或消除地震灾害。减轻或消除地基震害的有效措施之一是地基加固，复合地基是常见的一种形式。抗震设计要考虑的主要内容是：确定加固深度、加固宽度和加固后的密度等。对震陷性软土，加固后承载力是重要的指标。

18.3　理论基础和方法

18.3.1　复合地基动力学问题及其特点

动力荷载的两种效应表现为瞬时效应和累积效应。复合地基在地震荷载作用下，前一种效应也即动力反应，后一种效应就是地震引起的永久（变形）沉降。

对于两类不同的动荷载形式，复合地基所起的作用也有所不同。来自地表局部震源的振动荷载，持续时间长，由振动基础传向复合地基，振动波呈发散状向四周传播，能量被逐渐耗散，振幅逐渐衰减，因此振动影响的范围主要是在浅层的有限空间。地震荷载以波的形式由基岩向地表传播，最后通过复合地基向上传递给建筑物基础和上部结构，复合地基既作为地震波传递的介质又承受着上部结构的荷载。地震发生的时间短，能量大，范围广，具有很强的偶然性。

地基反应分析与结构相比有两个特点：一是土有明显的非线性，二是土为多孔介质，孔隙中有水，水的存在使土的动力性质复杂化。复合地基分析的对象不仅是土，而且还包含形成复合地基的加固体材料，比如水泥土，比天然地基分析更要复杂。

关于地基的地震反应分析方法，目前大多数是考虑由基岩发生的剪切波通过地基土层向上传播到地面的作用。本文按二维问题考虑复合地基动力反应分析。

18.3.2 基本方程与求解方法

多质量系统的运动方程如下式所示，

$$[M]\{\ddot{u}\}+[C]\{\dot{u}\}+[K]\{u\}=\{F\} \tag{18-1}$$

式中　$\{u\}$、$\{\dot{u}\}$ 和 $\{\ddot{u}\}$——分别是质点系的位移向量、速度向量和加速度向量；

　　　　$[C]$——是整体阻尼矩阵；

　　　　$[M]$——是整体质量矩阵；

　　　　$[K]$——是整体劲度矩阵；

　　　　$\{F\}$——是荷载向量。

在抗震分析中采用地震波刚性输入法时，令 $\{\ddot{u}\}$ 为计算域各点对边界 Γ 的相对加速度，则 $\{\ddot{u}\}+\{\ddot{u}_0\}$，$\{\dot{u}\}+\{\dot{u}_0\}$ 和 $\{u\}+\{u_0\}$ 分别为绝对加速度、速度和位移。在刚性位移条件下，考虑到 $\{F\}=0$ 和刚性位移条件下 $[C]\{\dot{u}_0\}=0$，$[K]\{u_0\}=0$，式（18-1）将变为

$$[M]\{\ddot{u}\}+[C]\{\dot{u}\}+[K]\{u\}=-[M]\{\ddot{u}_0\} \tag{18-2}$$

式中　$\{\ddot{u}_0\}$——为边界加速度，如图 18-1（b）所示。

常用的 Rayleigh 理论假设阻尼由两部分组成。相应的阻尼矩阵可以写成：

$$[C]=\alpha[M]+\beta[K] \tag{18-3}$$

式中　α、β——为阻尼系数。

对于不均匀材料，先算出单元阻尼矩阵，然后再叠加

$$[C^e]=\alpha[M^e]+\beta[K^e] \tag{18-4}$$

式中，$\alpha=\lambda\omega$，$\beta=\dfrac{\lambda}{\omega}$，$\lambda$ 为阻尼比，ω 为振动圆频率。

实际计算时，ω 用主振频率 ω_1 代入，使得 α 和 β 变为常量。对于土体材料来说，阻尼比 λ 随剪应变大小而变化。

动力方程的求解可采用 Newmark 直接积分法在时间域内进行。求结构系统的自振频率可转换成求广义特征值问题（采用子空间迭代法计算）。

18.3.3 材料的动力特性

土的动力特性一般可分两类，一类是土作为振动波传播介质时表现出来的性质，如动模量和阻尼特性。另一类是与稳定性直接有关的参数，如动强度、液化

特性、震陷性质等。

理想黏弹性体有两个基本参数：剪切模量 G 和阻尼比 λ。在小应变时把土作为线弹性体，用弹性常数表示土的动力变形特性。在用等效线性化方法考虑土的非线性性能时，必须用到 G_{max}，$G/G_{max} \sim \gamma$ 和 $\lambda \sim \gamma$ 曲线。割线剪切模量 G 随剪应变增加而减小，阻尼比 λ 随剪应变 γ 增加而增加。谢君斐（1988）给出了各类土的典型值。Hardin 和 Drnevich（1972）提出了预测土的割线动剪切模量 G 和阻尼比 λ 的关系式（亦称 H-D 模型）。

土在冲击荷载、周期荷载和不规则荷载作用下具有不同的动强度特性。在动强度试验的资料整理中，目前常用的有三种破坏标准：（1）极限平衡标准；（2）液化标准；（3）破坏应变标准。当土不可能液化时，常以限制应变值作为破坏标准。

罗晓（1995）采用共振柱试验对水泥土动力特性进行了探讨。由试验可知，剪应变小于 $5 \times 10^{-4}\%$，剪切模量基本为常数，可取此时的剪切模量为初始剪切模量（G_{max}）。在 $\gamma < 10^{-2}\%$ 时，$G \sim \gamma$ 与 $\lambda \sim \gamma$ 曲线的变化都比较平缓，而当 $\gamma > 10^{-2}\%$，两种曲线随 γ 增大均表现急速变化。因此在小应变幅值时，可以将水泥土视为弹性介质。水泥土的剪切模量和阻尼比随剪应变的变化规律与强度较高的土比较类似。水泥土典型的剪切模量比和阻尼比随剪应变而变化的情况列入表18-1。

水泥土的剪切模量比和阻尼比　　　　　　　　　　表 18-1

剪应变	5×10^{-6}	1×10^{-5}	5×10^{-5}	1×10^{-4}	5×10^{-4}	1×10^{-3}	5×10^{-3}	1×10^{-2}
模量比	0.98	0.95	0.85	0.70	0.40	0.25	0.10	0.05
阻尼比	0.018	0.02	0.04	0.06	0.09	0.14	0.20	0.25

18.3.4　地基的动力反应分析方法

在地震反应分析中，不考虑地震持续时孔隙水压力上升对土性质的影响，这种动力分析方法称为总应力动力分析方法。分析中，如果把 G 和 λ 看作常数，就是线性的总应力动力分析方法。当考虑剪切模量和阻尼比都与土的剪应变幅值 γ 有关这一因素时，则可称为非线性总应力动力分析方法。

总应力分析方法的一般步骤如下：①静力分析；②确定基岩运动特性；③动力分析；④单元液化分析与破坏判断。考虑到土的动力非线性时，需要采用迭代法。对于黏土单元，若剪应变 $\gamma > 5\%$，则认为该单元破坏。

有效应力动力分析方法在分析中考虑震动孔隙水的升高，有效应力降低，因而剪切模量 G 减小、土质软化等的影响。在分析时，因为 G 和 λ 不仅随着剪应变

幅值 γ 在变，而且随着 σ'_m 在变，因而也随时间而变。所以在整个计算过程中应当分时段进行，逐时段算出孔隙水压力、有效应力，随时段修正剪切模量，不断修正，不断计算，直至地震结束。

18.3.5 振动弱化与地震永久变形

天然地基在地震作用下引起液化和震陷灾害。复合地基的震后沉降直接关系到建筑物的安全使用和美观，复合地基抗震性能的好坏也主要表现在震后沉降量上，因此地震永久变形的计算是非常重要的工作，永久变形的大小受到人们的普遍关注。

液化震陷是一个复杂的现象，它是多种因素综合的结果。从造成液化震陷的原因来看，一般认为，有三种主要因素在起主要作用：土体软化、再固结变形和土层坍陷。其中最主要的是软化性震陷。

震陷量计算，一般只考虑土体软化和再固结变形。计算参数在试验、观测和总结的基础上获得。

18.4 周期荷载作用下的振动反应分析

18.4.1 动荷载形式及其在地基中引起的主要问题

地表周期荷载主要由机器振动和交通荷载等引起，最简单的形式是简谐荷载，又称为规则的循环荷载。这类荷载的主要问题是控制基础振幅，即动变形问题，而不是地基失效。机器在振动时产生竖直向和水平向的扰力，可表示成：

竖直向扰力：$p_v(t) = P_{vm}\sin(\omega t)$

水平向扰力：$p_h(t) = P_{hm}\sin(\omega t)$

式中　　P_{vm}，P_{hm}——竖直向和水平向扰力幅值；

　　　　　　ω——周期荷载作用圆频率，与旋转机器的转速有关，n 为每分钟转动周数。

问题的特点是：①机器基础振动作用下的地基一般处于很小的应变量级，因此一般只作线性黏弹性分析；②地基的控制条件是振动位移、速度和加速度。

18.4.2 竖向周期荷载作用下复合地基的振动反应分析

取均质地基：剪切波速 $v_s = 150 \text{m/s}$，质量密度 $\rho = 1850 \text{kg/m}^3$，泊松比 $\nu = 0.3$；土层厚度 $H = 60 \text{m}$，轴对称域计算半径 $B = 120 \text{m}$。

取均布竖向周期荷载为 $20\sin(31.5t)$ kPa，作用半径 5m，构成轴对称问题。图 18-2 是复合地基受竖向周期荷载作用的示意图。

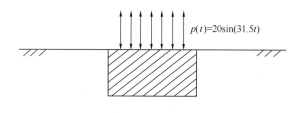

图 18-2 受竖向振动荷载作用下的复合地基

选取两种复合地基方案：

方案甲，复合地基加固区平均剪切波速 $v_s = 450 \text{m/s}$，深度 $H = 18 \text{m}$，静弹模 $E_c = 45 \text{MPa}$，半径 $R = 6 \text{m}$，阻尼比 $\lambda = 0.03$，动泊松比 $\mu_d = 0.39$。

方案乙，$v_s = 300 \text{m/s}$，$H = 12 \text{m}$，$E_c = 20 \text{MPa}$，其余同方案甲。

计算得到的天然地基和复合地基振动位移、速度、加速度幅值如表 18-2 中所示。分析表明：复合地基加固后荷载作用区地面的振动明显减弱，随加固体强度和深度的增大，振动减少的幅度增大。振动波通过复合地基向深处和远处传播加快，加固区外侧地面竖向振动增强，离开复合地基远处地面的水平振动和竖向振动均减小。从时程曲线上看，荷载作用的开始阶段，荷载作用中心点振动的稳定性好，荷载作用的边沿区振动的稳定性较差，并逐渐趋于稳定。

天然地基和复合地基的振动情况对比　　　　　　　　　　　表 18-2

距离 (m)		位移（μm）			速度（mm/s）			加速度（mm/s²）		
		均质天然地基	复合地基甲	复合地基乙	均质天然地基	复合地基甲	复合地基乙	均质天然地基	复合地基甲	复合地基乙
$r=0$ 地面	水平	1.22	0.536	0.591	0.038	0.018	0.017	1.06	0.571	0.629
	竖向	18.8	3.79	12.0	0.623	0.123	0.374	19.9	4.0	12.7
$r=1.5$ 地面	水平	62	5.59	1.67	1.96	0.176	0.559	65.9	6.05	17.7
	竖向	339	194	281	11.5	6.05	8.73	361	206	299
$r=4.5$ 地面	水平	215	24.5	51.6	6.82	0.829	1.71	228	107	131
	竖向	500	199	292	16.5	6.65	9.74	531	306	338
$r=13.5$ 地面	水平	60.9	39.2	48.8	1.92	1.22	1.55	64.6	41.5	51.7
	竖向	24.6	31	18.2	0.829	0.967	0.588	26.2	32.1	18.8
$r=69$ 地面	水平	5.92	1.7	3.52	0.19	0.045	0.103	5.92	1.48	3.4
	竖向	8.5	6.38	7.29	0.294	0.2	0.237	9.04	6.55	7.0

注：r 为离开荷载作用区中心的距离；荷载中心线即轴对称线；表中的幅值是指振动基本稳定后的幅值。

参考《动力机器基础设计手册》及"动规"规定，转速 $n \leqslant 300$（r/min）的破碎机基础的最大振幅不超过 0.25mm，行政用房和居住用房容许振幅参考值为 0.05～0.07mm，精密车床和试验设备车间的容许振幅为 0.02～0.04mm。由表 18-2 可见，复合地基能明显减少基础底面地基的振动。根据不同的振动控制要求，设计时可以采用合理的复合地基方案以满足不同的要求。

图 18-3 至图 18-5 为复合地基甲不同位置处位移振动时程曲线，图 18-6 为复

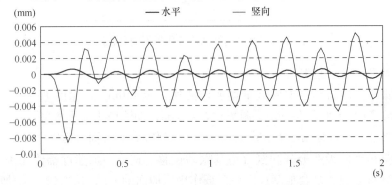

图 18-3　复合地基荷载作用中心振动位移

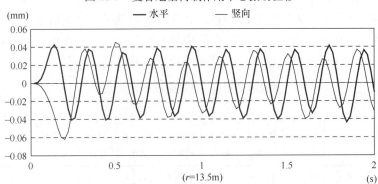

图 18-4　复合地基加固区外附近地面振动位移

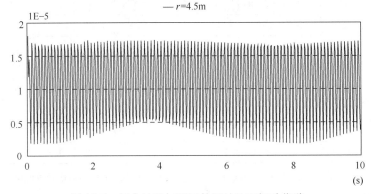

图 18-5　复合地基加固区外远处地面振动位移

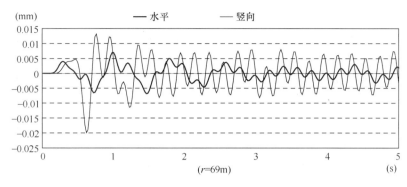

图 18-6　复合地基加固区边缘附近单元最大动剪应变

合地基甲加固区边缘附近单元最大动剪应变时程曲线。r 是指离开荷载作用区中心的地表距离。计算所得动剪应变的幅值数量级为 10^{-5}，计算中动剪切模量直接由剪切波速转换而来，阻尼比取最大阻尼比的十分之一，即 $G = \rho v_s^2$，$\lambda = 0.1\lambda_{max}$。

18.4.3　水平周期荷载作用下复合地基的振动反应分析

水平周期荷载作用下，复合地基的振动问题近似采用平面应变分析。天然均质地基基本参数同前；复合地基加固体平均剪切波速为 300m/s，加固深度 12m，加固宽度 12m；荷载均布作用强度为 10kPa，作用区宽度 10m。

振动 10 秒复合地基的振动幅值　　　　　　　　　表 18-3

距离 (m)		位移（μm）		速度（mm/s）		加速度（mm/s²）	
		天然地基	复合地基	天然地基	复合地基	天然地基	复合地基
$r=0$ 地下 12m （加固区底）	水平	201	133	6.63	4.2	214	139
	竖向	21.5	32.6	0.717	1.01	22.6	34.3
$r=0$ 地面中心	水平	110	75.9	3.58	2.51	111	83.5
	竖向	5.11	4.26	0.157	0.138	5.36	4.53
$r=5$m 地面 （荷载边缘）	水平	205	139	6.98	4.30	217	146
	竖向	83.3	127	2.76	3.92	87.3	133
$r=6$m 地面 （加固区边缘）	水平	184	125	5.93	4.02	195	131
	竖向	89.8	147	2.88	4.65	93.9	155
$r=12$m 地面	水平	141	93.3	3.82	2.93	139	99.1
	竖向	91.1	122	2.85	4.01	94.7	131
$r=35$m 地面	水平	53.1	40.2	1.59	1.21	52.8	38.7
	竖向	64.3	52.5	1.97	1.65	65.8	53.7

注：表中的数值取振动发生约 10s 振动基本稳定时的振幅。

表 18-3 给出振动发生 10 秒后基本稳定后的振动幅值。处理前后比较表明，在水平周期扰力作用下，复合地基水平向的减振效果明显，加固区底和加固区边缘附近地面水平振动减弱，竖向振动增强。荷载边缘的水平位移振幅最大，水平振动随距离增大而减小，竖向振动最大振幅发生在复合地基加固区边缘附近，竖向振动在加固区外侧先增大后减小。

分析表明，受水平周期荷载作用时，复合地基不同位置的水平振动幅值都有不同程度的减小，复合地基加固区及其附近减小得多，随距离增大效果减弱。加固区中心竖向振动减弱，加固区边缘及其附近竖向振动增强。水平振幅减小表明加固区吸收了大量的能量，加固区边缘及其附近竖向振动增强表明加固区促进了振动波在地基中的传播。

天然地基和复合地基在水平向周期扰力作用下的振动位移幅值在荷载作用区和地表的变化情况如图 18-7 所示。荷载作用区边缘幅值最大，荷载作用区中心水平向振动幅值约为边缘振动幅值的一半，荷载作用区中心竖直向振动幅值较小。天然地基水平向振动幅值最大，衰减最快，竖直向幅值最小，衰减最慢。复合地基的水平向振动幅值比天然地基显著减小，复合地基的竖直向振动幅值比天然地基明显增大，随距离增大衰减的速度降低。在离开振源区及加固区远处，复合地基与天然地基的水平向振动和竖直向振动幅值比较接近。

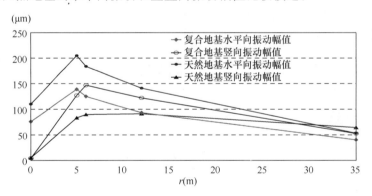

图 18-7　复合地基与天然地基振动位移幅值在地表的变化

18.5　复合地基的地震响应分析

18.5.1　复合地基在地震作用下的线性黏弹性分析

位于烈度为 7 度的地震区人工地震波基岩加速度时程曲线如图 18-8 所示，峰值加速度为 $0.1g$。

对于烈度为 8 度的地震区加速度峰值取 $0.2g$，时程曲线从略。线性粘弹性

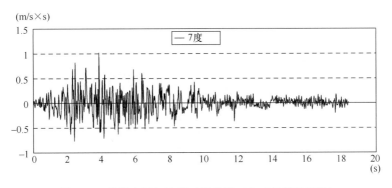

图 18-8　基岩水平加速度时程曲线（人工 7 度地震波）

分析方法将地基处理成黏弹性体，把动剪切模量和阻尼比看成是常数。地基土层及各土层计算参数如表 18-4 所示。剪切模量由剪切波速换算获得。

一种多层地基及其主要参数　　　　　　　　　　　　　　表 18-4

土层序号	厚度 （m）	密度 kg/m³	状 态	塑性指数 I_p	剪切波速 v_3（m/s）	阻尼比
①褐黄色粉质黏土	2.0	1900	软塑	14	130	0.025
②灰色淤泥质粉质黏土、 灰色淤泥质粉质黏土	8.0	1750	流塑	20	100	0.03
③灰色粉质黏土	20	1850	流塑	12	170	0.025
④草黄色粉砂、细砂	30	1950			$58.77H^{0.397}$	0.028

将复合地基处理成均质加固体，如图 18-9 所示。选取复合地基方案 1：加固深度 $H=12\text{m}$，加固宽度 $B=12\text{m}$，剪切波速 $V_s=300\text{m/s}^2$。

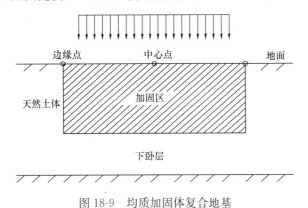

图 18-9　均质加固体复合地基

计算得到的复合地基加固区地面中心震动位移、加速度时程曲线分别如图 18-10、图 18-11 所示。

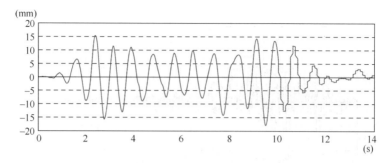

图 18-10　复合地基加固区地面中心水平振动位移

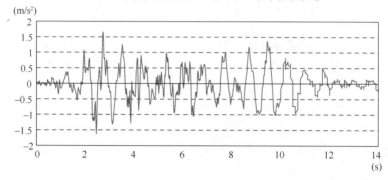

图 18-11　复合地基加固区地面中心水平振动加速度

对等效均质复合地基加固体，取加固宽度 $B=12m$，采用不同的加固深度和不同的剪切波速计算所得结果列入表 18-5。

复合地基方案及其地震响应幅值比较　　　　　　　　　表 18-5

序号	加固深度 m	剪切波速 m/s	时间步长 s	复合地基地面中心			复合地基边缘		
				位移 mm	速度 m/s	加速度 m/s²	位移 mm	速度 m/s	加速度 m/s²
1	12	300	0.02	16.37	0.1308	1.771	2.466	0.03448	1.448
2	12	350	0.02	16.31	0.1305	1.764	2.462	0.03425	1.769
3	12	350	0.01	16.35	0.1316	1.711	2.419	0.03661	1.429
4	12	250	0.02	16.47	0.1311	1.783	2.469	0.03477	1.467
5	12	250	0.01	16.5	0.1324	1.715	2.421	0.03742	1.456
6	16	300	0.01	16.09	0.1277	1.613	2.456	0.03735	1.441
7	16	350	0.01	15.99	0.1269	1.598	2.457	0.03707	1.432
8	16	250	0.01	16.25	0.1289	1.666	2.450	0.03773	1.458
9*	16	250	0.01	46.19	0.3943	3.845	6.196	0.08371	2.728
10	20	300	0.01	15.90	0.1271	1.577	2.488	0.03766	1.458
11	20	350	0.01	15.79	0.1262	1.592	2.493	0.0372	1.453
12	20	250	0.01	16.10	0.1284	1.647	2.477	0.03816	1.471

＊：输入 8 度地震波，其余输入 7 度地震波。

计算表明：均质加固区复合地基中心的振动比边缘的振动大；复合地基边缘的振动位移和速度比复合地基中心要小；随着加固区的剪切波速的增大和加固深度的增加，地表的震动减弱；地面加速度比天然地基的地面加速度小。计算表明：加固区浅部的振动比深部大，复合地基加固区与下卧层的接触面的振动最大。处理成竖向加固体复合地基，计算时取桩（桩墙）宽度0.8m，中心间距2.8m，深度12m，动剪切模量700MPa。单排桩与双排桩的震动幅值大小列入表18-6。

单排桩与双排桩的震动幅值比较　　　　　　　　　　表18-6

	单排桩复合地基		两排桩复合地基			
	桩侧	桩顶	桩外侧土	桩底	桩顶	桩间土
位移（mm）	14	10	6.13	2.41	7.59	17.4
速度（m/s）	0.139	0.102	0.0797	0.0371	0.0977	0.142
加速度（m/s²）	1.83	1.75	1.82	0.931	1.69	2.3

计算表明：单排桩桩顶振动比桩侧土的振动小；两排桩桩顶的振动比桩间土的振动小，桩底位移比桩顶位移小；三排桩复合地基边排桩的振动比中排桩振动小，桩间土振动最大。复合地基地表的振动比外侧5m远处地面的振动小。随着桩数和加固区宽度的增加，内侧桩及桩间土的振动逐渐变小，而边桩的振动会变大，说明边桩对内排桩主要起屏蔽作用，同时由于聚能作用，内排桩及其桩间土的振动也有增强的表现。计算中还发现，边界效应和空间影响程度随桩数增多而增强。此外，桩排奇偶数不同对计算结果也有一定的影响。

18.5.2　复合地基在地震作用下的非线性分析

非线性法中的模量和阻尼与剪应变大小有关，因此对非线性计算结果的影响因素也就更复杂。采用分时段线性化处理模量和阻尼并通过有限次迭代。每一大的时段取1s。用静力计算得到的初始应变确定第一时段首次计算的模量和阻尼。

计算条件同前，线性法和非线性法计算得到的天然地基地面震动位移、速度、加速度峰值对比，列入表18-7。计算表明，非线性法计算得到最大震动位移和最大速度幅值比线性法计算结果大，最大加速度幅值则小一些。地面附近单元的水平剪应变较小，地下一定深处较大，剪应变数量级大体上为10^{-4}。

天然地基的地面振动幅值　　　　　　　　　　表18-7

	最大震动位移（mm）	最大速度（m/s）	最大加速度（m/s²）
线性法	17.29	0.1383	2.16
非线性法	28.25	0.1787	2.00

注：无静载，无附加质量，时间步长为0.02s。

将复合地基视为均质加固体。设计两种复合地基方案，如表 18-8 所示。复合地基 1 地面震动位移、加速度时程曲线如图 18-12、图 18-13 所示。

复合地基方案与计算参数   表 18-8

	平均剪切波速 V_s^2（m/s）	变形模量 E（MPa）	最大阻尼比 λ_{max}	质量密度 ρ（kg/m³）	加固深度 H（m）	加固宽 B（m）
复合地基 1	300	13.5	0.25	1850	12	12
复合地基 2	400	18.0	0.25	1850	16	12

注：静泊松比 0.3，动力泊松比为 0.39，地面静荷载为 100kPa，宽 10m。

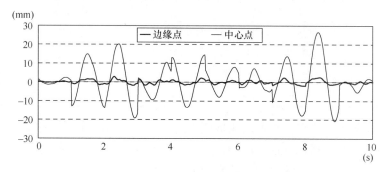

图 18-12　复合地基 1 振动位移时程曲线

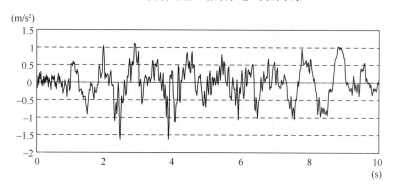

图 18-13　复合地基 1 地面中心水平加速度时程曲线

比较复合地基 1 和复合地基 2 加固区及附近的震动情况，列入表 18-9。

复合地基加固区及附近的振动情况（非线性解）   表 18-9

	加固区地面中心		加固区中心下卧层		中心与边缘之间		加固区外侧土体	
	地基 1	地基 2	地基 1	地基 2	地基 1	地基 2	地基 1	地基 2
位移（mm）	26.63	26.05	28.74	27.12	7.545	7.544	28.08	27.49
速度（mm/s）	168.7	164.2	177.8	169.9	71.29	71.93	175.4	172
加速度（m/s²）	1.875	1.836	1.772	0.1778	1.667	1.673	1.818	1.796

计算表明，随着加固体深度和模量的增加，中心振动减弱，边缘与中心之间的振动差减小。采用复合地基加固后，地面中心的振动减弱，最大位移、速度、加速度的峰值都比加固前小。地面中心震动位移和速度峰值最小，加速度峰值最大，复合地基 1 加固区边缘的振动比复合地基 2 加固区边缘的振动强。

设三排桩（桩墙）组成的复合地基，桩的直径为 0.8m，桩中心间距为 2.8m，桩的最大剪切模量取为 700MPa，最大阻尼比为 0.25，桩顶静荷载为 200kPa，桩间土静荷载为 50kPa。桩顶与桩间土的振动位移时程曲线如图 18-14 所示。

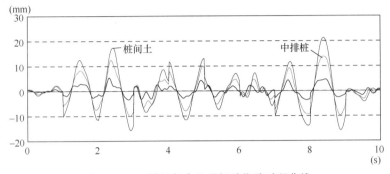

图 18-14　三排桩复合地基振动位移时程曲线

计算表明，桩间土地面的振动比桩顶振动大，边排桩桩顶的振动比中排桩桩顶的振动小，边排桩顶面的振动比底面的振动小，中排桩顶面的振动比桩底的振动大。计算还表明，用常阻尼和常模量法计算得到的曲线规律性比较强，用分时段线性法计算受初始静应变的影响较大，说明初始状态对地震响应的影响应引起重视。

非线性分析方法的特点是需要分时段迭代，与线性方法相比需要的计算量大大增加。分时段线性方法是把整个地震持续时间分成若干段，每一时段的剪切模量和阻尼比与前一时段的剪应变大小有关，在同一时段内不用迭代，这样既考虑了非线性的特点又分时段作了线性处理。分段线性法得到的振动幅值比非线性的小，反映出迭代过程对模量和阻尼的调整。

计算表明，复合地基加固后地面的振动总体上是减弱，均质加固体复合地基地面中心的振动比较大。有桩时，桩顶的振动减弱，桩端下卧层振动增强。单排桩桩顶的振动比桩侧土的振动小，两排桩桩顶的振动比桩间土的振动小。随着桩排数量及加固宽度的增加，桩顶与桩间土的振动差减小，边桩的振动增强，内侧的桩及桩间土的振动逐渐减弱，加固区边缘与中心的振动差减弱。受计算边界的影响，桩排的奇偶数对计算结果也有影响。非线性分析法、分时段线性法与线性分析法得到的基本规律是一致的。

18.5.3　复合地基在地震作用下的有效应力分析

在软土地区，水泥搅拌桩形成的复合地基排水性能差，适宜用不排水有效应力动力分析法分析地震作用下的动力反应特性。首先需要计算地震开始时初始有效应力，然后需要选取合适的公式建立有效应力与动模量（最大剪切模量）的关系，分时段计算。根据各时段的动应力或动应变计算该时段的超孔隙水压力产生量，在此基础上计算下一时段开始的有效应力，并根据有效应力和应变的大小进行液化判断和单元破坏判断，在每一时段末计算弱化土层的弱化增量。动力计算的结果得到地震结束时的超孔隙水压力和弱化累积参数。

假设地震开始时初始超孔隙水压力为零，并假定地震过程中地基是不排水的。对黏性土可由动剪应力比和动剪应变计算。孔压的产生和弱化引用周建(1998)建立的杭州地区饱和软黏土经验公式。弱化指数为：

$$\delta = \{(-0.002OCR^2 + 0.0264OCR - 0.11)\ln(OCR) +$$

$$[-0.162(r_c - r_t) - 0.0278]\} \cdot \left(\frac{1}{f}\right)^{0.21} \ln N + 1.0 \quad (18-5)$$

$$\frac{\Delta u}{\sigma_m} = \{(-0.0045OCR^2 + 0.058OCR - 0.232)\ln(OCR) +$$

$$(OCR)^{0.0495}[0.1443(r_c - r_t) + 0.0187]\}\ln N \quad (18-6)$$

式中　Δu——孔压的变化值；

　　　r_c——循环应力比，循环应力比定义为 $r_c = \tau_d / c_u$，c_u 为土体不排水强度；

　　　r_t——门槛循环应力比，取为 0.02；

　　　N——加荷周数，地震荷载取等效循环周数。

OCR——超固结比，本文的计算取为 1.0，也即只考虑正常固结的情况。

饱和软黏土计算参数　　　　　　　　　　　　　　　　表 18-10

土层名称	土层厚度 (m)	静变形模量 (kPa)	泊松比 ν	饱和容重 ρ	塑性指数 I_p	孔隙比 e	三轴不排水剪强度 C_u	渗透系数 (10^{-7} cm/s)
①软黏土	20	2000	0.35	1.75	24	1.2	40	1.0
②软黏土	30	4000	0.33	1.85	12	1.0	80	1.0

这里研究有两层软土的地层，地层情况如表 18-10 所示。第一层软黏土压缩性比较大，初始剪切模量按式（18-7）计算，第二层软黏土按式（18-8）计算。

$$G_0 = \frac{445(4.4-e)^2}{1+e}\sigma_0'^{1/2} \quad (18-7)$$

$$G_0 = \frac{3270(2.97-e)^2}{1+e}\sigma_0'^{1/2} \quad (18-8)$$

式中，G_0，σ_0' 的单位为 kPa，式（18-7）和式（18-8）引自《土工原理与计算》。

1. 有效应力动力分析

在 7 度地震波作用下，采用分时段线性不排水有效应力法。分多种情况计算，得到天然地基的地面震动幅值大小，列入表 18-11。

天然地基地面震动幅值（分时段线性，不排水有效应力法）　　表 18-11

	静载形式 （kPa×m）	计算方法	震动位移 （mm）	震动速度 （m/s）	震动加速度 （m/s²）
情况 1	50×12	线性黏弹性	22.27	0.1976	1.998
情况 2	50×12	分时段线性	17.91	0.1271	1.724
情况 3	100×12	分时段线性	17.21	0.1275	1.738
情况 4	50×12	非线性	21.02	0.09426	1.332

注：线性黏弹性法的参数取为 $G=0.8G$，$\lambda=0.2\lambda_{max}$；分时段线性法和非线性法每一时段取 1s，分时
段线性法采用修正的 Davidenkov 模型，参数由塑性指数 I_p 确定；非线性法参数淤泥粉质黏土和
粉质黏土的模量衰减比和阻尼比确定。

计算表明，非线性法计算得到的速度和加速度最小，线性黏弹性法计算得到
的位移、速度和加速度最大，分时段线性法计算得到的位移幅值最小，速度、加
速度介于线性和非线性计算之间。与总应力法有明显不同的是最大动剪应变和最
大振动位移都发生在地震后期。引起振动幅值在地震后期明显增大的原因有两方
面，一是软土震动弱化引起，二是由于振动孔压累积量逐渐增大，有效应力降
低，初始剪切模量减小，引起地震动逐渐增强，这种现象已在实际的地震中有类
似的报道。也就是说，软土地区的地震危害主要是地震后期振动和震后附加变形
（也即残余变形）引起。

采用软黏土振动孔压的应力模型，由公式（18-6）计算孔压增量，并将得到
的振动孔压引入到静力固结中去，用于分析地震产生的孔压在震后的消散和地基
的固结。由表 18-11 中情况 2 计算得到的天然地基振动孔压等值线如图 18-15
（a）所示。在地表中心有静载作用的区域孔压比较大，静荷载越大地基中的动剪
应力和动剪应变越大，因而产生的孔压也越大。

选取复合地基方案如表 18-12 所示。各种情况计算得到的复合地基表面中心
的震动位移、速度、加速度幅值列入表 18-13。增大加固区深度、宽度和平均剪
切波速，都可以减小地面中心的振动，尤以增加加固深度的效果最明显。

复合地基计算方案　　表 18-12

	平均剪切波速 （m/s）	变形模量 E（MPa）	加固深度 H（m）	加固宽度 B（m）	计算方法	时间步长 （s）	静荷载 （kPa×m）
情况 A	300	12	12	12	线性	0.01	100×12
情况 B	300	12	12	12	分段线性	0.02	100×12
情况 C	300	12	18	12	分段线性	0.02	100×12
情况 D	400	16	12	12	分段线性	0.02	100×12
情况 E	300	12	12	16	分段线性	0.02	100×12

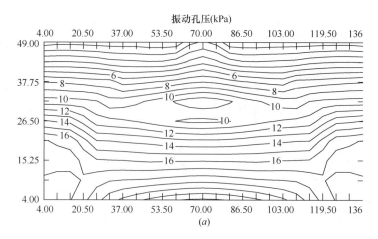

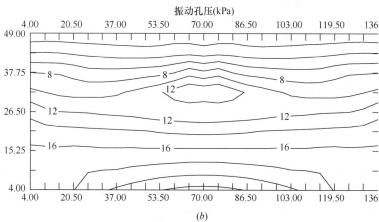

图 18-15 地震过程生成的天然地基与复合地基中的振动孔压

注：计算域长 140m，深 50m；坐标原点设在基岩上。

（a）天然地基，静载（50kPa×12m）；（b）复合地基，加固区宽 12m，深 12m，静荷载 100kPa×12m

不同方案复合地基计算结果比较　　　　　　　　　　表 18-13

	情况 A	情况 B	情况 C	情况 D	情况 E
位移（mm）	17.92	16.53	14.59	16.49	16.47
速度（m/s）	1.382	1.598	1.343	1.587	1.604
加速度（m/s²）	0.1197	0.1239	0.1114	0.1236	0.125

注：线性法取阻尼比为 0.06，剪切模量折减系数取为 0.8。

　　复合地基情况 B 的地震动力反应振动位移时程曲线如图 18-16 所示。复合地基情况 B 的地震动力反应振动加速度时程曲线如图 18-17 所示。复合地基 B 中地震期间生成的孔压等值线如图 18-15（b）所示。计算中，采用孔压应力模型，加

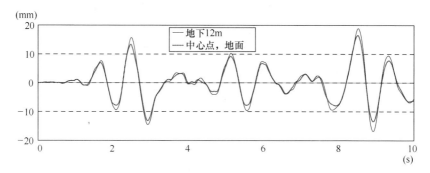

图 18-16　复合地基地面中心水平振动位移

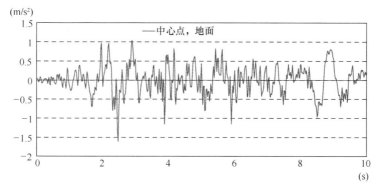

图 18-17　复合地基地面中心水平加速度

固均质体不排水强度取为 200kPa。在地震作用下，复合地基地面振动位移幅值减小，地面加速度幅值也明显减少，剪应变降低一个数量级，下卧层的剪应变增大，处理后地基中的孔压也明显降低。

2. 地震附加沉降的估计

地震后的沉降包含两个方面，一是因振动弱化引起的沉降；二是因振动超孔隙水压力引起的震后固结沉降。采用分时段线性不排水有效应力动力分析法，计算得到由地震时软土弱化引起的震后附加沉降列入表 18-14。

饱和软黏土振动弱化引起的地面附加沉降　　　　　　表 18-14

附加沉降 (mm)	天然地基		复合地基			
	情况 2	情况 3	情况 B	情况 C	情况 D	情况 E
荷载中心	29.9	60.5	31.3	23.0	31.2	28
荷载边缘	21.1	42.7	30.9	23.2	30.9	26.7
沉降差	8.8	17.8	0.4	0.2	0.3	1.3

计算表明，天然地基中弱化引起的附加沉降与地面静荷载有直接的关系，静荷载越大沉降越大，沉降差也越大；复合地基对减少因弱化引起的附加沉降有明显的效果。增加复合地基加固体的深度、宽度和加固体模量都会不同程度减少附加沉降，增加加固深度效果最明显，宽度增加可减少沉降差。图 18-18（a）、图 18-18（b）所示为天然地基和复合地基情况 B 在地震时由软土弱化引起的附加沉降。

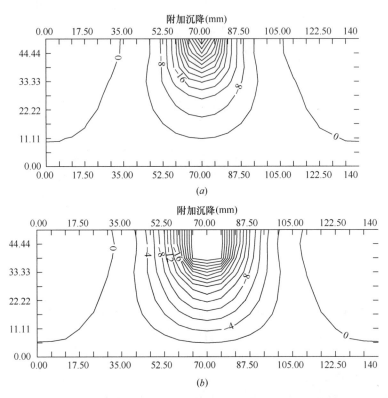

图 18-18　天然地基与复合地基中的振动弱化引起的附加沉降
(a) 天然地基情况 3；(b) 复合地基情况 B

　　地震引起的第二部分附加沉降是由超孔隙水压力的消散和地基的固结引起，须将孔压的消散与静力固结分析结合起来。先是静载作用下自然固结，然后在地震发生时引入孔压，再继续进行固结计算，记录震前残余孔压和沉降以及震后一段时间的残余孔压和固结沉降。比较震前震后的沉降，即可得到震后固结引起的附加沉降量。

　　将动力反应分析的振动孔压直接引入到地基的固结过程中去，得到地震发生后地基 1 个月后的固结沉降增量，列入表 18-15。地震 1 月后复合地基中的固结沉降增量比天然地基的小，荷载中心与荷载边缘的固结沉降差很小。图 18-19 给

出了复合地基在固结 1 年后受地震荷载作用 1 个月后引起的固结沉降增量和残余
孔压。

地震后 1 个月固结沉降增量（单位 mm）　　　　　表 18-15

天然地基，静载 50kPa		天然地基，荷载 100kPa		复合地基，静载 100kPa	
荷载中心	荷载边缘	荷载中心	荷载边缘	荷载中心	荷载边缘
3.9	4.5	6.7	7.9	2.8	2.8

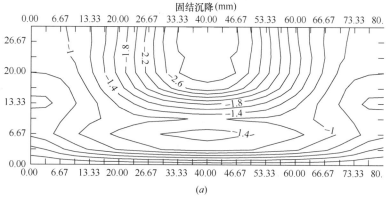

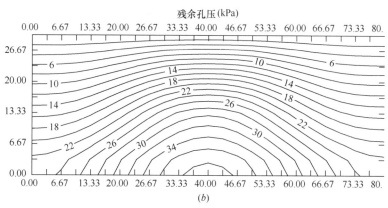

图 18-19　复合地基在固结一年后发生地震，震后 1 月的情况
（a）固结沉降增量；（b）残余孔压

图 18-20 给出了复合地基在固结 18 个月后，受地震荷载 2 个月后引起的固
结沉降增量和残余孔压。

计算表明，地震后 1 个月的固结沉降主要来源于振动孔压的消散。地震后固
结沉降量明显增大。计算还表明，在静荷载作用后，地震发生得越早震后固结沉
降越快，地震发生得越迟震后固结沉降越慢。如果进一步考虑震前的固结，地震

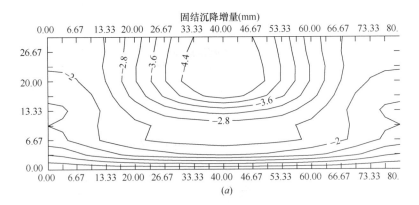

固结沉降增量(mm)

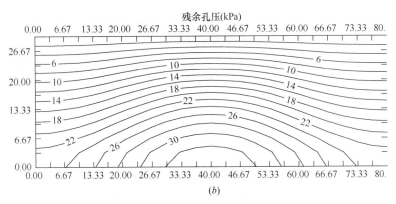

残余孔压(kPa)

图 18-20　复合地基在固结一年半后发生地震，震后 2 月的情况

(a) 固结沉降增量；(b) 残余孔压

发生得越早，地基中的有效应力越小，震动幅值就越大，地基破坏的可能性也就越大，振动孔压和震后固结沉降量也就越大。因此，震后固结沉降不仅跟地震产生的孔压有关，而且跟静载作用的历史有关。复合地基与天然地基相比，软土弱化和固结沉降引起的沉降都比天然地基显著减小。由此可见，复合地基在减小震后附加沉降方面有明显的效果。

比较弱化和震后固结引起的两部分附加沉降可见，软土地区的地震弱化引起的附加沉降比震后固结沉降大，震后附加沉降主要来源于地基中软土的弱化。

18.6　刚性桩复合地基动力特性的试验研究

宋二祥等（2008）先后完成两组多个刚性桩复合地基振动台模型试验，下面作简要介绍。他们在试验过程中，对复合地基一结构共同作用系统的振动台试验技术方面也进行了有益的探索，需进一步了解有关试验技术的可参阅"地基一结构系统振动台模型试验中相似比的实现问题探讨"（土木工程学报，2008 年第 10 期，宋二祥、武思宇、王宗纲）。

18.6.1 试验模型及试验过程

试验模型如图 18-21 所示。在模型箱内分层填土并击实到要求的密实度，同时在其中植入模型桩（2×2 或 3×3 根两种）。在桩加固区顶面铺设砂垫层，其上依次设置基础、上部结构。基础考虑一定的埋深。

综合考虑振动台性能及相似比实现的可能性等因素选取长度相似比为 1：10，弹性模量相似比为 1：4，质量密度相似比为 1：1，进而给出其他物理量的相似比，见表 18-16。

图 18-21　试验模型照片

试验模型的相似比　　　　　　　　　　　　　表 18-16

类型	物理量	量纲	模型/原型	相似比关系
几何相似比	长度	L	0.1	
	面积	L^2	0.01	
	体积	L^3	0.001	
材料特性相似比	弹性模量	FL^{-2}	0.25	
	质量密度	FT^2L^{-4}	1	$=//g$
	应力	FL^{-2}	0.25	$=$
	应变	—	1	1
	泊桑比	—	1	1
荷载	集中荷载	F	0.0025	$=$
	弯矩	FL	0.00025	$=$
动力特性	质量	$FL^{-1}T^2$	0.001	$=$
	刚度	FL^{-1}	0.025	$=$
	阻尼	$FL^{-1}T$	0.005	$=/$
	时间	T	0.2	$=(/)^{1/2}$
	速度	LT^{-1}	0.5	$=/$
	加速度	LT^{-2}	2.5	$=/$

为保证模型与原型有较好的相似性，采取了一些较新的有效措施。主要有：
（1）采用能够使模型地基在水平地震下的变形与实际情况相似的模型箱。这

方面目前较新的作法是采用剪切盒或柔性箱。剪切盒一般是用多层矩形金属框叠合成箱形，金属框间有滚珠以允许上下相邻两框之间发生一定的相互滑动。这样，在水平地震作用下，箱内土体能够发生类似土体简单剪切试验中的剪切变形。柔性模型箱则一般用橡胶板围成圆筒状，其外用细钢筋缠绕，上口用支撑在4个立柱上、状如法兰盘的钢板夹紧并向上适当拉紧。但夹持橡胶筒上口的钢板在水平方向可以相对于立柱自由移动。这样，柔性橡胶筒也可发生类似剪切盒一样的变形。本试验采用直径 1.5m、高 1.5m 的柔性模型箱，为减小边界干扰并兼顾经济性，取模型箱直径与模型基础直径之比为 4，试验结果表明这样的模型箱是合理可行的。

（2）采取有效措施，弥补重力失真的影响。土体的模量和强度与自重应力的大小关系密切，特别是基底压力的大小对桩土分担比、结构整体的抗滑移能力、复合地基的破坏模式等影响较大，因此很有必要保证基底压力的相似。在基础上设一横杆，在其两端用固定在台面的拉索施加拉力，从而适当增大基础对地基的压力，使基地压力大体满足相似关系，这在较大程度上克服了重力失真的影响，试验表明这一新做法是合理有效的。

（3）在结构模型上设置层间阻尼器，使模型结构的阻尼比与原型接近。

试验用土选用北京地区常见的粉质黏土，质量密度 2.0g/cm³，含水量 15%，50kPa 竖向压力下侧限压缩模量约为 4.5MPa，土层厚度为 1.42m；桩身材料按相似关系采用模量和强度都比较低的轻骨料混凝土，对于 2×2 根桩的试验，采用断面尺寸为 5cm×5cm、长 80cm 的方桩，桩距 20m；垫层采用粒径在 0.90～4.0mm 之间的小碎石，垫层厚 2cm。基础底面尺寸为 35cm×35cm，基础埋深 30cm。

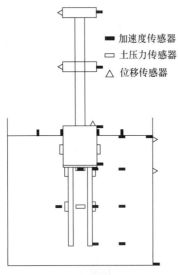

■ 加速度传感器
□ 土压力传感器
△ 位移传感器

图 18-22　传感器布置图

试验中采用电阻应变片、加速度传感器、位移计和土压力计等四种传感器。测试的内容主要有：桩身和结构柱的应变，土体、桩身和结构的加速度，容器侧壁和结构的位移，土体竖向压力、桩—土压力和基础—土体水平压力。传感器的布置见图 18-22。桩身应变测点分别位于桩头下 2cm、20cm、40cm 和 60cm 处。为准确分析土体剪切波速，中区土体的加速度传感器的采样频率取 2000Hz，其余传感器的采样率均为 200Hz。

为研究刚性桩复合地基在不同上部结构下的动力特性，试验按照模型结构每层质量 90kg 和 175kg 分为两组。每组中输入加速度的峰值逐级增加，最大输入加速度峰值达到 1.5g。其中 0.25g、0.50g、1.0g 的加速度峰值分别对应于规范中地震烈度为 7 度、8 度和 9 度时地震动加速度峰值。值得一提的是，规范中采用的是地表加速度，而试验中采用的是台面输入加速度。试验中，台面到土体表面的加速度放大系数均大于 1.5，所以对复合地基的抗震来说，试验的条件更加不利。每一级峰值下依次输入天津波、El Centro 波、Kobe 波和北京人工波，每个地震波输入前后通过输入 0.05g 的白噪声和敲击试验测试模型的动力特性。

18.6.2 试验结果与分析

下面给出部分代表性的动测数据，压力量测中以压为负。

（1）试验中复合地基-结构的外观状况

试验输入地震波的峰值在 0.5g 以下时，基础周围土体保持完好，未见明显裂缝。0.5g 的地震波输入后，基础前后出现细小裂缝，角部沿 45 度方向有长度为 3~5cm 的细小裂缝，侧面垂直于筏板边长方向有长度为 3~5cm 的细小裂缝；1.0g 的地震波输入后，基础前的土体发生隆起破坏，角部 45 度方向的斜裂缝加宽并延伸到 10cm 左右，侧面垂直于筏板边长的裂缝有所加宽并延伸到 8cm 左右，侧面土体有些许隆起破坏；1.5g 的地震波输入后，基础前后出现宽度约有 1cm 左右的裂缝，土体隆起破坏严重，角部土体破碎严重，斜裂缝加宽并延伸，基础周围土体对结构已基本失去约束，轻推结构即摇摇晃晃。整个试验过程，结构未发生倾覆，也无明显倾斜、沉降发生。试验结束后挖出复合地基桩，桩身仍完好，未见裂缝产生。考虑到试验条件基本满足相似关系，这些试验现象初步表明刚性桩复合地基具有良好的抗震性能。

（2）桩身应变情况

复合地基桩身应变峰值的分布如图 18-23 所示，实测桩身弯曲应变（桩身前后应变差的一半）最大值发生在桩头以下 20cm 处，在距桩头 40cm 以下迅速减

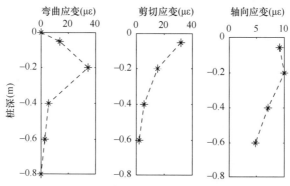

图 18-23　0.5g 地震波输入下桩身应变峰值图

小；实测桩身剪切应变最大值发生在桩头处，从上到下逐渐减小；桩身轴向应变值在桩头下 2cm 和 20cm 两个测点较大，从 20cm 以下逐渐减小，并且在整个试验过程中轴向应变均小于 20 微应变。

桩身弯曲和剪切应变的最大值随输入地震波加速度峰值的变化见图 18-24。整个试验过程中，实测桩身最大弯曲均不足 100 微应变，不考虑自重产生的压应变，也未达到混凝土的拉应变极限（试验用桩身混凝土的极限拉应变约为 150 微应变）。而桩身最大剪切应变也均不足 100 微应变，也未达到桩身混凝土的极限剪应变（约为 170 微应变）。桩身应变结果表明，桩在试验过程中保持完好，未发生破坏。

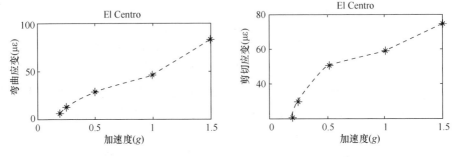

图 18-24　不同幅值地震波输入下的桩身应变峰值图

（3）上部结构的影响

上部结构的质量大小对桩身的变形具有较明显的影响。对不同的上部结构，台面到土体表面的加速度放大系数基本相同，而土体表面到结构二层的加速度放大系数却是层质量为 90kg 的情况下明显较大。但桩身变形还是层重 175kg 时比较大（见表 18-17），其主要原因是此时结构的惯性力更大。

<table>
<tr><td colspan="5" style="text-align:center">桩身最大峰值应变对比（单位：$\mu\varepsilon$）　　　　　　　　　　表 18-17</td></tr>
<tr><td rowspan="2">层质量</td><td colspan="2">0.20g</td><td colspan="2">0.25g</td></tr>
<tr><td>弯曲</td><td>剪切</td><td>弯曲</td><td>剪切</td></tr>
<tr><td>90kg</td><td>11</td><td>34</td><td>17</td><td>52</td></tr>
<tr><td>175kg</td><td>21</td><td>67</td><td>25</td><td>72</td></tr>
</table>

（4）桩－土－基础接触界面的反应状况

图 18-25 为桩－土压力时程曲线。由图可以看出，在 0.25g 的地震波输入下，桩土未发生分离，试验结束后，桩土压力未见明显变化，表明土体基本处于弹性状态。0.50g 的地震波输入后，桩土发生明显分离（桩土压力减小到一定程度便不再减小），并且随着振动进行，桩土压力增加且部分不可恢复，表明随着振动的加剧，土体对桩身的作用增强。在桩长中部，振动过程中桩土压力与顶部类似。对较大幅值的激振，振动后桩土静压力有所减小，但不甚明显。

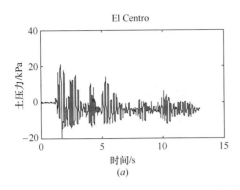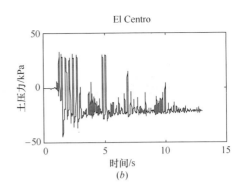

图 18-25　桩头处桩土压力时程图

(a) 0.25g 地震波输入；(b) 0.50g 地震波输入

图 18-26 为基础与其侧面土体间压力的变化时程曲线。在 0.25g 的地震波输入下基础与土体开始出现分离现象，试验结束后，压力能恢复到初始状态，表明此时土体基本处于弹性。而在 0.50g 的地震波输入后，基础与土体已完全分离，基础前后方向的土体已发生较大塑性变形，静止条件下，周围土体已失去对基础的约束作用。另外，基础—土体的动压力值都比较大，表明周围土体对基础的抗滑移和倾覆有重要作用。理解这里的曲线时请注意，这里的数值仅仅给出动力分量并以压为负。

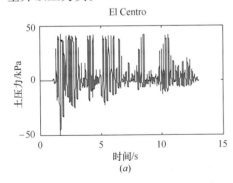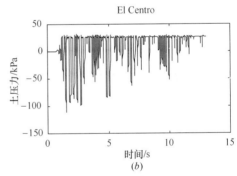

图 18-26　基础—土体水平压力时程图

(a) 0.25g 地震波输入；(b) 0.50g 地震波输入

图 18-27 为桩间、垫层下土体竖向压力时程图。在峰值 0.50g 的地震波输入下，基础底板与垫层开始出现分离，表现为土压力示值达到 65kPa 后再无法增加；相比 0.25g 的地震波输入下土体竖向压力峰值增大且部分不可恢复，表现为振动结束后曲线向原点下方漂移。表明 0.50g 的地震波输入下，结构摆动显著，并且随着振动加剧，土体承担了更多的竖向荷载。另外，桩头下 40cm 处，基础正中位置的土体竖向压力变化不大。

试验通过中区土体加速度的相关分析，求得台面与土体表面两个位置的最大

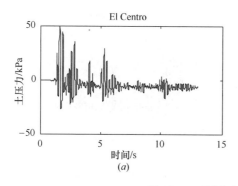
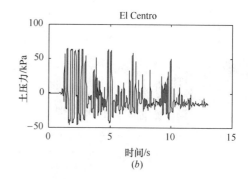

图 18-27　垫层下土体竖向压力时程图

(a) 0.25g 地震波输入；(b) 0.50g 地震波输入

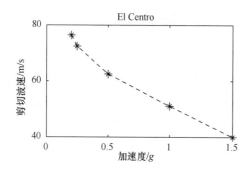

图 18-28　不同加速度峰值的地震波
输入下土体剪切波速

相关时间间隔，进而求得土体剪切波速。中区土体加速度的高频采样能提高剪切波速的分析精度。图 18-28 为 El Centro 波输入下土体剪切波速的变化情况，随着 El Centro 波峰值加速度由 0.20g 变化到 1.5g，土体剪切波速减小了近 50%。而另一方面，在每个地震波输入前后通过输入 0.05g 的白噪声测得的土体剪切波速都在 80～90m/s 之间，变化不大。表明，振动过程中土体软化明显，但振动结束后，土体能够基本恢复到振动前的状态。

（5）不同地震波输入下体系动力反应对比

表 18-18 是上部结构层质量为 175kg 时，在峰值 0.25g 的不同地震波输入下，体系动力反应峰值的对比。可以看出，在相同幅值的三个不同地震波输入下，土体平均剪切波速变化不大，而北京人工波输入下台面到土表的加速度放大系数最大，其主要原因是其卓越频率与土层的卓越频率最为接近，同时也说明了试验较好地模拟了北京的场地条件。试验中，桩身反应受土层和结构反应共同影响，但是其最大值主要受结构反应控制。

不同地震波输入下体系动力反应对比　　　　　　　　　表 18-18

	加速度放大系数		桩身最大应变		土体剪切波速
	台面一土表	台面一结构二层	弯曲	剪切	(m/s)
天津波	1.22	2.14	11.7	14.9	70.5
El Centro 波	1.60	3.68	24.7	29.2	72.4
北京人工波	1.92	2.98	20.2	15.0	74.3

通过上述分析可以得到以下一些认识：刚性桩复合地基具有良好的抗震性能；中震作用下基础周围土体与基础脱开，减弱了对基础的约束，但基础埋深范围内的土体对抵抗结构倾覆和滑移有重要作用；中震和大震下，桩头处桩土出现分离现象，但振动结束后土体对桩头的约束可以恢复；随着振动的加剧，土体软化明显，但每次振动结束后中区土体基本能恢复到振动前的状态。上述认识对理解刚性桩复合地基的工作机理以及在设计计算时提出合理的假定是很有帮助的。

18.7 复合地基动力特性的简化计算分析方法

宋二祥等基于上述研究，并结合数值分析研究，且提出一种分析这种复合地基桩身内力的简化计算方法。其要点为：（1）这种复合地基在地震作用下的桩身内力是上部结构惯性作用和地基振动变形的共同影响，这两种因素均应考虑。这与桩基规范中针对桩基建议的仅考虑上部结构惯性作用的计算方法不同。（2）用拟静力方法进行计算。（3）用等效线性方法考虑土体模量随变形大小的变化。

所建议简化计算方法的步骤如下：

（1）用下列公式计算土体的初始模量

$$E_i = E_{i0} \left(\frac{\sigma_z}{\sigma_{z0}} \right)^n \quad 当 \quad \sigma_z > \sigma_{z0} \tag{18-9a}$$

$$E_i = E_{i0} \quad 当 \quad \sigma_z \leqslant \sigma_{z0} \tag{18-9b}$$

其中 E_{i0} 和 E_i 分别为结构建造前后土体的初始变形模量；σ_{z0} 和 σ_z 分别为结构建造前后土体内的竖向应力。E_{i0} 可由土体的波速计算。在随后计算中实际采用的模量值将由这初始值考虑变形大小按等效线性模型适当折减给出。

（2）用等效线性方法进行自由场地层的地震反应计算，由此确定各土层的模量和惯性力幅值，这一步可采用 SHAKE 程序。

（3）建立一个包含基础与复合地基的有限元网格，施加由上部结构设计计算给出的基底剪力和力矩，计算时土体模量用上一步确定的值。

（4）在上一步所建立网格上对各层土体施加第 2 步确定的惯性力幅值，模量取值与上一步相同。

（5）将上两步计算的变形如下进行组合作为上部结构惯性力峰值与土体变形峰值共同作用下变形的近似值：

$$\varepsilon = \sqrt{\varepsilon_s^2 + \varepsilon_f^2} \tag{18-10}$$

其中 ε_s 和 ε_f 分别为第 3、4 步计算的值。

（6）由如上计算的变形按等效线性方法重新确定土体的变形模量。当重新确定的模量值与上一步所采用的值差异较大时，则应重复进行第 3~6 步的计算；否则，进行下一步计算。

（7）按下式计算桩身内力

$$F = \sqrt{F_s^2 + F_f^2} \tag{18-11}$$

其中 F_s 和 F_f 分别为第 3、4 步计算的桩身内力。

多个算例的计算表明，这一简化计算方法可取得满意的计算精度。图 18-29 是在桩长中部深度处存在 2m 厚软夹层情况下一复合地基中桩身弯矩用简化方法和动力有限元方法计算值的比较，由图可以看出二者吻合的程度是能满足工程问题的精度要求的。

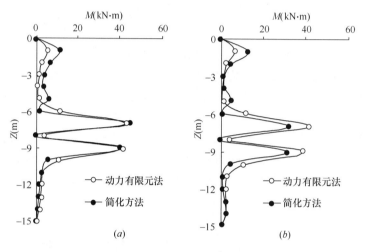

图 18-29 简化方法与时程分析所得桩身弯矩的对比

(a) 中桩；(b) 边桩

从上述分析结果可总结几点基本的设计准则。主要有：

（1）上部结构高度越大，复合地基中桩的内力越大，对北京地区的地层来说，高度大于 30 层的结构下如采用刚性桩复合地基，在地震作用下桩身有断裂的可能，应慎用；

（2）桩身弯矩对一般常见刚性桩在桩顶下 2~3m 处以及模量差异明显的土体分层界面处较大，必要时应适当加强；

（3）当存在可能液化的土层时，刚性桩复合地基应慎用。

第19章 复合地基工程应用及实例

19.1 概　　述

在第 1 章中已经较详细介绍复合地基理论和工程应用在我国的发展过程。我国深厚软弱地基分布广，种类多、数量大。自改革开放以后，土木工程建设规模大、速度快。我国又是发展中国家，建设资金比较紧张。由于复合地基能够较好的利用天然地基和增强体承担荷载的潜能，具有较好的经济效益，因此我国现代土木工程建设为复合地基技术提供了很好的发展机会。各种各样的复合地基技术在我国应运而生。初期，复合地基概念局限于采用散体材料加固软土地基，如碎石桩复合地基。随着地基处理技术的发展和复合地基理论的发展，各类柔性桩复合地基、刚性桩复合地基、水平向增强体复合地基、组合型复合地基等得到应用。如：水泥土桩复合地基、低强度桩复合地基、钢筋混凝土桩复合地基、加筋土地基、长短桩复合地基、桩网复合地基等。目前复合地基技术在我国房屋建筑（包括高层建筑）工程、高等级公路和铁路工程、市政工程以及堆场、机场、堤坝等土木工程建设中得到广泛应用。目前在我国工程中应用的复合地基技术主要有下述几类：

1. 碎石桩复合地基技术

根据施工方法不同，又可分为振冲碎石桩复合地基，沉管碎石桩复合地基，强夯置换碎石桩复合地基，桩锤冲孔碎石桩复合地基，以及干振碎石桩复合地基和袋装碎石桩复合地基等。以置换为主，用于加固饱和软黏土地基的碎石桩复合地基应慎用。碎石桩复合地基属于散体材料桩复合地基，其承载力很大程度上取决于天然地基土的不排水抗剪强度。饱和软黏土地基不排水抗剪强度一般较低，因此采用碎石桩加固饱和软黏土地基形成的复合地基承载力提高幅度不大。另外，碎石桩复合地基中的碎石桩是良好的排水通道，采用碎石桩加固饱和软黏土地基形成的复合地基工后沉降往往偏大。碎石桩复合地基技术常用于加固砂性土地基和非饱和土地基。通过振密、挤密桩间土，使碎石桩和桩间土地基都有比较大的承载力。因此，采用碎石桩复合地基技术加固砂性土地基和非饱和土地基，地基承载力提高幅度大，且工后沉降小。

2. 水泥土桩复合地基技术

根据施工方法不同，又可分为深层搅拌桩复合地基、旋喷桩复合地基和夯实水泥土桩复合地基等。

深层搅拌法分喷浆深层搅拌法和喷粉深层搅拌法两种。前者通过搅拌叶片将由喷嘴喷出的水泥浆液和地基土体就地强制拌和均匀形成水泥土；后者通过搅拌叶片将由喷嘴喷出的水泥粉体和地基土体就地强制拌和均匀形成水泥土。一般说来，喷浆拌和比喷粉拌和均匀性好；但有时对高含水量的淤泥，喷粉拌和也有一定的优势。深层搅拌法通常采用水泥为固化物，也有采用石灰为固化物。深层搅拌法适用于处理淤泥、淤泥质土、黄土、粉土和黏性土等地基。对有机质含量较高的地基土，应通过试验确定其适用性。

旋喷桩施工工艺又可分为单管法、二重管法和三重管法。高压喷射注浆法适用于淤泥、淤泥质土、黏性土、粉土、黄土、砂土、人工填土和碎石土等地基。当地基中含有较多的大粒径块石、坚硬黏性土、大量植物根茎或土体中有机质含量较高时，应根据现场试验结果确定其适用程度。遇地下水流流速过大和已涌水的工程应慎用。

夯实水泥土桩通常适用于地基水位以上地基的加固。通常采用人工挖孔，分层回填水泥和土的混合物，并分层夯实形成夯实水泥土桩。夯实水泥土桩回填料中也可掺入石灰，或粉煤灰等，以降低成本，或利用工业废料，以取得更好的经济效益和社会效益。

采用水泥土桩复合地基技术时，为了提高水泥土桩的承载力，有时在水泥土桩中加筋，如：插入预制钢筋混凝土桩等，形成加筋水泥土桩复合地基。

3. 低强度桩复合地基技术

当复合地基中桩的强度比一般常用的钢筋混凝土桩的强度低时，称为低强度桩复合地基。属于低强度桩复合地基的复合地基技术很多，如中国建筑科学研究院地基研究所发展的水泥粉煤灰碎石桩（CFG 桩）复合地基技术。浙江省建筑科学研究院发展的低强度砂石混凝土桩复合地基技术和浙江大学土木工程学系发展的二灰（石灰、粉煤灰）混凝土桩复合地基技术均属于低强度桩复合地基技术。低强度桩常采用灌注混凝土桩施工工艺，施工设备通用，施工方便。采用低强度桩复合地基加固，加固深度深，可较充分发挥桩和桩间土的承载潜能，适用性好，经济效益好。由于具有上述优点，近年低强度桩复合地基技术推广应用较快。目前应用最多的低强度桩复合地基技术是素混凝土桩复合地基技术。

4. 钢筋混凝土桩复合地基技术

广义讲，考虑桩土共同作用的钢筋混凝土桩基均可属于钢筋混凝土桩复合地基。对端承桩是不能考虑桩间土直接分担荷载的，对摩擦桩，大部分情况下是可以考虑桩间土直接分担荷载的。疏桩基础，减少沉降量桩基础，复合桩基都可属于钢筋混凝土桩复合地基技术。

5. 灰土桩复合地基

灰土桩常指石灰与土拌和，分层在孔中夯实形成的灰土桩。近年发展了二灰土桩复合地基技术也属于灰土桩复合地基，二灰土指石灰和粉煤灰与土拌合而成的复合土。灰土桩施工主要分二部分，一是成孔，二是回填夯实。成孔方法分二类，一类是挤土成孔，一类是非挤土成孔。挤土成孔施工方法有：沉管法、爆扩法和冲击法。非挤土成孔法有挖孔和钻孔法。挖孔法如采用洛阳铲掏土挖孔法和其他人工挖孔法。洛阳铲成孔深度一般不超过 6m。钻孔法如采用螺旋钻取土成孔法。夯实水泥土桩复合地基也可归属于该类复合地基。

6. 石灰桩复合地基技术

石灰桩是指采用沉管成孔法或洛阳铲成孔法等方法成孔，然后灌入生石灰，压实生石灰并用黏土封桩，在地基中设置的桩。采用石灰桩复合地基加固，地基土体含水量过高和过低均会影响加固质量。如缺少经验，应先进行试验确定其适用性。采用石灰桩加固，加固深度较浅。

7. 孔内夯扩桩复合地基技术

采用沉管法、螺旋钻取土法等方法成孔，分层回填碎石，或灰土，或矿渣，或渣土，并采用夯锤将回填料分层夯实，并挤密、振密桩间土，达到加固地基的目的。笔者将该类孔内填料夯扩制桩法形成的复合地基称为孔内夯扩桩复合地基法。近年我国各地因地制宜发展了多项该类技术，如夯实水泥土桩法，渣土桩法、孔内强夯法等等均可属于这一类。

上述各种孔内夯扩桩复合地基技术也可分属灰土桩复合地基技术和碎石桩复合地基技术等。

8. 组合桩复合地基技术

组合桩技术是在水泥土桩中插入钢筋混凝土桩或钢筋混凝土管桩形成水泥土-钢筋混凝土组合桩。该类组合桩比水泥土桩承载能力和抗变形能力大，比钢筋混凝土桩性价比好，近年来在工程中得到推广应用。水泥土桩有的采用深层搅拌法施工形成，有的采用高压旋喷法施工形成。组合桩的承载能力可通过试验测定。上述组合桩作为增强体的复合地基称为组合桩复合地基。组合桩的形式很多，除钢筋混凝土桩、钢筋混凝土管桩外，也有采用钢管桩等其他型式刚性桩。组合桩中的刚性桩可与水泥土桩同长，也可小于水泥土桩，形成变刚度组合桩。

9. 长短桩复合地基技术

桩体复合地基中，浅层置换率可高一些，深层置换率可低一些，这样可更加有效发挥桩体材料在提高承载力和减少沉降量方面的潜能。基于这样的思路发展了长短桩复合地基。考虑复合地基应力场和位移场特性以及施工方便，长桩常采用刚度较大的桩，短桩常采用刚度较小的桩，也可采用散体材料桩。长短桩复合地基技术近年得到较大的发展。

10. 桩网复合地基

前面已经讨论过柔性基础下刚性桩复合地基需要铺设刚度较大的垫层，在工程应用中刚度较大的垫层往往采用土工格栅加筋垫层。刚性桩复合地基加土工格栅加筋垫层就形成了桩网复合地基。为了采用桩基础支承路堤荷载，国外曾采用桩承堤型式。桩承堤的荷载传递路线是路堤荷载传递给土工格栅加筋垫层，然后通过桩帽传递给桩，全部荷载由桩承担。桩网复合地基在形式上与桩承堤有相似之处，两者的结构很类似。但桩网复合地基的荷载传递路线是路堤荷载传递给土工格栅加筋垫层，然后通过桩帽一部分传递给桩，一部分传递给桩间地基土，荷载由桩和桩间地基土共同承担。桩网复合地基与桩承堤不同之处，前者为复合地基，荷载由桩和土共同承担，后者属于桩基础，不考虑桩间地基土承担荷载。桩网复合地基设计中要重视满足复合地基的形成条件。

11. 加筋土复合地基技术

通常采用土工布、土工格栅作为筋材形成加筋土复合地基。加筋土复合地基主要用于路堤地基加固。

近年来复合地基工程应用发展很快，主要反映在下述几个方面：

（1）根据工程地质条件和上部结构和基础形式，合理选用复合地基型式；

（2）发展复合地基新技术；

（3）注意应用地方材料，特别是利用工业废料，降低地基处理费用；

（4）研制新设备、改进施工工艺，提高施工能力；

（5）发展复合地基优化设计和按沉降控制设计。

19.2　挤密砂石桩复合地基

砂桩、碎石桩及由它们类似的材料制成的增强体可以统称为砂石桩。该类桩体具有两个特点，一是属于散体材料桩，在荷载作用下，桩体的性状具有散体材料桩的特性；一是桩体透水性好，在地基中该类桩体是良好的竖向排水通道。

在天然地基中设置砂石桩形成复合地基，若其加固机理主要是置换作用，称为置换砂石桩复合地基；若其加固机理主要是振密、挤密作用，则称为挤密砂石桩复合地基。前者主要指在饱和软黏土地基中设置砂石桩形成的复合地基，后者主要指在砂土和粉土地基以及黄土地基中设置砂石桩形成的复合地基。

砂石桩桩体具有很好的透水性，是良好的竖向排水通道，利于地基中超孔隙水压力消散。在饱和软黏土地基中设置砂石桩形成的置换砂石桩复合地基，在荷载作用下桩间土排水固结，地基工后沉降较大，而且由于砂石桩承载力主要取决于桩侧土所能提供的侧限力，软黏土地基所能提供的侧限力较小，砂石桩承载力不大。因此采用砂石桩法加固饱和软黏土地基效果不是很好，工程应用也不多。砂石桩复合地基中挤密砂石桩复合地基地基承载力提高幅度大，工后沉降小，因此工程应用较多。这里只介绍挤密砂石桩复合地基。而且笔者认为置换砂石桩复合地基在工程中应慎用。

在挤密砂石桩复合地基中，挤密碎石桩复合地基比挤密砂桩复合地基应用更多，可能与砂料比碎石料成本高有关。

按照施工方法，碎石桩设置方法有：

（1）振冲碎石桩法；

（2）沉管碎石桩法；

（3）强夯置换碎石桩法；

（4）桩锤冲孔碎石桩法；

（5）孔内夯扩碎石桩法；

（6）其他方法，如干振挤密碎石桩法，袋装碎石桩法等。

各类砂石桩复合地基设计主要包括：砂石桩桩体尺寸、桩位布置和布桩范围。桩体尺寸包括桩径和桩长。桩位包括布桩形式和桩距的确定。桩位布置形式主要有等边三角形、等腰三角形、正方形和矩形布置等。

砂石桩桩长主要根据复合地基变形控制，按沉降控制设计。在可液化地基中，桩长还应按要求的抗震处理深度设计。

布桩范围，一般情况下在基础外缘扩大 1～2 排桩，对可液化地基，扩大 2～4 排桩。

【工程实例 1】烟台工贸大厦振冲碎石桩复合地基（根据参考文献［164］改写）

1. 工程概况和工程地质情况

工贸大厦位于烟台市长江路北侧，21 层总高为 72.6m。大厦主楼结构为钢筋混凝土筒中筒结构，箱形基础。箱形基础底面积为 25m×40m，埋深 7.30m，局部最大深度 10.16m。主楼重 25000t。主楼左、右侧紧连二层裙楼。裙楼为钢筋混凝土框架结构，独立基础。

场地地势平坦，属滨海平原地貌。场地回填地面标高为海拔 4.10～4.40m，工程地质情况如下：

第 1 层：人工填土。层厚 1.8～2.5m，其下分布有 20～30cm 厚的原耕植土层。

第 2 层：细砂。灰黄色，层厚 0.9～2.1m，湿～饱和，松散～稍密。

第 3 层：粉土（Q_4^m）。深灰～黑灰色，层厚 4.0～7.0m，含有机质及云母，局部夹细砂层，饱和，软塑～流塑状态。

第 4 层：细砂（Q_4^m）。灰色，层厚 0.8～2.9m，长石－石英质，含云母，颗粒不均，饱和，稍密～松散。

第 5 层：粉土。灰绿色，层厚 1.30～3.50m，混砂，局部地段含少量氯化铁，局部地段与灰绿色细砂成互层状，饱和，可塑。

第6层：粉质黏土。黄褐色，层厚4.50～6.40m，含氧化铁及云母，饱和，软塑～流塑。

第7层：粉土。褐黄色，含氧化铁及云母，局部地段夹砂层，饱和，可塑。

第8层：粉质黏土。黄褐～褐黄色，层厚2.3～5.9m，含氧化铁及云母，夹粉土薄层，饱和，可塑，层底标高−23.4m。

第9层：中砂。黄褐色，层厚0.8～2.4m，长石-石英质，含云母颗粒不均，饱和，密实，层底标高−24.5m。

第10层：砾砂。黄褐色，厚度2.2～4.20m，长石-石英质，粗粒不均，混卵石，饱和，密实，距地表−28.87～29.91m。

第11层：卵石。主要由石英砂岩组成，亚圆形，一般粒径30～60mm。最大粒径大于100mm，充填砂，饱和，密实，层厚大于16.3m。

场地各土层土的物理力学性质指标如表19-1中所示。

各土层物理力学性质指标　　　　　　　　　　　　　　表19-1

土层	土层名称	w (%)	e	w_L (%)	I_p	I_L	a_{1-2} ($10^{-2}kPa^{-1}$)	E_{s1-2} (10^2kPa)	C (10^2kPa)	φ (°)	K (cm/s)	f_k (kPa)
1	新填土											
2	细砂											120
3	含淤泥质粉土	28	0.787	27	7.8	0.96	0.022	60	0.09		9.8×10^{-8}	100
4	细砂										7.9×10^{-8}	140
5	粉土	21	0.615	23	7.6	0.77	0.030	65	0.27	24.7	1.8×10^{-8}	180
6	粉质黏土	29	0.811	30	12.7	0.93	0.028	55	0.31	17.4		150
7	粉土	25	0.690	26	6.4	0.89	0.004	120	0.12	33.7		250
8	粉质黏土	23	0.649	28	11.8	0.61	0.015	80	0.42	26.3		180
9	中砂											300
10	砾砂											400
11	卵石											500

勘察场地内地下水位距地表−2.6m，属于潜水类型，对混凝土不具侵蚀性。根据国家地震区划，工程场地为7度地震烈度区，厚度15m范围内的第3层粉土土质不均匀，黏粒含量为6%～13%，平均为9.1%，标贯击数$N_{63.5}=2\sim10$击，平均5击，在7度地震烈度下，属于中等液化土层。第4层细砂标贯击数平均11击，结合静力触探结果综合分析，该层可按非液化土层考虑；第5层粉土黏粒含量介于

10%～15%之间，平均12%，标贯4～15击，平均6.5击，属非液化土层。

2. 地基处理方案选择

该工程根据地质勘察报告建议采用预制钢筋混凝土桩基础，第9层中砂以下均为较好土层，桩尖可置于第10层砾砂中。工程开工前经地基处理方案比较，预制桩投标价410万元，所需工期3个月。后拟改为泥浆护壁钻孔灌注桩方案，投标价为398万元，施工工期需4个月。由于建设单位所筹建设资金紧缺，希望降低地基处理工程造价和缩短工期。经多方案比较，并考虑1986年已在振冲碎石桩复合地基上建造18层烟台交通大厦，已有一定的经验，决定选用振冲碎石桩复合地基。拟用振冲碎石桩消除第3层粉土在7度地震烈度下产生液化的可能性，提高地基承载力，减少沉降量。振冲碎石桩复合地基工程决算价98万元，施工工期2个月。

3. 振冲碎石桩复合地基设计

（1）主楼振冲碎石桩复合地基承载力设计

主楼及箱基荷重：250000kN（原设计20层时荷载）；

箱基底板尺寸：25.5m×40.5m；

基底压力：242kPa；

在风载及地震荷载下箱基最大和最小压力：$P_{max}=320kPa$，$P_{min}=180kPa$；

箱基底板整体弯曲弯矩：$M_g=285440kNm$。

因工程急于开工，没有时间先做试验后再进行设计。经协商同意后，先凭当地经验进行设计，在振冲施工期间进行加固效果测试。若第3层含淤泥质粉土在振冲施工后测试复合地基承载力达不到242kPa时，可考虑主楼作减荷措施，但要求振冲碎石桩复合地基承载力$p_{sp,k}$不得低于220kPa。

根据工程地质情况，确定对第3、4、5、6层土进行处理。其中第3层含淤泥质粉土抗剪强度低，压缩性最大，而且是7度地震烈度下可发生中等液化危害的软弱层。若以此层进行布桩设计，则其余各层均可满足要求。

参照同类地质条件下振冲碎石桩复合地基已有的测试参数，取振冲后第3层桩间土承载力$f_{sk}=120kPa$，取振冲碎石桩承载力$f_{pk}=420kPa$。现设计要求复合地基承载力$f_{sp,k}=250kPa$，则置换率m为：

$$m = \frac{f_{sp,k} - f_{sk}}{f_{pk} - f_{sk}} = 0.433 \tag{19-1}$$

考虑在国内首次在深厚软弱地基上采用振冲碎石桩复合地基上建造20层高层建筑，经验不足，为增大安全度和施工方便，采用正方形布桩，以四角桩中心距为1.5m×1.5m，并在形心中点增布一桩为加固单元。按碎石桩直径$\phi=80cm$计算，复合地基置换率$m=0.444$。

布桩范围：主楼的东、西侧紧靠裙楼，裙楼基础下也布有振冲桩，不需布置箱基外围护桩；主楼南侧、北侧外围均布置三排围护桩。主楼地基振冲施工前，预先挖除地面土层厚度为 2.0m 的土层形成基坑，由坑底算起，主楼设计桩长 16.5m，进入第 7 层土层顶。考虑施工地面隆起影响，要求施工桩长 17.0m，局部桩长为 10.0m。箱基基坑开挖后，有效桩长 12.0m，局部为 6.0m，主楼区共布桩 1085 根，计振冲碎石桩总长为 17652m。按布桩单元尺寸在箱基范围满堂布桩。在箱基底板下铺 30cm 厚夯实碎石垫层。

（2）裙楼振冲碎石桩复合地基承载力设计

主楼西侧为紧接长 55m、宽 46m 的大厦展厅、宴会厅、商场等建筑，二层框架结构，7.5m×7.5m 柱网，独立基础。主楼东侧紧接长 30m、宽 25m 的银行及大厦辅助建筑，二层框架结构，7.5m×7.5m 柱网，独立基础。两侧裙楼基底压力均按 $f_{sp,k}=200$kPa 设计。基底标高均在第 1 层填土内。取振冲后填土承载力 $f_{sk}=100$kPa。碎石桩承载力 $f_{pk}=400$kPa，根据承载力设计要求计算得到复合地基置换率 $m=0.333$。勘察报告指出：第 1 层填土时间短，土质疏松，不能作天然地基；第 2、3 层为欠固结土，第 3 层是地震可液化层。因此裙楼布桩为 1.3m 的三角形布置，置换率 $m=0.343$，或 1.2m 的矩形布桩。紧靠主楼的桩基础下布桩长度 17.0m 与主楼桩长度相同。其他柱基下布桩由自然地面算起，长度 9.7m 略穿过第 3 层。独立基础外侧稀布一排围护桩，裙房区共布桩 2044 根，总长为 24670m，独立基础下作 20cm 厚夯实碎石垫层。

（3）振冲碎石桩复合地基抗液化设计

在开发区应用振冲碎石桩复合地基前曾专门进行过试验，以了解该地区用振冲法加固地基的效果。其中用模拟地震方法测试了第 3 层含淤泥质粉土振冲前和振冲后的抗液化效果。测试了埋在振冲碎石桩复合地基和天然地基下−7.8m 第 3 层含淤泥质粉土中振冲前天然地基和振冲后复合地基中的孔隙水压力并作了对比分析。在等距离、等强度震源震动作用下，天然状态的第 3 层粉土的动孔压达到 6.1N/cm², 孔压比为 0.75 左右；经 2m×2m 布桩（置换率 $m=0.125$）后的振冲地基动孔压仅达到 2.06N/cm², 孔压比为 0.24 左右，孔隙水压力峰值比天然地基降低 2/3，碎石桩复合地基抗液化效果非常显著，充分满足抗 7 度地震液化要求。工程主楼、裙楼为满足承载力要求，振冲布桩置换率 m 均达 0.33 以上，抗 7 度地震液化已有足够的安全度。

（4）复合地基沉降量计算

天然地基沉降量：根据工程地质勘察报告，按规范 GBJ 7—89，用分层总和法计算，总沉降量为 $\sum S_i=54.34$cm。总沉降超过规范规定的地基变形允许值。

振冲碎石桩复合地基沉降量用分层总和法计算，振冲后压缩层压缩模量当量值 $\bar{E}_s=16.8$MPa，振冲碎石桩复合地基最终沉降量 $S=\varphi_c \sum S_i=9.10$cm，满足地基变形要求。

（5）排水通道设计

考虑箱基下被压缩土层在楼体荷载作用下的排水固结，以及地震发生时地基超静孔隙水压的消散，在箱基下全面设置了厚30cm的干铺碎石排水层，排水层直通主楼外侧布置的4个3m×3m的直通地面的碎石排水井。

4. 振冲碎石桩复合地基测试

在西裙房西北部工程桩施工15d的振冲碎石桩区进行1号振冲碎石桩复合地基静载测试。静载压板面积1.5m×1.5m。测试时开挖的面积8m×5m、深2.5m的试坑在地下水位线下0.5m。因试坑渗水量较大，采取在试坑角部挖积水坑，人工边淘水边试压。载荷板下第2层细砂层厚0.82m，以下为第3层含淤泥质粉土层，层厚6.8m。实测载荷板下四根角桩桩径 $\phi=0.75$m。中心桩桩径 $\phi=0.65$m，压板下置换率 $m=0.344$。试压加载到第10级，板压为500kPa时，压板总沉降量为9.62cm，但压板沉降仍能稳定。第5级载荷板压为250kPa时，沉降量2.92cm，取 $S/b=0.02$，复合地基承载力基本值已满足250kPa设计要求。

主楼地基振冲施工结束后即开始箱基范围轻型井点分级降水，边降水边开挖。开挖到箱基基底标高后，在主楼箱基础坑内东南部任选一振冲加固单元为2号静载试压点，仍做1.5m×1.5m复合地基静载测试。压板标高距自然地面－6.2m。压板下为第3层淤泥质粉土层厚0.6m，其下为第4层细砂层，厚2.4m。实测压板所压四角振冲桩桩径为 $\phi=0.8$m，中心桩桩径 $\phi=0.6$m，置换率 $m=0.348$，试压加载到第10级，板压为500kPa时，压板总沉降2.72cm，取 $S/b=0.01$，则复合地基承载力基本值为350kPa，满足设计250kPa要求。

对桩间土做了静力触探试验，对振冲碎石桩桩体做了重（Ⅱ）型动力触探试验。

大厦主楼沉降观测：1989年6月初，大厦主楼箱基及地下室钢筋混凝土浇筑完毕后即开始进行主楼箱基沉降观测。初始沉降比较大，建筑完2层筒体时，箱基沉降总量约1.4cm，又逐层浇筑，直到浇完第11层，观测箱基仍无明显沉降量。在此情况下建设单位决定在主楼增建一层标准层，即原设计主楼总高20层增为21层。1989年12月，主楼主筒建筑完毕，重力约20200t。此时箱基总沉降量为2.63cm。1991年8月工贸大厦全部装修竣工，箱基总沉降量4.47cm。投入使用后箱基基底压力达到250kPa。经过5年时间观测，从1990年8月主楼装修完毕后，振冲碎石桩复合地基的沉降即告稳定。其后经过四年多时间的观测，几乎没有沉降增量。证明在工贸大厦这样工程性质较差的深厚软弱地基，又有地震液化潜在危害影响的条件下，采用振冲碎石进行加固处理是可行的。振冲法施工使原来松散的砂层得到振密，使原来含淤泥质的软弱粉土层得到碎石桩体的加强，增大了层体刚度，同时碎石桩为软弱地基受压后排水固结提供了良好的竖向和横向排水通道，加速了软弱土层排水固结，使建筑物的沉降较快达到稳定。

【工程实例2】茂名一大型油罐挤密砂石桩复合地基(根据参考文献[128]改写)

1. 工程概况和工程地质情况

为了适应生产发展的需要，茂名石油化工公司拟在南海两个储油码头分别兴建 2 座 30000m³（编号为 15 号和 16 号）、6 座 20000m³（编号为 17 号～22 号）和 4 座 50000m³（编号为 9 号～12 号）的油罐，罐体直径分别为 37m、44m 和 60m，均属于浮顶罐。对于容量为 20000～50000m³ 油罐，基底压力一般为 200～250kPa。油罐正常使用要求满足以下条件：

（1）对于直径为 37m 与 40m 以上的油罐，其整体倾斜——指过油罐中心两端不均匀沉降与油罐直径之比 $\Delta S/D$ 必须小于 0.5% 和 0.4%（D 为油罐直径）。

（2）沿罐壁圆周方向任一 10m 周长沉降差不应大于 25mm。

如果径向不均匀沉降超过允许值，则阻碍浮顶升降，影响油罐正常使用。沿周边不均匀沉降超过允许值时，则可导致罐底板与壁板焊缝拉裂，发生漏油事故。因此，对大型浮顶油罐地基需要严格控制沉降量，特别是不均匀沉降量。若天然地基不能满足要求，则对天然地基进行地基处理是十分必要的。

本工程位于广东茂名地区，地震基本烈度为 7 度，工程地质勘察报告表明场地工程和水文地质条件较复杂，其中 50000m³ 的油罐场地各土层的主要物理力学性质指标见表 19-2。20000m³ 和 30000m³ 油罐场地土层组成与 50000m³ 油罐场地地基基本相似，不同之处在于：其①层厚度较薄，①－1 层为细砂，②层只有在 16 号油罐局部存在。另外，基岩面起伏较大，埋藏较浅。

地基各土层的物理力学性质指标   表 19-2

层号	名称	状态	厚度	E_s (MPa)	w (%)	e	γ (kN/m³)	C (kPa)	φ (°)
①－1	中砂	松散	2.6～6.5	10					
①－2	细砂	松散～稍密	1.9～10.2	25.59	20.9	0.668	19.4		
①－3	细砂	中密	1.35～7.4	30					
①－4	粉土、粉质黏土		局部	6.68	37.7	1.059	18.0	30.7	12.3
②	淤泥质粉质黏土	流塑局部软塑	0～3.3	3.45	41.6	1.199	17.3	9.1	10.1
③	粉土或含砂粉土	中密～密实	0.5～5.0	8.12～10.7	17.2～19.2	0.520～0.585	20.7～20.3	35.5～59.4	12.7～14.4
④	细砂、含黏土粉细砂	较密实	0.5～3.5	11.48	14.1	0.456	21.2	28.3	27.1
⑤	粉土、粉质黏土	可塑～硬塑	1.2～4.1	7.88	14.8	0.424	21.5	40.8	12.1
⑥	砂质黏性土	硬塑～坚硬	0.9～15.8	5.38	21.5	0.698	19.2	24.7	22.7
⑦－1	强风化基岩	半岩半土状	1.2～17.4						

根据标准贯入试验资料判定，两场地大部分细砂层不易产生震动液化，只有个别点可能产生液化。

2. 振动挤密砂石桩复合地基设计

根据工程地质勘察报告，油罐场地地基上部有较厚的松散、稍密～中密的细砂层存在，该层土抗剪强度较低，局部可能产生液化现象，部分油罐地基夹有软土层。因此，地基处理的主要目的是：提高上部砂层的抗剪强度，提高地基承载力，消除产生液化的可能性，减小地基总沉降和不均匀沉降。

确定砂性土地基承载力和判断是否会产生液化，在我国较多地借助于标准贯入试验。因其直观和便于操作，对地基处理加固效果的检测也常用标准贯入试验。同时，标贯击数 N 与地基承载力和土体压缩模量 E_s 等存在着一定的相关关系，目前已经有一些经验公式可供参考选用。因此，本设计以地基处理前后的标贯击数来进行桩距计算。对 $20000 m^3$ 油罐地基处理后要求达到的标贯击数 N_1 为 16，对 30000 和 50000 油罐要求 N_1 为 18。

（1）挤密砂石桩间距设计

参考以往的工程经验和施工设备条件，挤密砂石桩的直径采用 0.48m，桩长选用要求穿透疏松土层，由于部分油罐淤泥质粉质黏土埋藏较深，在局部位置桩长由淤泥质粉土黏土层的埋深决定。桩间距由以下两种方法确定，结果见表 19-3 所示。

各油罐挤密砂石桩设计计算结果　　　　　　　　表 19-3

油罐编号	N_0	D_{r0}	N_1	D_{r1}	方法一 L (m)	方法二 L (m)	设计值 L (m)	a_s	深度 (m)
9 号	7.5	0.424	18	0.656	1.38	1.90	1.6	0.082	12
10 号	7	0.409	18	0.656	1.32	1.83	1.5	0.093	12
11 号	8	0.438	18	0.656	1.45	1.98	1.7	0.072	13.5
12 号	8	0.438	18	0.656	1.45	1.98	1.7	0.072	13.5
15 号	10.5	0.676	18	0.885	1.6	1.84	1.7	0.072	12.5
16 号	9.5	0.643	18	0.885	1.6	1.70	1.7	0.082	13
17 号	5.0	0.390	16	0.835	1.35	1.45	1.4	0.107	12.5
18 号	6.6	0.536	16	0.835	1.45	1.6	1.6	0.082	13
19 号	5.5	0.489	16	0.835	1.40	1.5	1.5	0.093	14
20 号	6.6	0.536	16	0.835	1.45	1.6	1.6	0.082	15
21 号	5.4	0.485	16	0.835	1.40	1.5	1.5	0.093	14
22 号	6.6	0.536	16	0.835	1.45	1.6	1.6	0.082	13

1）不考虑施工过程竖向振动密实影响。根据原地基标贯值 N_0 和地基处理后的标贯值 N_1，查 $N_0-a_s-N_1$ 图表（地基处理手册（第一版），北京：中国建筑工业出版社，1988），可以得到挤密砂石桩的置换率 a_s，从而确定桩的间距 L。

2）考虑施工过程竖向振动密实影响。据以往工程经验，饱和疏松的可液化粉细砂层在振动作用下具有易于变密的性质，振动成桩施工时，对于加固深度 10m 左右、桩距 0.48m、间距约 1.5m 的情况而言，其下沉量可达 22～50cm。

根据半经验公式（张吉占，1990）可以确定桩距：

$$L = 0.95d \sqrt{\frac{0.97}{\frac{0.63(D_{r1} - D_{r0})}{2.198 - 0.63D_{r0}} - \frac{\Delta S}{h_0}}} \qquad (19\text{-}2)$$

式中　d——成桩直径；

　　　D_{r0}——液化砂层的初始相对密度；

　　　D_{r1}——抗液化要求的相对密度；

　　$\Delta S/h_0$——桩间土竖向应变，本次设计取 0.015。

　　　D_{r0} 和 D_{r1} 由下式确定：

$$D_r = \sqrt{\frac{N}{52.2\sigma_v'}} \times 100\% \qquad (19\text{-}3)$$

式中　N——实测标贯击数；

　　　σ_v'——单位有效上覆土压力，0.1MPa。

（2）挤密砂石桩布置

挤密砂石桩采用正三角形布置，油罐范围内桩长见表 19-3 所示，另在油罐灌周线以外 5m 范围内布置桩长为 5m 的挤密砂石桩，油罐环墙基础下的砂石桩桩长增加为 16～18m，以加强地基的稳定性和抗液化能力。

3. 加固效果检测与分析

通过现场测试对采用挤密砂石桩处理地基的施工效果进行严格的监测和检验是非常必要的。

（1）标准贯入试验

标准贯入试验是国内外广泛采用的一种现场原位测试方法，也是检验地基处理效果的重要手段。加固前后对每个油罐分别进行了标准贯入试验，选取有代表性的结果，50000m³ 油罐地基处理前后 N 值变化如图 19-1 所示。

通过对处理前后标贯击数 N 的变化进行比较，可以看出：

1）处理后加固深度范围砂性土 N 值明显增大，远远大于处理前的响应值，表明加固效果是明显的。

2）对于黏性土层以及含有淤泥的软弱夹层，处理后土层结构受扰动较大，标贯值有不同程度的下降，一般均低于处理前的标贯值。主要原因是该土层一般黏粒含量较高，挤密效果不明显，反而受振动影响，出现标贯击数下降。

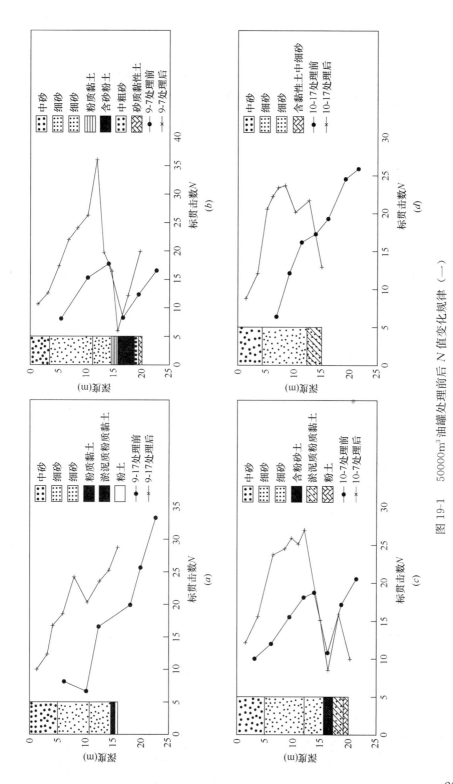

图 19-1　50000m³ 油罐处理前后 N 值变化规律（一）

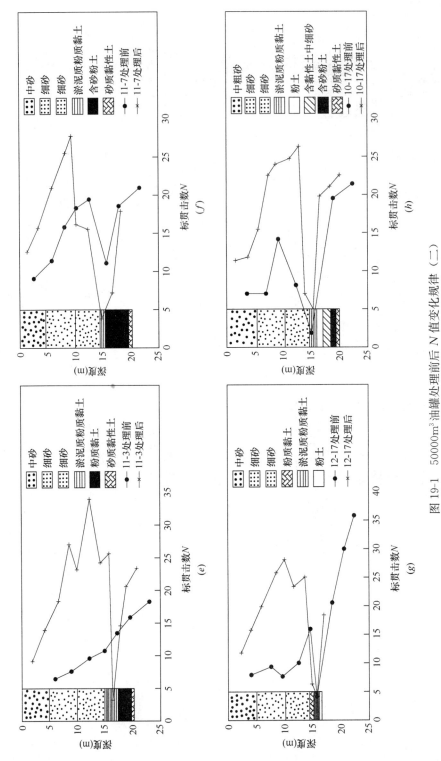

图 19-1 50000m³ 油罐处理前后 N 值变化规律（二）

（2）平板荷载试验

本工程中使用的压板尺寸为 70.7cm×70.7cm，压物重 280kN。利用 p-S 曲线，采用相对沉降法来确定复合地基承载力基本值 f_0。根据《建筑地基处理技术规范》中的规定，对于砂土和低压缩性土，取 $S/d=0.01 \sim 0.05$ 所对应的荷载为 f_0。现取 $S/d=0.01$ 对应的荷载为 f_0，此时对应的沉降 $S=7mm$。由 p-S 曲线图求出的 5 个油罐复合地基承载力基本值 f_0 值如表 19-4 所示。

处理后地基承载力 表 19-4

油罐	16 号	19 号	20 号	21 号	22 号
f_0（kPa）	350	355	370	330	420

可以看到处理后的地基容许承载力均大于要求的 220kPa，而且从 p-S 曲线可以看出，地基处理后各处的承载力相差不大，地基土体处于比较均匀的状态。

（3）沉降观测

地基沉降观测成果，是建筑物地基基础工程质量检查的主要依据，也是验证设计、检验施工质量的重要资料。9 号和 15 号油罐充水预压期间的沉降－时间曲线如图 19-2 所示。

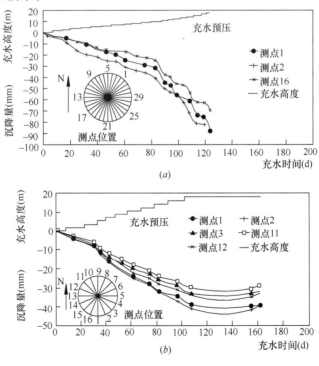

图 19-2　油罐边缘沉降-时间曲线

（a）9 号灌；（b）15 号灌

从图 19-2 中可以看到，不同测点沉降随时间变化规律基本相似，各测点沉降相差很小，处理后地基处于比较均匀的状态。

从标准贯入试验，静载试验和沉降观测的结果可见，在采用振动挤密砂石桩进行地基加固后，碎石桩复合地基承载力满足油罐正常使用要求，地基土体变形模量也有较大提高，油罐的沉降和不均匀沉降都较小。试验资料表明，砂质土层得到了明显的加密挤实，其标贯击数提高 2～4 倍；而黏性土层的标贯值变化不大，并没有明显的挤密加固效果。

19.3 强夯块石墩复合地基

强夯置换法是指利用强夯施工方法，边夯边填碎石在地基中设置碎石墩，在碎石墩和墩间土上铺设碎石垫层形成复合地基以提高地基承载力和减小沉降一种地基处理方法。碎石墩设置深度一般与夯击能和地基土性质有关，深厚软黏土地基中碎石墩一般可达 5～8m 深。

强夯置换法适用于加固粉土地基、黏性土地基等。

强夯置换法常应用于堆场、高等级公路地基处理，有时也应用于多层住宅地基处理。

【工程实例 3】强夯块石墩复合地基在停机坪地基加固中应用（根据参考文献［84］改写）

1. 工程概况和工程地质情况

为了满足国内外航空运输发展的需要，深圳机场决定扩建停机坪。拟建场地位于珠江口东岸的滨海地区，占地面积约为 290000m²。由于该场地下普遍分布有厚度为 4～5m，含水量高达 80％的淤泥层，其上又堆积了 2.5m 厚的黏性土夹大块石的人工杂填土层，不能满足停机坪道面结构对地基的要求，需进行加固处理。

工程地质情况如下：

（1）人工填土层

该层是机场一期建设的废弃物，主要是黏性土夹石和风化土夹大块石以及建筑垃圾等。厚度在 1.6～3.4m 之间，平均厚度为 2.5m。在初勘中，浅钻的遇石概率为 50％，最大块径超过 2m。该层的主要物理力学指标为：

含水量：20％～35％   孔隙比：0.55～1.13

塑性指数：10.1～24.4   天然容重：1.79～1.94t/m³

允许承载力：70～90kPa

（2）淤泥层

该层遍布于人工填土层中，呈灰黑色，流塑状，欠固结，有机质含量在 3％

左右，属高含水量、高压缩性、低渗透性和低强度的软土；其厚度 4.0～5.0m。

淤泥的主要物理力学性质指标为：

天然含水量：81.6％   灵敏度：4.9

孔隙比：2.24   十字板剪切强度：4.0MPa

天然容重：1.52t/m^3 渗透系数：2×10^{-8}cm/s

塑性指数：28.2   压缩系数：2.1MPa^{-1}

允许承载力：30kPa

（3）杂色黏性土层

呈黄色，微红色，灰色；与淤泥底面接触，允许承载力为 140kPa，是复合地基的桩端持力层。

（4）残积土层。

2. 停机坪软基处理的技术要求

（1）处理后道面下地基允许承载力达到 140kPa；处理后道肩下地基允许承载力达到 100kPa；

（2）处理后剩余沉降量小于 5cm；

（3）处理后差异沉降量应小于 1/1000，弯沉盆差小于 5cm；

（4）处理后道面下地基回弹模量达到 80MPa，容重不小于 2.1t/m^3。

3. 地基处理方案选择

在方案讨论过程中，有关专家根据深圳地区的地质情况以及机场一期工程的经验，提出了以下几个可行方案：

（1）封闭式拦淤堤换填方案

此方法是深圳机场一期跑道、滑行道工程中采用并获得成功的方法，其在施工质量和速度上是保证的；但在机场已经投入运营的今天，场地条件和工作环境已发生了巨大的变化，首先作为先决条件的拦淤堤不可能采用，否则侧向挤淤将破坏站坪地下管线和地面设施；其次大量的淤泥开挖、运输也将影响机场的环境和运营。

（2）堆载预压排水固结法

此方法也曾在机场一期停机坪工程中采用过，其优点是造价低，适合大面积软基处理；但缺点是工期长，且场地地表填土中夹有大量块石，使得插塑板施工十分困难。

（3）深层搅拌法

深层搅拌法也是深圳机场一期联络道、排水泵站和导航台站工程中获得成功的一种软基处理方法，它具有施工速度快，质量易得到保证，加固效果明显等优点；但由于填土层中含有大量块石，搅拌法无法连续施工。

（4）强夯块石墩及块石垫层复合地基法

此方法系采用巨大夯击能量将块石夯穿淤泥层并使其沉底形成墩体以加固淤泥层，再在墩顶铺设块石垫层形成复合地基。其主要优点是：

1）施工速度快，造价低；

2）不受填土层中块石的限制，全场地都适用；

3）因地制宜，就地取材，其所有材料——块石可在机场附近的山上开采。开山采石后平整的场地又可作为良好的建筑用地。

有关专家根据深圳机场的具体地质状况并结合技术、经济、工期等各方面因素，对上述几种方案进行认真、细致地综合比较，一致认为由冶金部建筑研究总院深圳分院等三个单位组成的联合体所提出的"强夯块石墩及块石垫层复合地基"方案可用作深圳机场扩建停机坪软基加固的主要方法。

4. 现场试验

为了确定设计参数和施工工艺以及施工质量检验方法，在拟建场地内选择了一块 6000m² 的地方作为试验区，进行现场试验。试验从 1992 年 11 月 5 日开始至 12 月 9 日结束，经历 35d，共完成 83 个块石墩，共进行了夯击击数、夯击能量、夯点间距和地面隆起等多项试验，并实地开挖对块石墩墩径进行测量以及对石料填入量进行估算，这对以后的设计和施工起着重要的指导作用。

5. 设计

（1）设计参数

1）块石墩直径：墩径为 1.4m，截面积为 1.54m²，墩长约为 7m，体积约为 10.8m³。

2）块石墩间距：墩点按正方形布置，道面下间距为 3.0m，道肩下间距为 4.0m，共设置 27580 个墩。

3）平整场地后，满铺 1.5m 厚的级配块石作为成墩的材料，可以给每个块石墩提供 1.5×9=13.5m³ 的块石。

4）承载力取值：根据现场试验，单墩承载力取 600kN；墩间土在打设块石墩后受到挤密和脱水作用，其允许承载力得到提高，道面下取 90kPa，道肩下由于墩距较大挤密效果较差，取 70kPa。

5）复合地基承载力验算：

道面下 $f_{sp.k}=(600+90×7.46)/9=141.3kPa>140kPa$

道肩下 $f_{sp.k}=(600+90×14.46)/16=100.8kPa>100kPa$。

6）块石垫层：块石墩施工完成后，再铺设块石垫层，厚度为 0.5m。

7）块石级配：强夯块石墩及块石垫层所用石料量大粒径不得超过 600mm，且符合如下级配：300mm<D<600mm 的块石含量大于 50%，D<50mm 块含量小于 15%，含泥量小于 5%。

8）为了使上部荷载均匀地扩散到下部复合地基，并调整不均匀沉降，在块石垫层顶部再铺设一层厚度为 0.6m 的风化石渣垫层。石渣最大颗粒不得超过 150mm，大于 50mm 的颗粒含量不得小于 40%，小于 20mm 的颗粒含量不得大于 35%，黏粒含量不超过 5%。

（2）施工参数

1）施工设备：强夯块石墩采用起重量为 50t 的履带吊车作为夯击机械，其最大起吊高度为 20m；夯锤选用直径为 1.0m，高度 2.5m 的钢锤，锤重 15t，最大单击夯击能量为 300t·m；在夯击过程中，用反铲挖掘机填补石料。

2）单墩夯击结束标准：

①累计夯沉量大于 12.5m，且夯击能量在 200t·m 的前提下，最后两击的夯沉量小于 50cm；

②累计夯沉量大于 16.0m，且夯击击数不小于 21 击（最后 3 击的夯击能量为 300t·m）；

③累计夯沉量大于 17.5m 并夯至石料用完。

以上三条标准只要满足一条即可认为单墩夯击结束。

3）块石垫层用直径 2.0m 的夯锤以 100t·m 的夯击能量，2.0m 的间距满夯两遍，再次整平，最后用 40t 振动碾压机碾压八遍。

4）风化石渣垫层分两层铺填，分别用四十吨振动压路机反复碾压，压实后其干容重低于 2.1t/m³，表面回弹模量不低于 80kPa。

6. 施工要点

（1）施工程序

1）挖土清基并平整场地；

2）回填 1.5m 厚的块石；

3）强夯块石墩施工；

4）平整场地，铺设 0.5m 厚的块石垫层；

5）满夯及碾压块石垫层；

6）铺设及碾压 0.6m 厚的风化石渣层。

（2）补料

当夯坑深度约等于锤高时，应暂停夯击，待补料后继续夯实。补料应取墩位附近已铺填好的块石，不得从未夯的部位取料，填料时如遇大块石应填在夯坑正中间，周围辅以较小的块石以使级配良好，夯坑正中填料应尽量密实，避免架空现象，严禁将泥填入夯坑。

（3）夯击顺序

强夯块石墩时软土中会产生很大的超静孔隙水压力，造成软土的隆起和挤出；跳夯较连夯更有利于孔隙水压力的消散。试验结果表明，跳夯比连夯的地面隆起小，因此施工采用跳夯方式。

(4) 定点复位

定点复位是保证每次夯击均在同一点的关键，因此要力求准确。放线布置桩位时，须有可靠的墩位标志，每次填料后，必须利用不受夯击能量有效地用于墩体夯沉着底，须保证每次夯击中心与准确墩位的偏差不大于 10cm。

(5) 夯沉量测量

每次补料前须进行夯沉量的测量，如发现夯沉量较小时应每击一测，以决定是否结束夯击。测量须用水准仪、塔尺，不得以目测代替。

7. 质量检验

(1) 干容重和回弹模量

本工程中干容重试验共完成了 59 组，其值在 $2.103 \sim 2.289 t/m^3$ 之间，合格率为 100%；回弹模量共完成 81 个，其值在 $81.7 \sim 641MPa$ 之间，合格率为 100%。

(2) 块石墩墩长的检测

1) 斜钻

由于潜孔钻机和工程地质钻机难以在块石墩上成孔，不能直观的检验墩长，故改为斜孔钻入的方法，即将钻机的钻杆与铅直方向成 α 角，从墩间土钻入至墩底，再根据钻杆中心到墩心的距离和钻杆入土长度即可计算得出墩长。

2) 地质雷达

为适应大面积施工需要，力求快速准确的检测块石墩"着底"情况选用加拿大生产的 pulseEKKOIV 型地质雷达。为了提高其探测的竖向分辨率，采用发射电磁波频率为 100MHz 的天线，512ns 时窗；为了消除机场雷达对测量的干扰，每个测点用 128 次测量结果叠加作为该点实测值。发射与接收天线距离为 0.6m。

地质雷达的工作原理是发射天线发出电磁波传入地层，由于不同物质的介电常数不同，接收天线收到反射电磁波的强弱及相位也不尽相同，以此判断地质情况。完好的块石墩应坐落在淤泥下面的黏土层上，而墩长不够的墩底部是淤泥，电磁波在块石墩与黏土（或淤泥）界面上形成一宽形的强反射波。由于块石的介电常数比黏土（或淤泥）的介电常数小，反射波相位反转，强反射波的底界应为块石墩墩底，以此判断块石墩的长度。块石墩墩心处的反射波形宽且强度大，说明墩心处的密实度大；随着距墩心的距离增大，反射波的强度逐渐减弱，墩间土处反射波强度极弱。

用地质雷达共检测了 5578 个墩，抽检率为 20%；其中 5498 个墩达到设计要求，合格率为 98.6%。不合格的墩加夯直至合格。

3) 斜钻与地质雷达的比较

在强夯块石墩的质量检验中，有 42 个墩的墩长检测是同时用斜钻和地质雷达共同进行的，二者相比较，在同一个墩中地质雷达探测的墩长要比斜钻探测的墩长大 20～50cm，但考虑到斜钻未探测到块石墩的真墩长，它仅是探明块石墩是否着底坐落在持力层上，即达到检验墩长是否达到设计要求为目的，块石墩的真长应大于（或等于）斜钻探测的墩长。因此，可以认为二者的检测结果相符，即证明用地质雷达检测强夯块石墩的"着底"情况是可行的。

（3）复合地基承载力的检验

本工程为照顾大面积检测的需要，又要保检测质量，地基承载力利用了动、静两种方法进行检测。

8. 复合地基沉降分析及观测

（1）沉降分析

1）分析方法　沉降计算以中华人民共和国交通部部标准《公路桥涵地基与基础设计规范》JTJ 024-85 中所使用的分层总和计算，基本公式如下：

$$s = m_s \sum_{i=1}^{n} \frac{\sigma_{zi}}{E_{si}} h_i \tag{19-4}$$

式中　s——地基总沉降量（cm）；

σ_{zi}——第 i 层土顶面与底面附加应力的平均值（MPa）；

h_i——第 i 层土的厚度（cm）；

E_{si}——第 i 层土的压缩模量（MPa）；

n——地基压缩范围内所划分的土层数；

m_s——沉降计算经验系数，可按规范取用。

2）复合地基变形模量

由现场单墩和单墩复合地基的试验结果推求，得到变形模量为 6.78～18.0MPa，加权平均值 11.0MPa，低值 6.78MPa。

3）施工荷载分析

从平整场地到回填 50cm 厚度块石垫层，这一系列的施工过程属于卸载、再加载过程，并不在淤泥下卧层里产生附加应力。淤泥层本身由于受到严重扰动、产生超静孔隙水压力，产生一定的沉降。而风化石渣层将会产生一个数量为 $1.26t/m^2$ 的均匀荷载。结构底基层将引起一个 $0.88t/m^2$ 的均布荷载。道面混凝土将产生一个 $1.032t/m^2$ 的均匀荷载。

计算得最终沉降量在 3.83～4.63cm 之间。

（2）沉降观测

本工程共设置沉降观测标 21 个（其中永久性沉降标 9 个），观测仪器用 N—2 水准仪，达到二等水准的观测水平。

从观测结果看，完全能满足差异沉降小于 1/1000，弯沉盆差小于 5cm 的要求；但工后剩余沉降量难以满足小于 5cm 的要求。其主要原因有以下几点：

1）计算模式：由于停机坪道面结构层的施工是一种大面积的加载过程，其沉降计算理论还不够成熟。另外由于前期理论计算中对块石墩复合地基的模量取值偏高，造成了理论计算值小于沉降值。

2）施工材料：由于料场石质和石源的限制，施工所用块石的级配不能满足设计要求，块径偏大，影响了块石墩的质量与刚度。

本工程的工后沉降虽偏大，但差异沉降量极小，因此不影响其正常使用。目前，深圳机场扩建停机坪业已投入使用，运营情况正常，大大缓解了以前机位不足的状况，为特区的经济发展做出了贡献。

【工程实例 4】强夯块石墩复合地基在市政道路工程中的应用

1. 工程概况

该工程为深圳市沙河西路市政工程（南段），地处深圳市南山区，属城市Ⅰ级主干道，双向六车道，路幅宽 61.5m。道路场地位于大沙河河流入海口的深南大道南侧。原始地貌单元属滨海相河谷地貌类型，深圳湾沿岸一级阶地，场地地形复杂多变，多为沼泽、河流、海水覆盖，沿线河流、沼泽中取砂坑多有分布，拟建道路场地沿线地势凹凸不平，高差变幅较大，勘察施工期间测得场地内钻孔孔口标高在 $-2.37 \sim 5.36$m，设计路面标高约为 6.00m 左右。

具体地层岩性如下：

根据钻探揭露、现场观察及室内土工试验结果，场地内地层自上而下分别为人工填土（Q^m），滨海相沉积层（Q^m）淤泥、砾砂，海陆交互相沉积层（Q^{mc}）砾砂混黏性土，第四纪残积层（Q^{el}）砾质亚黏土。

（1）人工填土层（Q^{ml}）。杂填石、土：黄褐、灰褐、深灰色，含中粗砂及少量混凝土块，新近堆填，结构松散，在场地内呈条带状分布，分布厚度为 0.5 $\sim$8.50m。

（2）滨海相沉积层（Q^m）。淤泥：深灰、灰黑色，含少量有机质、贝壳碎片等，有臭味，饱和，流塑状态，底部含有细砂及淤泥质黏性土，局部地段夹有薄层中粗砂混黏土层，揭露厚度为 0.3$\sim$7.75m，层底标高为 $-0.59 \sim -7.84$m。

砾砂：灰褐、灰白、青灰色，以石英砾为主，含有中粗砂，少量淤泥质土，局部夹有薄层淤泥质黏性土，饱和，中密，揭露厚度为 1.00$\sim$6.00m，层底标高为 $-3.84 \sim -12.12$m。

（3）海陆交互相沉积层（Q^{mc}）。砾砂混黏性土：灰、灰白色，底部呈灰褐、黄褐色，主要成分为砾砂，混有黏性土及少量贝壳等，湿，可塑—硬塑状态，揭露厚度为 5.50$\sim$11.40m，层底标高在 $-12.14 \sim 22.14$m。

（4）第四系残积层（Q^{el}）。砾质亚黏土：黄褐、灰褐、灰白色，含石英砾砂约 25%$\sim$35%，系由中粗粒花岗岩风化残积而成，原岩结构清晰可辨，稍湿，可塑—硬塑状态，局部呈软塑状态，揭露厚度为 2.75$\sim$6.40m。

根据野外标准贯入试验（$N_{63.5}$）及室内土工试验结果，各土层主要物理力学性质指标如表 19-5 所示。

各土层主要物理力学性质指标　　　　　　　　　　　　表 19-5

指标名称 土层名称	天然含水率 w （%）	孔隙比 e	塑性指数 I_p	液性指数 I_L	压缩模量 E_s （MPa）	内摩擦角 φ （°）	凝聚力 C （kPa）	标贯 $N_{63.5}$	容许承载力 （Pa）
淤泥（Q^m）	87.8	2.74	16.6	3.86	2	8	10	1.5	60
砾砂（Q^m）					6.5	10	25	14	300
砾砂混黏性土（Q^{mc}）	25.7	0.754	11.4	0.53	6	15	28	23	210
砾质亚黏土（Q^{el}）	29.5	0.85	10.6	0.56	8	18	33	27	220

2. 设计技术要求

设计活载以汽－超 20 级考虑，路基经处理后要达到如下要求。

（1）复合地基承载力应达到 140kPa。

（2）剩余沉降量不大于 100mm。

（3）两年内剩余沉降量在 100m 范围内的差值不大于 100mm。

3. 强夯块石墩复合地基设计

根据工程地质资料及深圳地区其他工程的实践经验，本工程强夯块石墩采用如下设计参数。

（1）夯锤。夯锤直径为 1m，锤高 2.5m，圆柱形异形锤，锤重 15t，此夯锤夯击产生的块石墩截面呈圆形，墩径为 1.3～1.5m。

（2）墩长。地质资料表明淤泥层厚度在 8m 以内，因此墩长设计为穿透淤泥层进入下卧持力层。

（3）夯击能。单击夯击能采用 3000～3300kN·m，即夯锤起吊高度为 20～22m。

（4）墩位布置。设计墩间距为 2.5m（中-中），呈正方形布置。

（5）块石垫层。块石垫层设计厚度为 0.5m，其上为风化石渣层 0.5m，垫层总厚度为 1.0m。

（6）强夯工作面填石。填石厚度不小于 2.5m，工作面填石料和喂料石应采用较纯净的中风化以上的混合开山石料。石料最大粒径不大于 80cm，含泥量不大于 5%，石料级配良好，大小石各半。

（7）夯击次数。每墩夯击次数先暂定为 15 击，后经现场试夯调整为每墩 20 击，且应同时满足下列条件之一：

1）总夯沉量为设计墩长的 2 倍。

2）最后两击的夯沉量之和不大于 30cm。

（8）满夯设计。采用夯锤的直径 2.5m，锤重 15t，单击夯击能 1000～1500kN·m，每夯点夯 2 击，夯点按 2.15m 间距呈梅花形布置，两夯点之间搭接 35cm。

（9）复合地基承载力验算。强夯块石墩复合地基承载力标准值应由现场复合地基载荷试验确定，也可用单墩和墩间土的载荷试验按下式确定：

$$f_{sp,k} = m f_{p,k} + (1-m) f_{s,k} \qquad (19-5)$$

$$m = d^2 / d_e^2 \qquad (19-6)$$

式中 $f_{sp,k}$ ——复合地基的承载力标准值，kPa；

$f_{p,k}$ ——墩体单位截面积承载力标准值，kPa；

$f_{s,k}$ ——墩间土的承载力标准值，kPa；

m ——面积置换率；

d ——墩的直径，m；

d_e ——等效影响圆的直径，m；等边三角形布置时，$d_e = 1.05S$；正方形布置时，$d_e = 1.13S$；矩形布置时，$d_e = 1.13\sqrt{S_1 S_2}$；

S、S_1、S_2 ——墩的间距、纵向间距和横向间距。

本工程取 $d=1.4$m，$S=2.5$m，$d_e=1.13S=2.825$m，置换率 $m = d^2/d_e^2 = 1.4^2/2.825^2 = 24.56\%$，根据深圳地区进行强夯块石墩的经验，强夯块石墩单位截面积承载力一般不小于 400kPa，故取 $f_{s,k}=60$kPa，则复合地基承载力为

$$f_{s,k} = 24.56\% \times 400 + (1-0.2456) \times 60 = 143.5\text{kPa} > 140\text{kPa}$$

满足地基承载力使用要求。

4. 强夯块石墩的施工

由于工程工期要求较紧，施工过程中将试夯墩与工程墩施工统一考虑，先选择两处地质情况有代表性的地段进行试夯，试夯后采用地质雷达进行检测，并以此调整设计、施工参数。

（1）主要施工机械。强夯块石墩施工机械采用 50t 履带式工业起重机，能起吊 15～18t 的重锤，最大起吊高度可达 24m，带有自动脱钩装置，为防止夯锤因起吊高度过大而发生掉锤现象，除锤顶设置"双耳"增加抗下滑阻力外，还设有钢丝绳以确保夯锤掉入淤泥后可以提出。

（2）施工工艺流程。强夯块石墩的施工工艺流程一般主要为：

1）场地平整、清基，达到设计的土基面标高。

2）铺填石料至设计强夯工作面标高。

3）布置夯点，施工机械就位。

4）进行第一阵夯击，测量记录夯沉量。

5）向夯坑内喂填石料，进行第二沉夯击，测量记录夯沉量。

6）重复5）作业，按规定的夯击次数及控制标准，完成一个夯点的夯击。

7）重复3）～6）作业，完成全部夯点的夯击。

8）平整强夯面，铺填块石垫层。

9）在规定的时间间隔后，满夯块石垫层。

10）测量夯后场地标高。

（3）施工技术要求：

1）铺填石料应以挤淤为目的，抛填块石时应先从道路中心向两侧抛填，整体填筑呈"凸"字形进行，若有明显的淤泥挤出现象，影响进一步的填石施工时，应及时挖除并回填块石。

2）石料铺填后，需用推土机推平碾压，使石料铺填层有一定的密实度。填石层顶标高应在推平碾压后测量，高差不大于±100mm，每20m测一断面，每断面测3点。

3）填石厚度采用地质雷达检测，检测频率为30m测一个断面，每个断面测5点。

4）每个墩位都必须有可靠的墩位标志，且每个墩位均应编号，每个墩位及墩间距之误差不大于±100mm。

5）强夯应先从道路中轴线起，分别向两侧的夯点依次夯击，同一排的夯点必须采用间隔跳打法，不可依次夯击。

6）夯坑喂石料从已夯完的填石面均匀挖取，决不能从未夯区取料。

7）每次喂料后，需用不受夯击影响的控制点，重新测放墩位，并重新做墩位标志。

8）强夯过程中应做好单点夯击过程的全部施工记录。每夯一击均需用水准仪测夯击点的夯沉量，塔尺位于锤中，不得用目测代替，从而计算出强夯区的平均夯沉量，即平均置换深度。

9）块石墩点夯完成后及满夯后均应平整场地，测量场地标高，每2m测一断面，每断面测3点，高差不大于±100mm。

5. 强夯块石墩的质量检验

（1）质量检验方法

为了检验强夯块石墩的加固效果和施工质量，本工程采用高分辨率、有效探测深度10～12m的地质雷达检测块石墩的长度、形状及着底情况，检测墩的数量为总墩数的10%，每个墩测8点，合格率应大于95%，超过5%不合格者，应对其所在的10m×10m方格内进行普查，普查不合格应进行补夯。

为了检验强夯块石墩复合地基的承载力，本工程采用静载荷试验方法及瑞利波检测法进行检验。静载荷试验点数为3点。瑞利波检测数量为总墩数的2%，合格率应达到95%。超出5%不合格者，应在其所在的40m×10m方格内的墩进行补夯。瑞利波检测时，应先作对比试验，找出本场地波速与承载力的相关系数。

（2）地质雷达检测

地质雷达与对空雷达原理相似，是一种高频电磁波探测技术，其工作频率高达数十兆甚至数千兆赫兹，是以不同介质之间存在电磁参数（主要为电阻率及介电常数）差异为探测前提的。在地面上通过发射天线向地下发射高频电磁波，当电磁波在向下传播的过程中遇到具有电磁差异的介质分界面时，就会有部分电磁波反射回来，利用接收天线接收反射波，并记录反射波到达的时间。这样沿地面逐点扫描，就可以确定反射界面的深度和形态。

从地质雷达解释剖面图上看，在6～7m以内，路基加固均匀；在局部路段，7.5m以下存在淤泥质粉土薄层，厚度均小于1m。从各墩形态剖面图上看，块石墩墩形完整。在综合分析的基础上，局部路段路基加固深度以下的淤泥质粉土薄层对路基承载力不应造成太大的影响。

（3）静载荷试验

按《深圳地区地基处理技术规范》SJG 04-96，现场选取3点进行2.5m×2.5m方形平板载荷试验，并确定试验点强夯加固地基承载力标准值。本区主要采用Q-S曲线并按强夯复合地基相对变形值$S/b=0.02$（S为沉降量，b为压板宽度）所对应的荷载及现场观察地基变形等综合确定地基的承载力标准值。其结果见表19-6。

地基载荷试验结果 表19-6

静载点号	试验日期	试验最大荷载及对应沉降量		承载力标准值（kPa）（S/b=0.020）
		荷载Q（kN）	总沉降量S（mm）	
J1	1999.2.12～2.13	1750	28.38	＞140
J2	1999.2.22～2.23	1750	18.55	＞140
J3	1999.2.24～2.25	1750	76.12	180

各试验点Q-S曲线见图19-3～图19-4。

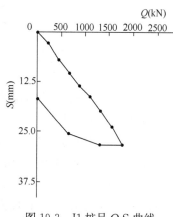 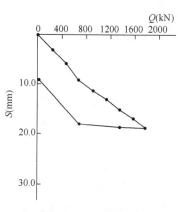

图19-3　J1桩号Q-S曲线　　　图19-4　J2桩号Q-S曲线

（4）瑞利波监测

瑞利波法是近几十年来发展应用起来的一门新的岩土物理性质原位测试技术。

瑞利波传播速度 v_R 值和地基承载力 f 均反映了地基土的软硬程度，两者之间必然存在着某种相关关系，理论研究和测试实践已证明瑞利波速度 v_R 和地基承载力 f 之间存在指数相关关系：$f = Av_R^B$（式中的 A、B 为常数），在新工区利用已知点的承载力和波速值得对比试验，进行关系式的率定，以此关系式进行瑞利波资料的计算。

以土体为主的介质中，瑞利波的穿透深度 $H = 0.5\lambda_R = 0.5v_R/f$。将瞬时冲击产生的瑞利波中不同频率的简谐波波速和波长计算出来，形成一条频散曲线。根据频散曲线的变化情况，对测点地下土层的物理力学性质作出评价。

根据载荷试验结果与瑞利波波速实测结果进行动静对比，其结果见表 19-7。

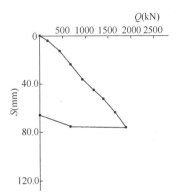

图 19-5 J3 桩号 Q-S 曲线

表 19-7 中 1、2 号点，沉降量按 $S/b = 0.02$ 取值所对应的沉降量（50mm），试验单位给出大于 140kPa 的值。为动静对比的需要，依据试验点的 Q-S 曲线及沉降量的大小，分别综合给出试验点的承载力基本值，1 号点为 285kPa，2 号点为 300kPa。

依据以上 3 点的动静对比结果，得出承载力与瑞利波波速之间的关系式为

$$f = 1.33188 \times 10^{-6} v_R^{3.5} \tag{19-7}$$

式中 f——利用瑞利波求得的承载力值，kPa；

v_R——实测瑞利波加权平均波速，m/s。

由试验点的实测波速度，带入式（19-7）计算出的承载力值与静载荷试验值的对比见表 19-8。由表可见，由瑞利波法计算的各试验点承载力基本值与静载荷试验值的最大偏差在 $\pm (2.5 \sim 10)\%$ 之间。

载荷试验承载力与瑞利波波速实测结果动静对比表　　　　表 19-7

序号	位置	载荷板面积 (m²)	最大荷载 (kN)	最大沉降量 (mm)	承载力基本值 (kPa)	取值方法 (S/b)	实测波速值 (m/s)	备注
1	J1	6.25	1750	28.38	>140	—	241.7	取值：285kPa
2	J2	6.25	1750	18.55	>140	—	243.8	取值：300kPa
3	J3	6.25	1750	76.12	180	0.02	210.8	

瑞利波检测结果表明，在所测试路段内，复合地基承载力均大于140kPa，满足设计要求，达到加固处理的目的。

承载力瑞利波计算值与载荷试验值对比表　　　　　表 19-8

点号	承载力标准值 （kPa）	瑞利波速度 （m/s）	瑞利波法计算值 （kPa）	偏差值 （kPa）	百分比 （%）
J1	＞140（285）	241.7	292	7	2.5
J2	＞140（300）	243.8	301	1	0.3
J3	180	210.8	181	1	0.6

（5）沉降观察

为检测经地基处理后的剩余沉降情况，设置了沉降板观察路基的沉降量。沉降观察曲线（S-T）如图所示。

从图 19-6 可以看出，地基处理完工后75d内路基最大沉降量为22mm，且沉降趋于平稳，由此沉降观察曲线趋势可以推断，剩余沉降能满足设计要求。

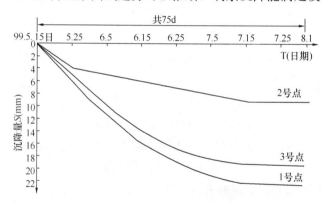

图 19-6　沉降观察曲线图

19.4　灰土挤密桩复合地基

采用挤土成孔或非挤土成孔方式在地基中成孔，然后分层回填灰土填料，逐层夯实成桩，称为灰土挤密桩法。在夯击回填料成桩过程中不仅夯实了桩体，而且挤密了桩间土，达到地基加固的目的。

灰土挤密桩法适用于处理地下水位以上的素填土、杂填土、黏性土以及湿陷性黄土等地基。当处理以消除地基土湿陷性为主要目的时宜采用土桩挤密法。当处理以提高地基承载力或增强其水稳性为主要目的时，宜采用灰土挤密桩法和水泥土桩法。当地基土含水量大于24%，饱和度大于65%时，不宜选用土桩、灰土桩法和夯实水泥土桩法。

【工程实例5】灰土挤密桩复合地基在建筑物地基加固中应用（根据参考文献［116］改写）

1. 工程概况和工程地质情况

黄河铝业公司住宅楼场地位于兰州西固区福利西路南侧，拟建八层框架结构，筏板基础，场地地基处理采用灰土挤密桩复合地基，处理深度9m，桩身采用3∶7（体积比）灰土。

根据岩土工程勘察报告，住宅楼场地属于黄河南岸Ⅱ级阶地后缘，场地内地层主要由黄河冲洪积形成的可塑性黄土状粉土组成。该层位于自检测地面以下厚约10～13m，再下为饱和黄土状粉土。饱和黄土状粉土层厚约7～13m。受检地层湿陷土层深厚为10～13m，计算自重湿陷量为43.14cm，最小为26.57cm，总湿陷量最大52.61cm，最小31.13cm，属自重湿陷性黄土场地。湿陷等级Ⅲ级，标贯试验平均锤击数为5.45击，天然地基承载力标准值为140kPa。

2. 灰土桩复合地基设计

灰土桩成孔挤密工艺采用柴油锤击成管桩机成孔，桩孔直径取40cm，处理深度为9.0m。采用孔内填料，填料要求采用3∶7灰土，重锤分层夯实。桩孔按正三角形布置，桩间距取 $2.5d$，即1.0m。住宅楼场地挤密桩施工分三遍进行，成孔后及时分层夯实。要求处理后灰土挤密桩复合地基承载力标准值不小于220kPa，桩身夯填灰土的压实系数不小于0.97，桩孔之间挤密土平均挤密系数不小于0.93，最小挤密系数不小于0.88。

3. 灰土挤密桩施工

灰土桩成孔机械采用W-100Z型履带式打桩机，并配3.0t导杆式柴油锤。夯填机械为行走式卷扬回填机，配280kg重夯锤一个。施工时要求桩机就位平稳，桩管对正孔心。要求中心偏差保证≤5cm，桩斜度保证≤2%。住宅楼场地灰土挤密桩施工分三遍完成。在填完一遍孔后再进行下一批挤密桩成孔施工。住宅楼场地共施工完成灰土桩5173根。根据现场试验，保证桩孔中3∶7灰土填料符合配合比要求，接近或达到最优含水量，并严格按施工规范操作，保证桩间土的压实系数达到设计要求。

4. 检测

（1）检测内容

1）击实试验：要求室内测定3∶7灰土最大干重度及最优含水量。

2）根据设计要求，应及时抽样检查孔内填料夯实质量，其数量不小于总数的2%，每台班不小于1孔。在孔内，每米取土样测定其干重度，检测点的位置在孔心2/3的半径处，测定其压实系数及干重度。

3）根据原状土样室内试验测定其物理力学性质指标，室内试验取原状土样

54 个，其中桩间土 27 个，桩身土 27 个。

4）标准贯入试验次数 126 次，其中桩间土 54 次，桩身灰土 72 次。

（2）检测结果

1）击实试验：根据室内标准击实仪测定结果，原状素土的最大干重度为 $17kN/m^3$，最优含水量为 15.6％；现场 3：7 灰土的最大干重度为 $16.5kN/m^3$，最优含水量 18.5％。

2）压实系数（或挤密系数）：根据现场抽样检验及原状土样室内试验结果，对桩身灰土压实系数（λ_c）和桩间土的挤密系数（η_u）的统计见表 19-9。压实系数 $\lambda_c \geqslant 0.97$ 的桩身灰土约占 89％，$0.93 \leqslant \lambda_c < 97\%$ 的约占 11％。桩间土平均挤密系数 η_c 为 0.965，最小挤密系数 $\eta_c \geqslant 0.88$ 的占 100％。

桩身土、桩间土的密实度统计表 表 19-9

土类别	统计指标	$\lambda_c \geqslant 0.97$		$0.93 \leqslant \lambda_c < 0.97$		$\eta_c > 0.88$	
	数量	个数	百分率	个数	百分率	个数	百分率
桩身灰土	323	287	89％	36	11％		
桩间挤密土	27					27	100％

3）湿陷性：根据室内原状土样试验结果，灰土桩复合地基桩间挤密地基土的主要物理力学指标统计结果见表 19-10。在处理范围内地基土自重湿陷消除，其自重和非自重湿陷系数均小于 0.015。

挤密地基土主要物理力学性质指标统计表 表 19-10

项目 指标	频数	最大值	最小值	平均值	标准值	变异系数	回归修正系数	承载力基本值	承载力标准值	备注
含水量 w（％）	27	17.9	12.3	14.9						桩间土
孔隙比 e_0	27	0.768	0.499	0.654	0.0716	0.109	0.938	270	253	
液限 w_L（％）	27	25.4	22.0	24.0						
压缩系数（MPa^{-1}）	27	0.15	0.05	0.098						
湿陷系数	27	0.010	0.001	0.002						
自重湿系数	27	0.006	0.001	0.0017						
标贯 $N_{63.5}$	54	39	11	22	7.914				235	校正后

（3）灰土桩复合地基的挤密效果评价

该建筑物场地设计采用灰土挤密桩复合地基，要求用 3：7 灰土夯实，经现场测试，灰土拌和比较均匀，3：7灰土比例基本适中，满足设计要求。

桩身灰土密度较均匀。根据现场取样测试及室内原状土样物理力学试验，实测压实系数 $\lambda_c \geqslant 0.97$ 约占89%，$\lambda_c \geqslant 0.93$ 的约占11%，满足设计要求。桩间土的挤密效果较好，3个孔之间的桩间土平均挤密系数为0.965，$\eta_c \geqslant 0.88$ 的占100%，满足设计要求。

场地地表以下 10~13m 具有自重湿陷性，灰土挤密桩处理深度9m，在挤密深度范围内湿陷性消除，压缩性降至中~低等。

根据挤密桩间土的室内试验测定的主要物理力学指标和现场标准贯入试验统计结果，按《湿陷性黄土地区建筑规范》和《建筑地基基础设计规范》，该场地地基承载力标准值为240kPa，建议采用230kPa。

建筑物已使用六年，状况良好。

【工程实例6】灰土挤密桩复合地基在高层住宅地基加固中的应用

1. 工程概况

某公司住宅坐落在北京朝阳区金台路呼家楼房管所仓库院内。是一座长板楼。地上十二层地下两层。剪力墙结构，大楼板、现浇内纵横墙、外挂板、现浇箱基。基底坐落在 6.435（32.265）标高处，持力层土为亚黏土 $R=60$kPa。地勘报告表明场地地层土质均匀。

2. 设计要求

基槽开挖后，发现异常现象，在基底分布有十七个古井及贯穿纵向基坑的地裂缝。鉴于此情况，设计要求：

（1）将现状地貌进行描述，即把井圈及地面裂缝反映在图纸上。

（2）查明每个古井中原状土的深度，绘出钻孔地区柱状图。

（3）对横穿三道纵墙处的地裂缝要打孔并从基地标高深度1m处开始作标贯，打孔不得少于九个。

（4）西南角井圈处打洛阳铲察明坑深。

此工作委托原勘察单位冶金工业部勘察总公司进行工作。其结果反映在现场基槽地貌图。由古井深度的钻孔所揭露，古井中均充填黄褐—灰—黑色黏性土，含苇箔、陶片、青砖块等杂物。古井内土的含水量较高，呈软塑状态，并影响到井圈周围原状土层含水量也相应增高。经勘查表明：古井周围的土层与原勘察报告所提地层相吻合。井底土也与报告相吻合。对于基坑西南角处古井大部分被基坑边坡所压，无法摆置钻机，用洛阳铲又带不上土样，所以未能查明深度，地裂缝深度一米左右，属张裂缝，土层结果及土的性质与原勘察报告为明显差别。综合分析，裂缝产生的原因是由于基坑范围内分布有数量较多古井，基坑开挖卸荷后，基底土不均匀回弹所致。

3. 地基处理方案选择

鉴于以上情况，设计分析：北京市是永定河洪冲积扇。从总体看是第四纪沉积层，但又因北京市一座古城，文化历史悠久，造成表层土中常有人类文化活动产物，即扰动土在建筑基座下发现砖井、土井、窑、坟、穴等是常事。多年建设我们积累了很多处理这方面的经验。但总的处理方法分为四类：

（1）把境内杂填土挖除，坑底及四壁均见好土，然后用与地基持力层土质压缩性相近的材料如砂石或灰土回填夯实。

（2）加井盖加大基础，用板梁托上部荷重，跨过坑区范围。

（3）当坑井范围较大，坑底土与槽底土一样，将基础落深，做踏步与两端基础相连。

（4）采用挖除处理的方法有困难时，也可以考虑用小直径钻灌桩进行地基加固，在实际工程中，应结合现实情况来处理。

本工程发现多个深土井群，经勘察实测，直径变化在 1.6～3.4m，井深由基底再下去 5.2～7.5m，估计是距今 400～500 年的原始性储物井，井内土质松软、疏散，结构层理杂乱，均匀性差，孔隙比大，压缩性高，这种杂填土不能作天然地基，这些井在西端单元占基底面积的 11% 以上，如不很好处理，是将影响高层建筑的承载力。鉴于施工季节已到十月份，即将进入冬季，要抢时间，要降低造价，要选取一个行之有效的加固方法。最后决定采用灰土挤密桩加固井圈，这样做经济效益显著，而且具有减轻劳动强度，操作方便，文明施工，节省三材等优点。

4. 灰土挤密桩复合地基设计与施工

本工程主要桩孔采用 2KL400B 螺旋钻机成孔，$D＝400mm$，护桩采用 SH-30 钻机成孔 $D＝200mm$，并采用 SH-70 型钻机提升锥形重锤夯实，提升高度不少于 1m，夯锤重 1500N。填料每填孔内 10cm 夯击数不少于 12 锤，在局部桩孔深度超过地下水位，在机械成孔后，往孔内及时回填干混凝土，厚度要求填到地下水位以上，上部仍作灰土桩。每个古井根据其直径范围布点，桩径 $D＝400mm$，可布置 7～2 个不等桩，因部分古井井壁坍塌，在古井外围施工了部分小口径桩，做为护桩，桩径 $D＝200mm$，在整个古井处理完后，上部全面开挖 50cm，用灰土进行人工夯填，以形成桩帽。但是在 A 号井，田大口径施工机械未及时运到，而全部采用小口径桩。

对靠近基础周边的古井，为防止其土体侧向外移，在其周边布置了钢筋混凝土灌注桩，每处 3 根，共 6 处。灌注桩直径 400mm，成孔深度 8m，桩长 7.5m，上留 500m 打 3：7 灰土。

5. 地基处理效果分析

地基处理效果简介：桩及桩间土检测结果即检测灰土校的挤密效果及桩体施工质量。在进行处理的古井进行了标准贯入试验，试验结果见表 19-11。

深度 m ＼ 区号	A	C	M
1.00～1.45	5	6	7
2.00～2.45	6	6	4
3.00～3.45	6	5	5.5
4.00～4.45	6	8	2
5.00～5.45	7	14	7
6.00～6.45	9		
7.05～7.50	8		
$N_{63.5}$	8.7	7.8	5.1
均方差	1.38	3.63	2.13

由表 19-12 可见，古井中杂填土及有机质土在灰土桩的挤密，吸水固结的作用下，其强度比未经处理前提高了 1.4～2 倍，即经处理后的古井中桩间土容许承载力可达 120～150kPa。表中所列的数据是灰土桩养护期仅 7～1 晚期龄时标准贯入试验锤击数，根据标贯击数，其灰土桩的承载力可达 300～400kPa，其室内试验指标为 1.45～1.5kN/m²，压缩模量 E_s＝19.1MPa。

深度 m ＼ 区号	A	C	M
1.00～1.45	14	9	12
2.00～2.45	19	7	17
3.00～3.45	17	10	16
4.00～4.45	18	13	
5.00～5.45	15	18	
$N_{63.5}$	16.6	11.4	14.7
均方差	2.01	4.28	2.52

在开挖 0.5m 深后，实地量得 D＝400mm 的灰土桩夯填挤密后其直径为 D＝450mm，预计在深部其灰土桩的直径还会大一些。经对桩间土进行标贯抽查，其标贯锤击数 $N_{63.5}$＝4～7 锤，在水位以上深度 6m 范围内古井中杂填土及有机质土层均有显著改良。处理后的复合地基容许承载力不低原报告土层 $[R]$＝160KPa。考虑基底应力分布的不均匀，再因人工扰动，变地基处理后，整个基槽加 15cm 灰土垫层，使地基上更均匀。

在西北角（图 19-7 斜线部分），地下水管道漏水浸泡基槽，第一次浸泡深度

0.8m，又二次浸泡，为此要求下挖 1m，用级配砂石回填。因设备搬走后，现场又发现二个古井，只好人工开挖回填，此处不再赘述。

根据沉降观察结果表明，150d 最大沉降量为 1.4cm，相对沉陷量为 0.9cm。基处理共用 10 万元，折每平方米.8 元，施工期 20d。到目前为止，建筑物没有发现问题。

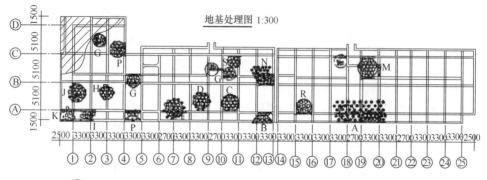

图 19-7

19.5 石灰桩复合地基

先用机械或人工的方法在地基中成孔，然后灌入生石灰块，或灌入掺有粉煤灰、炉渣等掺合料的生石灰混合料，并进行振密或夯实形成石灰桩桩体。石灰桩桩体与桩间土形成石灰桩复合地基，以达到提高地基承载力，减小沉降的目的，称为石灰桩法。

采用石灰桩法加固地基的机理有下述几个方面：

（1）置换作用

在软弱土层中设置具有一定强度和刚度的石灰桩，通过置换作用达到提高地基承载力和减小沉降的目的。

（2）吸水、升温使桩间土强度提高

1kg 生石灰在熟化过程中吸取 0.8~0.9kg 水，并放出 1172kJ 热量。现场实测表明：石灰桩中的生石灰在熟化过程中可使桩体内温度达到 200℃～400℃，这种热量可提高地基土的温度（根据报道，实测桩间土温度可达 50℃ 左右），使地基土体中水分蒸发，有利于地基土体固结。生石灰熟化过程中吸水也使地基土中含水量降低，土体产生固结，土体孔隙比减小。生石灰熟化过程中吸水、升温作用使桩周土排水固结，因此桩间土的抗剪强度得到提高。

（3）胶凝、离子交换和钙化作用使桩周土强度提高

石灰桩与桩间土之间能产生离子交换，使土体产生钙化和胶凝作用。通过在石灰桩体与四周土体接触处形成硬壳体，提高桩身强度有利于提高地基承载力。

上述加固机理对桩间土的加固作用与到桩体的距离有关。距离桩体愈远，加固效果愈弱。因此，石灰桩复合地基中桩间土强度靠近桩体最高，中间最低，可近似认为成线性比例分布。

从上面分析可知石灰桩加固地基机理是多方面的。置换产生的加固作用只是其中的一部分，也可能不是占主要部分。考虑到地基处理方法分类类别不宜过多，故将石灰桩法放在这一章，希望不要引起误解。

石灰桩法适用于加固杂填土、素填土和黏性土地基，有经验时也可用于淤泥质土地基加固。主要用于路基加固、油罐地基加固、边坡稳定工程加固，以及多层住宅建筑地基处理。近些年来，在我国江苏、浙江、湖北、山西和天津等地基得到较多的应用。

石灰桩加固地基设计主要包括：桩孔直径选用、填料的选用、桩位布置和桩距设计、桩长设计、布桩范围的确定等。

在地基中设置石灰桩通常有四种方法：

（1）沉管法成孔提管投料压实法；

（2）沉管法成孔投料提管压实法；

（3）挖孔填料夯实法；

（4）长螺旋钻施工法。

沉管法成孔提管投料压密法是采用沉管打桩机在地基中沉管成孔，然后提管－填料－压实－再提管－再填料－再压实，重复直至成桩，再填土封口压实。封口土体高度不宜小于 0.5m，孔口封土高度应高于地面，防止地面水浸泡桩顶。沉管法成孔提管投料压实法施工过程中要避免塌孔和缩孔，一次提升高度 1.5m 左右。

沉管法成孔投料提管压密法是采用沉管打桩机在地基中沉管成孔后，先向管内填料－再拔管－压实，再填料－拔管－压实，重复直至成桩，再填土封口压实。沉管法成孔投料提管压实法成桩施工过程中要避免堵管。沉管法成孔投料提管压密法较适用于地下水位较高的软黏土地区。

挖孔填料夯实法主要指采用特制的洛阳铲，人工挖土成孔。再分层填料夯

实，并填土封口。

长螺旋钻施工法是采用长螺旋钻机将钻杆钻至设计深度后提钻，取土成孔，然后再将钻杆插入孔内，反转将填放到孔口的石灰桩填料送入孔内，在反转过程中钻杆螺片将桩填料压实。最后封口压实。

在石灰桩施工过程中要控制每米填料量，以保证桩体质量。一般以 1m 桩孔体积的 1.4 倍作为每米填料灌入量的控制标准。

在施工过程中，生石灰与其他掺合料不宜过早拌合，应边拌边灌，以免生石灰遇水胀发影响质量。

【工程实例 7】石灰桩复合地基在建筑物地基加固中应用（根据参考文献 [165] 改写）

1. 工程概况和工程地质条件

华中理工大学汉口分校某六层住宅楼，位于武汉汉口韦桑路。建筑物体型复杂，基础挑出 2m，偏心严重。该住宅楼荷载分布差异大，地基土层又很不均匀，再加上邻近原有一幢六层住宅楼的影响，采用天然地基估计会产生较大的不均匀沉降，将对建筑物造成危害。为此决定采用石灰桩（石灰粉煤灰桩）复合地基处理，要求复合地基承载力达到 160kPa，复合地基加固区压缩模量大于 8.0MPa。

建筑场地位于长江冲积一级阶地，地势平坦，地基土层很不均匀。各土层情况及物理力学指标如表 19-13 所示。地下水属潜水型，静止水位为 1.1～1.3m。

汉口分校某住宅楼场地土质情况表　　　　　　　　　　　　表 19-13

土层号	土层名	层厚	土层描述	含水量 w (%)	天然重度 γ (kN/m³)	孔隙比 e	饱和度 S_r (%)	塑性指数 I_p	液性指数 I_L	压缩模量 E_s (MPa)	静探比贯入阻力 p_s (kPa)	承载力标准值 f_k (kPa)
1	人工填土	1.0～2.7	由建筑垃圾和生活垃圾组成，成分复杂，分布不匀，部分地段有 0.6m 厚淤泥									
2-1	黏土	0.7～1.5	黄褐色，可塑～软塑状，含少量铁质结核和植物根，中等偏高压缩性	34.8	18.4	1.01	94	18	0.76	4.7	1000	120
2-2	淤泥质粉质黏土	1.9～3.1	褐灰色，软～流塑状，含贝壳和云母片，局部夹粉土薄层，高压缩性	37.4	18.3	1.05	98	15	1.24	3.2	600	80

土层号	土层名	层厚	土层描述	含水量 w (%)	天然重度 γ (kN/m³)	孔孔隙比 e	饱和度 S_r (%)	塑性指数 I_p	液性指数 I_L	压缩模量 E_s (MPa)	静探比贯入阻力 p_s (kPa)	承载力标准值 f_k (kPa)
2-3	黏土		黄褐色，可塑状态，含高岭土条纹和氧化铁，夹软塑状粉土薄层	35	18.4	1.02	97	24	0.57	6.5	1500	160
2-4	黏土		褐灰色，软塑状态，含云母片，局部夹有薄层状可塑黏土，或流塑状淤泥黏土及粉土								1100	
3-1	粉土		夹粉砂，稍密状态								3000	
3-2	粉砂		稍密状态								6000	

2. 设计计算

（1）设计方案

采用 300mm 直径石灰粉煤灰二灰桩，桩长 4.0～6.0m。其中基础挑出部分荷载较大，又紧靠原有建筑物，因此该部分二灰桩桩长加长到 6.0m，桩端进入 2～3 黏土层。整幢建筑物布桩 887 根，桩中心距在 550～800mm 之间。设计复合地基置换率 m 采用 25%，荷载偏心处置换率 m 采用 30%。

（2）复合地基承载力计算

由复合地基承载力标准值 $f_{sp,k}$ 计算式，可得到置换率计算式：

$$m' = \frac{f_{sp,k} - f_{sk}}{f_{pk} - f_{sk}} = \frac{160 - 80}{400 - 80} = 0.25 \tag{19-8}$$

由复合地基置换率可计算布桩数

$$k = \frac{m'A}{A_0} = \frac{0.25 \times 250}{0.0707} = 884 \text{ 根} \tag{19-9}$$

式中：A 为基础面积；A_0 是一根石灰桩面积，此处未按膨胀直径计算，偏于安全。f_{sk} 为基础土体承载力标准值，f_{pk} 为桩身承载力标准值，采用武汉地区经验值。实际布桩数 887 根。

3. 施工方法

采用洛阳铲人工成孔，至设计深度后抽干孔中水，将生石灰与粉煤灰按1：1.5体积比拌合均匀，分段填入孔内并分层夯实。每段填料长度30～50cm。桩顶30cm则用黏土夯实封顶。

施工次序遵循从外向内的原则，先施工外围桩。局部孔位水量太大难以抽干时，则先灌入少量水泥，再夯填生石灰粉煤灰混合料。

4. 质量检验

（1）桩身质量检验

采用静力触探试验，取桩身10个点，表明桩体强度较高。

（2）桩间土加固效果检验

取桩间土10个点做静力触探试验，表明桩间土承载力约提高10%。

根据以上两种检验结果，推得复合地基承载力标准值 $f_{sp,k}$ 为161kPa，加固区复合压缩模量 E_{sp} 为8.2MPa。

5. 技术经济效果

住宅楼竣工后两个月，最大沉降5.3cm，最小沉降3.1cm，最大不均匀沉降值2‰。预计最终沉降量可控制在10cm以内。

与原设计采用90根直径Φ600mm、长16～18m的钻孔灌注桩方案相比，节约70%的造价，经济效益明显，并解决了场地狭窄原方案实施困难，并有泥水污染的问题。

19.6　水泥搅拌桩复合地基

深层搅拌法分喷浆深层搅拌法和喷粉深层搅拌法两种。一般说来，喷浆拌和比喷粉拌和均匀性好；但有时对高含水量的淤泥，喷粉拌和也有一定的优势。深层搅拌法通常采用水泥为固化物。深层搅拌法适用于处理淤泥、淤泥质土、黄土、粉土和黏性土等地基。对有机质含量较高的地基土，应通过试验确定其适用性。

采用深层搅拌法形成的水泥土增强体强度和变形模量一般比天然土体提高几倍至数十倍，形成水泥土桩复合地基可有效提高地基承载力和减少地基沉降。采用深层搅拌法形成的水泥土桩复合地基可具有桩式复合地基（图19-8（a）和（b））和格构式复合地基（图19-8（c））两种。桩式复合地基平面布置可采用三角形布置或正方形布置，有时也采用矩形布置。有时为了获得更高的承载能力，可取复合地基置换率 $m=1.0$，即在平面上对地基土体全面进行搅拌，形成水泥土块体基础。或者说将软土层通过深层搅拌，全部形成水泥土。有时为了提高水泥土桩承载力，减小桩体压缩量，在水泥土桩中嵌入一钢筋混凝土桩以形成组合桩。

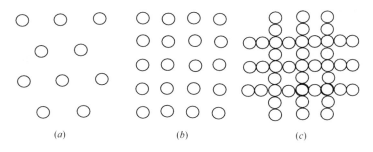

图 19-8　复合地基平面布置形式

(a) 三角形布置；(b) 正方形布置；(c) 格构布置

水泥土增强体复合地基广泛应用于下述工程：

(1) 建筑物地基，如多层民用住宅、办公楼、厂房、水池、油罐等建（构）筑物地基；

(2) 堆场地基，包括室内、室外堆场；

(3) 高速公路和机场停机坪、跑道地基等。

【工程实例 8】浙江善高化学有限公司搅拌桩复合地基（根据参考文献 [106] 改写）

1. 工程概况和工程地质情况

浙江善高化学有限公司一工程拟建厂址位于宁波市北仑区南石桥西侧。北起甬江堤岸，南距江南公路 175～185m，西与浙江太平洋化学有限公司拟建厂址相邻。

根据工程地质勘察报告，该工程场地地貌类型属海积平原，地形平坦，地面标高界于 2.69～1.50m 之间，场地上沟渠较多并有水塘。

在进行地基处理设计前，场地地表已填有厚约 50cm 的碎石垫层，碎石垫层下土层分布情况如下：

(1) 耕植土：层厚 0.2～0.4m，软塑，土中夹有大量植物根茎、有机质等。

(2) I$_1$ 层，黏土或粉质黏土：褐黄、灰黄色，厚层状构造，层厚 1.07～2.80m，可塑，含铁锰质条纹和铁锰质结核，河和水塘处缺失此层。

(3) I$_2$ 层淤泥质粉质黏土：灰～深灰色，无层理，层厚 0.91～8.80m，由软塑到流塑，含少量贝壳碎屑。

(4) II$_1$ 层淤泥：灰色，层厚 3.40～16.22m，流塑，局部贝壳富集。

(5) II$_2$ 层淤泥质黏土：灰色，层厚 8.56～21.4m，流塑，含少量贝壳碎屑。

主要土层土的物理力学性质指标如表 19-14 所示，地基土层容许承载力如表 19-15 所示。

为了进行合理设计，为设计和施工提供合理的参数，结合该工程进行了一系列室内外试验。根据试验成果进行水泥土桩复合地基设计。该工程已投产十多年，地基处理效果良好。

土的物理力学性质指标　　　　　　　　表 19-14

层号	土层名称	层底埋深 (m)	天然含水量 W (%)	天然重力密度 γ (kN/m³)	孔隙比 e	液限 W_L (%)	塑性指数 I_p (%)	液性指数 I_L	压缩模量 $E_{s100-200}$ (MPa)	固快直剪 内摩擦角 $\Phi°$	固快直剪 黏聚力 C (kPa)	十字板强度 C_u (kPa)	静力触探 锥尖阻力 q_s (kPa)	静力触探 侧壁摩阻力 f_s (kPa)	标准贯入击数 N (击)
Ⅰ₁	黏土	1.63	33.02	19.06	0.91	46.96	23.22	0.45	4.44	10.73	18.91	36.42	566.3	33.9	3
Ⅰ₂	淤泥质粉质黏土	3.97	41.70	18.09	1.14	35.31	15.28	1.31	2.50	13.33	4.92	22.72	270.4	7.6	1
Ⅱ₂	淤泥	16.05	54.15	16.93	1.52	43.20	20.69	1.54	1.47	9.42	6.11	17.07	315.1	4.0	0

容许承载力表（kPa）　　　　　　　　表 19-15

地基土层号	规范查表	静力触探	标贯	十字板	建议值
Ⅰ₁黏土、粉质黏土	178	100	105	80	100
Ⅰ₂淤泥质粉质黏土	83	50	55	65	60
Ⅱ₂淤泥	61	53	32	62	50

2. 试验情况

试验内容包括原状土室内试验，水泥土室内试验和现场搅拌桩和搅拌桩复合地基试验。下面主要介绍现场试验情况。试验类型、试验方案如表 19-16 所示。

现场试验方案　　　　　　　　表 19-16

类型	试验方案											
单桩 $n=11$ 根	序号(1)	1	2	4	5	6	7	8	9	10	11	12
	水泥掺合量 a_w（%）	15	15	15	15	15	20	10	15	10.4	10.4	23.4
	桩长 L（m）	15	12.5	12.5	15	9	12.5	12.5	9	12.5	12.5	12.5
	桩径 Φ（mm）	500	500	500	500	500	500	500	500	600	600	400
单桩承台 $1\times1\text{m}^2$ $\Phi=500\text{mm}$ $n=5$ 根	序号 Ⅰ	3		13		14		15		16（圆形承台直径为 1.128m）		
	a_w（%）	15		15		15		20		10		
	L（m）	12.5		9		15		12.5		12.5		
四桩承台两组	$\Phi=500$，$a_w=15\%$，$L=12.5\text{m}$，承台面积 $2\times2\text{m}^2$，第组四根，桩距 1.0m											
天然地基	承压板 $1\times1\text{m}^2$											

水泥搅拌桩成桩采用二次喷浆搅拌工艺，荷载试验用于比较不同桩长、水泥掺合量和桩径的单桩承载力，确定桩土共同作用的带台单桩和四桩复合地基承载力。施工单位于9月1日到9月3日打完24根试桩，其中两组四桩连承台共8根，单桩连承台5根，单桩11根。根据桩长、桩位和水泥掺合量的不同，桩位分两排布置。打5号桩时距地面1.4m处因皮带打滑使5号桩上部少搅拌一次。浙江大学岩土工程研究所于10月1日完成$2\times2m^2$四桩承台、$\phi1128$单桩圆承台和单桩方承台的现场浇筑任务，在水泥搅拌桩养护45d后，从10月16日到11月17日完成全部现场荷载试验。在试桩过程中，除12号，5号单桩发生桩头破坏，其余单桩破坏属于刺入破坏，两个四桩承台复合地基破坏均属由于其中一根桩或两根桩桩身强度不够而导致四桩承台复合地基破坏。由于工期紧，仅对两个四桩承台采用慢速荷载试验法，其余单桩均采用快速荷载试验法完成，四桩承台加荷采用袋装水泥堆载控制，单桩部分采用堆重平台—千斤顶方法加荷。

单桩试验方法参照浙江省标准《建筑软弱地基基础设计规范》中单桩竖向静载荷试验要点，对天然地基的复合地基参照《建筑地基处理技术规范》（报批稿）中有关规定，对两组四桩承台复合地基荷载试验采用慢速维持荷载法，对单桩、带台单桩和天然地基采用快速加载法。

（1）加载卸载分级

对四桩承台复合地基，两项试验的加载等级分别为250、350、490、610、730、850kPa和250、370、490、610、730、850kPa加载时水泥堆载采用对角均匀堆载，以防止复合地基在加荷过程中不均匀沉降。

对单桩承台复合地基试验加载等级分为60、90、120、150、180、210、240、270、300、330、360、390kPa。

对单桩载荷试验加载等级根据其不同桩长、水泥掺合量等分别为40、60、80、100、120、140、160、180、200、220、240、260、280kPa和48、72、96、120、144、168、192、216、240、264kPa以及60、90、12、150、180、210、240、270、300kPa三种。

天然地基载荷试验加载等级为40、60、80、100、120、140、160、180、200kPa。

卸载时，每次卸载为加载时的二倍。

（2）沉降观测时间

对采用慢速维持荷载法的四桩承台复合地基，60kPa自重的荷载重平台先用四只小千斤顶在其底部四角顶离载荷板，等到第一级荷载250kPa加好后，把同时卸下四只小千斤顶的时间作为加载开始，然后在5，15，30，45，60分各测记读数一次，以后每隔半小时测读一次，沉降稳定标准为一小时内沉降增量小于0.10mm。（此后每次加荷前后都需测记读数，以加载完成时间作为此级加荷零点，再接第一级读数时间测记数）。卸载每级维持一小时，按第 0，15，30，60 分钟记数，全部卸载后，间隔三小时测读最后一次读数。

对快速加载法每级荷载维持一小时，再加下一级荷载，每级加载后测读时间与慢速维持荷载法加载后第一个小时相同。卸载时，每级卸载维持半小时，按第 0，5，15，30 分钟测记读数，全部卸载后，间隔两小时测读最后一次读数。

（3）终止加载条件

对慢速维持荷载法（四桩承台复合地基），出现下列情况之一时，即可终止加载：

1）荷载板突然下沉，地面出现裂缝。

2）荷载不变，24 小时内沉降速率几乎为等速。

3）沉降急剧增大，p-s 曲线出现陡降段。

4）总沉降超过 100mm。

对采用快速加载法的单桩承台复合地基和天然地基载荷试验终止加载条件与慢速维持荷载法相同。

对单桩的快速载荷试验，当出现下列情况之一时，即可终止加载：

1）试桩在某级荷载作用下的沉降增量大于前一级荷载作用下沉降增量的 5 倍，且桩顶的总沉降量超过 50mm。

2）试桩桩顶的总沉降量已超过 100mm。

3. 试验结果

（1）四桩承台复合地基

根据工程实际情况，取四桩承台复合地基荷载试验 $p \sim s$ 曲线直线段的比例界限点作为承载力，比例界限点出现沉降等于 2cm 处，故取沉降 $s = 20$cm 处对应的荷载作为复合地基的容许荷载。

由此，17 号～20 号和 21 号～24 号四桩承台复合地基的容许承载力分别为：

17 号～20 号： $[R] = 650$kN/4m$^2 = 151.2$kPa

21 号～24 号： $[R] = 505$kN/4m$^2 = 126.2$kPa

根据以上二组情况，取四桩承台复合地基容许承载力 $[R] = 139$kPa。

四桩承台复合地基变形模量可取曲线直线段的比例界限点所对应的荷载和沉降来计算，对于方形压板 $w_s = 0.88$，黏土复合地基的泊松比取 $\mu = 0.35$（以下同），即 $1 - \mu^2 = 0.88$，由 $E = w_s (1 - \mu^2) \dfrac{p_1 B}{s_1}$ 可得：

17 号～20 号： $E = 0.88 \times 0.88 \times \dfrac{605 \times 2}{4 \times 0.02} = 11713$kPa $= 11.7$MPa

21 号～24 号： $E = 0.88 \times 0.88 \times \dfrac{505 \times 2}{4 \times 0.02} = 9777$kPa $= 9.8$MPa

根据以上二种情况，取四桩承台复合地基的变形模量 $E_{四} = \dfrac{11.7 + 9.8}{2}$

＝10.8MPa。

（2）单桩承台复合地基

1）16 号单桩承台复合地基

载荷板采用 Φ1128 圆台，桩长 12.5m，水泥掺合量为 10%，终止荷载为 270kN，根据有关规范，取终止荷载前一级荷载作为极限荷载，则 16 号单桩复合地基的容许承载力为 $[R]_{16}$＝120kPa。

2）15 号单桩承台复合地基

采用 $1 \times 1m^2$ 方台，桩长 12.5m，水泥掺合量 20%。终止荷载为 390kPa，容许承载力的确定参照有关规范规定，曲线有较明显直线段，直线段的比例极限荷载为 p_0＝180kPa，由于 p_u＝360kPa，故取直线段的比例极限荷载为 15 号单桩复合地基的容许承载力，即 $[R]_{15}$＝180kPa。

3）14 号单桩承台复合地基

采用 $1 \times 1m^2$ 方台，桩长 15m，水泥掺合量 15%，终止荷载 360kPa，容许承载力确定参照有关规范规定，曲线有效明显直线段，直线段的比例极限荷载 p_0＝360kPa，则 p_u＝330kPa 大于 $1.5p_0$＝1.5×180＝270kPa，故取直线段的比例极限荷载作为 14 号单桩复合地基的容许承载力，即 $[R]_{14}$＝180kPa。

4）13 号单桩承台复合地基

采用 $1 \times 1m^2$ 方台，桩长 9m，水泥掺合量 15%，终止荷载为 300kPa，容许承载力确定参照有关规范规定，曲线没有明显直线段，取 $p \sim s$ 曲线明显陡降段的起点所对应的荷载作为极限承载力 p_u＝240kPa，则 13 号单桩承台复合地基容许承载力 $[R]_{13}$＝120kPa。

5）3 号单桩承台复合地基

采用 $1 \times 1m^2$ 方台，桩长 12.5m，水泥掺合量 15%。终止荷载为 270kPa，容许承载力因曲线有明显的直线段，直线段的比复合例极限荷载 p_0＝150kPa，取终止荷载前一级作为极限荷载则 p_u＝240kPa，由于 p_u＝240kPa 大于 $1.5p_0$＝1.5×150＝225kPa，故取直线段的比例极限荷载 p_0＝150kPa 作为 3 号单桩承台地基的容许承载力，即 $[R]_3$＝150kPa。

（3）天然地基

天然地基载荷板采用 $1 \times 1m^2$ 方台挖至 I_2 层黏土或粉质硬壳层，终止荷载 180kPa，由于曲线无明显直线段，取终止荷载前一级作为极限荷载 p_0＝160kPa，地基容许承载力 $[R]_0$＝80kPa

天然地基的变形模量按相对沉降量 s/b＝0.02 所对应的荷载进行计算，黏土的泊松比为 0.42，则

$$E_0 = w_r \left(1 - \mu^2 \, \frac{p_0 B}{S_0} \right)$$

$$=0.88 \times (1-0.42^2)\frac{114 \times 1}{0.02} = 413\text{kPa} = 4.13\text{MPa} \qquad (19\text{-}10)$$

16 号、15 号、14 号、13 号、3 号单桩承台复合地基和天然地基的试验分析结果见表 19-17。

单桩承台复合地基和天然地基的试验分析结果　　　　表 19-17

编号	16 号	15 号	14 号	13 号	3 号	天然地基
类型说明	直径 1.128m 圆台 L=12.5m a_w=10%	1×1m² 方台 L=12.5m a_w=20%	1×1m² 方台 L=15m a_w=15%	1×1m² 方台 L=9m a_w=15%	1×1m² 方台 L=12.5m a_w=15%	1×1m² 方台
比例界限荷载（kPa）	无	180	180	无	150	无
极限承载力（kPa）	240	360	330	240	240	160
容许承载力（kPa）	120	180	180	120	150	80

从表 19-17 可以看出，复合地基容许承载力要比天然地基提高 1 倍左右。

（4）单桩

单桩极限承载力的确定根据浙江省标准《建筑软弱地基基础设计规范》DBJ 10-1-90 规定。

单桩容许承载力取单桩竖向极限承载力除以 2 确定。

各根单桩的试验结果见表 19-18，各单桩建议容许承载力见表 19-19。分析各单桩试验结果，当桩径 $\phi500$，掺合量 a_w＝15% 不变时，不同桩长 L＝9m、L＝12.5m 和 L＝15m 的单桩容许承载力分别为：84kPa、96kPa 和 120kPa，承载力随桩长的增加而增加。当桩径 $\phi500$，桩长 L＝12.5m 不变，不同掺合量 a_w＝10%、a_w＝15% 和 a_w＝20% 的单桩容许承载力分别为 80kPa，96kPa，135kPa，承载力随水泥掺合量的增加而增大。

当桩长 L＝12.5m 不变，总水泥用量不变时，不同桩径 $\Phi400$，a_w＝23.4%；$\phi500$，a_w＝15%；$\Phi600$，a_w＝10.4% 的单桩在相同水泥用量情况下单桩容许承载力接近。

根据本工程 11 根单桩静载荷试验，5 组单桩承台复合地基载荷试验，2 组四桩连承台复合地基载荷试验和一组天然地基载荷试验的结果分析，建议该工程常规构筑物的地基处理采用直径为 500mm 的单头水泥搅拌桩，比较合理的桩长为 12.5m 左右，合理掺合比为 a_w＝15%，单桩容许承载力为 96kN，单桩连承台复合地基的容许承载力为 150kPa，天然地基的容许承载力为 80kPa，四桩连承台复合地基的容许承载力 139kPa 和单桩连承台地基容许承载力接近。天然地基的变形模量为 4.13MPa，四桩承台复合地基的变形模量为 10.8MPa。复合地基的合理置换率则由下式确定：

表 19-18

单桩的试验结果

编号	1号	2号	4号	5号	6号	7号	8号	9号	10号	11号	12号
类型说明	a_w=15% L=15m	a_w=15% L=12.5m	a_w=15% L=12.5m	a_w=15% L=15m	a_w=15% L=9m	a_w=20% L=12.5m	a_w=10% L=12.5m	a_w=15% L=9m	Φ600 a_w=10.4% L=12.5m	Φ600 a_w=10.4% L=12.5m	Φ400 a_w=23.4% L=12.5m
比例界限荷载（kN）	100	120	96	120	160	150	100	/	120	/	100（再加荷）
相对沉降量 s/d=0.03 所对应的荷载（kN）	/	/	/	/	/	/	/	110	/	127	92（第一次加荷）
终止荷载（kN）	140	216	216	150	260	300	180	192	240	192	120
极限荷载（kN）	/	192	192	/	220	270	160	168	216	168	/
容许承载力（kN）	100	96	96	120	110	135	80	84	108	84	96
备注	桩头压碎			桩头压碎							桩头压碎

表 19-19

建议容许承载力

类型说明	L=12.5m a_w=15%Φ500	L=9m a_w=15%Φ500	L=15m a_w=15%Φ500	L=12.5m a_w=10%Φ500	L=12.5m a_w=20%Φ500	L=12.5m a_w=15%Φ500	L=12.5m a_w=10.4%Φ500	L=12.5m a_w=23.4%Φ400
建议容许承载力（kN）	96	84	120	80	135	96	96	96

$$m = \frac{R_{sp} - \eta R_s}{\frac{[R]}{A} - \eta R_s} \qquad (19\text{-}11)$$

式中　R_{sp}——设计要求的地基承载力；

　　　R_s——桩间土的容许承载力；

　　$[R]$——单桩容许承载力；

　　　η——桩间土的承载力折减系数，$\eta = 0.5 \sim 1.0$。

根据不同的 η 值，可得本工程合理置换率为 $m = 15\% \sim 24.5\%$。

对于水泥搅拌桩的施工，建议用二次喷浆搅拌的成桩工艺能使水泥浆和软土均匀地拌和，并能保证水泥浆的灌入量。桩顶附近 10d 范围左右的桩身强度是加固质量的关键。单桩承载力一般随桩身强度的减小而降低，且耕植土的承载力本身就较低，故对条形基础和独立基础下的搅拌桩顶高程必须控制在耕植土以下即在 I_2 层黏土或粉质黏土硬壳层中，在耕植土层中的搅拌桩必须凿掉，以避免出现搅拌桩桩顶压碎。在本工程的场址范围内，局部存在有水塘、泉眼等，建议对沉降和承载力有特殊要求的构筑物以及处理水塘、泉眼中或边上的搅拌桩复合地基需作特别处理。

4. 设计和施工

浙江善高化学有限公司离子膜烧碱工程有十个子项工程采用水泥搅拌桩复合地基。水泥搅拌桩桩径取 $\phi 500 \text{mm}$，水泥掺合量取 $a_w = 15\%$，复合地基置换率取 $m = 18\%$。复合地基沉降要求小于 15.0cm，设计桩长分别取 12.5～15.0m。搅拌桩施工采用 DBJ—140 型单轴深层水泥搅拌机施工，采用二次喷浆搅拌成桩工艺。根据现场试验，桩顶附近桩身强度是加固质量的关键。在桩顶 4m 范围内增加一次喷浆搅拌，并增加 5% 的水泥掺合量。每 1m^3 水泥土需水泥量 303kg，石膏粉 6.07kg，木质素磺酸钙 0.607kg。

该工程完成工程量如表 19-20 所示。

各子项工程量表　　　　　表 19-20

子项名称 内容	厂部办公楼	汽车库	机修	化验办公楼	高纯盐酸	氯氢处理	二次盐水	一次盐水	原盐运	总变	合计
桩数	495	187	192	362	49	53	139	488	1272	348	3585
桩径（mm）	500	500	500	500	500	500	500	500	500	500	
施工桩长(m)	13.5	13.5	13.5	13.5	13.5	13.0	13.0	13.0	13.0	16.0	
有效桩长	12.5	12.5	12.5	12.5	12.5	12.0	12.0	12.0	12.0	15.0	
水泥土桩量（m³）	1312.10	495.68	580.94	959.56	129.88	135.28	354.80	1245.64	3246.84	1093.27	9482.02
工程造价（元）	78726	2974	30536	57573	7793	8117	21288	74738	194810	65596	568921

按照有关规范要求，对 2% 以上桩进行抽检，对成桩 24 小时左右的工程桩进行 N_{10} 轻便触探试验，试验表明桩身强度满足设计要求。

5. 加固效果分析

沉降观测表明，水泥搅拌桩复合地基沉降量均小于 150mm，满足设计控制值 150mm。该厂已投入运行 10 余年，未发现问题，该沉降量可以满足工程要求。

工程实践表明该工程上述子项工程采用水泥搅拌桩复合地基是合适的，复合地基设计方法和施工以及检测手段是可行的。

【工程实例 9】 南京南湖地区水泥搅拌桩复合地基（根据参考文献 [34] 改写）

1. 工程概况和工程地质情况

南京南湖地区东升片小区地处长江南岸，工程地质情况如表 19-21 所示。东升片小区的六层住宅荷载如下：载重横墙为 196kN/m，自承重纵墙为 137kN/m，阳台牛腿每个传力为 19.6kN，双阳台牛腿每个传力 39.2kN。

南湖地区东升小区土的物理力学指标 表 19-21

层序	土名	层底埋深 m	含水量 w (%)	孔隙比 e	塑性指数 I_P	压缩模量 $E_{s1\sim2}$ (MPa)	内聚力 C (kPa)	内摩擦角 φ	桩周土的容许摩擦力 f (kPa)	桩尖土的容许承载力 R_j (kPa)	地基土容许承载力 (kPa)
	填土	2.0~2.9									
	亚黏土	3.7~3.8	35.2	0.972	15.1	4.06	10	15.0	12		90
	淤泥质亚黏土	13.9~14.0	41.5	1.185	15.0	2.06	9	13.0	9.8		70
	淤泥质亚黏土	45.8~46.5	38.4	1.127	16.0	3.06	11	11.5	9.8		70
	淤泥质亚黏土与粉砂互层	49.0~49.8	28.8	0.867	10.6	5.21	10	20.0	20		120
	粉细砂	58.7~59.5	31.4	0.882		9.16	6	23.0	30	1500	250
	卵砾石夹黏性土	60.0~63.4								4000	300
	泥质粉砂岩	63.5~69.4									400~60
	泥质黏砂岩	未钻穿									1000

317

2. 搅拌桩复合地基的设计

搅拌桩复合地基的设计参数初步确定如下：深层搅拌桩的直径取 500mm，桩的截面积 $A_p = 0.196m^2$，搅拌桩的周边长 $S_p = 1.57m$，桩长取 $l_p = 10.0m$，水泥掺合比采用 $a_w = 15\%$。根据初步确定的设计参数和天然地基情况，以及荷载情况，设计计算如下：

（1）确定单桩承载力

根据桩侧摩阻力确定单桩承载力。按地质勘察报告桩侧容许摩阻力取为 $f = 9.8kN/m^2$，搅拌桩单桩承载力为

$$p_p = fS_p l_p = 153.9kN \tag{19-12}$$

根据桩身强度确定单桩承载力。桩身强度取 $R = 2000kPa$，折减系数取 $\eta = 0.33$，搅拌桩单桩容许承载力为

$$p_p = \eta R A_p = 129.4kN \tag{19-13}$$

综合以上两种计算，取单桩容许承载力 $p_p = 120kN$。

（2）确定所需的复合地基承载力值

根据上部荷载以及条基宽度、深度，确定所需的复合地基承载力。初步确定横墙下条基宽 $B_1 = 15.5m$，纵墙下条基宽 $B_2 = 1.0m$，基础埋深统一取为 $D = 1.0m$，基础底面以上地基土及基础容重统一取为 $\gamma = 19.6kN/m^3$，横墙下荷载为 $N_1 = 196kN/m$，纵墙下荷载为 $N_2 = 137.2kN/m$，则所需复合地基承载力分别为

a. 横墙下基础

$$P_{c1} \geqslant N_1/B_1 + D\gamma = 151.6kN/m^2 \tag{19-14}$$

b. 纵墙下基础

$$P_{c2} \geqslant N_2/B_2 + D\gamma = 156.8kN/m^2 \tag{19-15}$$

综上计算，取所需复合地基承载力 $P_c = 156.8kN/m^2$。

（3）确定复合地基置换率，即确定复合地基承载力

根据所需的复合地基承载力值、单桩容许承载力值、桩间土容许承载力值，计算复合地基置换率 m。确定了复合地基置换率，也就确定了复合地基承载力设计值。

参照地质勘察报告，取桩间土容许承载力 $P_s = 68.6kN/m^2$。由于水泥搅拌桩桩端仍处于软土层，取桩端折减系数 $\lambda = 0.5$，则复合地基置换率为

$$m = (P_c - \lambda P_s)/(p_p/A_p - \lambda P_s) \times 100\% = 21.2\% \tag{19-16}$$

取置换率 $m = 22\%$，即复合地基承载力可满足要求。

（4）布桩设计

根据复合地基置换率要求，条基的宽度和搅拌桩的桩径确定布桩间距。

a. 横墙下

每米距布桩数：

$$n_1 = B_1 m / A_p = 1.684 \text{（根）} \tag{19-17}$$

布桩间距要求：

$$S_1 = 1/n_1 = 0.59\text{m} \tag{19-18}$$

b. 纵墙下

每米距布桩数：

$$n_2 = B_2 m / A_p = 1.122 \text{（根）} \tag{19-19}$$

布桩间距要求：

$$S_2 = 1/n_2 = 0.89\text{m} \tag{19-20}$$

考虑到局部加强以及施工便利性等因素，实际布桩间距可对以上计算结果进行适当调整。

另外：对于阳台、楼梯间等处有集中荷载传下的地方，采用将条基外挑 1.5m 的方式加以处理，外挑条基下复合地基设计同上所述。结果应偏于安全。

（5）验算加固区下卧土层强度

根据上部荷载、桩群体的体积力以及桩群体的侧摩阻力验算复合地基下卧层的强度。基本计算数据如下：

加固地基的基础底面积

$$F = 390.05\text{m}^2$$

桩群体底面面积

$$F_1 = 260.34\text{m}^2$$

桩群体侧表面面积

$$F_s = 5572\text{m}^2$$

桩群体的体积力

$$G = \gamma_p F_1 l_p = 20410.66\text{kN} \tag{19-21}$$

其中 γ_p 为复合地基上的平均浮容重，取

$$\gamma_p = 7.85\text{kN/m}^3$$

桩群体底面平均压力为：

$$P_a = \left[R_c F + G - \lambda R_s (F - F_1) - f_s F_s \right] / F_1 = 86.5\text{kN/m}^2 \tag{19-22}$$

下卧土层的强度修正：

下卧层为③$_1$层，为淤泥质亚黏土，其容许承载力为 $[R] = 68.6\text{kN/m}^2$，取其埋深为一个 $D = l_p = 10.0\text{m}$，取深度修正数 $m_D = 1.0$，其修正强度为：

$$R = [R] + m_D \gamma_p (D - 1.5) = 135.2\text{kN/m}^2 > p_a = 86.5\text{kN/m}^3 \tag{19-23}$$

所以，下卧土层的强度满足要求。

（6）沉降计算

复合地基的沉降 S 可分为两部分：其一为复合地基加固区部分即加固区的压缩量 S_1，其二为加固区下卧层的压缩量 S_2。根据经验，多层住宅下水泥土桩复

合地基加固区压缩量小于 3cm，因而可取 $S_1 = 3$cm。

下卧层压缩量按分层总和法计算，下卧层共计有两层：③₁层厚 3m，压缩模量 $E_{s1\sim2} = 2600$kN/m²，③₂层厚 30m，压缩模量 $E_{s1\sim2} = 3060$kN/m²。取下卧层顶面平均压力 $P_a = 90$kN/m²，取下卧层原上覆土加权平均浮容重 $\gamma = 7$kN/m²。

则下卧层顶面平均附加应力为

$$p_0 = P_a - \gamma D = 20\text{kN/m}^2 \tag{19-24}$$

沉降计算示意图如图 19-9 所示。

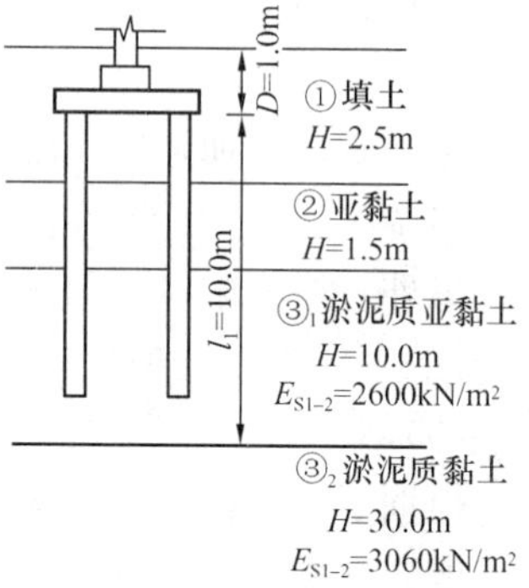

沉降计算以建筑物中心沉降量最大处作为标准，其简化形式为长度 15.0m 的横墙下条基与长度为 40.0m 的纵墙下条基以中点相交，其余条基以影响系数 $\eta = 1.5$ 计算。

a. 横墙下条基

$B_1 = 1.5$m $A_1 = 7.5$m

$z_1 = 11.0$m $A_1/B_1 = 5$

$z_1/B_1 = 7.3$

查表得

$C_1 = 0.104$ $z_2 = 14.0$m

$A_1/B_1 = 5$ $z_2/B_1 = 9.3$

查表得

$C_2 = 0.088$ $z_3 = 44.0$m $A_1/B_1 = 5$ $z_3/B_1 = 29.3$

查表得

$$C_3 = 0.046$$

$$S_a = \left[\sum_{i=1}^n \frac{p_0}{E_{si}} (z_i C_i - z_{i-1} C_{i-1}) \times 2 = 1.17\text{cm} \right] \tag{19-25}$$

b. 纵墙下条基

$B_2 = 1.0$m $A_s = 20.0$m $z_1 = 11.0$m $A_2/B_2 = 20$ $z_1/B_2 = 11$

查表得

$C_1 = 0.0815$ $z_2 = 14.0$m $A_2/B_2 = 20$ $z_2/B_2 = 14$

查表得

$C_2 = 0.0692$ $z_3 = 44.0$m $A_2/B_2 = 20$ $z_3/B_2 = 44$

查表得

$$C_3 = 0.0510$$

$$S_b = \left[\sum_{i=1}^n \frac{p_0}{E_{si}} (z_i c_i - z_{i-1} C_{i-1}) \times 2 = 1.78\text{cm} \right] \tag{19-26}$$

式中 C_i 和 $C_{i=1}$ 为基础底面分别至第 i 层和第 $i-1$ 层底面范围内的平均附加

图 19-9 沉降计算示意图

应力系数。

下卧层的压缩量为

$$S_2 = m_s \mu (S_a + S_b) = 5.75 \approx 5.8 \text{cm} \qquad (19\text{-}27)$$

式中 m_s 是沉降计算经验系数，由于下卧层各层的压缩模量 $E_{s1\sim2}$ 均小于 4000kN/m^2，故取 $m_s = 1.3$。

地基总沉降量为

$$S = S_1 + S_2 = 8.8 \text{cm} \qquad (19\text{-}28)$$

满足设计要求。

19.7 低强度桩复合地基

凡桩体复合地基中的竖向增强体是由低强度桩形成的复合地基，可以统称为低强度桩复合地基。低强度桩桩身强度低是与钢筋混凝土桩、钢管桩相比较而言。低强度桩常用水泥、石子及其他掺合料（如砂、粉煤灰、石灰等）加水拌和，用各种成桩机械在地基中制成的强度等级为 C5～C25 的桩。低强度混凝土桩可以较好地发挥桩的侧摩阻力，而且当桩端落在较好的土层上时，还可较好地发挥桩端阻力作用，所以桩体可将荷载传递给较深的土层，因此低强度混凝土桩复合地基的承载力较大、沉降较小。低强度混凝土桩的施工工艺基本同一般沉管灌注桩，施工工艺简单。低强度混凝土桩复合地基因为桩长、桩径以及桩身强度较易控制，施工速度快，工期短。通过合理设计，低强度桩复合地基技术可以充分发挥桩体材料的潜力，又可充分利用天然地基承载力，并能因地制宜，利用工业废料和当地材料，工程造价低廉，因此具有较好的经济效益和社会效益。

【工程实例 10】安徽铜陵金隆铜业有限公司精矿库二灰混凝土桩复合地基（根据参考文献［41］改写）

1. 工程概况和工程地质情况

精矿库是铜陵金隆铜业有限公司的重要建筑物，其平面长 300m，宽 33m。地面堆载 20t/m^2。厂房采用桩基础。厂房南部属长江右岸河漫滩，北部位于长江右岸的阶地与河漫滩接触处。场区地形比较平坦。通过钻孔揭露，场区内的地层分别有人工填土、第四系全新统冲积黏性土层（Q_4^{al}）、第四系上更新统冲积粉质黏土层（Q_3^{al}）、第四系中更新统冰水沉积卵碎石层（Q_2^{fgl}）、第三系红砂岩层（R）自上而下分布。场地内的地下水有潜水和上层滞水两种类型。潜水主要贮存于第四系全新统冲积黏性土层中；上层滞水主要贮存于第四系上更新统冲积粉质黏性土层中，水量较小。场地内的地下水对混凝土无侵蚀性。地下水稳定水位标高一般在 12m 左右。整个场地软弱土层较厚，下伏硬土层呈北高南低，地层层位变化较为复杂，又跨两种不同地貌单元，属复杂场地。天然地基承载力设计值 100kPa 左右，远小于堆场所需承载力 200kPa。通过比较分析决定采用二灰混凝土桩复合地基处理，并决定通过现场试验获得设计参数。试验区位于整个场地的中央位置，长 23m，宽 16m，试验区土层分布见表 19-22 所示，地基土的物理力学性质见表 19-23 所示。

土层描述 表 19-22

时代及成因	土的名称	密实度或状态	地层厚度（m）	层底标高（m）	地层描述
Q^{ml}	人工填土	松散	3.6	14.64 11.04	主要是由冶炼废粗、砾粒黑砂组成，强度较低
Q_{4-3}^{al}	粉质黏土	可塑	2.54	9.0	黄褐色～绿灰色，含氧化铁，间夹粉土
	黏土	可塑	1.46	7.04	黄褐色～灰色，含氧化铁
Q_{4-2}^{al}	黏土	软塑	1.80	5.24	灰色～褐灰色，含少量腐殖物
	粉质黏土	较塑	11.54	−6.3	灰色～褐灰色，含腐殖物及软化的灰白色钙质团块，间夹粉土
Q_{41}^{al}	粉质黏土	可塑	1.30	−7.6	灰色～绿灰色～黄褐色
	粉质黏土	硬塑	9.70	−17.3	灰色～灰绿色～黄褐色，含氧化铁、灰白色高岭土及腐殖物
Q_2^{tanl}	卵、碎石层	密实	2.5	−19.8	卵、碎石成分从石英砂岩为主

各土层物理力学性质 表 19-23

土的名称	含水量 ω	重度 γ	孔隙比 e	液限 ω_L	塑限 ω_P	不排水		桩周土摩擦力标准值 q_s	压缩模量 E_{s1-2}	承载力标准值 f_k
						内摩擦角 φ_s	内聚力 C_u			
	%	kN/m³		%	%	°	kPa	kPa	MPa	kPa
人工填土										
粉质黏土	27.3	19.6	0.76	33.9	20.2	1.40	39.6	30		180
黏土	28.7	19.1	0.83	43.1	22.5	3.6	67.2	35	6.9	170
黏土	39.0	18.0	1.09	40.3	21.8	1.68	37.3	20	4.31	95
粉质黏土	32.8	18.7	0.92	33.7	19.5	1.97	32.3	22	5.5	115
粉质黏土	27.8	19.2	0.78	32.6	18.3	5.69	53.3	28	7.84	190
粉质黏土	24.2	19.8	0.68	36.2	19.5			40	13.8	280
卵碎石层								60	32	550

2. 二灰混凝土桩复合地基加固机理

二灰混凝土桩是指二灰混凝土经振动沉管灌注法形成的一种低强度混凝土桩。与普通混凝土桩相比，二灰混凝土桩的桩体材料强度较低，一般设计桩体强度在6~12MPa之间。

二灰混凝土桩与桩间土形成二灰混凝土桩复合地基，它属于柔性桩复合地基或刚性桩复合地基，视设计采用的桩土相对刚度确定。

二灰混凝土桩的承载力一方面取决于二灰混凝土的强度、另一方面取决于桩侧摩阻力和桩端阻力。在设计中，可使两者提供的桩体承载力接近，以充分利用桩体材料。二灰混凝土桩采用振动沉管灌注法施工。在成桩过程中，对桩间土有挤压作用。对于砂性地基和非饱和土地基，挤压作用对桩间土有振密挤密作用，桩间土土体强度提高、压缩性减少。对饱和软黏土地基，挤压作用使桩间土中产生超孔隙水压力，并对桩间土有扰动作用。初期桩间土强度可能会有所降低，随着时间发展，扰动对土体结构破坏会得到恢复，超孔隙水压力消散，土体强度会有所提高。二灰混凝土由水泥、粉煤灰、石灰、砂、石与水拌和，经过一系列物理化学反应形成。

3. 二灰混凝土桩复合地基的承载力

（1）二灰混凝土桩承载力

通过调整水泥掺量、粉煤灰掺量及其比例，二灰混凝土桩桩体强度和模量变化幅度较大。二灰混凝土桩承载力除通过载荷试验确定外，一般可通过下述方法计算：

1）根据桩身材料强度计算承载力；

2）根据桩周摩阻力和端阻力计算承载力。

二者中取较小值为二灰混凝土桩的承载力。

根据桩身材料强度计算单桩极限承载力 p_{pf}，

$$p_{pf} = q_c \qquad\qquad (19\text{-}29)$$

式中　q_c——桩体轴心抗压极限强度，$q_c = \mu q_{cu}$；

　　　μ——轴心抗压系数；

　　　q_{cu}——桩体立方体抗压强度。

单桩容许承载力 p_{pc} 计算式为：

$$p_{pc} = p_{pf}/K \qquad\qquad (19\text{-}30)$$

式中　K——安全系数。

根据桩周摩阻力和桩端阻力计算二灰混凝土桩单桩承载力的表达式为

$$p_{pf} = [\Sigma f_i S_a L_i + A_p R]/A_p \qquad\qquad (19\text{-}31)$$

式中　p_{pf}——单桩极限承载力，kPa；

　　　S_a——桩身周边长度，m；

f_i——按土层划分的各土层的桩周土的极限摩阻力，kPa；

L_i——按土层划分的各段桩长，m；

R——桩端土极限承载力，kPa；

A_p——桩身横断面积，m^2。

单桩容许承载力计算式为

$$p_{pc} = p_{pf}/K \tag{19-32}$$

式中　K——安全系数；

　　　p_{pc}——单桩容许承载力，kPa。

（2）二灰混凝土桩复合地基承载力

二灰混凝土桩复合地基承载力一般可通过复合地基载荷试验确定，也可通过计算预估复合地基承载力。计算时建议采用下述方法：首先分别确定桩体的承载力和桩间土承载力，根据一定的原则叠加这两部分承载力得到复合地基承载力。复合地基的极限承载力 p_{cf} 可用下式表示：

$$p_{cf} = K_1\lambda_1 m p_{pf} + K_2\lambda_2(1-m)p_{sf} \tag{19-33}$$

式中　p_{pf}——桩体极限承载力，kPa；

　　　p_{sf}——天然地基极限承载力，kPa；

　　　K_1——反映复合地基中桩体实际极限承载力的修正系数，一般大于 1.0；

　　　K_2——反映复合地基中桩间土实际极限承载力的修正系数，其值视具体工程情况而定，可能大于 1.0，也可能小于 1.0；

　　　λ_1——复合地基破坏时，桩体发挥其极限强度的比例，可称为桩体极限强度发挥度。若桩体先达到极限强度，引起复合地基破坏，则 λ_1 = 1.0。若桩间土比桩体先达到极限，则 $\lambda_1 < 1.0$。二灰混凝土桩复合地基一般可取 λ_1 = 1.0；

　　　λ_2——复合地基破坏时，桩间土发挥其极限强度的比例，可称为桩间土极限强度发挥度。一般情况下，复合地基中往往桩体先达到极限强度，则 λ_2 通常在 0.4～1.0 之间；

　　　m——复合地基置换率，$m = A_P/A$，A_P 为桩体的横断面积，A 为桩体所承担的复合地基面积。

4. 二灰混凝土桩复合地基沉降计算

在计算复合地基沉降过程中，由于对复合地基在荷载作用下应力场和位移场的分布情况了解不多，其沉降计算方法及理论还不成熟。通常在计算中把复合地基的沉降分为二部分，复合地基加固区压缩量记为 S_1，复合地基加固区下卧层压缩量记为 S_2。于是，荷载作用下复合地基的总沉降量 S 可表示为二部分之和，即

$$S = S_1 + S_2 \tag{19-34}$$

对加固区压缩量 S_1，可采用复合模量法（E_c 法）、桩身压缩量法（E_p 法）和应力修正法（E_s 法）计算。下卧层的压缩量 S_2 常采用分层总和法计算，下卧层中附加应力可采用压力扩散法、等代实体法和改进 Geddes 法计算。

5. 二灰混凝土配合比设计要点

由于二灰混凝土配合比试验资料较少，且其强度变化规律较为复杂，建议二灰混凝土配合比设计以普通混凝土配合比为基础，按等和易性、等强度原则，用等量取代法进行计算调整，其设计要点如下：

（1）按照设计要求的混凝土强度等级，设计普通混凝土的配合比，作为基准混凝土（即不掺粉煤灰的混凝土）配合比。其设计计算方法与普通混凝土配合比设计方法相同，得到水泥用量 C_o，用水量 W_o，砂率 S_{po}。然后假定混凝土容重为 $2350 \sim 2400 \mathrm{kg/m^3}$，求得相应细骨料、粗骨粒用量 S_o 和 G_o。

（2）确定 $F/(F+C)$ 的比值

控制粉煤灰掺量为基准混凝土总水泥用量的 $40\% \sim 50\%$ 之间，一般可取 $F/(F+C) = 45\%$。

（3）确定水泥 C，粉煤灰 F 用量

粉煤灰　　　$F = \dfrac{F}{F+C} \times C_o$

水泥用量　　$C = C_o - F$

（4）确定石灰掺量

石灰掺量为粉煤灰掺量的 $20\% \sim 30\%$ 之间。

（5）确定用水量 W

二灰混凝土的用水量，按基准混凝土配合比的用水量 W_o 取用。

（6）二灰混凝土的细骨料，粗骨料用量

细骨粒和粗骨料用量按基准混凝土的相应值选取，即：$S = S_o$ 和 $G = G_o$。

（7）适当掺加外加剂。如适当掺加减水剂等。

（8）以后的配合比试配和调整过程与普通混凝土相同。

6. 试验内容

在试验区内布置了三种不同桩距，分别为 1.2m、1.6m、1.8m，以取得不同置换率下复合地基承载力和变形特性。本次现场试验包括天然地基、桩间土、单桩、单桩带台复合地基的静载试验。具体试桩规格和内容见表 19-24。

现场试验二灰混凝土桩，采用振动沉管法施工。桩身混凝土设计强度为 10MPa，桩径为 377mm，桩长为 15m。具体施工时沉管口套 30MPa 钢筋混凝土预制桩尖，沉管管径为 377mm。施工时先振动沉管到设计标高，随后往投料口按充盈系数 1.1 ~ 1.3 计算的混凝土量一次灌足，再先振动后拔管，边振边拔，此时应控制拔管速度。精矿库工程由浙江台亚公司地基工程队负责施工。1994年2月完成试验区成桩施工，同年4月20日开始单桩、复合地基载荷试验。

本次载荷试验采用堆载法，千斤顶反压加荷。沉降观测使用 2～4 个量程为 30mm 的机械式百分表，并在复合地基试验时采用钢弦式压力盒量测复合地基中桩和桩间土在整个加载过程中的压力变化。

本次现场试验的准备、加荷等级及沉降标准参照浙江省标准《建筑软弱地基基础设计规范》DBJ10－1－90 和建设部标准《建筑地基处理技术规范》JGJ 79－91 有关规定进行。

试验内容　　　　　　　　　　　　　　　　表 19-24

项目	数量	桩径 (mm)	桩长 (m)	桩距 (m)	根数	置换率 m (%)	承压板尺寸 (m×m)	测试手段
天然地基 1、2	2						1.2×1.2	4 只百分表
桩间土 1、2	2	377	15	1.6			1.2×1.2	4 只百分表
复合地基 1	1	377	15	1.2	1	7.75	1.2×1.2	4 只百分表 4 只压力盒
复合地基 2	1	377	15	1.6	1	4.36	1.6×1.6	4 只百分表 4 只压力盒
复合地基 3	1	377	15	1.6	1	4.36	1.6×1.6	4 只百分表 4 只压力盒
复合地基 4	1	377	15	1.8	1	3.44	1.8×1.8	4 只百分表 4 只压力盒
单桩 1	1	377	15	1.6				2 只百分表
单桩 2	1	377	15	1.2	1			2 只百分表
单桩 3	1	377	15	1.6				2 只百分表

7. 试验结果

试验结果汇总表　　　　　　　　　　　　　表 19-25

项目	桩距 (m)	桩长 (m)	承压板尺寸 (m×m)	加载最大值 (kPa)	极限承载力值 (kPa)	容许承载力值 (kPa)	备注
天然地基 1			1.2×1.2	214.4	14.4	107.2	
天然地基 2			1.2×1.2	214.4	200	100	
桩间土 1	1.6		1.2×1.2	309.6	243	121.5	
桩间土 2	1.6		1.2×1.2	309.6	281.4	140.7	
单桩 1	1.6	15		654.4kN	654.4kN	327.2kN	
单桩 2	1.2	15		635.81kN	635.81kN	317.9kN	
单桩 3	1.6	15		869.2kN	721.2kN	360.6kN	
复合地基 1	1.2	15	1.2×1.2	473.0		321	
复合地基 2	1.6	15	1.6×1.6	348.1		278	
复合地基 3	1.6	15	1.6×1.6	384.3		272	
复合地基 4	1.8	15	1.8×1.8	349.4		195	

8. 理论计算和实测值比较

(1) 单桩承载力计算

二灰混凝土桩身强度 10MPa，取轴心抗压折减系数 $\mu = 0.64$，$K = 2$。由式（19.7.2），得

$$P_{pc1} = \mu q_c / K = 0.64 \times 10 \times \frac{\pi \times 377^2}{4} \times 10^{-3} / 2 = 357.2 \text{kN}$$

由式（19.7.4），得

$$p_{pc2} = \sum f_i S_a L_i + A_p R = \pi \times 0.377 \times (3.6 \times 0 + 2.54 \times 30 + 1.46 \times 35 + 1.8 \times 20 + 5.6 \times 22) + 0 = 399.9 \text{kN}$$

所以单桩承载力 $R_{pc} = \min (R_{pc1}、R_{pc2}) = 339.3 \text{kN}$

实测承载力值

单桩 1：327.2kN，单桩 2：317.9kN，单桩 3：360.6kN。

实测单桩承载力平均值：355.2kN。

比较计算值和实测值，两者是十分吻合的，可见，可以应用式（19-30）和式（19-32）计算二灰混凝土桩的承载力。

(2) 复合地基承载力计算

复合地基承载力由式（19-33）计算，结果见表 19-26。计算时单桩容许承载力 p_{pc} 取三组单桩承载力平均值；由于二灰混凝土桩对桩间土的挤密作用在不同桩距（1.2m、1.6m、1.8m）下差别不大，因而各桩距下桩间土容许承载力 p_{sc} 均取为两组桩距 1.6m 下桩间土的承载力的均值；桩土应力比 n 值根据试验情况取 $n = 20$；桩间土的发挥度 λ_2 依试验结果分析，在承载力时的荷载下 $\lambda_2 = 0.9$。

复合地基承载力计算表 表 19-26

项 目	桩距 (m)	置换率 m（%）	应力比 n	λ_2	p_{sc} (kPa)	P_{pc} (kN)	桩数 N	式 (15.4.5)	实测值 (kPa)	备注
复合地基 1	1.2	7.75	20	0.9	131.1	335.2	1	341.6	321	
复合地基 2	1.6	4.36	20	0.9	131.1	335.2	1	243.8	278	
复合地基 3	1.6	4.36	20	0.9	131.1	335.2	1	243.8	272	
复合地基 4	1.8	3.45	20	0.9	131.1	335.2	1	217.2	195	

(3) 由计算比较可知，应用式（19-30）和式（19-32）计算二灰混凝土桩的单桩承载力，应用式（19-33）计算单桩复合地基承载力是可行的。

9. 工程应用

铜陵金隆铜业有限公司精矿库平面长 300m，宽 33m。地面堆载要求 20t/m^2。各地基土层物理力学性质如表 11-2-2 所示。二灰混凝土桩复合地基设计计算如下所示。

桩身采用 10MPa 二灰混凝土，其配比如下（每立方米用量）：

水泥（425#）	145kg
水	190kg
石灰	25kg
粉煤灰	120kg
砂	660kg
碎石	1270kg

二灰混凝土桩采用振动沉管法施工，桩径 377mm，桩长取 15m。单桩承载力计算如下：

根据桩侧摩阻力和端承力计算，单桩承载力标准值，

$$p_p = [\Sigma f_i S_a L_i + A_p R] / A_p$$

$$= (0 \times 3.6 + 30 \times 2.54 + 35 \times 1.46 + 20 \times 1.8 + 22 \times 5.6) \times 2\pi r / \pi r^2 + 0$$

$$= 3039.8 \text{kPa}$$

根据桩身材料强度计算单桩承载力，

$$p_p = \mu q_c / K = 0.64 \times 10000 / 2 = 3200 \text{kPa}$$

二者中取小值，单桩承载力取 3039.8kPa。

采用正方形布桩，桩中心距初选 1.5m。其复合地基置换率 $m = 0.0496$。复合地基承载力符合要求

$$p_c = m p_p + \lambda_2 (1 - m) p_s$$

$$= 0.0496 \times 3039.8 + (1 - 0.0496) \times 130 \times 0.9$$

$$= 262.0 \text{kPa}$$

原精矿库地基加固方案采用灌注桩方案，总造价估算为 560 万元。现采用二灰混凝土桩复合地基总造价为 300 万元，节省投资约 260 万元，取得了良好的经济效益。

【工程实例 11】杭宁高速公路一通道低强度混凝土桩复合地基

1. 工程概况和工程地质情况

杭（杭州）宁（南京）高速公路浙江段北起浙苏两省交界父子岭，南至杭州市绕城公路北线和进出市区快速干道衢州路相连的南庄兜，全长 98.8km。高速公路按 6 车道设计；设计行车速度 120km/h；设计车辆荷载：汽车—超 20 级，挂车—120 级；验算荷载：挂车—120 级。

路线跨越杭嘉湖平原，河流分布广泛，为平原、低丘陵地貌单元，地层岩性复杂，工程地质条件差异大，大部分地区为河相、湖相沉积，软土分布范围较广，软土层厚度变化大，土层条件差。地表一般为 1~2m 左右的硬壳层，下卧层为淤泥质黏土，厚度 1.0~31.0m，变化较大，具有含水量大、有机质含量高、抗剪强度低、高压缩等不良特性。

高速公路软土地基常采用预压法加固，在人口密集村庄密布地区，通道地基采用预压法处理存在工期长，不利公路两边人员来往，存在二次开挖等问题，针对上述问题浙江大学岩土工程研究所建议采用低强度桩复合地基处理通道地基，其优点可避免二次开挖施工，不间断公路两边人员来往，问题是如何协调变形。建议被采纳后，由杭宁高速公路管委会和余杭指挥部牵头，由浙江大学岩土工程研究所、余杭交通工程公司、浙江省公路水运咨询监理公司、冶金工业部宁波勘测研究院共同对浙江大学岩土工程研究所设计的通道低强度混凝土桩复合地基进行试验研究，试验路段为杭宁高速公路二期工程的 K101＋960 通道地段。K101＋960 通道位于十三合同段软土地区，软土（淤泥质黏土）层厚 19.3m。通道的基本情况如表 19-27 中所示，根据工程地质报告，试验场地地基土物理力学性质指标见如表 19-28 中所示。

K101＋960 通道基本情况一览表（单位：m）　　　　　　　　表 19-27

箱涵尺寸	淤泥层深度范围	填土高度	超载高度	原软基处理方案
6×3.5	3.4～22.7	2.5	1.0	排水固结法，塑料排水板 $H＝23m$，$D＝1.2m$，预压 12 月

地基土物理力学性质指标　　　　　　　　表 19-28

编号	土层名称	层厚 (m)	含水量 ω (%)	重度 γ (kN/m³)	孔隙比 e_0	压缩模量 E_s (MPa)	渗透系数 k_h (cm/s)	渗透系数 k_v (cm/s)	压缩指数 C_c
I₁	（亚）黏土	3.4	32.7	18.8	0.94	4.98	0.69E-7	1.10E-7	0.161
II	淤泥质（亚）黏土	6.6	47.3	17.5	1.31	2.17	1.68E-7	1.29E-7	0.42
III₃	淤泥质亚黏土	12.7	42.4	17.8	1.19	2.77	2.29E-7	1.40E-7	0.41
IV₁	亚黏土	13.1	28.3	19.4	0.79	8.42	1.02E-7	3.32E-8	0.18
V₂	亚黏土、黏土	12.4	25.6	19.8	0.73	8.65			
V₄	含砂亚黏土	3.3							

2. 试验研究实施方案

（1）设计方案

通道处的设计填土高度为 2.5m，即地基上的附加荷载相当于 50kPa，根据该路段的地质资料，结合原堆载预压排水固结法的设计要求，试验段地基经处理后地基容许承载力需达到 100kPa 以上（天然地基容许承载力 R_s 为 60kPa）。取低强度混凝土桩桩径为 $\phi377mm$，桩长 L_p 为 18.0m，复合地基置换率 m 为 0.028，经设计计算得其单桩容许承载力 p_p 为 217.8kN，复合地基容许承载力 R_c 为 108.9kPa，地基总沉降量 S 为 14.5cm（加固区沉降量 3.0cm，下卧层沉降量 11.5cm），按预压 1 年，工后沉降量 S_a 为 9.2cm。

通道软基处理原设计采用塑料排水板超载预压法，现采用低强度混凝土桩加固软基。由于低强度混凝土桩复合地基沉降量很小，而与其接头的路段仍采用排水固结法处理，两交接处必然存在一定的沉降差。为减缓交接处沉降差异和沉降速率，在低强度混凝土桩处理和塑料排水板处理之间设置过渡段，以协调两者的沉降，起到调节过渡作用。过渡段地基仍采用低强度混凝土桩复合地基，通过改变桩长和置换率等施工参数来调整不同区域的工后沉降，以适应其两侧不同的地基处理方法。

根据沉降计算，在 K101＋960 通道附近，不同桩长条件下地基的总沉降量、工后沉降量也不同，其结果见表 19-29。

不同桩长条件下地基的总沉降量及工后沉降量   表 19-29

桩长 L_p (m)	15	16	17	18	19	20
总沉降 S (cm)	19.5	17.7	15.9	14.1	12.3	10.5
工后沉降 S_a (cm)	13.2	11.8	10.3	8.9	7.4	6.0

分析结果表明，采用排水固结法处理路段在预压后，地基中压缩土层已接近完全固结，也就是说，由于路堤荷载引起的瞬时沉降和土固结沉降已基本消除，但路堤仍可能由于地基次固结和交通荷载作用发生沉降。

根据上述分析及有关资料，并考虑一定的安全系数，K101＋960 通道过渡段长度应满足：沿路线方向工后沉降差不大于 60mm，且纵坡率不大于 0.4％，由此确定过渡段长度为 15m。根据前述思路，在满足承载力的前提下，在过渡段变化桩长和置换率（桩距）：离通道越远，桩长越短，置换率越低，以使过渡段工后沉降差满足纵坡率的要求。试验段具体设计参数为：低强度混凝土桩桩身材料采用 C10 低标号混凝土，桩径 ϕ377mm，桩长 15.5～18.0m（通道桩长 18.0m，过渡段桩长 15.5～17.5m），桩间距 2.0～2.5m（通道桩间距 2.0m，过渡段桩间距 2.0m、2.5m），褥垫层为 50cm 厚碎石垫层，碎石粒径 4～6cm。K101＋960 通道及过渡段的桩长、桩位布置详见图 19-10 和图 19-11。

为了减小塑料排水板处理区域填土产生的较大沉降对低强度混凝土桩产生负摩擦的影响，在过渡段与塑料排水板处理区相邻处设隔离桩一排，桩身亦为低强度混凝土，隔离桩桩位布置如图 19-10 和图 19-11 所示。

（2）施工方案

从地质条件、设计要求、地基承载力及沉降和工期要求出发，结合现有的施工条件，试验段采取以下主要施工方案：

1）试验场地

试验场地选择在 K101＋960 通道前后 38m 左右范围的软基路段，主要考虑了以下因素：该场地的地质条件具有代表性；而且施工、试验设备运输时的车辆

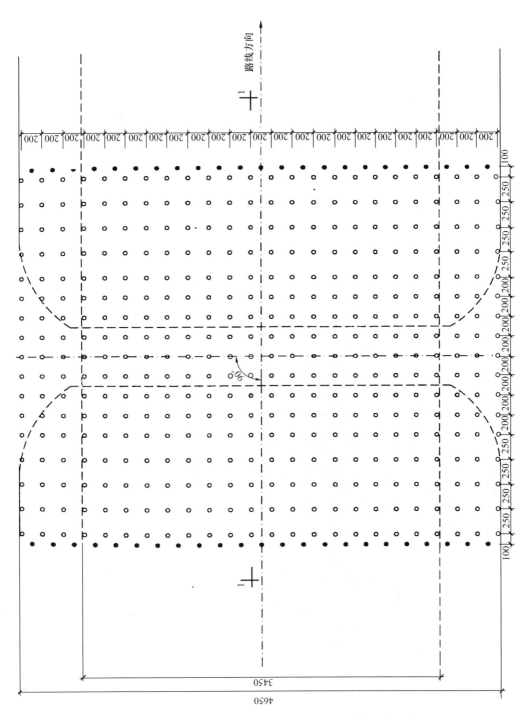

图 19-10　K101+960 箱形通道地基处理桩位平面图

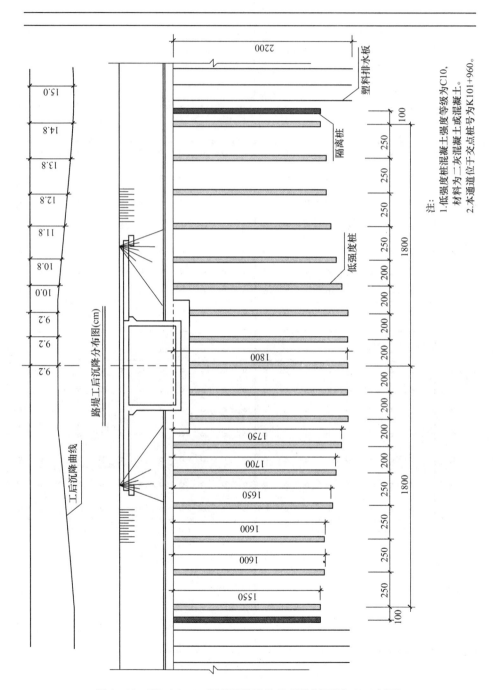

图 19-11　K101＋960 箱形通道地基处理纵剖面图（1-1 剖面）

便于进出。

2）低强度混凝土桩成桩方法和施工工艺

低强度混凝土桩采用的成桩方法为振动沉管法，其施工工艺采用沉管灌注桩施工工艺，简述如下：首先把预制好的水泥混凝土锚头——桩靴埋在预定的地表面，接着将打桩机移至锚头上方，并将空心钢管桩套在锚头上。钢管桩外、内套管的下端面与桩靴上的外、内支承面相接触，上部与压盖连接，并通过钢缆与打桩机相连。打桩时，打桩机上的卷扬机往下拉动钢缆，使钢管桩压迫桩靴尖头一起压入土层。在下沉到预定深度时，分批往钢管中灌注混凝土，一边振动，一边拔出钢管（留下桩靴），即成低强度混凝土桩复合地基。

3）低强度混凝土桩施工要求

在低强度混凝土桩施工前，要求对场地进行平整，并填筑20cm厚的砂砾垫层，然后按设计方案确定的设计参数进行低强度混凝土桩施工。桩长控制根据沉管入土深度确定，成桩时应超灌50cm。施工的允许偏差为：桩径-20mm；垂直度1%；桩位150mm。采用单打法成桩，纵向隔排跳打。混凝土的配合比按试验配合比要求进行配料，做好试块。管内灌注混凝土尽量多灌，混凝土的充盈系数及拔管速度都应满足设计要求。

4）路基填筑要求

桩基施工完成后，清理、平整原砂砾垫层，压实后，铺设土工膜。过渡段直接铺设第一层50cm厚碎石垫层，通道处则进行通道施工，再填筑路堤，以后路基填筑采用原设计方案（一层土工布）。路基填筑至标高后，不进行超载或等载预压。

（3）测试方案

开展试验段的现场测试工作既是为了检验试验路段的加固效果，验证设计理论的正确性，完善设计和施工方法，从而更好地指导设计和施工，也是为了研究低强度混凝土桩复合地基的性状及该技术在高速公路工程中的推广应用积累宝贵的资料和经验。

K101+960通道试验段现场选择3个横断面，开展低强度混凝土桩复合地基的桩土应力、沉降变形规律以及桩身完整性和复合地基承载力等方面的现场测试工作，主要测试方案如下：

1）测试项目

试验段现场进行的测试项目包括：

a. 桩身和桩间土应力测试；

b. 桩顶沉降、地基土表面沉降与分层沉降测试；

c. 地基土侧向变形观测；

d. 桩身完整性和复合地基承载力检测。

2）测试仪器配置、埋设及布置

现场测试仪器配置原位观测仪器、土压力盒和压力计、深层沉降管及磁环、测斜仪及测斜管、沉降盘及标杆、水准仪、桩基检测仪、载荷试验仪等。埋设元件应在成桩后填土之前定位埋设好，并取得初值，其中土压力计在埋设前，必须事先标定、校验，沉降杆随着通道路堤堆载的填筑和卸除而升降。

3）测试方法

地基土应力和桩顶应力采用 ZXY-2 型钢弦式频率计观测。地基土和桩顶沉降采用 N3-58900 水准仪对沉降盘上的位移标杆进行观测，得出沉降～时间关系曲线。

地基土深层位移采用 CX-03C 型测斜仪测量相对水平位移，然后从最深点往上累加至管口，得出各测点对管底的相对水平位移。

地基分层沉降通过带刻度的探头感应磁环位置的变化分析得出，磁环用钢片固定在地基土中，其与预埋的塑料管可相对自由滑动。

桩身完整性检测采用低应变反射波法，仪器为 FDP204L 型桩基检测仪。单桩容许承载力检测采用单桩竖向静力载荷试验，仪器为 PLT-1 型载荷试验仪。

4）测试要求

现场测试工作应由专门的测试小组，严格按照有关的标准和规范要求进行。

路堤填筑施工期间，每填一层进行一次观测。填筑间歇期间，每隔 3 天观测一次。通道路堤填筑完毕进入沉降期后，第 1 个月每隔 1 周观测一次，第 2 个月每隔 15 天观测一次，以后每隔 1 个月观测一次。等沉降期结束后，视观测数据的稳定情况，逐渐拉长观测的间隔时间。对于现场采集的数据应及时用计算机进行处理，建立数据库，形成基本表。桩身完整性抽样检测的数量不少于 5%，单桩静力载荷抽样试验的数量不少于 1%。

3. 加固效果检测及评价

K101+960 通道试验段低强度混凝土桩施工结束，测试单位在现场进行了桩身完整性检测和单桩静力载荷试验，以检验试验路段的加固效果和施工质量。检测结果如下：

（1）基桩低应变测共 20 根，其中 I 类桩 15 根，占 75%；II 类桩 5 根，占 25%。

（2）单桩静力载荷试验共 4 根，其单桩容许承载力均达到 220kN，对应沉降量为 6.82～15.38mm。

上述检测结果表明，该试验段低强度混凝土桩桩身质量完整，不存在影响正常使用的 III 类桩和 IV 类桩；低强度混凝土桩的承载力满足设计要求。因此，通道试验段采用低强度混凝土桩复合地基进行软基加固处理是成功的。

从现场沉降变形观测结果来看，目前实测的桩顶沉降与桩间土沉降都较小，最大桩顶沉降量仅为 14.1cm，最大桩间土沉降量只有 23.8cm，而且沉降趋于稳定。观测的复合地基深层沉降及侧向变形也较小，加固区下卧层最大沉降量仅8.8cm，下卧层沉降已经稳定，地基最大水平位移只有 1.3cm，侧向变形也已稳定。现场变形观测结果说明，低强度混凝土桩复合地基加固杭宁高速公路 K101＋960 通道深厚软土路基试验段的效果是良好的，同时通过设置过渡段对通道与塑料排水板处理段的工后沉降进行了协调，低强度混凝土桩复合地基的加固处理方案不仅成功，而且还较为理想，达到了预期的效果。

4. 路堤荷载作用下低强度混凝土桩复合地基设计方法

研究结果表明，在路堤荷载作用下，低强度混凝土桩复合地基的沉降变形与其上部的基础刚度大小密切相关。由此可见，路堤荷载作用下低强度混凝土桩复合地基的沉降计算是应当考虑基础刚度影响的，或者说，其计算方法在高速公路的构造物（如箱涵、通道、桥台等）处理区和过渡路段处理区有所不同，应当区别对待。

目前，低强度混凝土桩复合地基的设计主要存在的问题是沉降的计算，其沉降计算理论尚不够成熟，需要进一步研究完善。相对而言，承载力的设计计算问题不是太大，采用第 7 章所述的方法进行计算，通常可以满足工程上的需要，如果能合理地控制复合地基的沉降，一般不会出现承载力不足等问题。

（1）设计思路与步骤

低强度混凝土桩复合地基的设计一般采用大桩距的疏桩设计，尽可能降低复合地基置换率，充分调动和发挥桩间土的承载力，并通过设置褥垫层来保证桩和土共同承担荷载。

路堤荷载作用下，低强度混凝土桩复合地基的设计首先是构造物的复合地基设计，复合地基的承载力及沉降都满足设计要求。由于在与低强度混凝土桩复合地基处理区相邻的路段可能采用了其他的处理方法，如排水固结法等，此时已设计的构造物复合地基与相邻路段地基在沉降上可能存在一定的差异，因此，需要在这两种处理路段之间设置一定长度的过渡段，以减缓存在的沉降差异。过渡段长度的确定应满足高速公路沿线工后沉降差的要求以及纵坡率的要求。然后，再对过渡段的复合地基进行设计。设计时应在满足承载力的前提下，采用变桩长、桩距的设计方法，使过渡段的工后沉降差满足纵坡率的要求。设计中，构造物复合地基的沉降计算和过渡段复合地基的沉降计算分别采用不同的计算方法，以考虑基础刚度的影响。在上述设计思路中，最为重要的是如何合理控制复合地基的工后沉降，它直接关系到工程的质量与经济效益。

从上面的思路出发，路堤荷载作用下低强度混凝土桩复合地基的具体设计步骤如下：

1）设计前，详尽收集有关资料，认真阅读和分析，全面了解和掌握以下情况：地基处理的目的和设计要求、场地土层的性质、水文及工程地质条件、场地的周围环境、构造物的施工设计、邻近路段的地基处理与设计、现有施工条件以及材料、设备的供应等等。

2) 根据施工条件，确定施工设备和施工工艺。

3) 确定低强度混凝土桩桩身材料、强度等级及桩径（通常为377mm）。

4) 构造物复合地基的设计：

a. 根据场地土层条件和填土荷载，拟定桩长和桩间距（置换率）；

b. 确定单桩容许承载力，计算复合地基承载力；

c. 验算复合地基承载力及下卧层承载力能否满足设计要求，若不满足时，调整桩长和桩间距，直到满足；

d. 加固区沉降、下卧层沉降以及工后沉降的计算；

e. 构造物复合地基工后沉降是否符合设计标准和要求，若不符合，调整桩长，直到符合。

5) 根据设计的构造物复合地基与相邻路段地基的工后沉降，确定过渡段长度，满足沿线工后沉降差以及纵坡率的要求。

6) 根据设计要求，对过渡段拟定出合理的工后沉降曲线。

7) 过渡段复合地基的设计：

a. 过渡段细分若干小区段，拟定若干桩长；

b. 计算不同桩长条件下加固区沉降、下卧层沉降以及工后沉降；

c. 按设计的工后沉降曲线，确定过渡段各小区段的桩长；

d. 拟定过渡段各小区段上的桩间距（置换率），离构造物越远的区段，间距越大，置换率越低；

e. 确定不同桩长条件下的单桩容许承载力，计算各小区段的复合地基承载力；

f. 验算各小区段上复合地基承载力及下卧层承载力能否满足设计要求，若不满足时，调整桩间距，直到满足。

8) 确定垫层的材料与厚度。

9) 构造物及过渡段复合地基的布桩设计与隔离桩设计。

以上设计步骤可以根据具体工程的实际情况，进行相应调整或改进，但最终都应能达到地基处理的目的、效果及设计要求，而且可以解决"桥头跳车"和不均匀沉降等问题。

（2）构造物复合地基设计

构造物复合地基设计前先要确定低强度混凝土桩桩身强度及桩径，并拟定桩长和桩间距（置换率），然后分别进行复合地基承载力设计和沉降计算。若拟定的桩长和桩间距不能满足承载力及沉降的要求时，需重新调整桩长和桩间距，直到满足设计要求。

1）承载力设计

先分别根据桩侧摩阻力和桩身材料强度确定单桩承载力：

$$P_p = \sum f_i S_p L_i \tag{19-35}$$

$$P_p = \eta R A_p \tag{19-36}$$

式中　P_p——单桩容许承载力，kN；

　　　f_i——按土层划分的各土层桩周土容许摩阻力，kPa；

　　　S_p——桩身周边长度，m；

　　　L_i——按土层划分的各段桩长，m；

　　　η——折减系数，一般取为 0.33；

　　　R——桩身材料强度，kPa；

　　　A_p——桩的横截面积，m^2。

综合上面两式，取小值作为单桩容许承载力 P_p。

其次，根据单桩承载力和桩间土承载力，按一定叠加原则确定复合地基承载力：

$$R_c = m \frac{P_p}{A_p} + (1-m)\lambda R_s \tag{19-37}$$

式中　R_c——复合地基容许承载力，kPa；

　　　P_p——单桩容许承载力，kN；

　　　R_s——桩间土容许承载力，kPa；

　　　λ——桩间土强度发挥度，通常在 0.4～1.0 之间；

　　　A_p——桩的横截面积，m^2；

　　　m——复合地基面积置换率。

由上式计算的复合地基承载力应不小于设计要求的地基承载力，否则，就需调整桩长或置换率，重新计算。

当复合地基加固区下卧层为软弱土层时，尚需对下卧层土的承载力进行验算。经深度修正后的下卧层容许承载力 f 为

$$f = f_k + \eta_d \gamma_0 (d - 0.5) \tag{19-38}$$

式中　f_k——复合地基加固区下卧层承载力标准值，kPa；

　　　d——复合地基加固深度，也即桩的长度，m；

　　　η_d——承载力深度修正系数；

　　　γ_0——加固区桩间土的加权平均重度，地下水位以下取有效重度，kN/m^3。

加固区下卧层承载力验算要求作用在下卧层顶面处土的自重应力 σ_{cz} 和附加应力 σ_z 之和不超过下卧层的容许承载力 f，即

$$\sigma_{cz} + \sigma_z < f \qquad (19\text{-}39)$$

通过上式验算下卧层承载力如不能满足要求，也应调整桩长和置换率重新计算。

2）沉降计算

低强度混凝土桩复合地基的沉降是由加固区的变形量 S_1 和加固区下卧层土层的压缩量 S_2 两部分组成的，即复合地基的总沉降量 S 为

$$S = S_1 + S_2 \qquad (19\text{-}40)$$

路堤荷载作用下，低强度混凝土桩复合地基的变形沉降是桩、土及褥垫层相互作用的结果。由于构造物基础刚度较大，桩顶的上刺一般比较困难，复合地基加固区的变形量 S_1 主要由桩底的下刺和桩身的压缩所产生。因此，构造物复合地基加固区的变形量 S_1 可采用下式计算：

$$S_1 = S_p + \Delta \qquad (19\text{-}41)$$

式中　S_p ——桩身压缩量，采用弹性理论中杆件压缩公式计算；

　　　Δ ——桩端贯入变形量，设计中一般取 3.0cm。

加固区下卧层土层的压缩量 S_2 通常采用分层总和法进行计算，即

$$S_2 = \sum_{i=1}^{n} \frac{\Delta p_i}{E_{si}} H_i \qquad (19\text{-}42)$$

式中　n ——下卧层土层的分层总数；

　　　Δp_i ——下卧层第 i 分层土中的附加应力增量，kPa；

　　　E_{si} ——下卧层第 i 分层土的压缩模量，kPa；

　　　H_i ——下卧层第 i 分层土的厚度，m。

计算 S_2 时，作用在下卧层顶面上的附加应力常采用压力扩散法计算，压力扩散角的取值应考虑低强度混凝土桩复合地基的垫层效用，可适当增大。

（3）过渡段复合地基设计

由于构造物地基采用了低强度混凝土桩复合地基处理，而相邻的路段采用了其他方法（如排水固结法）处理，两者交接处必然存在一定的沉降差，因此需要设置一定长度的过渡段，以协调两者的工后沉降，起到调节过渡的作用。

过渡段复合地基设计前，首先要确定过渡段的长度，并拟定过渡段的工后沉降曲线。过渡段长度应满足高速公路沿线工后沉降差及纵坡率的设计要求，工后沉降曲线可根据构造物复合地基的工后沉降、相邻路段地基的工后沉降以及高速公路的设计要求来确定。

过渡段复合地基的设计也包括承载力设计与沉降计算这两方面。过渡段复合

地基承载力的设计与构造物复合地基承载力设计基本相同，其计算公式可同样采用前面构造物复合地基的承载力计算公式。但在沉降的计算上，两者不能采用完全一样的计算公式。

过渡段复合地基的沉降也由加固区的变形量 S_1 和加固区下卧层土层的压缩量 S_2 这两部分组成。由于过渡段为路堤柔性基础，其刚度远小于构造物基础刚度，桩顶的上刺比较容易，因而加固区变形量较大，复合地基的总沉降量也较大。此外，过渡段与相邻路段靠得较近，相邻路段较大的沉降对过渡段也将产生较大的影响。考虑过渡段柔性基础、桩长以及相邻路段的影响等因素，忽略桩身的压缩量（一般小于 1.0cm），过渡段加固区变形量可采用下面的经验式计算：

$$S_1 = k\Delta \tag{19-43}$$

式中　S_1——加固区的压缩量，cm；

　　　Δ——桩端贯入变形量，设计中取 3.0cm；

　　　k——扩大倍数，取 3.0～7.0。桩长 16m 以下取大值；桩长 17m 以上取小值。

过渡段加固区下卧层土层的压缩量 S_2 仍可采用分层总和法计算式（19-42）进行计算，压力扩散角的取值也应考虑复合地基的垫层效用适当增大。

由于过渡段复合地基的桩底和桩顶都存在刺入变形，而且刺入变形一般不会在短时间内结束，加固区的压缩变形也可能产生工后沉降，因此，过渡段的工后沉降可以来自下卧层的沉降，也可以来自加固区的沉降，是加固区和下卧层两部分区域在工后产生的残余沉降。根据施工工期及预压时间的安排，确定复合地基平均固结度 U 后，可计算过渡段复合地基的工后沉降 S_a 为

$$S_a = (1-U)(S_1 + S_2) \tag{19-44}$$

5. 主要结论

从杭宁高速公路试验段实际施工实施的情况和试验研究的结果来看，试验段采用低强度混凝土桩复合地基方法加固深厚软土路基是成功的，取得了满意的加固效果。该方法施工速度快，工期短，比原设计的塑料排水板＋超载预压处理方案缩短工期达一年，且无需进行二次开挖，解决了施工期村民的交通问题，处理后路基工后沉降和不均匀沉降较小。相比水泥搅拌桩，低强度混凝土桩桩身施工质量较易控制，处理深度较深（可达 20m 以上），由于低强度混凝土桩桩身强度和模量都比水泥搅拌桩高，采用的复合地基置换率较小，因而本工程处理费用低于水泥搅拌桩复合地基。总体来说，低强度混凝土桩复合地基处理通道软基的优势比较明显，社会经济效益较好。

通过低强度混凝土桩复合地基的理论分析研究以及杭宁高速公路 K101＋960

通道试验段的试验研究，取得以下主要研究成果：

（1）通过本工程实践表明，采用低强度混凝土桩复合地基，可有效解决通道地基处理中的"二次开挖"问题和公路两侧村民的交通问题；

（2）通过设置过渡段以及控制过渡段工后沉降的纵坡率，可以使塑料排水板堆载预压处理路段与通道之间的工后沉降得以平稳过渡，达到了缓解"桥头跳车"的目的；

（3）提出了低强度混凝土桩的施工工艺及检测方法，便于今后工程中予以推广应用；

（4）对路堤荷载作用下低强度混凝土桩复合地基的性状进行了试验研究，得出了桩、土应力及应力比和荷载分担比的变化规律以及复合地基的变形沉降特性，通过沉降分析和加固检测，说明采用低强度混凝土桩复合地基方法处理通道软基可满足设计上的要求并达到预期的加固效果；

（5）研究了基础垫层刚度对复合地基性状的影响，结果表明，随着基础垫层刚度的增大，复合地基沉降变形减少，柔性基础与刚性基础下复合地基的性状差异是显著的；

（6）提出了路堤荷载作用下构造物（通道等）及过渡段低强度混凝土桩复合地基的设计思路、步骤与设计方法，可供类似工程参考使用。

【工程实例 12】低强度桩复合地基加固高等级公路桥头段软基（根据参考文献［74］改写）

1. 工程概况及工程地质条件

路桥至泽国一级公路起点为浙江台州路桥松塘大转盘，同 104 国道复线相连。全长 9.979km。线路由起点向东 1km 左右，经路桥区下淶里陈村转向南，沿线经过石曲、清陶、峰江等村镇，终点为温岭市泽国镇下洪洋村，与 76 省道泽国至太平复线一级公路起点连接，起止桩号分别为 K0＋000、K9＋979.455。全线共涉及中小桥 11 座，大桥 1 座，立交桥 1 座。

路线按一级公路工程标准进行设计，设计行车速度 100km/h。设计荷载：路面标准轴载 BZZ-100，桥涵计算荷载汽—超 20，验算荷载挂—120 级。全线桥梁采用钻孔灌注桩基础，单桩容许承载力要求：小桥 2500kN，中桥 3500～4500kN。

淶里陈大桥距松塘大转盘 500m 左右，大桥两侧的主要土层情况为：表层为 1.3m 左右的物理力学性质较好的土层，其下为 18m 处于流塑状态的淤泥或淤泥质黏土，再向下 50 多米范围内为处于软塑和流塑状态的淤泥质黏土或亚黏土。淤泥或淤泥质黏土的承载力为 45～60kPa，压缩模量为 1.49～2.43MPa；亚黏土的承载力为 60～100kPa，压缩模量为 3.78～6.0MPa。部分亚黏土层的承载力达到了 150kPa。工程地质剖面如图 19-12 所示，各土层主要物理力学性质指标如表 19-30 所示，淶里陈大桥两侧地下水位埋深 0.15～1.06m。

地基土主要物理力学性质指标　　　　表 19-30

土层名称	土层厚度	含水量	重度	天然孔隙比	压缩模量	无侧限抗压强度
	m	ω_0	γ	e_0	E_{s1-2}	q_u
		%	kN/m³	—	MPa	kPa
黏土、亚黏土	1.7	31.4	1.90	0.901	4.42	111.4
淤泥质黏土	0.8	44.7	1.76	1.258	2.38	56.8
淤泥	11.3	59.3	1.65	1.664	1.49	39.2
淤泥质黏土	5.7	42.8	1.78	1.208	2.43	48.1
淤泥质黏土、黏土	8.3	35.9	1.86	1.006	3.78	70.4
亚黏土、黏土	8.6	36.1	1.86	1.005	4.01	84.2
亚黏土、黏土	4.4	36.1	1.86	0.999	4.35	94.3
亚黏土、黏土	4.7	29.8	1.93	0.841	6.35	139.9
黏土	14.0	37.7	1.84	1.048	4.88	163.2
亚黏土、黏土	5.0	34.2	1.88	0.957	5.44	151.6
亚黏土、黏土	4.4	30.6	1.92	0.859	6.20	197.4
亚黏土、黏土	4.0	31.9	1.91	0.892	6.10	223.7
亚黏土	2.6	24.7	1.99	0.701	8.95	194.4
含黏性土圆砾						

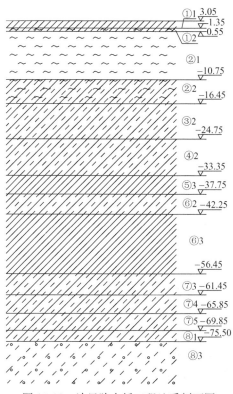

图 19-12　浃里陈大桥工程地质剖面图

341

2. 低强度混凝土桩复合地基加固方案

大桥采用钻孔灌注桩基础，沉降量较小。与大桥连接的路段（桥头段）地基软土层较厚，可能产生较大的沉降。因而，在桥面和路面之间可能产生较大的沉降差。如不能解决较大的沉降差，将产生"桥头跳车"现象。为此，在浃里陈大桥桥头段进行软基处理试验研究，K0+361～K0+433段采用低强度混凝土桩复合地基处理。试验段路堤底面宽度约为48m，顶面宽度约为44m，最大高度约为2m。

低强度桩复合地基试验段采用变桩长的方式调整路面和桥面的不均匀沉降，与桥墩相邻的桩长为18m，与非处理段相邻的桩长为9.2m。桩径均为377mm，桩间距1.8m，正方形布置，置换率为3.4%。复合地基纵剖面如图19-13所示，平面布置如图19-14所示。

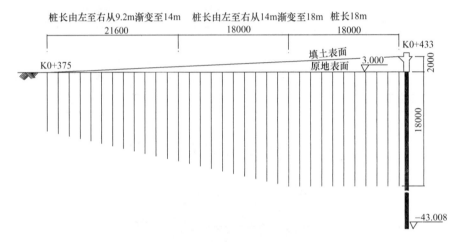

图 19-13　软基处理剖面图（单位：mm）

为了增强软基处理的效果，在路基与路堤填土之间铺设了 TGS-3020 经编化纤高强土工格栅。

低强度混凝土桩的成桩采用振动沉管法。混凝土配合比：水泥 140kg/m³，粉煤灰 120kg/m³，石灰 25kg/m³，含砂率在 38%～40% 之间。碎石最大粒径不超过 8cm，坍落度控制在 12～15cm 之间。

3. 现场观测结果

采用低强度混凝土桩加固软土路基不同于刚性基础下设置垫层的复合地基。首先，路堤为刚性桩的向上刺入提供了足够的空间。其次，路堤荷载为柔性荷载，桩土应力比也将不同。目前还没有柔性荷载下进行现场载荷试验的方法，加强现场观测和分析，参考荷载板试验成果，是探讨刚性桩复合地基在柔性荷载下工作性状的重要途径。为了取得低强度桩复合地基加固桥头段的数据，总结规律，观测点平面布置见图19-14。

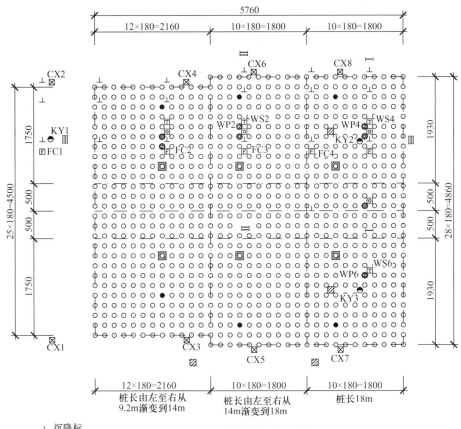

图 19-14 桩位及观测点平面布置图（单位：cm）

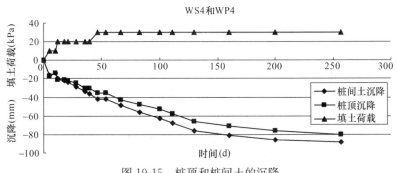

图 19-15 桩顶和桩间土的沉降

(1) 载荷试验

在该复合地基中，采用变桩长的方式调整桥面和路面的沉降差。复合地基的桩长不同，其承载性能也不一样。因此，针对不同桩长情况进行了单桩、单桩复合地基以及桩间土和天然地基静载试验。

天然地基、桩间土和单桩复合地基载荷试验采用 1.5m×1.5m 的正方形荷载板，厚度为 20mm。为了提高荷载板的刚度，在 1.5m×1.5m 的正方形荷载板上叠放了一块 1.0m×1.0m 的正方形荷载板，厚度也为 20mm；单桩静载荷试验采用直径 377mm 的圆形钢板（与桩体直径相同）。加荷装置采用油压千斤顶和反力加荷，用堆载提供反力，沉降观测采用百分表。

通过对各载荷试验结果的分析，得出各测试项目承载力如表 19-31 所示。表 19-31 中，天然地基、桩间土和单桩复合地基的承载力标准值按 $s/b=0.01$ 确定，其中 s 为荷载板沉降，b 为荷载板宽度。单桩复合地基的承载力随着桩长的增加而增加。12.0m、15.2m、18.0m 单桩复合地基承载力比天然地基承载力分别提高 34.9%、36.7%、58.5%。

承载力一览表（单位：kPa） 表 19-31

天然地基	桩间土	单　桩			单桩复合地基		
		12m	15.2m	18m	12m	15.2m	18m
47.5	34.3	42.0	54.8	31.5	73.0	75.0	114.5

(2) 沉降观测

2002 年 8 月完成复合地基成桩工作，2002 年 10 月完成观测设备埋设。2002 年 12 月 1 日至 2002 年 12 月 15 日进行路堤填筑前的施工准备工作。2002 年 12 月 17 日完成土工格栅的铺设工作。

2002 年 12 月 18 日开始路堤填土，2002 年 12 月 27 日基本完成第一次填土，填土高度 0.5～1.0m。2003 年 1 月 22 号开始第二次填土，2003 年 1 月 25 日填土结束并压实，填土最大高度 1.0m。路堤填筑施工工期为 40d。在桥台附近填土高度为 2.0m 左右，在距桥台的最远处填土高度为 0m。

路堤填筑施工期间每填一层进行一次观测，填筑间歇期间每周观测 1～2 次，填筑完毕进入工后沉降期后基本上每周观测一次，并视观测数据的稳定情况，逐渐拉长观测的间隔时间。分析时，历时天数计算从 2002 年 12 月 15 日开始。

图 19-15 为观测的桩顶和桩间土表面沉降随时间的变化曲线。

从图 19-15 可知，桩顶和桩间土沉降均较小，桩顶的最大沉降量为 8.8cm，桩间土表面最大沉降量为 9.5cm。相同观测部位的桩间土表面沉降比桩顶沉降大，说明桩顶某一深度范围内存在负摩擦区。桩间土对桩体侧面产生的负摩擦力将使桩体承担的荷载增加，桩间土承担的荷载相应减少，对减少加固区的压缩量起到有利的作用。

图 19-16 为土工格栅上沉降标的沉降沿路基轴线方向（纵向）的分布。

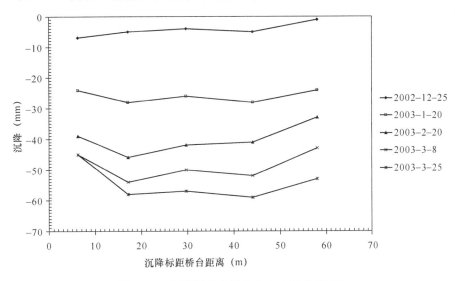

图 19-16　沉降沿路基纵向分布（Ⅲ-Ⅲ断面）

从图 19-16 可以看出，在纵向上，离桥台较近的地方沉降较小，离桥台较远的地方沉降较大，反映了桩长对复合地基沉降的影响。在与非处理段交接的地方，沉降较小，主要是因为这里堆载高度很小，有的地方没有堆载。在铺设路面以后，路面荷载是均布的，它们的沉降差别会变小，从而使沉降趋于均匀。

（3）分层沉降

共设置了 5 个分层沉降观测点，典型的沉降沿深度分布如图 19-17 所示。

图 19-17 表明，地基土体的主要压缩量发生在 9～15m 之间的土层内，该处的桩长约为 12m，因而地基土体的主要压缩量发生在加固区底面上下 3m 处。

分析表明，复合地基的主要压缩量发生在下卧层顶面以下 2～4m 和加固区底面以上 2～4m 的范围内。随桩长增加，该范围逐渐扩大。主要压缩量发生在下卧层顶面以下一定的范围内是容易理解的，此处的附加应力较大。主要压缩量发生在加固区底部的一定范围内可以用桩体向下刺入解释。由于桩端土的模量在 2MPa 左右，强度较低，桩体和桩周土发生了相对

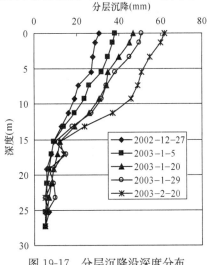

图 19-17　分层沉降沿深度分布

滑移，桩体向下卧层有较大的刺入，导致加固区底部的压缩量较大。因而，为了减少加固区的压缩量，充分发挥桩体的作用，应尽量将桩端置于模量较大，强度较高的土层上。

（4）侧向位移观测结果及分析

为了监测土体的深层水平位移，沿路基两侧埋设了 8 根测斜管（CX1～CX8），每侧四根。侧向位移随深度呈递减，侧向变形速率也呈递减。复合地基深部的侧向变形明显比浅部的侧向变形小得多。13m 以上的地基土的侧向变形量相对较大，深度在 13m 以下的地基土层侧向变形量很小，表明侧向变形的深度范围是有限的。

（5）土压力

桩、土应力大小反映了复合地基的受力工作状态。通过测定桩顶应力和桩间土表面应力，得出复合地基的桩土应力比 n 值，了解复合地基中桩、土的受力特性。试验段桩、土表面应力观测共布置了 10 个测点，每个测点的桩顶埋设一个土压力盒，与之对应的桩间土中各埋设 2 个土压力盒。桩顶土压力盒埋设前，先在桩顶凿出一凹槽，用水泥砂浆抹成与土压力盒形状相同的凹坑，待水泥砂浆结硬后，用细砂垫平，放置土压力盒，在土压力盒上覆盖一薄层细砂。桩间土中土压力盒的埋设方式类似，在桩间土中挖出一个凹坑，用细砂垫平，放置土压力盒后用细砂覆盖。

图 19-18 为桩土应力比典型曲线。从图中可以看：桩土应力比 n 不断变化。第 1 次填土结束时桩土应力比 n 约等于 1，填土结束后，桩土应力比逐渐增大。在恒载期间，桩土应力比呈一定的增长趋势；第 2 次填土期间，桩间土应力和桩顶应力增加量基本相等，桩土应力比有所下降。第 2 次填土结束后，桩间土应力逐渐向桩顶转移，导致桩土应力比再次呈增长趋势。所测得的桩土应力比 n 值为 8～12.3。

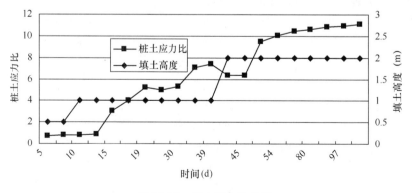

图 19-18　桩土应力比曲线

本工程的置换率为 3.44%，按测得的最大桩土应力比 12.3 计算，得到桩土荷载分担比为 0.44。即在荷载分担的比例上，桩间土仍承担着大部分的荷载，桩体承担的荷载较小，说明低强度桩复合地基调动了桩间土的承载能力，并使桩土协同工作，共同承担路堤荷载。

（6）孔隙水压力观测结果及分析

通过观测复合地基孔隙水压力，对孔压进行分析，判断复合地基固结情况。为此，在试验中，共布置了3个孔隙水压力观测点。根据静孔隙水压力的消散过程，分析得到孔隙水压力消散完毕所需时间如表19-32所示。

堆载作用下孔隙水压力消散完毕所需时间　　　　　表 19-32

深度（m）	3	8	13	15	18	21	24	27
孔压消散完毕时间（d）	54	45	39	36	44	64	79	80

4. 低强度桩复合地基加固效果分析

为了分析复合地基对桥头段的加固效果，采用通常的分层总和法计算得到天然地基在路堤荷载下沿路堤中心线的沉降，将其与填土完成8个月后测得该复合地基的沉降比较，如表19-33所示。

低强度桩复合地基加固效果分析　　　　　表 19-33

位置	天然地基沉降计算值（mm）			复合地基沉降实测值（mm）	减少沉降量
	加固区压缩量	下卧层压缩量	总沉降量		
邻桥台处	180.8	53.5	234.3	88	62%
试验段中心	194.9	100.7	295.6	95	68%
邻非处理段	18.8	55.5	74.3	73	2%

从表19-33可以看出，采用复合地基使该桥头段的路基沉降减少了2/3，加固效果是明显的。地基沉降量的减少也会使桥面和路面的沉降差减少，与设计目的吻合。邻近非处理段处的沉降大多发生在下卧层，该处桩长也较小，加固效果不明显。因此，由于采用了不同的桩长，复合地基沉降沿路堤长度方向（纵向）分布是均匀的。

5. 主要结论

通过对现场原型观测数据的分析，可以得到以下结论：

（1）单桩复合地基的承载力随着桩长的增加而增加。12.0m、15.2m、18.0m单桩复合地基承载力比天然地基承载力分别提高34.9%、36.7%、58.5%。

（2）由于采用了低强度混凝土桩复合地基，路基的沉降大大减少。现场测量结果表明，该复合地基的沉降量约为天然地基沉降量的1/3。更重要的是，采用了变桩长的方式协调桥台和路面不均匀沉降取得成功，路堤顶面的沉降基本上是均匀的。

（3）现场原型观测表明，桩间土的沉降量大于桩顶的沉降量，填土中出现拱效应，填土荷载逐渐从桩间土向桩顶转移，桩土应力比逐渐增加。由于压实填土的拱效应，路堤下桩顶应力大于桩间土应力，桩土应力比大于1。

【工程实例 13】浙江台州浃里陈大桥桥头段低强度混凝土桩复合地基

1. 工程概况

浃里陈大桥两侧桥头段，主要土层情况为：表层为 1.3m 左右的土层，物理力学性质较好，其下为 18m 处于流塑状态的淤泥或淤泥质黏土，再向下 50 多 m 范围内处于软塑和流塑状态的淤泥质黏土或亚黏土。淤泥或淤泥质黏土的承载力为 45～60kPa，压缩模量为 1.49～2.43MPa；亚黏土的承载力为 60～100kPa，压缩模量为 3.78～6.0MPa。部分亚黏土层的承载力达到了 150kPa。

2. 设计方案

低强度桩复合地基试验段采用变桩长的方式调整路面和桥面的不均匀沉降，与桥墩相邻的桩长为 18m，与道路相邻的桩长为 9.2m。桩径均为 377mm，桩间距 1.8m，正方形布置。

3. 载荷试验成果分析

单桩承载力载荷试验采用圆形荷载板，其直径与桩径相同。天然地基、桩间土和单桩复合地基的承载力试验均采用 1.5m×1.5m 正方形荷载板。进行单桩复合地基承载力试验时。在荷载板下沿其某一对称线布置了 3 个压力盒，在荷载板的某一对角线上布置了 4 个压力盒。以观测桩间土所承担的压力。

（1）载荷试验曲线

天然地基和桩间土载荷试验沉降曲线见图 19-19。试验表明，桩间土的承载力小于天然地基的承载力，反映了成桩过程使桩间土受到扰动。载荷试验影响深度内的桩间土为饱和的淤泥质土，具有一定的灵敏度，载荷试验时，由于扰动降低的强度还未得到回复，使得桩间土的承载力小于天然地基的承载力。

单桩复合地基的载荷试验沉降曲线见图 19-20，图 19-20 中还给出了天然地

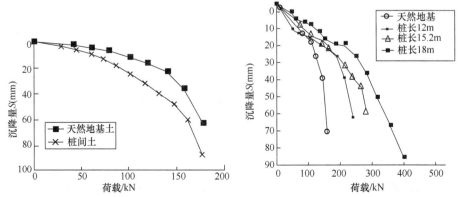

图 19-19　天然地基和桩间土荷载试验沉降曲线　　图 19-20　复合地基载荷试验沉降曲线

基的沉降曲线。在沉降小于 7mm 时，天然地基的沉降曲线位于所有复合地基沉降曲线之上，即复合地基中桩的效应还未明显地表现出，反而因桩间土的扰动使得复合地基的沉降曲线位于天然地基沉降曲线之下。只有当复合地基的沉降达到一定数量后，复合地基中桩体的效应才明显地表现出来。在复合地基中，只有当沉降超过 30mm 后，桩长效应才表现出来，即，在同一荷载作用下，长桩的复合地基沉降量将小于端庄复合地基的沉降量。

（2）土压力量测结果

在荷载板下共埋设了 7 个压力盒，沿正方形荷载板某一对称线埋设 3 个压力盒，沿某一对角线埋设了 4 个压力盒，压力盒距桩中心的距离见图 19-21。

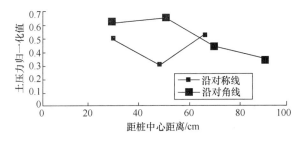

图 19-21　荷载板下的压力分布

图 19-22 是 7 个压力盒所受压力随时间的变化过程，试验桩长为 12m。图 19-22 表明压力随着时间增长而增长，也即随着施加的荷载增加而增加，反映了复合地基中桩间土所承受荷载的增加。但在荷载板下，各点的土压力是不均匀的（见图 19-21），图 19-21 中土压力归一化值是指量测到的压力和相应荷载下平均压力的比值。距桩中心越近，桩间土所受的压力越大。随着距桩中心的距离加大，桩间土所受的压力逐渐变小。

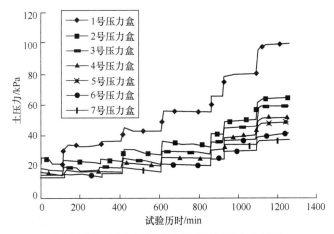

图 19-22　压力盒所受压力随时间的变化过程

不同桩长复合地基的桩土应力比随荷载增加的变化过程，见图 19-23。结果表明，桩越长，复合地基的桩土应力比越大，产生最大桩土应力比所需的载荷（或沉降量）越大。桩长为 12m 的复合地基虽在较小的载荷下达到了最大桩土应力比，但其桩土应力比较大，该结果和图 19-20 所示的沉降曲线相一致，可能和路基土层分布不均有关。

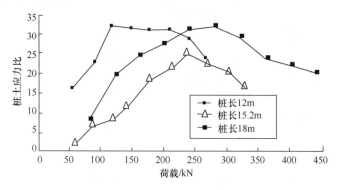

图 19-23　不同桩长复合地基的桩土应力比

4. 路堤荷载下的量测结果

试验段路堤填土历时 8d，填筑高度为 1.5m。填土施工前、施工过程中及施工结束后，对预埋在桩顶和桩间土上的土压力盒和沉降标进行了量测。

（1）路堤荷载下的土压力

施工过程及结束后桩顶和桩间土的土压力变化过程，见图 19-24。结果表明，在施工过程中，随着时间（或填土高度）的增长，桩顶和桩间土的土压力都在增长。但当施工结束后，填土高度不再变化，桩间土的土压力在逐渐地减少，而桩顶的土压力仍在逐渐地增加，即填土荷载正在从

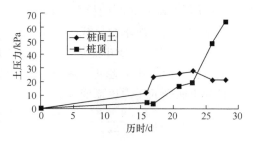

图 19-24　路堤荷载下桩顶和
桩间土压力变化过程

桩间土转移到桩顶上。分析认为，在填土刚结束时，填土荷载在复合地基表面分布基本上是均匀的，桩顶和桩间土所受的压力基本相同。但由于桩间土的压缩模量远小于桩的模量，桩间土的沉降大于桩顶的沉降。填土经过压实后，路堤填土具有一定的强度，不能完全同桩间土的变形保持协调，从而在桩之间的填土中产生拱效应，桩间土所受的压力逐渐减少，填土荷载通过拱效应传递到桩顶，使桩顶的压力增大。

桩间土所受的荷载向桩顶转移可以从桩土应力比随时间的变化明显地看出（见图 19-25）。土压力量测点的填土施工完成并压实时的桩土应力比接近于 1。

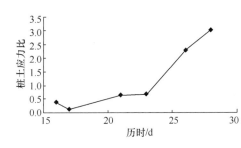

图 19-25　路堤荷载下的桩土应力比

随着时间的推移，桩土应力比逐渐增大，即桩间土所承担的荷载逐渐转移到桩顶，复合地基的作用逐渐表现出来。

比较图 19-23 和图 19-25 可以看出，刚性荷载板下的桩土应力比和路堤填土荷载下的桩土应力比的特征是完全不同的。分析认为差别主要来源于两个方面，其一是刚性荷载板下桩间土和桩顶的变形是协调的，路堤荷载下桩顶有足够的空间向上刺入，即桩间土和桩顶的变形是不相同的；其次是路堤荷载远小于载荷试验所施加的荷载，不能像载荷试验那样使复合地基进入弹塑性变形阶段，桩土应力比的峰值难以表现出来，最终可能趋向于一稳定值。

（2）桩顶和桩间土的沉降

对桩顶和桩间土的沉降观测早于对土压力的观测 20d，桩顶和桩间土的沉降观测结果，见图 19-26。桩间土的沉降量大于桩顶的沉降量，从而在填土压实并具有一定的抗剪强度后在填土中引起拱效应，使得桩间土承担的荷载减少，并将荷载转移到桩顶。从图 19-26 还可以看出，桩间土的沉降已基本稳定，桩顶的沉降还未稳定。原因可能是填土荷载向桩顶的转移还未结束，这也可从图 19-26 桩土应力比曲线的趋势看出。

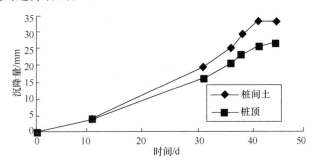

图 19-26　桩顶和桩间土的沉降观测结果

5. 结果分析

载荷试验结果表明，桩的施工对桩间土产生了扰动，桩间土的承载能力小于天然地基的承载能力。随着桩长的增加，复合地基的承载能力增加，但需在较大变形时桩长效应才能发挥。刚性荷载板下的桩土应力比较大，本实例中最大的桩土应力比为 26～32。一般来讲，桩越长，复合地基的最大桩土应力比越大。

现场原型观测表明，路堤填土刚结束时桩间土和桩顶承担的荷载基本相同。随着时间的推移，桩间土的沉降量大于桩顶的沉降量，在桩间土上的填土中逐渐出现拱效应，填土荷载逐渐从桩间土向桩顶转移，桩土应力比逐渐增加。填土荷载下的桩土应力比的变化过程不同于刚性荷载板下的变化过程，其数值也远小于刚性荷载板下的桩土应力比。

19.8 刚性桩复合地基

刚性桩复合地基概念的形成和刚性桩复合地基的发展应该从考虑桩土共同作用的摩擦桩基谈起。建筑物采用摩擦桩基础，在一般情况下，桩和桩间土共同直接承担荷载。而在经典的桩基理论中，采用摩擦桩基是不考虑桩间土直接参与承担荷载的。为什么不考虑呢？笔者认为可能存在下述问题：如何确定桩间土参与承担荷载的条件？如何评估桩土的分担比例？以及考虑到桩间土所承担荷载比例较小。因此以前把它作为一种安全储备。经典桩基理论采用摩擦桩基不考虑桩间土直接参与承担荷载是偏安全的。近三十年来随着分析技术和测试技术的发展，人们不断探讨这一问题。管自立（1990）提出'疏桩基础'的概念，为了使桩间土更加有效地直接承担荷载，他建议将摩擦桩基的桩距变大一些，在计算时考虑桩和土直接承担荷载，以减少用桩量，降低工程投资。就"疏桩基础"字面而言是桩距比较大的桩基础，但其实质已超越了传统桩基础的概念。黄绍铭等（1990）提出'减小沉降量桩基'的概念。设计采用桩基础有二个主要目的：一是提高地基承载力，二是减少沉降。就字面概念而言，以减少沉降为主要目的的桩基础均可称为'减少沉降量桩基础'。事实上，黄绍铭等提出的'减小沉降量桩基础'不仅以减小沉降为目的，而且在设计计算中考虑了桩和土直接承担荷载，也已超越了经典的桩基础的概念。"疏桩基础"和"减少沉降量桩基础"的概念引起了广大科技人员的重视，相继在许多省份开展了类似的研究，后来发展了复合桩基的概念。在复合桩基中明确了桩和土直接承担荷载，应该说也是超越了经典的桩基础概念。如将复合桩基视为一种桩基础，是否可以说经典桩基础的概念已发展成为广义桩基础的概念？在"疏桩基础"，"减小沉降量桩基"和复合桩基的概念中，最本质的考虑了基础下的桩和土共同承担荷载，与经典桩基理论的区别也在这一点。

前面已经谈到：复合地基的本质是基础下的桩和土共同直接承担荷载；复合桩基的本质也是基础下的桩和土共同直接承载荷载，就其荷载传递路线的本质而言，两者是一样的。复合桩基可归属于复合地基。但两者还是有区别的。刚性桩复合地基的概念比上述'疏桩基础'，'减小沉降量桩基'，以及复合桩基概念还要广一些。刚性桩复合地基中桩体和基础之间可联接，也可不联接。刚性桩复合地基中桩体与基础间可设置垫层，也可不设垫层。桩体与基础相联接可增加水平向抗剪能力。两者间设置垫层可调节桩土荷载分担比，改善桩体端上部桩体的受力状态。目前在学术界和工程界在分析刚性桩复合地基和复合桩基的关系时分歧较大。有人认为复合地基是地基，复合桩基是桩基础，从字面看，说的并不错，但忽略了复合地基已不是原来地基的概念，复合桩基也不是原来经典桩基础的概念。两者的本质一致，有共同点。况且浅基础（shallow foundation），复合地基（composite foundation）和桩基础（pilefoundation），在英语中的统一性更为明显。笔者认为是否将复合地基归属于刚性桩复合地基并不重要，重要的是要指出两者在荷载传递路线上，在受力性状上是一致的，共同加以研究有利于理论和应用水平的提高。在工程应用中，刚性桩复合地基中的桩体与基础是否需要联接，是否需要设置垫层应视具体工程情况，根据需要确定。

刚性桩复合地基中考虑桩和土直接承担荷载可较好利用天然地基的承载潜能，具有较好的经济性，因此刚性桩复合地基技术日益引起人们的重视，理论分析和工程实践日益增多，人们的认识不断深入，但需解决的问题也不少。

【工程实例 14】刚性桩复合地基在浙医大一门诊综合楼基础工程中应用（根据参考文献［100］和［17］改写）

1. 工程概况和工程地质情况

浙江医科大学第一附属医院门诊综合楼整个建筑由 x 型的门诊楼、一字型的医技楼及联接两者的连廊组成。门诊楼、医技楼、连廊间均以沉降缝完全断开，使三者形成相互独立的结构单元。x 型的门诊楼为多层建筑，医技楼为高层建筑，地面以上结构层数为 21 层、地下一层，最高处标高为 79.2m，地下室层高 5.9m，医技楼建筑面积约 22600m²。医技楼的上部结构为混凝土框架结构体系，框架柱网尺寸为 5.1m×（7.0～7.6）m，楼层平面为等腰梯形布置，大楼平面、立面均较简洁、匀称。建筑物轴线间最大宽度 17.10m，最大长度 66.40m。整个门诊综合楼的平面如图 19-27 所示。

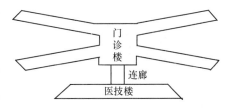

图 19-27 门诊综合楼平面图

第一附属医院位于杭州市庆春路中段，据浙江省地矿勘察院《浙医大第一附属医院门诊综合楼工程地质勘查报告》知，场地属第四系全新世冲海相（Q^4）和晚更新世湖河相（Q^3）地层，下伏基岩为侏罗系火山岩。建筑场地较平坦，地面标高在黄海高程 7.90～9.12m 间，地下水位约在地表下 1.50m 处。属中软场地中的 II 类建筑场地。场地地表下各土层属正常沉积、正常固结土，各土层的层面标高起伏不大，其中 7 号土层的层底面绝对标高在 -30.90～-32.34m，厚度约为 8～10m。地表下土层的工程地质情况见图 19-28，各土层物理力学指标见表 19-34。

各土层物理力学指标 表 19-34

层号	土层名称	层厚（m）	E_{s1-2}（MPa）	内聚力 C（kPa）	内摩擦角 ϕ（°）	f_k（kPa）
1	填土	2.3～3.8				
2	砂质粉土	3.35～4.8	12.3	11.7	11.3	150
3	粉砂	8.80～9.70	12.6	10.3	13.5	200
4	黏质粉土	0.75～1.40	4.6	9.5	9.3	100
5	粉质黏土	8.50～9.70	5.5	19.3	17.3	190
6	粉质黏土	3.30～5.20	5.5	9.3	10.3	170
7	粉质黏土	8.00～10.3	5.5	34.3	17	230
8	粉质黏土混卵层	0.30～5.80	23			300
9	强中风化安山玢岩					

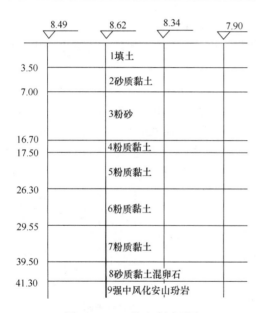

图 19-28 工程地质剖面图

在初步设计阶段，医技楼采用常规的钻孔灌注桩桩基方案，桩长39m，进入强中风化岩层，桩径根据柱荷载大小分别取 800mm，1000mm 和 1200mm 三种。上部结构荷载主要通过柱传给桩承台，再传递给桩。嵌岩桩端承力应占很大比例。该工程钻孔灌注桩部分施工费用 330 万元。在施工图阶段，设计单位经比较改用刚性桩复合地基方案。钻孔灌注桩统一采用直径 600mm 的桩，桩长 31.4m，桩端进入 7 号粉质黏土层内，且在桩下留有 2m 左右的粉质黏土，设计人员意图是让桩有一定的沉降。不设桩承台，地下室底板统一加厚至 1.8m。经比较分析，原方案中桩承台加地下室底板和复合地基中的地下室底板工程费用相当。前者钢筋用量大一些，后者混凝土用量大一些。桩位平面布置如图 19-29 所示。钻孔灌注桩部分施工费用 120 万元。采用刚性桩复合地基方案比原嵌岩桩方案节约投资210 万元。

2. 测试内容

为了验证实际受力情况，了解刚性桩复合地基的工作性状，完善设计理论，对整个施工过程进行了一系列监测。主要监测内容有：桩与筏板承载的比例关系、桩与土的工作及变化过程、基础筏板的工作状态等。

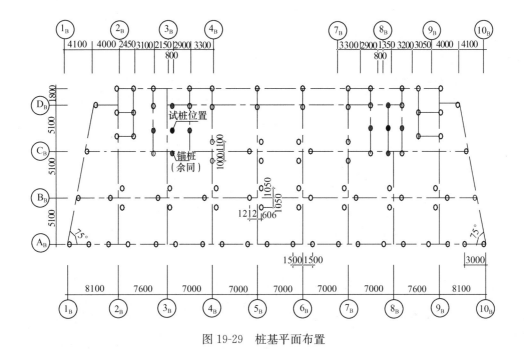

图 19-29　桩基平面布置

主要测试内容及仪器的安置如下：

（1）土压力

在地下室底板下，沿纵向一个剖面、横向三个剖面布置了 19 只土压力盒。了解不同荷载下桩间土压力的大小及在纵、横剖面上的分布情况。并和桩顶压力观测结果进行比较，以确定桩、土荷载的分配情况。

另外，在三桩群桩范围内，布置了 4 只土压力盒，了解群桩内外土压力情况。

（2）桩顶压力

沿基底的一个纵剖面和三个横剖面，选择 18 根桩布置了 36 个应变计，以了解角桩、边桩、内桩等不同桩位处，桩顶应力大小及在纵横方向上分布规律和施工过程中的变化情况。

（3）桩身轴力分布

本工程在进行静载荷试验时，曾在两根试桩和两根反锚桩内在 8 个剖面上埋设了 68 只钢筋计。由于这四根桩亦是工程桩，可以利用桩内的钢筋计，观测大楼在施工过程中，桩身轴力的变化及分布规律，并与单桩静载荷试验结果进行比较。

（4）地下室底板内力

在地下室 2m 厚底板内布置了 44 只钢筋计，仪器布置成一个纵剖面和一个横剖面，了解底层和面层钢筋的应力分布规律及在施工过程中的变化情况。

（5）孔隙水压力

在地下室底板下布置了三只孔隙水压力计，了解底板下土体中的孔隙水压力大小及变化。

（6）大楼沉降

沿大楼四周在±0.00高程上，布置了19个沉降观测点，了解大楼在施工过程中的沉降变化，监测大楼安全施工。

（7）基坑开挖期间桩基位移及坑内土体隆起

在两根桩上布置了两个观测点，观测桩基垂直位移。

在坑内土体中布置了两根沉降管，观测土体分层隆起。

所有埋设在基础内的各种观测仪器均在地下室底板浇注前，全部埋设完毕并立即进行观测，以确定基准值。以上主要仪器布置如图19-30和图19-31所示。

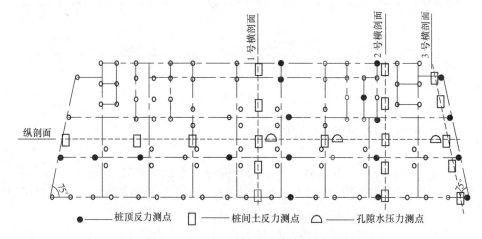

● ——桩顶反力测点　　▭ ——桩间土反力测点　　⌂ ——孔隙水压力测点

图19-30　桩顶和桩间土测点平面布置

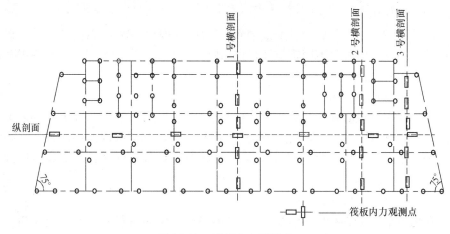

▭ ——筏板内力观测点

图19-31　筏板内力观测点

3. 有限元法分析

葛忻声（2003）结合该工程开展上部结构、基础和复合地基共同作用分析。在有限元计算时，将土层简化为三层，深度取至强分化基岩处。材料的取值见表19-35所示，有限元计算模型如图19-32。

有限元计算模型参数 表19-35

	计算土层一	计算土层二	计算土层三	混凝土桩	混凝土梁	混凝土柱
E_0（MPa）	37.8	16.5	69	30000	30000	30000
μ	0.35	0.35	0.35	0.2	0.2	0.2
ρ（kg/m³）	1890	1880	2000	2500	2500	2500
C（kPa）	12.2	25	8			
ϕ（°）	12.5	17	35			
单元类型	空间八节点协调单元	空间八节点协调单元	空间八节点协调单元	圆柱形管单元	三维梁单元	三维梁单元
材料描述	包含1、2、3层	包含4、5、6、7层	包含8层			

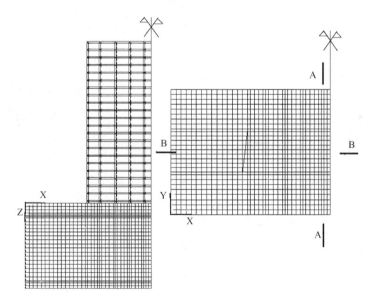

图19-32 有限元计算模型

4. 有限元计算结果与实测值的比较分析

通过有限元分析模拟上部结构刚度变化对复合地基性状的影响，并将计算值与实测值进行比较分析。

图19-33为整体沉降随上部楼层变化曲线，图19-34为桩体轴力实测和理论

分析值随上部楼层变化曲线，图 19-35 为桩体摩阻力实测值与理论分析值随上部楼层变化曲线，图 19-36 表示基底 A-A 处土应力理论分析值与实测值的比较情况曲线，图 19-37 表示基底 B-B 处土应力理论分析值与实测值的比较情况，图 19-38 表示 A-A 处桩顶应力理论分析值与实测值的比较情况，图 19-39 表示 B-B 处桩顶应力理论分析值与实测值的比较情况。从上述图表中可以得到下述几点特点：

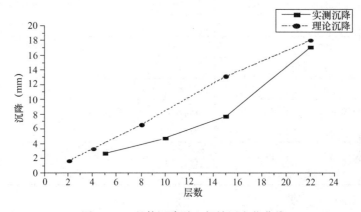

图 19-33　整体沉降随上部楼层变化曲线

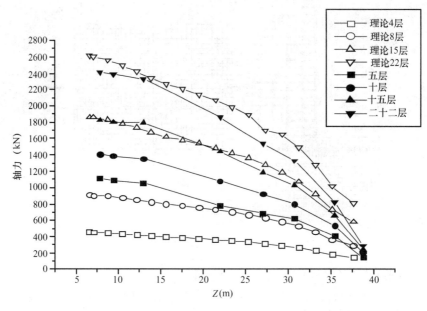

图 19-34　桩体轴力实测和理论分析值随上部楼层变化曲线

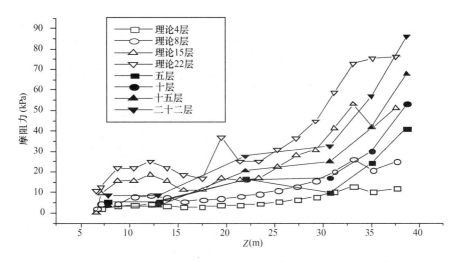

图 19-35　桩体摩阻力实测值与理论分析值随上部楼层变化曲线

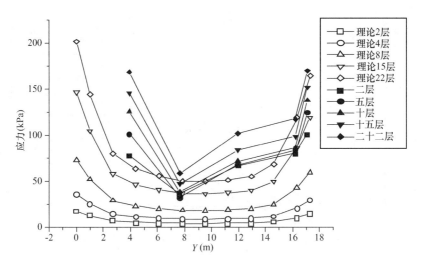

图 19-36　A-A 处基底土应力理论分析值与实测值的比较情况

（1）桩的轴力理论分析值和实测值沿深度的变化规律基本一致，桩的侧摩阻力沿深度变化规律理论分析值和实测值也基本一致。

（2）基底土应力的变化基本上是边缘大、中部小的分布规律。但理论分析值和实测值二者在数值上有差异。

（3）桩顶应力的变化类似于土应力的变化，即边缘大、中部小的特点。理论分析值和实测值二者在数值上也有差异。

（4）土应力和桩顶应力的实测数值比理论分析的大的原因，可能是与参数的选取有关。

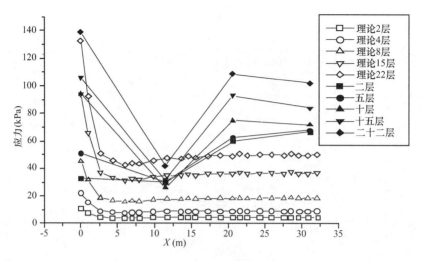

图 19-37 基底 B-B 处土应力理论分析值与实测值的比较情况

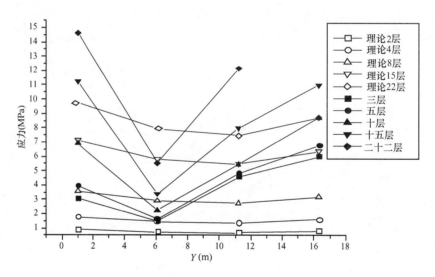

图 19-38 A-A 处桩顶应力理论分析值与实测值的比较情况

（5）桩土荷载承担比实测值与理论分析值均显示了桩筏基础共同作用的效应。但理论计算的桩土荷载承担比例与实测值有差异。实测值随上部刚度的增加而增加，至十层以后的变化幅度较小；而理论分析的承担比例基本不变。

复合地基桩土荷载分担比随楼层荷载而变化的情况如表 19-36 所示。当作用 2 层楼荷载时，桩间土应力为 45.7kPa，单桩荷载为 1040KN，土承担 41% 的荷载；随着荷载增加，土承担荷载的比例逐渐减小。当作用 22 层荷载时，桩间土应力为 87.6kPa，单桩荷载为 4050KN，土承担荷载比例为 20%。

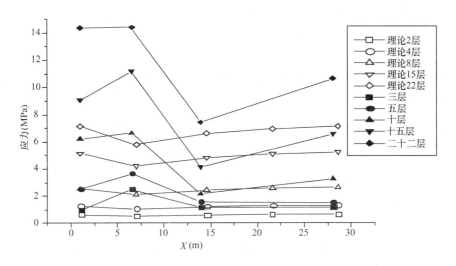

图 19-39　B-B 处桩顶应力理论分析值与实测值的比较情况

桩土荷载分担比随荷载变化情况　表 19-36

楼层荷载	2	6	10	14	18	22
桩（%）	59	67	73	76	78	80
土（%）	41	33	27	24	22	20

该楼沉降最大测点沉降为 20.9mm，最小为 13.4mm，平均为 18.1mm，此时沉降速率为 0.0139mm/d，建筑物沉降已达稳定标准。

上面已经提到，实测成果表明桩土分担比随荷载增大而增大，实际上当 22 层荷载作用时桩间土强度发挥度还是很低的，桩土分担比例是八二开。

从现场测试成果分析该工程桩长再短一点，桩数减少一些，也是可以的。在基础板下铺设一柔性垫层效果也会是好的。采取上述措施，桩间土强度及发挥度可能提高，沉降量可能会有所增加，而工程投资可进一步降低。

5. 几点结论

（1）高层建筑浙江医科大学第一附属医院门诊综合楼医技楼采用刚性桩复合地基取得了良好效果。总沉降小于 20mm。比桩基方案（预算 318 万元）节省 215 万元。

（2）采用上部结构、基础和复合地基共同作用有限元法分析有助于了解高层建筑荷载作用下刚性桩复合地基性状。

（3）从测试成果分析，适当减小桩长和减少桩数也是可以的。如在基础板下铺设一柔性垫层则可提高桩间土的作用。采取上述措施，桩间土发挥度可能提高，沉降量可能会有所增加，而工程投资可进一步降低。刚性桩复合地基的发展空间还是很大的。

【工程实例 15】宁波建龙钢铁有限公司轧钢车间刚性桩复合地基

1. 工程概况和工程地质情况

宁波建龙钢铁有限公司轧钢车间位于宁波市北仑区霞浦镇林大山一带，隶属于林大山村及下史村，位于骆亚公路的西侧，南邻宝新不锈钢有限公司，邻近宁波港务局港埠公司码头，相距北仑区新碶镇仅 2km，距离宁波市区约 40km。

区内地质情况较为复杂，地表水系发育，溪流纵横，水渠交错，池塘星罗棋布，相互交织成网，但流径短、水浅、流速缓，水位随季节变化明显。场地地处大碶平原区，地貌上属海积平原以及低山孤丘山前地貌过渡带。

轧钢主车间占地 60732m²，层高 20m，钢结构，主体结构的荷载由桩基础承担。由于车间内部场地中天然地基不能满足上部堆载的承载力要求，因此必须进行地基处理以提高地基的承载力水平。地基处理采用了素混凝土桩复合地基，同时为了研究素混凝土桩复合地基在这种工程地质情况下的工作性状，进行了现场沉降和应力的测试。

根据野外钻探，结合室内土工试验成果，按地基土的岩性特征、成因时代、埋藏分布规律及物理力学性质等，可将勘探深度内的土层分为 10 层，自上而下分别为：素填土，主要由碎石、块石夹杂少量黏性土组成，结构松散；黏土，黄褐色、灰黄色，含少量铁锰质斑点，上部呈可塑，往下渐变为软塑，饱和；淤泥质黏土，灰色，流塑，饱和，局部具水平薄层理，层间夹少量粉土，部分地段含贝壳碎片，底部含少量角砾；淤泥质黏土，灰色，含少量贝壳碎片，局部具微层理，流塑，饱和；黏土，灰绿~黄褐色，含少量铁锰质结核，顶部含少量姜结石，可塑，湿；黏土，灰色，局部具微层理构造，含少量腐殖物，软塑，湿；黏土，灰黄、褐黄色，含少量强风化碎块及铁锰质结核，硬塑，稍湿；熔结凝灰岩，褐黄色，主要矿物成分为石英、长石等，熔结凝灰结构，块状构造，风化剧烈；熔结凝灰岩，黄褐色~红褐色，主要矿物成分为石英、长石等，熔结凝灰结构，块状构造，节理裂隙发育，为强风化；熔结凝灰岩，浅灰色~黄褐色，主要矿物成分为石英、长石等，熔结凝灰结构，块状构造，节理裂隙较发育，为中等风化。具体土层的工程地质情况见图 19-40。地基土的物理力学指标见表 19-37。

地基土的物理力学指标 表 19-37

土层名称	厚度（m）	压缩模量（MPa）	内摩擦角（°）	黏聚力（kPa）	侧壁摩擦力（kPa）	承载力特征值（kPa）
素填土	0.8	—	—	—	11.08	—
黏土	1.3	5.0	6.0	25.7	30.64	95
淤泥质黏土	14.6	2.2	3.7	18.2	7.50	70

続表

土层名称	厚度（m）	压缩模量（MPa）	内摩擦角（°）	黏聚力（kPa）	侧壁摩擦力（kPa）	承载力特征值（kPa）
淤泥质黏土	7.5	3.2	—	—	11.05	70
黏土	2.8	8.6	16.6	32.2	74.02	210
黏土	3.2	9.7	22.1	53.3	78.57	200
黏土	2.5	12.5	15.7	56.3	118.50	300
熔岩凝灰岩	3.4	—	—	—	—	400
熔岩凝灰岩	3.2	—	—	—	—	800
熔岩凝灰岩	—	—	—	—	—	1800

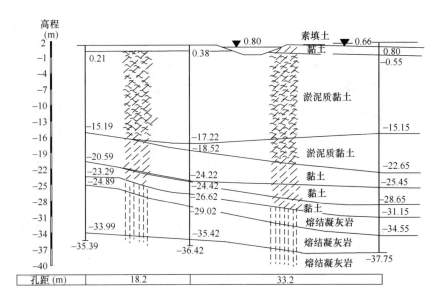

图 19-40　工程地质剖面图

2. 测试内容

为了研究软土场地中刚性桩复合地基在竖向荷载作用下的工作性状分析，包括荷载传递机理、破坏过程、对沉降特性和桩土应力比变化影响因素的分析以及刚性桩复合地基设计方法，针对浙江宁波沿海软土场地，进行六组素混凝土单桩和四组三桩复合地基的现场载荷试验，对其中两组三桩复合地基桩土应力进行测试，并对试验结果进行比较与分析。

（1）测试方案

刚性桩复合地基试验的平面布置如图 19-41 所示。桩间土表面和桩顶压力盒埋设的位置如图 19-42 所示。其中桩体为 φ426 素混凝土桩，混凝土强度等级为

363

C15，桩长为5～25m，其中三桩复合地基中桩体呈正三角形布置，桩距为1.6m，置换率为7.47%。单桩和复合地基中的桩体都以桩身穿过淤泥质黏土层，桩端进入土质相对较好的黏土层为准，具体的桩号和桩长见表19-38。三桩复合地基载荷试验的承压板采用圆形板，直径为2.7m。桩的中心（或形心）应与承压板中心保持一致，并与荷载作用点相重合。复合地基载荷试验承压板应具有足够刚度。承压板底面下铺设粗砂垫层，垫层厚度取50～300mm。褥垫层铺设采用静力压实法。试验前采取措施，防止试验场地地基土含水量变化或地基土扰动，以免影响试验结果。

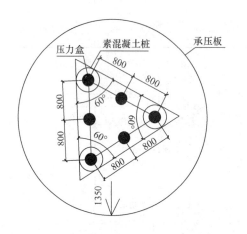

图19-41 三桩复合地基平面布置图

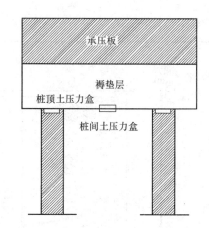

图19-42 三桩复合地基垫层和压力盒布置图

试验单桩和复合地基桩体的桩长   表19-38

桩号	1	2	3	4	5	6	复合地基1 (7, 8, 9)	复合地基2 (10, 11, 12)	复合地基3 (10, 11, 12)	复合地基4 (13, 14, 15)
桩长（m）	10	18	9	19	20	21	18, 18, 18	13, 13, 13	14, 14, 14	22, 22, 22

（2）测试设备及方法

刚性桩复合地基静载试验按照慢速维持荷载法进行，加载系统如图19-43所示。试验采用重物加载，堆载平台由一组工字钢组成，重物为沙包，并用千斤顶反力加载，百分表测读桩顶沉降的试验方法。试验的设备安装按照规范进行，并按规定布置了独立的基准梁系统。试验按预先制定的试验纲要进行。

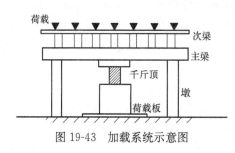

图19-43 加载系统示意图

3.测试结果及分析

（1）p-s曲线测试结果及分析

本次试验总共做了六根单桩和四组

三桩复合地基的静载试验，分别测定了荷载与沉降的关系曲线。其中六根单桩的 Q-s 曲线如图 19-44 所示，四组三桩复合地基的 p-s 曲线如图 19-45 所示。

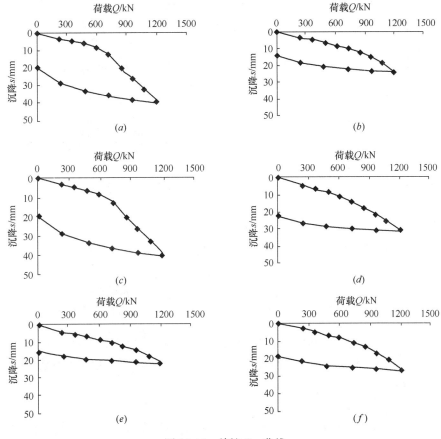

图 19-44　单桩 Q-s 曲线

(a) 1 号单桩 Q-s 曲线；(b) 2 号单桩 Q-s 曲线；(c) 3 号单桩 Q-s 曲线；
(d) 4 号单桩 Q-s 曲线；(e) 5 号单桩 Q-s 曲线；(f) 6 号单桩 Q-s 曲线

从图 19-44 单桩的 Q-s 曲线可知，六根试验单桩的竖向极限承载力均在 1200kN 以上，达到了单桩竖向极限抗压承载力的设计值。从单桩的 Q-s 曲线看，六组曲线均呈缓降型。由于试验单桩的桩长都以桩身穿过淤泥质黏土层以及桩端达到土质较好的持力层控制，单桩在设计荷载 1200kN 作用下，除 1 号桩以外，沉降都在 20～30mm 之间。可见，素混凝土桩由于桩身的强度较高，能提供较高的承载力并能在软土地区有效的减少上部结构的沉降。

从图 19-45 可见，刚性桩复合地基的 p-s 曲线呈缓降型，第一组和第二组的沉降明显大于第三组和第四组的沉降；其中第一组和第二组的沉降在 40mm 左右，第三组和第四组沉降在 30mm 以内。第一组复合地基的极限承载力不小于

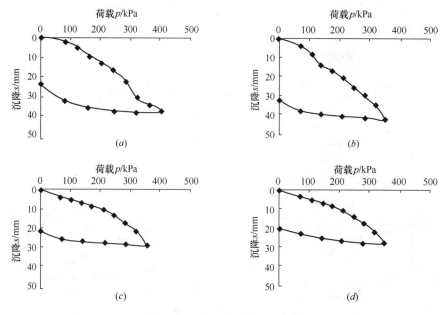

图 19-45　复合地基的 p-s 曲线

(a) 第一组复合地基荷载 p/kPa；(b) 第二组复合地基荷载 p/kPa；

(c) 第三组复合地基荷载 p/kPa；(d) 第四组复合地基荷载 p/kPa

400kPa，其余三组复合地基的极限承载力不小于 350kPa，都达到了工程设计的要求。复合地基的承载力特征值按照相对变形取值（建筑地基处理技术规范，1992）分别为：第一组 $f_{spk} = 278$kPa，第二组 $f_{spk} = 223$kPa，第三组 $f_{spk} = 308$kPa，第三组 $f_{spk} = 307$kPa。

本试验场地中大面积的分布着承载力特征值为 70kPa 左右的淤泥质黏土，并且在地表下 1m 左右就有分布，土层深度达 10m 以上，可见土质情况很差。而素混凝土桩自身强度较高，能将上部荷载有效的向较深的土层传递，所以一般设计时都使桩体能穿过承载力较低的软土，进入承载力较高的持力层，以使得桩体不至于在较低荷载作用下就产生很大的沉降，试验用的试桩也是如此。另外，桩间土通过褥垫层的调节作用能保持不与褥垫层脱开，上部荷载能较有效的传递到桩间土表面。在这种情况下，有可能桩间土容易先达到极限状态。

从本次试验实测的数据看，复合地基静载试验用的载荷板面积为 5.7m²，那么四组三桩复合地基的承载力为 2000kN，而单桩的极限承载力能达到 1200kN 以上，可见软土刚性桩复合地基的桩体承载力并没有得到有效的发挥，而桩间软土的承载力特征值为 70kPa 左右，容易先达到承载力极限状态。

（2）桩土应力比的变化和分析

本次试验还对第一组和第二组刚性桩复合地基进行了桩土应力的测试。测试

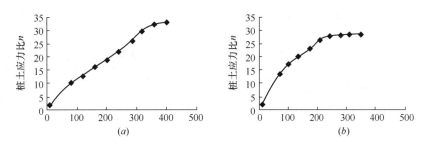

图 19-46　复合地基桩土应力比与荷载关系

(a) 第一组复合地基荷载 p/kPa；(b) 第二组复合地基荷载 p/kPa

同复合地基的静载试验同时进行，以便能分析桩土应力比和桩土分担比与荷载的关系以及桩土应力比随时间变化的规律。从图 19-47 可知，随着上部荷载的增加，复合地基的桩土应力比在初期不断增大，且增长的较快。当荷载加大到较高的水平，试验中当荷载达到 300kPa 左右，桩土应力比趋于稳定，加载的后期桩土应力比的变化不大。从实测的曲线中看，刚性桩复合地基的桩土应力比大致在 30 左右趋于稳定。从第一组复合地基的实测数据分析，复合地基的上部荷载为 403kPa 时，桩土应力比为 33，其中桩顶上的应力为 2.57MPa，桩间土的应力为 78kPa，而试验的荷载板下分布着较深的淤泥质黏土，其承载力特征值仅在 55～70kPa 之间。在这种情况下桩间土首先达到了极限状态，已经破坏；刚性桩由于有较好的持力层以提供较高的端承力，加之桩体的自身强度高，能很好的把上部荷载向下传递，所以并没有达到极限承载力。

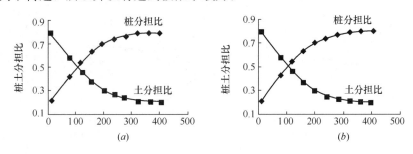

图 19-47　复合地基桩土分担比与荷载关系

(a) 第一组复合地基荷载 p/kPa；(b) 第二组复合地基荷载 p/kPa

图 19-47 表示了桩土分担比随着荷载增大而变化的规律。两组复合地基的桩土分担比在加载初期变化很快，当荷载达到 300kPa 左右趋于稳定，桩的分担比高达 80%，土则分担了 20%。桩土应力比和桩土分担比的分析结果都表明了刚性桩复合地基中桩体承担了大部分的荷载。

选取第一组和第二组三桩复合地基在上部荷载分别为 690kN 和 400kN 时，桩土应力随时间变化的关系进行分析。图 19-48 为第一组复合地基桩土应力随时间的变化关系。如图可见桩间土的荷载有一定的增加，桩顶荷载稍有下降，表明随着垫层对上部荷载的调节作用，荷载在桩与土之间有一定的转移，桩顶的荷载有一部分被桩间土分担。同时桩土应力比有下降，也表明了存在荷载从桩向桩间土转移的过程。这个过程中，桩土应力比大致趋于稳定。图 19-49 为第二组三桩复合地基在上部荷载 400kN 时，桩土应力和时间的关系。

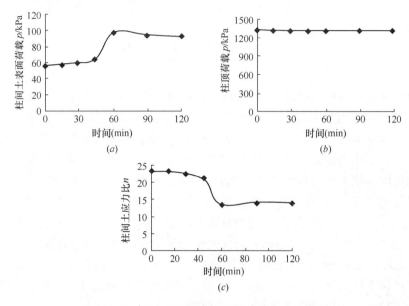

图 19-48　第一组复合地基桩土应力与时间关系

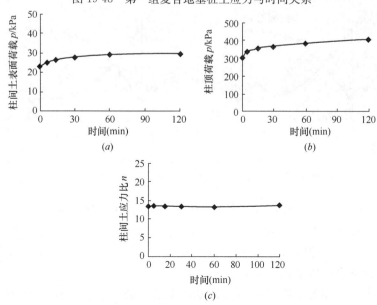

图 19-49　第二组复合地基桩土应力与时间关系

对比第一组复合地基的情况，第二组三桩复合地基中桩顶荷载和桩间土表面荷载均有增加。这是因为复合地基的上部荷载为 400kN 是加载过程中的第一次加载，上部荷载并没有完全有效的传递到荷载板下的复合地基，施加在复合地基上的荷载对周围的土体有个应力扩散的过程。随着沉降的增大，荷载板周边与周围的土体必然产生一定的脱离，而使得上部的荷载逐渐全部的作用到复合地基上。这个过程当中，整个复合地基实际上所受荷载是在增加的，那么桩土的应力必然也有增加。从图 19-49 可见，桩土应力比在观测的时间内很稳定，几乎没什么变化。这表明在较低的荷载水平下，垫层的调节作用明显，能够很快的将上部荷载传递给桩体和桩间土，并使得桩土的荷载分担比达到稳定。

4. 刚性桩复合地基承载力计算与讨论

刚性桩复合地基承载力计算思路是先分别确定桩体承载力和桩间土承载力，再根据一定原则叠加这二部分承载力得到复合地基承载力。

就刚性桩复合地基而言，其破坏机理的研究对于承载力计算有着至关重要的作用。桩体与桩间土的荷载是通过复合地基的褥垫层来调整和传递的，因此需要分析褥垫层的作用。褥垫层能传递给桩体的极限承载力 R_{cu}。和单桩极限承载力 R_u 之间的关系（郑刚，2003）如下：

（1）桩顶 $R_c > R_{cu}$，则加荷后期直至达到极限时，桩主要向下刺入。

（2）桩顶 $R_{cu} = R_u$，则加荷后期直至达到极限时，桩同时向上和向下刺入。

（3）桩顶 $R_c < R_{cu}$，则加荷后期直至达到极限时，桩主要向上刺入。

现有的文献和工程实践一般都认为刚性桩复合地基是桩体先达到极限强度，引起复合地基的破坏，即认为在式（1-4）中桩体极限强度的发挥比例 $\lambda_1 = 1.0$，而桩间土极限强度的发挥比例 $\lambda_2 < 1.0$。式（1-5）也假定桩体先破坏引起复合地基的全面破坏。这些承载力计算公式都是针对桩顶 $R_c > R_{cu}$ 和桩顶 $R_{cu} = R_u$ 两种情况。

但是在软土地基中，为了获得较高的承载力水平，又由于桩身强度较高能将荷载往深层传递，刚性桩复合地基中的刚性桩往往会穿过土质较差的那层软土，桩端进入承载力相对较好的土层作为持力层，因而桩体的极限承载力一般很高。同时桩间软土的承载力很低，一般在 100kPa 以下，有些甚至在 50kPa 以内。因此当褥垫层能较好的工作，将上部荷载传递到土和桩顶时，桩间土就很容易达到极限承载力，而此时桩体还没有达到其极限承载力，属于桩顶 $R_c < R_{cu}$ 的情形。此时，桩间土就会首先破坏，从而引起复合地基的破坏。本章的试验结果和分析也证实了这一点。

所以针对软土场地中刚性桩复合地基的承载力计算，应该考虑到桩间土先达到极限承载力的情况，刚性桩复合地基承载力可用下面的公式进行计算：

$$f_{spk} = \lambda_p m \frac{R_a}{A_p} + \alpha(1-m) f_{sk} \tag{19-45}$$

式中　f_{spk}——复合地基承载力特征值，kPa；

　　　　f_{sk}——桩间土承载力特征值，kPa；

　　　　R_a——桩体竖向承载力特征值，kN；

　　　　A_p——桩体横截面积，m^2；

　　　　λ_p——桩体承载力发挥度；

　　　　α——桩间土强度提高系数。

刚性桩复合地基中的桩体一般为素混凝土桩或 CFG 桩等，多采用振动沉管灌注成桩和钻孔灌注成桩等施工工艺，其中振动沉管灌注成桩属于完全挤土工艺，对可挤密的土，α 可取大于 1.0 的提高系数。钻孔灌注成桩工艺属于不挤土工艺，因此桩间土强度提高幅度有限，一般可作为安全储备，α 通常取 1.0。

由于复合地基承受的荷载达到其承载力标准值时，桩体承载力和地基土承载力并非同时达到特征值。根据上述的分析，在软土中桩间土易先达到承载力标准值，而桩体尚未达到标准值，于是就出现了式（2-1）中的桩体承载力发挥度 λ_p。而 λ_p 的取值显然和是否有褥垫层、褥垫层的厚度、桩土模量比、土质情况、成桩工艺等很多因素有关，还与建筑物对复合地基的沉降变形要求有关。

根据以上六组单桩静载荷试验以及四组三桩复合地基静载荷试验，结合式（2-1），可确定桩体的强度发挥度的取值。

桩间土承载力特征值 $f_{sk}=55$kPa，单桩承载力特征值 R_a 取 800kN，单桩的横截面积 $A_p=0.14m^2$。四组复合地基承载力特征值分别为 278kPa、223kPa、308kPa、307kPa。式（2-1）可化为下式：

$$\lambda_p = \frac{f_{spk} - \alpha(1-m)f_{sk}}{m\dfrac{R_a}{A_p}} \tag{19-46}$$

由式（19-46）可根据复合地基静载试验结果反算出 λ_p，结果列于表 19-39。

由复合地基静载荷试验反算 λ_p 表 19-39

	第一组复合地基	第二组复合地基	第三组复合地基	第四组复合地基
复合地基承载力特征值（kPa）	278	223	308	307
桩体承载力发挥度 λ_p	0.532	0.403	0.602	0.6

由表 19-39 可见，λ_p 适宜的取值在 0.4～0.6 之间。根据软土的土质情况，结合工程实践，对刚性桩复合地基的桩体承载力发挥度 λ_p 应该有个合理的选取，这对复合地基的实际承载力水平和沉降控制都有重要的意义。一般情况下，对刚性桩复合地基的变形要求较高，或者土体强度很低时应该取较小值，以确保复合地基能达到设计要求。

显然，对于实际工程而言，桩体的承载力发挥度越大越好，这就要求复合地基的褥垫层有合适的变形模量和厚度，在充分发挥桩间土承载力的基础上，以能使得 R_c 接近 R_u，尽量发挥桩体的承载力。郑刚（2003）认为在软土场地，较厚褥垫层不利于桩的承载力发挥，因为褥垫层较厚，桩土应力比相对小，土分担了较大的荷载，很快就超过了其承载力特征值，并且使得复合地基的沉降增大。可见，发挥桩体的承载力必须要经济合理的设计褥垫层。

5. 几点结论

通过对实测数据的全面分析以及在此基础上对于刚性桩复合地基承载力计算和沉降计算的讨论，可得出以下结论。

（1）通过在浙江宁波沿海软土地区的素混凝土单桩和三桩复合地基的静载荷试验，得知刚性桩复合地基的 p-s 曲线呈缓降型，并且三桩复合地基的极限承载力小于三根单桩承载力极限值的相加，刚性桩复合地基的桩体强度得不到有效发挥。

（2）通过对两组三桩复合地基的桩、土应力测试，得到了桩土应力比和桩土分担比随荷载的变化曲线。通过分析可知，若软土复合地基的桩体为端承桩，随着上部荷载的增加，复合地基的桩土应力比在初期不断增大，且增大的较快，当荷载加大到较高的水平时桩土应力比趋于稳定。桩体分担了大部分的荷载。与单桩和三桩复合地基的静载荷试验结果比较分析可知桩间土先达到了极限承载力。

（3）通过在相同荷载水平下不同时间的复合地基桩、土应力的测试，得到了桩顶应力、桩间土表面应力和桩土应力比随时间变化的关系。通过分析可知，在较低的荷载水平下，桩土应力比很快趋于稳定，随时间发展几乎没有变化，而桩顶应力和桩间土表面应力随时间发展有一定的增大。对于在较高荷载的情况下，桩土应力比随时间有一定的减小，相应的桩顶应力有一定的减小而桩间土应力有一定的增加。

（4）在单桩和三桩复合地基静载荷试验的基础上，对现有的刚性桩复合地基承载力计算方法进行了讨论，针对软土场地提出了一种承载力计算方法，根据试验实测数据对计算公式中的参数选取进行了分析，对取值范围提出了建议。

（5）对现有沉降计算方法的分析，表明《建筑地基处理技术规范》建议的刚性桩复合地基沉降计算方法需要进一步的完善。该法对于软刚性桩复合地基应该特别对加固区内软土层的复合模量提高系数 f 进行修正，以接近实际情况。

【工程实例16】杭州市丰潭路素混凝土桩复合地基

1. 工程概况

杭州市运河污染综合整治指挥部拟建设杭州市丰潭路，该路段北起育英路，南接天目山路。本次工作段为天目山路—文一路段，包括 1 号、2 号、3 号桥。道路路面宽度为 36m，地下铺设污水管和雨水管，道路西侧为规划绿化带和莲花港。该路段的地质情况较为复杂，地表都为淤泥和水塘，需大规模的填塘换土。

本次测试选取桩号为 K1＋610 的断面，其为一半填半挖断面，填料为建筑垃圾，其中有较大的石块和混凝土块，路基用 ϕ426 的 15m 素混凝土桩（刚性桩）处理，桩距 1.75m，正方形布桩，素混凝土桩用水泥含量为 7‰ 的水泥碎石稳定料填充，压缩模量为 1813MPa。此断面的地质情况见表 19-40。为研究素混凝土桩在处理该地质情况下路基的力学性状，拟进行土体的沉降和侧向变形的测试工作。

K1＋610 处断面土的物理力学性质指标　　　　　　　　表 19-40

厚度 (m)	土质分类	含水量 (%)	湿重度 (kN/m³)	空隙比	液限 (%)	塑限 (%)	压缩模量 (MPa)
2	淤泥质粉质黏土	38.9	17.9	1.118	36.3	20.9	1.9
9.2	淤泥质黏土	43.3	18.1	1.177	42.0	23.9	1.8
1.3	淤泥质粉质黏土	42.4	17.8	1.183	34.8	22.1	2.2
4.5	淤泥质粉质黏土	45.4	17.1	1.324	42.6	24.0	1.5
1	淤泥质粉质黏土	42.3	17.6	1.206	35.1	22.2	2.3
3.1	淤泥质粉土	—	—	—	—	—	4.2

2. 测试内容

主要测试内容及仪器安置如下：

（1）土体变形的观测

土体变形的观测包括分层沉降和侧向变形，采用分层沉降仪观测土体深层沉降，设 7 个分层沉降孔，每个孔测 3 点（其中孔顶、孔中、孔底分别 1 点），共计 21 个点；用活动式测斜仪观测土体的深层水平位移，设 2 个侧斜孔，每 0.5m 测一点；用以分析土体变形性能的改变，并推算土体工后沉降的大小及其分布情况，见图 19-50。

（2）土压力的观测

采用钢弦式土压力计来测试土体在道路填筑作用下应力变化情况，以判断复合地基的受力性能。相应每个沉降测点布设 1 个土压力盒，共计 15 个，见图 19-50。

（3）孔隙水压力观测

采用钢弦式孔隙水压力计测试土体中孔隙水压力的大小。相应每个沉降测点布设 1 个孔隙水压力计，共计 15 个，见图 19-50。根据孔隙水压力观测结果，可以得到孔隙水压力的大小，以便计算有效土压力，评价荷载的影响深度。

（4）地下水位变化的观测

地下水位的观测用以掌握在道路施工过程以及工后地下水位的变化情况。在道路两侧埋设了水位 2 根管进行了水位测试，如图 19-50 所示。

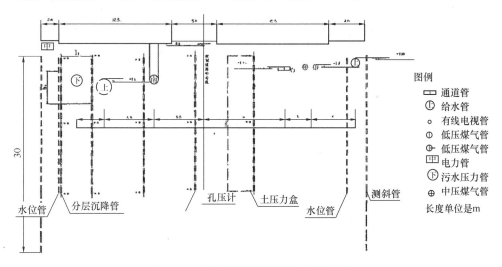

图 19-50　元器件埋设横断面布置示意图

测试过程是在路基填土开始的，荷载主要是填埋土的自重，所以荷载较小，加荷时间较长，而且在后期是路面施工和养护期。断面的加荷过程如图 19-51 所示。

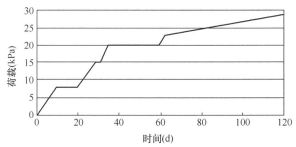

图 19-51　K1＋610 的加荷情况

3. 试验数据分析

（1）桩间土孔隙水压力变化及分析

在进行填土加荷期间，总体上桩间土超孔隙水压力是逐渐稳步消散的，如图 19-52，这是由于加荷较小缘故，也说明在施工过程中加荷速率和碾压吨位都比较合适，因此没有出现孔隙水压来不及消散而突然上升的情况。因填土用料是建筑垃圾，其中有较大的石块和混凝土块，空隙率较大，所以消散较快，孔压较小；在桩顶附近消散过程中空隙水压有反复，这是由于建筑垃圾填埋层力学性质较好，形成了硬壳层，所以对上部路面荷载及碾压的反应较为集中且在这个刚度较大的硬壳层下，荷载相对向桩集中程度较大，桩间填土承受荷载

373

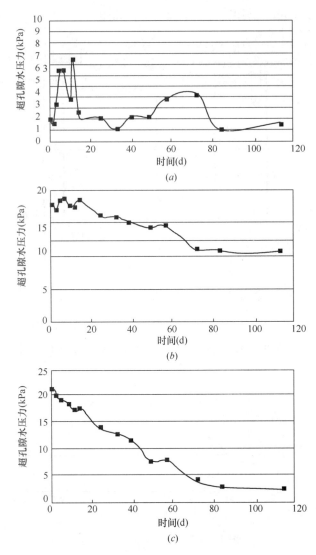

图 19-52　断面沉 5 处孔压变化图

(a) 桩顶；(b) 桩中；(c) 桩端

较小。

(2) 桩间土附加有效应力变化及分析

由于测试是在上层路基填土过程中，加荷不大，可认为复合地基是在正常荷载状态下。素混凝土桩桩间土的有效土应力随时间变化如图 19-53，图 19-54 所示，桩顶、桩中、桩底的附加有效应力随时间都有增加，但增加幅度不同，桩底端桩间土附加有效应力的增加幅度远远大于桩顶和桩中，桩顶的增加幅度又大于桩中，如图 19-55 所示。

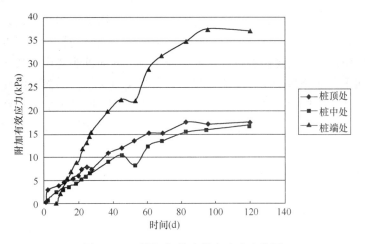

图 19-53 "沉 2"处有效土应力变化图

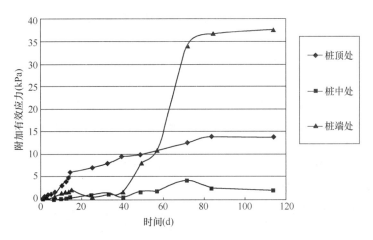

图 19-54 "沉 5"处有效土应力变化图

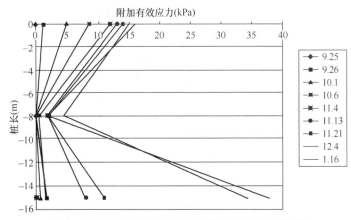

图 19-55 "沉 5"桩尖土压力随深度和时间变化图

据分析这有两个原因：一、由于在素混凝土桩断面填土用料是建筑垃圾，力学性质相对较好，在复合地基的受力过程中形式了一层硬壳层，而素混凝土桩的桩头在这层中，于是在受力的过程中就引起了应力的向桩头集中，从土质情况可看出，桩间土大部分是淤泥，呈流塑状态，力学性质很差，因而桩的侧摩阻力很小，这一点从桩中桩间土的有效应力增加较小可看出，所以大部分荷载通过素混凝土桩传到了桩端。二、由于填土层的垫层效用，虽然建筑垃圾层形成了硬壳层但其刚度毕竟比素混凝土桩要小得多，所以在素混凝土桩复合地基受力起始素混凝土桩桩头就发生了向上刺入的变形，形成桩土共同受力的模式，发生了桩头的向上刺入变形，也就是桩头附近桩土有了相对位移，土的沉降量大于桩的沉降量，于是桩头桩周就有了负摩阻力的产生，这就把桩间土承担的一部分荷载传到了素混凝土桩上，所以桩顶附近桩间土的压力的增加不是很大（如图19-53、图19-54所示），这也引起了素混凝土桩桩身最大应力点的向下移动，也就是桩身最大应力点不在桩顶，同时也意味着复合地基的荷载向深处传递，这也使桩端附加有效应力增加较大。

可见，建筑垃圾填埋层对桩头有应力集中效应，使桩承担了较大荷载，而刚性桩荷载是沿桩全长传递的，使桩的侧摩阻力和端阻力能够完全发挥，桩间土大部分是淤泥呈流塑状态，力学性质很差，因而桩的侧摩阻力很小，复合地基的大部分荷载都沿桩身传递到了桩端土中，桩端桩间土有效压力增加较大，桩端也刺入了下卧层中。

通过观测，素混凝土桩复合地基的受力性状可概括如下：浅层应力向桩体集中，并通过桩向深层传递，桩间土与桩有较大的相对位移，桩顶和桩端的刺入较为明显，说明了素混凝土桩复合地基中的素混凝土桩有应力集中和扩散双重作用。

根据以上的分析可得在工作荷载下，素混凝土桩的刚度较大，浅层应力向桩体集中，并通过桩向深层传递，桩间土与桩有较大的相对位移，桩顶和桩端的刺入较为明显。

（3）分层沉降变化及分析

本次试验进行了桩间土分层沉降的测试，素混凝土桩断面的测试结果如图19-56所示，可看出桩顶桩间土向下压缩沉降的，桩中桩间土没有沉降变化，桩底端附近的桩间土是向上位移的，其情形见图19-57表示，这证实了桩间土压力测试结果所得出的受力情况，桩顶和桩端都有向填土层和下卧层刺入的变形，特别是桩端刺入下卧层表现得很明显，这导致了桩端桩间土被下卧层挤压，有向上的位移。如图19-57所示。

（4）路基深层侧向位移的测试及分析

路基边缘的深层侧向位移数据如图19-58所示，在5m深度以上的路面和路

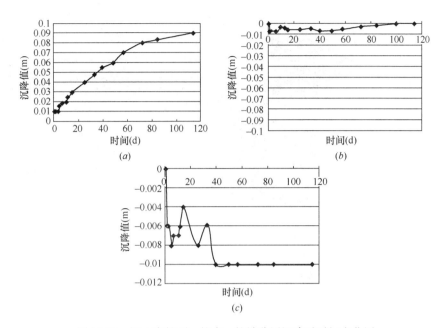

图 19-56　沉 4 在桩顶、桩中、桩端分层沉降随时间变化图

（正值表示向下位移，负值表示向上位移）

（a）桩顶；（b）桩中；（c）桩端

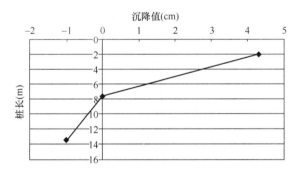

图 19-57　桩间土沉降随桩长变化曲线

（正值表示向下位移，负值表示向上位移）

基侧向位移不大，而在 5m 深度以下，却有向路中位移的趋势，而且位移较大，在 5m 深度以上的路面和路基侧向位移不大是由于填土路基用的是建筑垃圾，在受力过程中形成了一个硬壳层，抑止了其侧向位移。在 5m 深度以下有向路里位移的趋势，据分析可能有以下原因：此测斜管埋设的较晚，所测的位移都是在桩基施工完了以后一段时间的，可以断定在进行素混凝土桩施工的过程中一定有较大的向路外的挤土位移，但在施工完成以后的一段时间内，由于路面施工荷载的作用，跨基的空隙水压在消散，土体发生了固结，所以侧向位移有向路里发生的

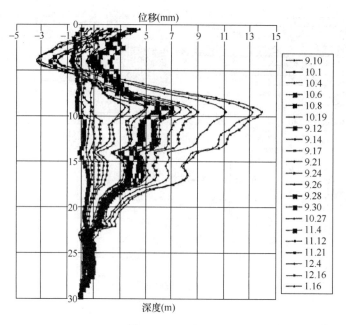

图 19-58　路基深层水平位移变化图

（位移正号向路里，负号向路外）

趋势，在整个过程中，可认为是深层土向外侧向位移的减少，这里只测试了后期的变形，于是表现出测向位移有向路里发生的趋势。

4. 几点结论

根据对以上观测数据的详细分析，可得出以下结论：

（1）在荷载作用下，由于素混凝土桩复合地基桩的刚度很大，故浅层应力向桩体集中，并通过桩向深层传递，桩间土与桩有较大的相对位移，桩顶和桩端的刺入较为明显。

（2）素混凝土桩桩顶桩间土向下压缩沉降，桩中桩间土没有沉降变化，桩端附近的桩间土是向上位移的，这表明桩与桩间土有较大的相对位移，桩顶和桩端都有向填土层和下卧层刺入的变形，特别是桩端刺入下卧层表现得很明显。

19.9　长短桩复合地基

在荷载作用下，地基中的附加应力随着深度增加而减小。为了更有效地利用复合地基中桩体的承载潜能，竖向增强体（桩体）复合地基中，桩体的长度可以取不同的长度以适应附加应力由上而下减小的特征。由不同长度的桩体组成的桩体复合地基称为长短桩复合地基。

采用长短桩复合地基应重视其形成条件，要确保在上部结构荷载作用下，长桩、短桩和桩间土同时直接承担由基础传递的荷载。当长桩未进入较好的土层，上述条件是容易满足的。当长桩进入较好的持力层，如砾石层，密实的砂层时，在基础下必须设置柔性垫层。通过垫层来协调长桩、短桩和桩间土的变形，以保证长桩、短桩和桩间土在建筑物工作阶段能同时直接承担荷载。如果由于地基土的蠕变，地下水下降引起地基土固结等因素影响，造成短桩和桩间土不再承受荷载，荷载全由长桩承担，则可能造成基础工程事故，影响建筑物安全使用。这一点在采用长短桩复合地基时应予以充分重视。

长短桩复合地基的形式很多。长桩和短桩可以采用同一种桩型，也可以采用不同的桩型。在工程应用上，长桩常采用刚度较大的桩，这样可以将应力传递给较深的土层。长桩常采用低强度桩、钢筋混凝土桩、钢管桩等桩型。短桩常采用散体材料桩和柔性桩，如碎石桩、水泥土桩、石灰桩等。

长短桩复合地基是一种很有发展潜力的复合地基，特别适用于压缩土层较厚的地基。从复合地基应力场和位移场特性分析可知，由于复合地基加固区的存在，高应力区向地基深度移动，地基压缩土层变深。为了减小沉降，有必要对较深的土层进行处理。采用沿深度变强度和变模量的长短桩复合地基可以有效减小沉降，降低加固成本。在长短桩复合地基中，加固区浅层地基中既有长桩、又有短桩，复合地基置换率高。不仅地基承载力高，而且加固区复合模量大，可以满足加固要求。在加固区深层地基中，附加应力相对较小，只有长桩，也可达到提高承载力，有效减小沉降的要求。可以说长短桩复合地基加固区的特性比较符合荷载作用下地基中应力场和位移场特性。

【工程实例 17】兰盾大厦长短桩复合地基（根据参考文献［102］改写）

1. 工程概况和工程地质条件

兰盾大厦场地位于太原市侯家巷西端的市公安局大院内，西靠太原市五一副食大楼，北靠公安局礼堂，南临五一广场。兰盾大厦地面以上 15 层，地下室一层，总高 61.4m。兰盾大厦要求地基承载力不小于 350kPa。天然地基承载力为 90kPa，不能满足要求。

原设计采用钻孔灌注桩基础，桩入土深 32.0m，实际桩长 26.0m，桩径 600mm，三根试桩桩长 31m，设计要求极限承载力 4250kN。试桩结果：二根试桩极限承载力为 1800kN，1 根试桩为 1200kN，不能满足设计要求。后改用长短桩复合地基，长桩采用水泥粉煤灰碎石桩，水泥粉煤灰碎石桩为一种低强度混凝土桩；短桩采用二灰桩。

该场地地层由第四纪冲积物所构成，自然地表以下 12~14m 为全新纪（Q_4）地层，14~35m 为晚更新纪（Q_3）地层。地基土层由上而下可划分为五层。

第①层，Q_4^1 人工填土为主，局部素填土，层厚 2~6m，土的成分较杂，结构松散，均匀性差。

第②层，Q_4^1粉土，层厚 8～10m，褐色-黄褐色，饱和，呈软塑-流塑状态，标贯击数 1～4.2 击，平均 2.4 击，属中高压缩性土。

第③层，Q_3粉土，层厚 16～17m，褐黄色-褐灰色，饱和。标贯击数 8～16 击，平均 12 击，可塑-硬塑状态，属中等压缩性土。

第④层，Q_3细砂，层厚 1.6m，呈中密状态。

第⑤层，Q_3中砂，层厚 5m，呈中密状态。

水位在自然地坪下 5～6m。

2. 设计

(1) 设计要求

该建筑共 15 层，1～4 层为商业用房，4 层以上为功能用房，故荷载较大，要求处理后复合地基承载力由原天然地基承载力 90kPa 提高到不小于 350kPa，并消除第 2 层可能产生的液化。因距离现有建筑物较近，且要求施工过程中不能产生过大振动。

(2) 设计计算

首先通过二灰桩加固使地基承载力由 90kPa 增加至 150kPa，然后设置水泥粉煤灰碎石桩使地基承载力满足不小于 350kPa 的要求。

1) 二灰桩设计

二灰桩施工成孔直径 ϕ425mm，成桩直径 ϕ500mm。设计要求进入③层 0.50m，为降低造价减少空桩长度，开挖至 $-$4m 后打桩成孔深 10.5～11.5m 之间，有效桩长为 8～9m。

二灰桩承载力取为 323kPa，考虑二灰桩施工对桩间土挤密作用，桩间土承载力取 1.2×90＝108kPa，1.2 为桩间土承载力提高系数。由复合地基承载力计算公式求复合地基置换率 m 值，然后按 m 值求桩距。复合地基置换率表达式为

$$m = \frac{f_{sp,k} - f_{s,k}}{f_{p,k} - f_{s,k}} \tag{19-47}$$

式中　m——复合地基置换率；

$f_{p,k}$——二灰桩承载力，取 323kPa；

$f_{sp,k}$——设计要求二灰桩复合地基承载力，取 150kPa；

$f_{s,k}$——二灰桩处理后桩间土承载力，取 90×1.2＝108kPa。

代入数据，得

$$m = \frac{150 - 108}{323 - 108} = 0.195$$

根据式 $m = \dfrac{d^2}{d_e^2}$ 可求得一根直径为 d 的二灰桩的等效影响直径 d_e。

于是可得等效直径为

$$d_e = \sqrt{\frac{d^2}{m}} = \sqrt{\frac{550^2}{0.195}} = 1245.5 \text{mm}$$

本工程按等边三角形布桩，桩间距 $s = \dfrac{d_e}{1.05} = 1186 \text{mm}$，取 1200mm。

2）水泥粉煤灰碎石桩设计

采用 ZFZ 法施工水泥粉煤灰碎石桩，成桩直径 450mm。ZFZ 施工法是使用长螺旋钻机正转成孔，反转填料挤密桩的一种施工方法。

桩长设计要求进入③层 1.5～2m，有效桩长取 10.5m。由下式求得 CFG 桩置换率 m

$$f_{sp,k} = m \frac{R_k^d}{A_p} + f'_{sp,k}(1-m) \qquad (19\text{-}48)$$

式中 $f_{sp,k}$——长短桩复合地基承载力标准值，取 350kPa；

$f'_{sp,k}$——二灰桩复合地基承载力标准值，取 150kPa；

R_k^d——CFG 桩单桩竖向承载力标准值（kN）；

A_p——CFG 桩的截面积。根据 ZFZ 施工经验，CFG 桩成桩直径不小于 450mm。

水泥粉煤灰碎石桩的单桩承载力 R_k^d 用两种方法计算，一是按桩体强度，一是按桩的摩阻系数和端承力，从中取小值。该工程水泥粉煤灰碎石桩桩体材料配比采用 C12 配合比。

按桩体强度计算：

$$R_k^d = \eta f_{cu,k} A_p \qquad (19\text{-}49)$$

式中 $f_{cu,k}$——桩体无侧限抗压强度；

η——强度折算系数，取 0.3～0.33。

代入数据，得

$$R_k^d = 0.3 \times 12000 \times 0.159 = 572 \text{kN}$$

按桩侧摩阻力和端承力计算：

$$R_k^d = (\Sigma q_s U_p L + A_p q_p)/K \qquad (19\text{-}50)$$

式中 q_s——加固土的平均摩阻力极限值；

U_p——桩周长；

L——桩长；

A_p——桩体横截面积；

K——安全系数；

q_p——桩端地基土的承载力极限值。

q_p、q_s 按桩基规范取值，安全系数 K 取 1.5～1.75。代入数据，得

$$R_k^d = 495.9 \text{kN}$$

于是水泥粉煤灰碎石桩的承载力取 490kN。

由以上给定条件求复合地基的置换率 m 值：

$$m = \frac{(f_{sp,k} - f'_{sp,k})A_P}{R_k^d - A_p f'_{sp,k}} = \frac{(350 - 150) \times 0.159}{490 - 0.159 \times 150} = 0.068$$

由复合地基的置换率 m 值可求出所需水泥粉煤灰碎石桩的桩数：

$$n = \frac{mA}{A_P} \tag{19-51}$$

式中　　n——所需的水泥粉煤灰碎石桩的桩数；

A_P——水泥粉煤灰碎石桩桩体的横截面积；

A——处理的基底面积。

代入数据，得

$$n = \frac{mA}{A_P} = \frac{0.068 \times 1000}{0.159} = 428 \text{ 根}$$

3. 处理效果分析

处理前对场地进行了详探，处理后对桩间土又进行了标贯、静探、取土样分析，处理前后测试结果见表 19-41。由表可见，处理后桩间土含水量降低，密度增加，因而地基承载力提高。

地基处理前后二、三层粉土主要物理力学性质对比　　　　表 19-41

层数	地基处理	含水量 ω (%)	容量 γ (kN/m³)	孔隙比 e	塑性指数 I_p	液性指数 I_L	压缩模量 E_s (MPa)	标量击数 $N_{63.5}$	承载力 f_{SK} (kPa)	液化指数 I_{Le}	液化等级	比贯入阻力 p_s (MPa)
第二层	前	26.7	19.8	0.72	7.3	1.22		2.4	90	31.4	严重	0.96
	后	22.58	20.2	0.634	8.53	0.682	8.52	8.33	140	2.89	轻微	3
第三层	前	22.6	20	0.665	9.4	0.89		12	190			
	后	22.4	20.3	0.618	8.62	0.634	12.4	12.6	190			

载荷试验结果

打完二灰桩和水泥粉煤灰碎石桩后对复合地基做了载荷试验。承压板面积为 1.2m×2.08m＝2.49m²，为 2 根 CFG 桩、2 根二灰桩所承担的处理面积。总荷载为设计要求复合地基承载力标准值的 2 倍，即 350kPa×2.49m²×2＝1747.2kN，压重 2000kN。每级荷载施加 200kN。

试验结果的 p-S 曲线如图 19-59 所示。

4. 试验结果分析

1 号、2 号点分别加荷至 701.1kPa、705.1kPa 时累计沉降量分别为 5.17mm

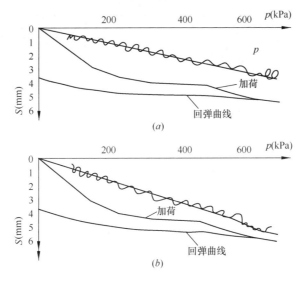

图 19-59　荷载试验 p-S 曲线

(a) 1 号桩；(b) 2 号桩

和 4.87mm，承压板周围未出现破坏迹象，沉降量也未出现急剧增大现象。考虑试验平台的安全、稳定性停止加载。从图 19-59 可见 p-S 曲线未出现极限点，如将最后一级荷载视为极限荷载，并取安全系数为 2 时，则 1 号、2 号点的承载力分别为 350.55kPa 和 352.55kPa。地基承载力满足要求。

设计要求消除土层液化。测试结果液化指数由 31.4 降至 2.89，液化等级由严重降至轻微，可以说基本达到了设计要求。

原设计的钢筋混凝土灌注桩造价为 272 万元，改为长短桩复合地基后工程费用为 86 万元，仅为原方案的 32%，取得了较好的经济效益。

【工程实例 18】太原某高层商住楼长短桩复合地基

1. 工程概况

太原某商住楼是带有裙房的高层建筑。主楼平面形状为矩形，东西长约 81m，南北宽约 18m。地上 30 层，地下 1 层，剪力墙结构，筏板基础，板底相对标高－6.76m。基础底板厚 1.0m，筏板落在层②粉土层上，地下水位约在天然地面以下 1.0m。由于层②土为中等液化，且承载力不能满足上部结构的要求，经过优化比较，整个地基处理采用 CFG 桩与二灰桩相结合的长短桩复合地基形式。其中二灰桩为 ϕ400，桩长 7m，桩端进入层②粉土层内；CFG 桩为 ϕ400，桩长 18m，桩端进入层④中砂层内。桩间距均为 1200mm。

据该场地的《工程地质勘察报告》可知，所属地貌单元系汾河东岸二级阶地。工程典型地质物理力学指标见表 19-42。

层数	土层名称	平均层厚/m	w/%	ρ/kN/m³	E_s/MPa	液化级别	f_{ak}/kPa	q_{sik}/kPa
①	杂填土	5.30	—	—	—	—	—	—
②	粉土	9.80	22.7	20.2	23.89	中等	150	50
③	粉质黏土	8.80	25.5	20.1	20.66	—	280	55
④	中砂	6.40	饱和	—	25.12	—	250	55
⑤	粉质黏土	5.70	23.4	20.1	27.44	—	260	
⑥	中砂	3.70	饱和	—	30.35	—	275	
⑦	粉土	5.70	19.7	21	47.03	—	260	
⑧	卵石	6.70	饱和	—	50.38	—	750	
⑨	粉质黏土	未穿透	23.4	20.3	28.67	—	350	

注：表中 E_s 为沉降计算所需的自重压力至自重压力与附加压力之和的压力段的压缩模量。

2. 长短桩复合地基设计

按照上部结构设计要求，二灰桩加 CFG 桩复合地基承载力特征值不小于 480kPa，CFG 桩单桩承载力特征值要达到 550kN。

（1）复合地基承载力设计计算

复合地基承载力计算公式为

$$f_{spk} = m_1 \frac{R_{a1}}{A_{p1}} + \beta_1 m_2 \frac{R_{a2}}{A_{p2}} + \beta_2 (1 - m_1 - m_2) f_{sk} \qquad (19\text{-}52)$$

式中：m_1，m_2 分别为长桩、短桩的置换率；β_1，β_2 分别为短桩与桩间土强度折减系数；R_{a1}，R_{a2} 分别为长桩、短桩单桩竖向承载力特征值，可按静载荷试验确定或桩身强度所决定的单桩承载力来确定；A_{p1}，A_{p2} 分别为长桩、短桩横截面面积；f_{spk}、f_{sk} 分别为复合地基、桩间土的承载力特征值。

工程经过优化设计，整个基础桩位平面布置如图 19-60，桩距均为 1200mm，长桩、短桩的置换率 $m_1 = m_2 = 0.087$。

1）CFG 单桩竖向承载力特征值计算如下

$$R_{a1} = u_p \sum_i q_{si} l_i + A_p q_p = 628.30 \text{kN} \qquad (19\text{-}53)$$

式中：u_p 为桩的周长，q_{si}、q_p 分别为桩周第 i 层土的侧阻力、桩端端阻力特征值，l_i 为第 i 层土的厚度，A_p 为桩横截面面积。

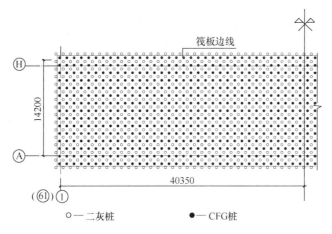

图 19-60 长短桩复合地基桩位平面布置

2）二灰桩设计

由《建筑地基处理技术规范》JGJ 79-2002 可知二灰桩桩身抗压强度比例界线值 f_{p2k} 可取 350～500kPa。此处取为 450kPa，由桩身截面面积已知，可计算得出二灰桩的单桩承载力为 $R_{a2}=56.5$kN。

3）长短桩复合地基承载力特征值计算

将上面的计算结果代入式（19-52）得

$$f_{spk} = m_1 \frac{R_{a1}}{A_{p1}} + \beta_1 m_2 \frac{R_{a2}}{A_{p2}} + \beta_2 (1 - m_1 - m_2) f_{sk} = 567 \text{kPa}$$

此处短桩与桩间土强度折减系数 β_1，β_2 均取 0.8。可见结果满足原设计要求。

（2）复合地基沉降计算

1）计算简图

沉降计算示意见图 19-61。沿竖直方向的计算沉降区域分为三部分：长短桩区域 H_1、长桩区域 H_2 和下卧层区域 H_3。基础底面处的附加压力为 $p_0 = 370$kPa。

2）沉降计算

由图 19-61 可知，长短桩复合地基的沉降由三部分组成，即

$$s = s_{H_1} + s_{H_2} + s_{H_3}$$

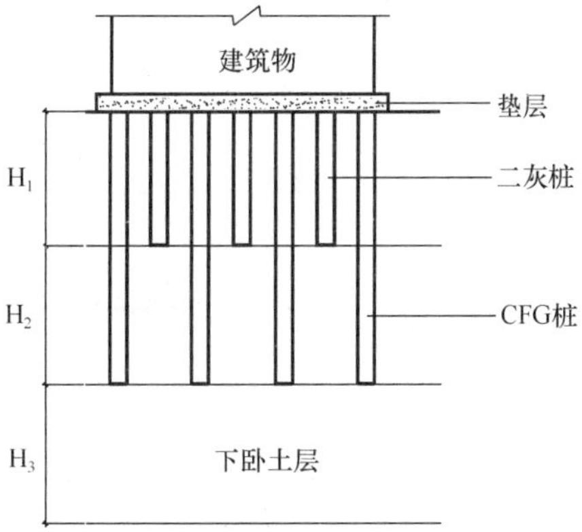

在工程实践中，对每部分的沉降计算可采用《建筑地基基础设计规范》GB 50007-2002 中建议的方法进行计算。长短桩复合地基沉降公式为

图 19-61 长、短桩复合地基剖面示意

$$s_c = \psi(s_{H_1} + s_{H_2} + s_{H_3}) = \psi \left[\sum_{i=1}^{n_1} \frac{p_0}{E_{spi}} (z_i \bar{a}_i - z_{i-1} \bar{a}_{i-1}) \right.$$

$$\left. + \sum_{i=n_1+1}^{n_2} \frac{p_0}{E_{spi}} (z_i \bar{a}_i - z_{i-1} \bar{a}_{i-1}) + \sum_{i=n_2+1}^{n_3} \frac{p_0}{E_{spi}} (z_i \bar{a}_i - z_{i-1} \bar{a}_{i-1}) \right]$$

$$(19-54)$$

式中：s_c 为计算沉降量；s_{H_1}，s_{H_2}，s_{H_3} 分别为区域 H_1，H_2，H_3 的计算沉降量；ψ 为沉降计算经验系数；p_0 为基础底面处的附加压力/kPa；E_{spi} 为天然土层与桩形成的复合模量或天然土的模量值；z_i，z_{i-1} 分别为基础底面至第 $i-1$ 层土底面的距离/m；$\bar{a}_i$，$\bar{a}_{i-1}$ 分别为基础底面计算点至第 i 层土底面范围内平均附加应力系数；n_1，n_2，n_3 分别为 H_1，H_2，H_3 区域内的土层数。

H_1，H_2 区域内的复合模量计算公式如下：

$$E_{sp1} = (1 - m_1 - m_2)E_s + m_1 E_{p1} + m_2 E_{p2} \qquad (19-55)$$

$$E_{sp2} = (1 - m_1)E_s + m_1 E_{p1} \qquad (19-56)$$

式中：E_{sp1}，E_{sp2} 分别为 H_1，H_2 区域复合模量；E_{p1}，E_{p2}，E_s 分别为长桩、短桩、天然土的压缩模量；m_1，m_2 分别为长桩、短桩的置换率。

复合模量与沉降计算的过程见表 19-43 和表 19-44。

复合模量的计算　　　　　　　　　　　　　　表 19-43

土层	E_{p1}/MPa	E_{p2}/MPa	E_s/MPa	E_{sp1}/MPa	E_{sp2}/MPa
②-上	30000	20	23.89	2631.5	
②-下	30000		23.89		2631.8
③	30000		20.66		2628.9
④-上	30000		25.12		2632.9

沉降计算汇总　　　　　　　　　　　　　　表 19-44

土层	z_i/m	L/B	z_i/B	$4\bar{a}_i$	E_{spi}/MPa	Δs_i/mm	$\Sigma \Delta s_i$/mm
	0	4.5	0.00	1		0.00	0.00
垫层	0.3	4.5	0.03	0.9966	60	1.84	1.84
②-上	7.3	4.5	0.81	0.9640	2631.5	0.95	2.79
②-下	8.34	4.5	0.93	0.9524	2631.8	0.13	2.92
③	17.14	4.5	1.90	0.8186	2628.9	0.86	3.78
④-上	18.3	4.5	2.03	0.8060	2632.9	0.10	3.88
④-下	23.54	4.5	2.62	0.7324	25.12	36.69	40.57
⑤	29.24	4.5	3.25	0.6700	27.44	31.69	72.25

土层	z_i/m	L/B	z_i/B	$4\bar{a}_i$	E_{spi} /MPa	Δs_i /mm	$\Sigma \Delta s_i$ /mm
⑥	32.94	4.5	3.66	0.6218	30.35	10.87	83.12
⑦	38.64	4.5	4.29	0.5740	47.03	13.35	96.47

注：表中②-上表示为短桩进入层②-粉土层的部分，②-下表示为层②-其余部分。④-上为长桩进入层
④中砂层的部分、④-下为层④其余部分。

地基沉降计算深度 z_n 根据规范应满足下列条件：由该深度向上取 1m 所得的计算沉降量 $\Delta s_n'$ 应满足下式要求：

$$\Delta s_n' \leqslant 0.025 \sum_{i=1}^{n} \Delta s_i' \qquad (19\text{-}57)$$

计算到层⑧底时满足沉降计算要求，得总沉降为

$$s_C = \psi(s_{H_1} + s_{H_2} + s_{H_3}) = 0.2 \times 96.47 = 19.3\text{mm}$$

其中 ψ 为沉降计算经验系数，由压缩模量的当量值 $\overline{E}_s = 85.06$MPa 在《建筑地基基础设计规范》GB 50007-2002 中查表确定。

（3）复合地基检测试验

1）CFG 单桩竖向载荷试验 Q-s 曲线见图 19-62。

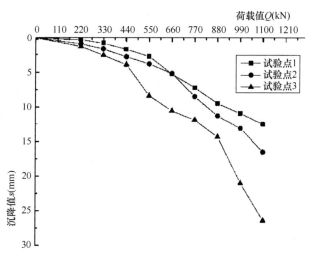

图 19-62　CFG 桩单桩承载力 Q-s 曲线

2）CFG 单桩复合地基载荷试验

试验载荷板尺寸为 1.44m²，CFG 单桩复合地基 p-s 曲线见图 19-63。

3）二灰桩桩体、桩间土与液化情况检验

二灰桩桩体采用动力触探检验，桩间土采用标准贯入检验。二灰桩桩体浅部

密实度不均匀，0.0～1.3m 深度范围内桩体密实度呈稍密状态，其余桩段均达到中密～密实状态；经过桩间土的检验与计算可知，20m 深度范围内场地液化基本消除。

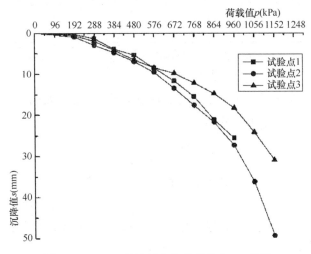

图 19-63　CFG 单桩复合地基承载力 p-s 曲线

4）由试验数据可知，CFG 桩单桩竖向抗压承载力特征值为 583kN，满足设计要求；CFG 单桩复合地基承载力特征值为 544kPa，满足设计要求；20m 深度范围内场地液化基本消除。

3. 实测沉降数据与理论计算结果的对比

沿整个住宅楼的外墙均匀布置 16 个沉降观测点，测点的沉降值基本均匀。实测沉降结果见表 19-45，其中 s_{min} 为最小累计沉降，s_{max} 为最大累计沉降，s_{AVG} 为平均沉降。

实测沉降观测结果　　　　　　　　　　　　表 19-45

观测次序	工程情况	s_{min}/mm	s_{max}/mm	s_{AVG}/mm
1	初始测量	0	0	0
2	层 1 顶板施工完毕	0	2	1
3	层 3 顶板施工完毕	4	7	5
4	层 5 顶板施工完毕	6	9	7
5	层 7 顶板施工完毕	9	12	10
6	层 9 顶板施工完毕	9	12	10
7	层 11 顶板施工完毕	9	13	11
8	层 13 顶板施工完毕	9	18	13
9	层 15 顶板施工完毕	10	22	15

观测次序	工程情况	s_{min}/mm	s_{max}/mm	s_{AVG}/mm
10	层 17 顶板施工完毕	10	25	16
11	层 19 顶板施工完毕	10	26	17
12	层 21 顶板施工完毕	10	26	17
13	层 23 顶板施工完毕	10	27	18
14	层 25 顶板施工完毕	11	28	20
15	层 27 顶板施工完毕	11	31	22
16	层 29 顶板施工完毕	11	33	22
17	层 30 顶板施工完毕	17	45	31

由表 19-45 可看出，至整体结构完工，实测沉降值平均为 31mm，比理论计算值 19.3mm 稍大。但理论计算是与沉降经验参数 ψ 有关的，它的选取还需大量实际工程的验证。

【工程实例 19】长短桩复合地基在高层建筑液化土层中的应用

1. 工程概况

某商住楼是大底盘双子塔楼建筑。建筑物总平面形状为矩形，每个塔楼长约39m，宽约39m。地上 24 层（4 层商场办公，上部 20 层住宅），地下 1 层，主楼为框支剪力墙结构，筏板基础，板底相对标高－6.20m。筏板落在第 3 层粉质黏土层上（见表 19-46），地下水位约在天然地面以下 1.0m。由于天然地基承载力不能满足主体结构荷载且属严重液化场地。故整个地基处理采用碎石桩与 CFG 桩相结合的长短桩复合地基形式。其中碎石桩为直径 400mm，桩长 8.7m，桩端进入 4 层粉砂层内；CFG 桩为直径 400mm，桩长 13m，桩端进入 5 层粉质黏土层内。两种桩均采用正三角形布置，桩间距均为 1200mm。

2. 工程地质条件

据该场地的《工程地质勘察报告》可知，拟建场地位于太原盆地西南部，地形平坦。该场地的地貌单元为汾河冲洪积平原与西山洪积扇交错地带。典型工程地质物理力学指标如表 19-46。

典型工程地质物理力学指标   表 19-46

层数	土层名称	平均层厚（m）	含水量 ω（%）	天然密度 ρ（kN·m⁻³）	E_s（MPa）	地基承载力特征值（f_{ak}/kPa）	极限桩端阻力标准值（q_p/kPa）	桩侧极限阻力标准值（q_{sa}/kPa）
1	杂填土	1.70	25.8	20.1	13.37	70		20
2	粉土	3.63	24.56	19.7	5.62	75		25

层数	土层名称	平均层厚 (m)	含水量 ω (%)	天然密度 ρ (kN·m^{-3})	E_s (MPa)	地基承载力特征值 (f_{ak}/kPa)	极限桩端阻力标准值 (q_p/kPa)	桩侧极限阻力标准值 (q_{sa}/kPa)
3	粉质黏土	8.78	27.89	19.8	12.18	110	300	35
4	粉砂	2.80			25.12	150	800	50
5	粉质黏土	5.09	25.11	19.9	13.53	190	550	25
6-1	粉砂	4.92	22.76	20.4	16.83	200	800	50
6-2	粉质黏土	6.58	20.70	20.5	20.63	220	800	70
7	粉土	3.54	20.63	21.0	20.00	330	1000	80
8	粉土	5.36	19.71	21.1	20.32	340	1000	80
9	粉质黏土	7.15	18.32	21.2	20.05	400		
10	粉质黏土	8.65	17.44	21.2	29.69	430		
11	粉质黏土	未穿透	19.33	21.1	28.33	460		

注：表中 E_s 为沉降计算所需的自重压力至自重压力与附加压力之和的压力段的压缩模量。

3. 长短桩复合地基的设计计算

按照上部结构设计要求，碎石桩复合地基承载力特征值为 120kPa，CFG 桩单桩竖向极限承载力达到 550kN，碎石桩加 CFG 桩复合地基承载力特征值不小于 308kPa。

（1）复合地基承载力设计计算

复合地基承载力计算公式为

$$f_{spk} = m_1 \frac{R_{a1}}{A_{p1}} + \beta_1 m_2 \frac{R_{a2}}{A_{p2}} + \beta_2 (1 - m_1 - m_2) f_{sk} \qquad (19-58)$$

式中，m_1、m_2 分别为长桩、短桩的置换率；β_1、β_2 分别为短桩与桩间土强度折减系数；R_{a1}、R_{a2} 分别为长桩、短桩单桩竖向承载力特征值，可按静载荷试验确定或桩身强度所决定的单桩承载力来确定。A_{p1}、A_{p2} 分别为长桩、短桩横截面面积；f_{spk}、f_{sk} 分别为复合地基、桩间土的承载力特征值。

本工程中，经过优化设计，整个基础桩位平面布置如图 19-64，为正三角形布置，桩距均为 1200mm，长桩、短桩的置换率均为 $m_1 = m_2 = 0.101$。

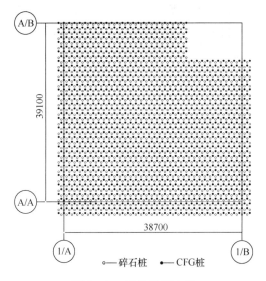

图 19-64 桩位平面布置

1）CFG 单桩竖向承载力特征值及单桩复合地基承载力特征值计算如下
单桩竖向极限承载力公式为

$$R_u = u_p \Sigma_i q_{si} l_i + A_p q_p \qquad (19\text{-}59)$$

相应的单桩竖向承载力特征值 $R_{a1} = R_u / 2 = 661.1\text{kN}/2 = 330.6\text{kN}$。
CFG 单桩复合地基承载力特征值计算公式 f_{spk1} 如下，$f_{spk1} = 344.9\text{kPa}$。

$$f_{spk1} = m_1 \frac{R_{a1}}{A_{p1}} + 0.8(1 - m_1) f_{sk} \qquad (19\text{-}60)$$

2）碎石桩设计如下
设碎石桩复合地基承载力特征值 $f'_{spk} = 120\text{kPa}$，由下式可计算得 $R_{a2} = 26.3\text{kN}$。

$$f'_{spk} = m_2 \frac{R_{a2}}{A_{p2}} + (1 - m_2) f_{sk} \qquad (19\text{-}61)$$

式中，f'_{spk} 为碎石桩处理后地基承载力特征值。

3）长短桩复合地基承载力特征值计算
将上面计算结果代入公式（19-58）得

$$f_{spk} = m_1 \frac{R_{a1}}{A_{p1}} + \beta_1 m_2 \frac{R_{a2}}{A_{p2}} + \beta_2 (1 - m_1 - m_2) f_{sk} = 352.2\text{kPa}, 此处 \beta_1、\beta_2 均取$$

0.8。满足原设计要求。

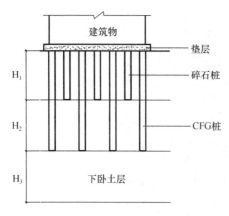

图 19-65　长短桩复合地基剖面示意图

(图中标注：建筑物、垫层、碎石桩、CFG桩、下卧土层、H_1、H_2、H_3)

(2) 复合地基沉降计算

1) 计算简图

沉降计算见如图 19-65。沿竖直方向的计算沉降区域分为三部分：长短桩区域 H_1、长桩区域 H_2、下卧层区域 H_3。基础底面处的附加压力为 $P_0 = 283\text{kPa}$。

2) 沉降计算

由图 19-65 可知，长短桩复合地基的沉降由三部分组成，即 $S = S_1 + S_2 + S_3$。在工程实践中，对每部分的沉降计算可采用现行建筑地基基础设计规范中建议的方法进行计算。长短桩复合地基沉降公式为

$$S_c = \psi(S_{H_1} + S_{H_2} + S_{H_3}) = \psi\Big[\sum_{i=1}^{n_1} \frac{p_0}{E_{spi}}(Z_i\bar{a}_i - Z_{i-1}\bar{a}_{i-1})$$

$$+ \sum_{i=n_1+1}^{n_2} \frac{p_0}{E_{spi}}(Z_i\bar{a}_i - Z_{i-1}\bar{a}_{i-1}) + \sum_{i=n_2+1}^{n_3} \frac{p_0}{E_{spi}}(Z_i\bar{a}_i - Z_{i-1}\bar{a}_{i-1})\Big] \quad (19\text{-}62)$$

式中，S_c 为计算沉降量；S_{H_1} 为 H_1 区域的计算沉降量；S_{H_2} 为 H_2 区域的计算沉降量；S_{H_3} 为 H_3 区域的计算沉降量；ψ 为沉降计算修正系数；p_0 为基础底面处的附加压力，kPa；E_{spi} 为天然土层与桩形成的复合模量或天然土的模量值；Z_i、Z_{i-1} 分别为基础底面至第 i、$i-1$ 层土底面的距离，m；$\bar{a}_i$、$\bar{a}_{i-1}$ 分别为基础底面计算点至第 i 层土底面范围内平均附加应力系数；n_1、n_2、n_3 分别为 H_1 区域、H_2 区域、H_3 区域内土层数。

地基沉降计算深度 Z_n 根据规范应满足下列条件：由该深度向上取 1m 所得的计算沉降量 $\Delta S'_n$ 应满足下式要求：

$$\Delta S'_n \leqslant 0.025 \sum_{i=1}^{n} \Delta S'_i \quad (19\text{-}63)$$

根据规范计算到第 9-1 层底满足沉降计算要求，得总沉降为

$$S_c = \psi(S_{H_1} + S_{H_2} + S_{H_3}) = 0.2 \times 251.05 = 50.2\text{mm}$$

其中 ψ 为沉降计算经验系数，由压缩模量的当量值 $\bar{E}_s = 25.74\text{MPa}$ 查《建筑地基基础设计规范》GB 5007-2002 中表确定。

沉降计算汇总　　　　　　　　　　　　　　　　　　表 19-47

土层	Z_i（m）	$\bar{a}_i$	E_{spi}（MPa）	ΔS_i（mm）	$\Sigma \Delta S_i$（mm）
	0	1		0.00	0.00

土层	Z_i (m)	$\bar{a}_i$	E_{spi} (MPa)	ΔS_i (mm)	$\Sigma \Delta S_i$ (mm)
垫层	0.30	1	60.00	1.42	1.42
3	7.91	0.9882	38.97	51.22	52.64
4-1	9.00	0.9828	80.38	3.40	56.03
4-2	10.71	0.9735	78.62	5.38	61.42
5-1	13.30	0.9489	42.35	13.87	75.28
5-2	15.80	0.9334	13.53	44.50	119.78
6-1	20.72	0.8713	16.83	55.58	175.36
6-2	27.30	0.8047	20.63	53.71	229.07
7	30.84	0.7627	20.00	21.98	251.05

4. 复合地基检测试验

（1）检测内容

1）碎石桩桩体动力触探检验和桩间土标准贯入检验

具体检验结果见表 19-48、表 19-49。

碎石桩桩体检验结果　　　　　　　　　　　　　　表 19-48

桩段（m） 指标	6~7	7~9	9~11	11~13	13~15
平均击数	12.1	15.8	17.3	21.8	34.4
密实度	中密	密实	密实	密实	密实

桩间土标准贯入试验结果　　　　　　　　　　　　表 19-49

深度（m） 指标	6.45	12.45	13.95	15.45
平均击数	8	18	23	21
液化判别	不液化	不液化	不液化	不液化

2）CFG 单桩竖向载荷试验

CFG 单桩承载力 Q-s 曲线见图 19-66。

3）碎石桩复合地基载荷试验

试验载荷板尺寸为 1.21m²，碎石桩单桩复合地基承载力 p-s 曲线见图 19-67。

（2）检测结论

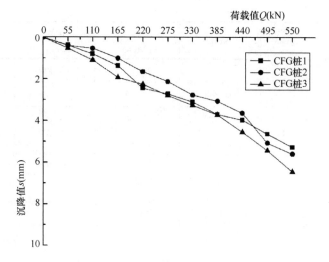

图 19-66　CFG 桩单桩承载力 Q-s 曲线

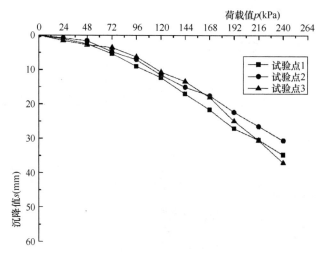

图 19-67　碎石桩复合地基承载力 p-s 曲线

本工程的碎石桩在天然地面以下 6～7m 桩体密实度较低，7～15m 的桩底，桩体连续、密实。碎石桩处理后桩间土的液化已全部消除。CFG 桩的单桩竖向承载力特征值达到 275kN，极限值达到 550kN，满足设计要求。碎石桩复合地基的承载力特征值达到 120kPa，满足设计要求。

5. 实测沉降数据与理论计算的对比

沿整个住宅楼的外墙均匀布置 15 个沉降观测点，测点的值基本均匀。实测沉降观测结果见表 19-50，其中 $S_{\min}$ 为最小累计沉降，$S_{\max}$ 为最大累计沉降，S 为平均沉降。

观测次数	工程情况	S_{min}/mm	S_{max}/mm	S/mm
1	初始测量	0	0	0
2	一层顶板施工完毕	0	2	1
3	三层顶板施工完毕	0	2	1
4	五层顶板施工完毕	0	4	2
5	七层顶板施工完毕	2	3	3
6	九层顶板施工完毕	2	4	3
7	十一层顶板施工完毕	2	4	3
8	十三层顶板施工完毕	2	4	3
9	十五层顶板施工完毕	3	8	5
10	十七层顶板施工完毕	3	10	6
11	十九层顶板施工完毕	3	11	7
12	二十一层顶板施工完毕	3	11	7
13	二十三层顶板施工完毕	4	11	7
14	水箱间施工完毕	3	12	8
15	内部装修	19	28	25
16	装修完毕	36	61	48

由表 19-50 的实测沉降值可看出，至内部装修完工实测沉降值平均为 48mm，计算值与实测值较接近。但沉降计算中系数的取得还需大量实际工程的验证。

【工程实例 20】台州市椒江区景元花园长短桩复合地基

1. 工程概况

台州市椒江区景元花园位于台州市椒江城区东南片，规划总用地面积 22.87 万 m^2，总建筑面积 22.7082 万 m^2，容积率 0.98。其中多层及小高层住宅为 1.437 万 m^2。受业主委托，由浙江大学岩土工程研究所承担了该工程桩基的试验研究工作。

根据工程地质报告，拟建场地自然地面以下 60.1m 深度范围内均为第四系沉积物，地基土可分为 7 大层、11 亚层，主要土层性质参数如表 19-51。

2. 地基设计方案

根据上部结构传来的荷载，该工程长短桩复合地基的刚性长桩采用沉管灌注桩，柔性短桩采用水泥搅拌桩。为确保工程的承载力和沉降指标达到要求，取该主要土层的土质进行室内水泥土实验，确定其压缩模量和抗压强度，并在工地现场进行复合地基静载试验，测定在设计荷载下的沉降，并在承台下桩土上埋设压力盒，测定其压力变化数值。

3. 室内水泥土试验

该工程的室内水泥土试验采用浙江大学岩土所土工试验室的土工试验设备。试验目的是了解用水泥搅拌桩加固本工程地基所需要的最佳水泥掺合量、水灰比和外加剂，了解水泥土强度增长的规律，求得龄期和强度的关系，为设计计算和施工工艺提供可靠的参数。

将现场挖掘的②、③层的天然软土立即封装在双层厚塑料袋内，按要求送至试验室。水泥采用当地所产的 425 普通硅酸盐水泥，掺合量采用 10％、12％、15％、18％，每一掺合量各做 3 组试验。在 7d、28d 和 90d 龄期时分别进行压缩试验，以测定水泥土的压缩模量。试验采用水灰比 0.5，SN201 掺量 0.15％。试验表明，随着水泥掺合量的提高和龄期的增长，土体压缩模量增加。在 100～200kPa 荷载段内，不同掺合量和龄期的水泥压缩模量列于表 19-52。从表中可以看到，掺合量 15％和 18％时，28d 的压缩模量比 7d 的稍有增加，而 90d 龄期时有显著的提高。

景元花园主要土层的物理力学性质指标　　　　　　　　　　表 19-51

层号	土层名称	层顶埋深 m	w ％	γ kN/m³	e_0	w_L％	I_P	I_L	E_{s1-2}	C kPa	φ°	f_0
③₂	淤泥	11.8	55.7	16.9	1.543	48.4	21.8	1.33	2.13	17	9.2	9
③₃	淤泥质黏土	17.8	49.9	17.1	1.419	49.0	20.6	1.04	2.26	17	9.3	12
④₁	粉质黏土	23.5	31.6	19.1	0.991	34.2	15.4	0.83	5.10	21	14.4	28
④₂	黏土	25.4	31.5	19.7	0.829	39.8	17.2	0.52	4.72	36	14.3	22
⑤	黏土	59.8	35.7	18.9	0.982	46.4	20.4	0.48	6.73	37	15.5	38

水泥土压缩模量 E_{s1-2}（单位：MPa）　　　　　　　　　　表 19-52

龄期（d）	水泥掺和量（％）		
	12	15	18
7	48.15	59.76	87.51
28	88.60	63.9	95.50
90	82.52	135.40	121.75

水泥土试块抗压强度（单位：MPa）　　　　　　　　　　表 19-53

龄期（d）	水泥掺和量（％）		
	12	15	18
7	1.01	1.24	1.52
28	2.33	2.51	2.98
90	2.82	3.03	3.52

对于不同龄期和水泥掺合量的水泥土试块，室内抗压强度试验结果如表19-53所示。

比较三种水泥掺合量情况下的试验结果，该工程最终选取了水泥掺和量为15％的水泥搅拌桩。

4. 现场静载荷试验

现场桩静载荷试验共分 3 组，现取其中 2 组进行研究比较。如图 19-68 所示，图中承台面积为 5m²，其中水泥搅拌桩有效长度为 15m，承台中沉管桩直径分别为 426mm 和 377mm 各进行 1 组试验，承台编号分别为 1 号和 2 号，土中埋设土压力盒 7 只。

根据场地实际情况，选用主梁 6m 长的 45 号工字钢 4 根，副梁 32 号工字钢 2 根，小梁 25 号工字钢 18 根，液压千斤顶 1 台，油泵 1 台，百分表 4 只，钢板 1 块等工具设备。

准备堆载用砂共计 200t，并用编织袋装好，采用堆载形式进行。堆载高度 3.7～3.8m，总高度约 5.7m。加荷等级分为 10 级，总加载量 180t。

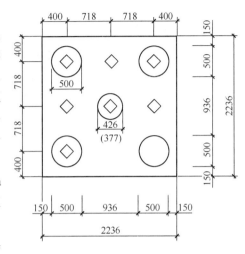

图 19-68　基础桩位及压力盒布置图

静载荷试验前，对承台每根水泥搅拌桩和沉管桩进行了动力测试，结果表明各桩桩身完整。

试验加载方式：试验采用慢速维持荷载法，即逐级加载，每级荷载达到相对稳定后加下一级荷载，直到 180t，然后分级卸载到零。

加荷分级：每级加载为总荷载的 1/10，第一级按 2 倍分级荷载加载。

沉降观测：每级加载后间隔 5、10、15min 各测读一次，以后每隔 15min 测读一次，累计 1h 后每隔 30min 测读一次。每次测读值记入试验记录表。

沉降相对稳定标准：每一小时的沉降不超过 0.1mm，并连续出现两次（由1.5h 内连续三次观测值计算），认为已达到相对稳定，可加下一级荷载。

终止加载条件：当出现下列情况之一时，即可终止加载：

（1）某级荷载作用下，桩的沉降量为前一级荷载作用下沉降量的 5 倍；

（2）某级荷载作用下，桩的沉降量大于前一级荷载作用下沉降量的 2 倍，且经 24h 尚未达到相对稳定。

本次试验于 2002 年 2 月 18 日进场，2 月 26 日和 3 月 1 日分别对承台 1 和 2 进行试验。

备注：(1) 图中，水泥搅拌桩直径为 500mm，长度为 15m，沉管灌注桩直径为 377mm 和 426mm，长度约为 30m。承台高度为 600cm，采用 C30 混凝土。(2) 土压力盒（以菱形图案示意埋设情况：沉管桩上 1 只，搅拌桩上 3 只，承台下土内 3 只，共 7 只）。

5. 有限元分析

本文分别选取 1 号承台和 2 号承台进行有限元对比模拟。有限元模型的假设如第三章所述，模型的简图如图 19-69，由于对称，选取了 1/4 进行分析。试验加载采用逐级加载，共分 10 级，每级荷载达到相对稳定后加下一级荷载，直到 180t，通过沉降观测数据的整理和大量有限元试算，加载后 6h 沉降基本稳定，因此有限元计算时每级加载时间为 6h。承台与刚性桩的模量按钢筋混凝土的模量选取；短桩为水泥搅拌桩，水泥掺和量为 15%，其模量按室内试验数据选取，考虑实际工程试桩时桩的强度，取龄期为 28d 的强度；土体各参数按土层厚度取加权平均数。土中的初始屈服应力为 σ_0，$\sigma_0 = \dfrac{\sqrt{3}c\cos\varphi}{1 - \dfrac{\tan\beta}{3}}$（其中 $\tan\beta = \sqrt{3}\sin\varphi$，$c$、$\varphi$、$\beta$ 分别为土的黏聚力、摩尔理论中土的内摩擦角、Drucker-Prager 模型中土的内摩擦角）。有限元的参数选取如下：

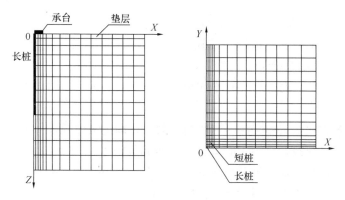

图 19-69　有限元模型网格划分简图

承台：厚 $h=0.6$m，宽 $B=2.236$m，泊松比 $\mu=0.2$，弹性模量 $E=2.8\times10^4$ MPa；

垫层：厚 $d=0.6$m，泊松比 $\mu=0.25$，弹性模量 $E=30$MPa，渗透系数 $k_v=10^{-4}$m/s；

刚性桩长以上土：泊松比 $\mu=0.35$，压缩模量 $E_s=3.566$MPa，渗透系数 $k_v=10^{-8}$m/s，$\phi=11.94°$，$c=25.97$kPa，$\sigma_0=50$kPa；

刚性桩长以下土：泊松比 $\mu=0.3$，压缩模量 $E_s=4.72$ MPa，渗透系数 $k_v=10^{-8}$m/s，$\phi=14.3$，$c=36$kPa，$\sigma_0=70.48$kPa；

长桩：长 $h_1=25$m，直径 $D=0.426$m，边长 $l=\sqrt{\pi}D/2=0.378$m（2 号方案为：直径 $D=0.377$m，边长 $l=\sqrt{\pi}D/2=0.334$m），泊松比 $\mu=0.2$，弹性模量 $E=2.8\times10^4$MPa；

短桩：长 $h_2=15$m，直径 $D=0.5$m，边长 $l=\sqrt{\pi}D/2=0.443$m，泊松比 $\mu=0.2$，压缩模量 $E=63.9$MPa。

6. 计算结果对比

表 19-54 为静载荷试验沉降观测数据和有限元模拟的结果比较。

承台静载荷试验沉降观测结果与 ABAQUS 计算结果对比　　表 19-54

荷重 Q（kN）		实测桩顶累计沉降量 s（mm）		ABAQUS 程序计算的桩顶累计沉降量 s（mm）	
360	360	0.72	1.11	2.07	2.74
180	540	1.27	1.97	3.10	4.11
180	720	1.44	2.53	4.14	5.49
180	900	1.76	3.22	5.19	6.79
180	1080	2.59	4.54	6.18	8.00
180	1260	3.76	6.43	7.14	9.22
180	1440	5.06	8.42	8.09	10.43
180	1620	6.44	10.36	9.03	11.68
180	1800	8.11	12.9	9.96	13.00

从表中可以看出，ABAQUS 程序计算结果比实测结果大，这可能有以下几点原因：

（1）用有限元模拟时，ABAQUS 程序将土体在自重应力下的沉降也计算在内；

（2）随着压力增加，土体的模量应该增加，但是采用 ABAQUS 程序计算时弹性模量取了常数；

（3）有限元模拟时，假定桩土无相对位移，与静载荷试验实际情况有差距。由于以上几点原因，有限元计算结果与实测结果有一定的误差是必然的。但从工程角度看，有限元计算结果与实测结果的差距尚处于可接受的范围，这说明将 AABQUS 程序用于分析实际工程是可行的。

19.10　桩网复合地基

【工程实例 21】某发电厂柔性荷载下刚柔长短组合桩桩网复合地基

1. 工程概况

开封京源发电有限公司位于原开火电厂东部，脱开老厂扩建端，在老厂贮煤场以东重新规划，仅利用老厂运煤道路。其西部紧邻老厂贮煤场，南部临近310国道。根据初步设计阶段勘测成果，冷却塔地基浅层地基土工程特性相对较差。处理面积约8500m²，要求地基承载力300kPa，沉降小于300mm。

2. 地层结构

场地地层主要为第四系黄河冲洪积粉土、粉质黏土和砂土组成，自上而下共分为15个主层和3个亚层，场地地层结构如下：

1层：粉土，褐黄色为主，含云母、铁锰质斑点；中密，湿；具高压缩性。该层厚度0.8～2.5m，层底埋深0.8～2.5m，层底标高67.41～70.45m。

2层：粉质黏土，浅黄色为主，含云母、铁质；软塑～流塑状态；具高压缩性。该层厚度1.1～3.5m，层底埋深2.8～5.0m，层底标高65.27～67.68m。

3层：粉土，褐黄、灰黄色，含铁质、锰质结核；中密，很湿；具高压缩性。该层厚度0.5～2.2m，层底埋深4.4～6.2m，层底标高64.11～66.26m。

4层：粉质黏土，褐黄、灰黄色，含铁质、锰质；流塑状态（局部软塑）；具高压缩性。局部夹薄层硬塑状态的黏土。该层厚度1.2～3.4m，层底埋深6.0～8.6m，层底标高61.93～64.58m。

5层：粉土，灰黄、灰色，含铁质、云母；中密，湿；具中压缩性。该层厚度1.0～3.4m，层底埋深8.2～10.6m，层底标高59.84～62.28m。

6层：粉土，灰色为主，含铁质、锰质结核；中密～稍密，很湿；具高压缩性。该层厚度0.6～1m，层底埋深9.4～13.1m，层底标高57.29～60.79m。

7层：粉土，灰色为主，含铁质、锰质；密实，湿；具中压缩性。该层厚度0.6～4.4m，层底埋深11.4～14.0m，层底标高56.20～58.64m。

8层：粉土，灰色、灰黄色，含铁质、锰质结核；中密，湿；具高压缩性。该层厚度0.5～4.1m，层底埋深13.0～17.1m，层底标高53.0～85.78m。

9层：粉土，灰黄色，含云母、铁质斑点；中密，湿；具中压缩性。局部夹薄层黏土。该层厚度0.5～3.6m，层底埋深14.5～17.3m，层底标高52.87～55.57m。该层在冷却塔地段缺失。

9-1层：粉土，灰黄色，含云母、铁质斑点；稍密～中密，湿；具高压缩性。该层厚度1.0～5.0m，层底埋深16.9～20.3m，层底标高50.02～53.43m。

10层：粉土，黑色，灰黑色，含炭质、有机质；中密，湿；具高压缩性。该层厚度0.5～1.4m层底埋深15.8～18.2m，层底标高51.67～54.06m。

11层：粉土，灰白、灰黄色，含云母、铁质，见小姜石；密实，湿；具中压缩性。局部夹可塑状态的薄层粉质黏土。该层厚度0.4～2.7m，层底埋深16.7～20.0m，层底标高50.04～53.13m。

12层：粉土，灰黄色，含云母、铁质，见小姜石（含量10%～20%，粒径0.5～50cm）；密实，稍湿；具中压缩性。该层厚度0.7～3.0m，层底埋深20.0～

23.8m，层底标高 46.52～50.38m。

12-1 层：粉土，灰黄色，含云母、铁质；中密，湿；具高压缩性。该层厚度 0.6～2.1m，层底埋深 18.0～22.4m，层底标高 47.92～51.37m。该层位于层 12 粉土的上部。

13 层：细砂，灰黄、黄色，主要成分为石英，分选较差，黏粒含量不均匀；密实，饱和；具低压缩性。该层厚度 10.7～13.5m，层底埋深 32.1～35.0m，层底标高 35.35～38.57m。

13-1 层：粉土，褐黄色，中密，湿；具中压缩性。该层位于层 13 细砂的上部。该层厚度约 1.9m，层底埋深约 24.3m，层底标高约 47.36m。

14 层：灰黄、棕黄色，含铁质、锰质结核和云母；密实，湿；具中压缩性。局部黏粒含量高，夹薄层粉砂。该层厚度 5.0～8.4m，层底埋深 37.9～0.9m，层底标高 29.43～35.57m。

15 层：细砂，灰黄、黄色，主要成分为石英，分选较差；密实，饱和；具低压缩性。揭露最大厚度 11.9m。

各土层主要物理及工程特性指标见表 19-55。

地基土主要物理性质及工程特性指标值　　　　　　表 19-55

地层	密度 γ (kN/m²)	重度 γ_d (kN/m³)	孔隙比 E	液性指数 I_l	密度 D_r	剪切模量 E_s (MPa)	内聚力 C (kPa)	内摩擦角 ϕ (°)	承载力特征值 f (kPa)
(1)	19.1	15.1	0.793	0.93	/	5.0	5	10.0	95
(2)	19.6	15.2	0.794	/	/	3.8	6	8.0	75
(3)	19.3	14.7	0.844	1.04	/	5.7	11	24.5	105
(4)	19.3	14.9	0.827	/	/	3.9	7	10.0	85
(5)	19.5	15.2	0.771	/	/	7.3	10	17.5	120
(6)	19.1	14.6	0.855	/	/	4.5	12	10.0	100
(7)	19.8	15.8	0.706	/	/	8.5	/	/	140
(8)	19.6	15.6	0.744	/	/	3.4	/	/	75
(9)	19.7	15.8	0.707	/	/	8.5	/	/	160
(9)₁	20.6	16.9	0.900	/	/	3.0	/	/	70
(10)	20.2	18.5	0.635	/	/	4.8	/	/	90
(11)	20.6	17.2	0.567	/	/	8.0	/	/	150
(12)	20.3	17.1	0.587	/	/	9.1	/	/	175
(12)₁	20.0	16.5	0.660	/	/	4.3	/	/	100

地层	密度 γ (kN/m²)	重度 γ_d (kN/m³)	孔隙比 E	液性指数 I_l	密度 D_r	剪切模量 E_s (MPa)	内聚力 C (kPa)	内摩擦角 ϕ (°)	承载力特征值 f (kPa)
(13)	19.9	17.1	0.577	/	0.80	25.5	/	/	250
(13)₁	19.9	15.5	0.750	/	/	12.8	/	/	190
(14)	20.4	16.9	0.612	/	/	9.5	/	/	175
(15)	20.1	16.8	0.599	/	0.80	20.8	/	/	235

3. 原优化方案

王松江通过优化，得到的电厂处理方案为：长桩采用CFG，短桩采用碎石桩，桩径均为500mm，短桩桩长为16m，长桩桩长为22m，正方形布置，桩间距为2.5m。采用该优化方案处理冷却塔，其地基处理总费用为574万元。碎石桩单桩承载力据载荷试验取310kPa，挤密后桩间土的承载力取为100kPa，据场地前期经验，CFG桩桩端可进入持力层（13）层约3m，长桩CFG桩的单桩承载力标准值 R_k 取630kPa。

4. 刚柔长短组合桩网复合地基方案

结合模型试验分析结果，提出刚柔长短组合桩网复合地基方案：刚性长桩CFG桩，桩长22m、桩径500mm；柔性短桩碎石桩，桩长16m、桩径500mm；桩型布置采取正方形布置，桩间距为2.7m；桩顶设置200mm厚加筋垫层，由2层土工格栅和0.8～2.0cm的碎石及砂组成；桩及桩间土的承载力参数不变。格栅假定选用江苏宜兴市华东岩土工程材料有限公司生产的双向钢塑土工格栅，其物理力学性能见表19-56。

试验用土工格栅技术指标 表19-56

	每延米	单肋	试样数	变异系数
纵向极限抗拉力（粗肋，应变片粘贴方向）(kN)	26.5	1.17	6	5.3%
横向极限抗拉力（细肋）(kN)	24.0	1.02	6	3.9%
纵向伸长率在2%时的抗拉力（kN）	13.9	0.62	6	11.6%
横向伸长率在2%时的抗拉力（kN）	13.0	0.56	6	2.4%
纵向极限伸长率（%）	6.2		6	5.3%
横向极限伸长率（%）	5.9		6	3.9%
平均网格尺寸（横向 mm×纵向 mm）	44.3×43.3		6	16.5%

5. 结合 Plaxis 辅助进行方案比较

采用有限元分析软件 Plaxis，分别对两种方案进行建模、计算、分析，比较两种处理方式的承载力、沉降、稳定性，并进行造价对比，比较结果见图和表 19-57，证实了刚柔长短组合桩网复合地基的优越性。

利用 Plaxis 所进行的计算结果如图 19-70 所示，刚柔长短组合桩网复合地

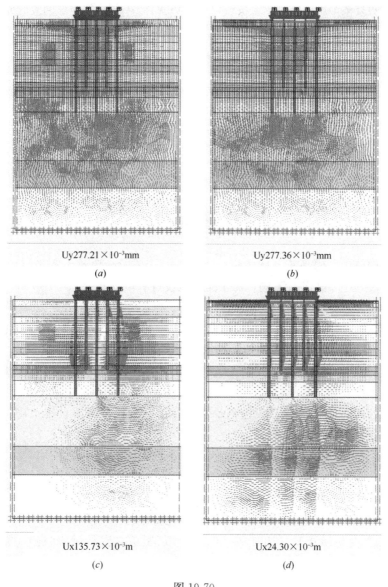

Uy277.21×10⁻³mm

(a)

Uy277.36×10⁻³mm

(b)

Ux135.73×10⁻³m

(c)

Ux24.30×10⁻³m

(d)

图 19-70

(a) 原方案地基竖向最大位移；(b) 桩网方案地基竖向最大位移；
(c) 原方案地基最大侧移；(d) 桩网方案地基最大侧移

基：地基总承载力为 300kPa，满足要求；地基总沉降 277.21mm，满足要求（要求小于 300mm），地基侧移 24.30mm，而原方案侧移 135.73mm，可见其在增强稳定性方面效果显著。

根据 CFG 桩和碎石桩的单桩综合造价，计算出刚柔长短组合桩网复合地基中桩的总造价，加上加筋垫层中土工合成材料的造价，可得总造价约 510 万元，比优化后的方案节约了 64 万元左右，由此可见刚柔长短组合桩网复合地基的经济性优势。

两种方案的比较 表 19-57

	地基承载（kPa）	地基总沉降（mm）	地基最大侧（mm）	桩总造价（万元）	格栅造价（万元）	地基总造价（万元）
原方案	300	277.21	135.73	574	0	574
桩网方案	300	277.36	24.30	493	17	510

【工程实例 22】广州北-乐高速公路试验段桩网复合地基

1. 工程概况

该工程位于广梧高速 K12＋448.5～K12＋597 段，全长 148.5m，共分为四标段，四段处理方式各有不同，每个路段均设置有重点断面。

试验段工程地质情况如下：

1）素填土：0～3.2m，褐黄色，很湿，主要由砂、页岩风化残积土及砂土回填组成，约含 15％硬质物，土质结构疏松。

2）亚黏土：3.20～4.30m，灰黄色，软塑，土质不均匀，局部夹薄层亚砂土，土质黏性较差，手感粗糙。

3）黏砂：4.3～6.9m，灰白色，灰黄色，饱和松散，质较纯，局部含少量黏性土，颗粒均匀，分选性好。

4）黏土：6.9～11.80m，灰黄色，青灰色，软塑，土质较均匀，黏性好，韧性强，含少量黏砂。

5）粗砂：11.80～13.40m，灰黄色，饱和松散，石英颗粒不均匀，分选性差，其中孔深 12.20～12.60m 为淤泥质土，呈软塑状。

6）强风化炭质灰岩：13.40～14.00m，灰黑色，岩石风化强烈，裂隙极发育，岩芯呈半岩半土状或岩碎块状，手折易断，约含 30％强～弱风化岩块，锤击易碎。

2. 各段处理形式

各段设计情况如表 19-58 和图 19-71。

各标段处理形式　　　　　　　　　　　表 19-58

标段	长度	桩号	监测断面	垫层设置
a	39	K12+448.5～K12+497.5	K12+469	50cm 厚碎石土垫层＋1 层钢塑土工格栅 （CATT60-60）
b	35	K12+487.5～K12+522.5	K12+504	50cm 厚碎石垫层＋1 层钢塑土工格栅 （CATT60-60）
c	35	K12+522.5～K12+557.5	K12+540	1×1×0.4m ＋1 层双向土工格栅 （TGSG30-30）
d	39.5	K12+557.5～K12+597	K12+579	50cm 厚砂垫层＋2 层双向土工格栅 （TGSG30-30）

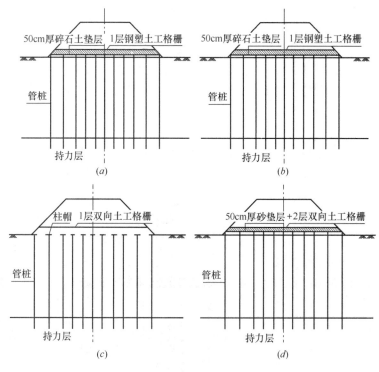

图 19-71　四标段处理方式简图

管桩设置有关参数为管桩直径 400mm，桩长 11.7m，间距为 2.5m，三角形布置。

3. 仪器埋设情况

四个标段中部各设置 1 个监测断面，用于对比不同处理形式复合地基作用下的加固效果，每个监测断面设置以下监测仪器（详见仪器埋设断面图）：

1）表面沉降：每个监测断面设置2组表面沉降板，分别设在路中心和坡肩处，每组3块，分别设在4根桩对角线交点处和桩顶上。

2）分层沉降：每个监测断面设置1孔分层沉降，设置在路基中心线附近4根桩对角线交点处。

3）水平沉降管：每个监测断面设置2根水平沉降管，1根在1排桩的桩顶上方，1根在2排桩之间。水平沉降管受施工干扰较小，主要用于卸载阶段，路面施工阶段及工后监测阶段。

4）孔压测头：每个监测断面设置1组孔压测头，设置在4根桩对角线交点处，埋设深度根据现场地质资料进行调整。

5）土压力盒：a区，b区、d区，每个监测断面设置16只土压力盒．土压力盒分2层布置，分别在土工格栅上和土工格栅下，每层8只土压力盒，其中2只土压力盒布设在2根桩的桩顶上方，6只土压力盒布设在桩之间。c区的监测断面设置32只土压力盒，分两个区域埋设计为c区和c1区。c区土压力盒分3层布置，分别布设在桩帽下、土工格栅下和土工格栅上，每层8只土压力盒，其中2只土压力盒布设在1个桩帽上（或下），6只土压力盒布设在桩之间；c1区土压力盒分为1层，共8只，2只土压力盒布设在1个桩帽上（或下），6只土压力盒布设在桩之间。

6）测斜：在每个监测断面的坡角附近设置一孔测斜管，测斜管以进入软土层下面的硬土层1～4m或进入风化岩层，且不得短于管桩的长度。

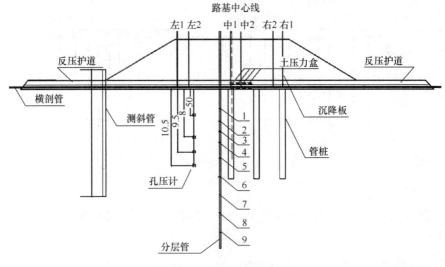

图 19-72　监测断面剖面简图

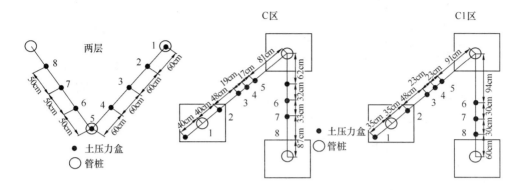

图 19-73　土压力盒埋设位置

各断面土压力盒编号汇总表　　　　　　　　　　表 19-59

| 断面顺序号 | K12+469 | | K12+504 | | K12+540C | | K12+540C1 | | K12+579 | |
	第一层	第二层	第一层	第二层	第一层	第二层	第一层	第二层	第一层	第二层
1	49 号	57 号	35 号	55 号	47 号	4359 号	54 号	02 号	50 号	48 号
2	3084 号	3166 号	3078 号	3128 号	23 号	4364 号	53 号	56 号	3090 号	3101 号
3	31091 号	2081 号	3096 号	32071 号	3117 号	4352 号	3099 号	3133 号	31131 号	3127 号
4	3104 号	3112 号	3114 号	3120 号	3094 号	4360 号	3124 号	1015 号	3102 号	3143 号
5	31 号	27 号	30 号	36 号	31231 号	1-4 号	3118 号	3085 号	26 号	52 号
6	31041 号	3105 号	3073 号	32393 号	3110 号	1-3 号	3109 号	3037 号	3106 号	3103 号
7	31221 号	3125 号	3124 号	1010 号	3163 号	3-2 号	3075 号	3136 号	3152 号	3079 号
8	3108 号	3122 号	3121 号	3148 号	3110 号	3-1 号	3103 号	3101 号	3119 号	3116 号

4. 试验成果分析

（1）沉降分析

由于各断面表面沉降较小，沉降量一般在 100mm 左右，不方便对比，选取 K12+469 断面对表面沉降的性状作一个说明，以右桩间土的沉降为例，可以看到，桩间土的沉降曲线有明星的直线段和台阶，说明沉降具有一定的间歇性。桩间土的差异沉降曲线对管桩复合地基的变形性状是一个很好的说明，现选取 K12+504、K12+540、K12+579 断面绘制差异曲线过程图进行对比分析，以路中为例。

由图 19-75 可以看到设置双层土工格栅减小差异沉降的效果最为显著，加设桩帽的效果次之，单层钢塑格栅的效果最小，稳定后的截面差异沉降在 40mm 左右。

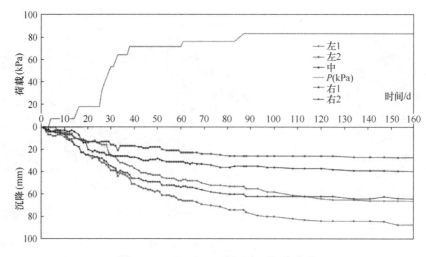

图 19-74　K12+469 断面表面沉降曲线

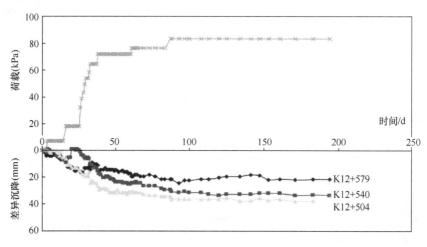

图 19-75　各断面差异沉降曲线

（2）桩、土压力变化规律

选取具有代表性的部分数据，对不同褥垫层条件下的土压力数据的分析，主要从桩—土压力比值的时效性和不同荷载水平下的桩—土压力的特性方面进行分析。图 19-76～图 19-79 是各断面的土压力—时间曲线。

由图可以看到土压力随加载立即增加。加载过程中，桩顶的土压力数据较快的增长，随后增长的速率减缓，而桩间土土压力数据在加载的前期存在明显的极值，而后逐渐减小，直至一段时间后继续缓慢增长，反映了桩土应力的一次较大调整过程。说明在加载的前期，土层由于瞬时沉降而下沉，并与管桩产生一定的错动，桩顶产生上刺入变形，褥垫层将大部分荷载传向刚度较大的管桩上，导致

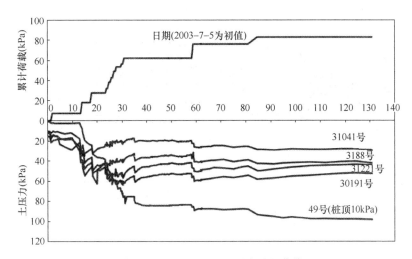

图 19-76　K12＋469 土压力过程曲线

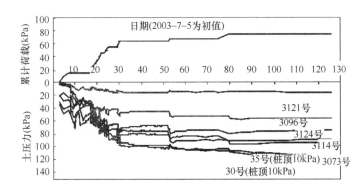

图 19-77　K12＋504 土压力过程曲线

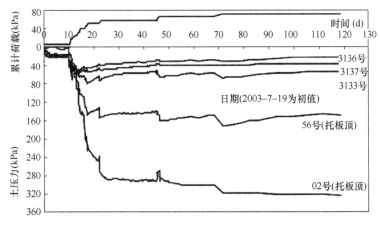

图 19-78　K12＋504C1 土压力过程曲线

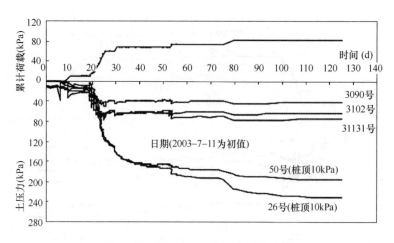

图 19-79　K12＋579 土压力过程曲线

土应力到达峰值后的急剧下降；由于散体材料的滚动调节作用，土层承担荷载才逐渐增加。可认为桩体的这一时期的刺入是复合地基协调作用的第一个阶段，是由于土体的瞬时沉降引起的。

峰值以 K12＋469 最为显著，且出现的时间也较早，其次是 K12＋504 断面、K12＋579 断面、而 K12＋540 断面（加设桩帽断面）最不显著。说明了 K12＋469 断面（A 区）的处理方式在前期对应力调节较大，加设桩帽的 K12＋540（C 区）断面桩土应力调整在前期幅度小，说明在前期加载桩体刺入量小，桩体与桩间土同步沉降或桩体沉降大于桩间土的沉降，由于变形差较小，土体承担的荷载逐渐增加。

（3）桩土应力比分析

以下结合现场土压力试验数据，对桩网复合地基的桩土应力比进行分析，以了解桩、土在加载及满载过程中分担荷载的变化情况。

图 19-80～图 19-83 反映了桩土应力比时程曲线的规律，桩土应力比在加载基本完成时候到达了峰值，在随后的加载中，比值上下波动。这种情况反映了褥垫层在后期填土中对桩土应力的不断调整。应该说是管桩在进入极限荷载状态下间歇式桩端刺入的反映。这时土中的总应力随孔压的消散和固结变形而下沉，褥垫层将土的应力减小的一部分调节给了桩来承担，处于临界状态的桩承担了增加的荷载，当荷载积聚到一定值的时候，会产生相对的滑动，造成桩顶向褥垫层的一次再刺入，增大了刺入量，这样把荷载重新传给了桩间土，这个过程不断反复就造成了桩土应力比的不断波动，桩顶也不断的刺入褥垫层中，因此可将这个阶段作为复合地基协调工作的第二阶段，在这个阶段中，管桩桩顶通过间歇式的刺入垫层，不断的对桩—土应力进行协调，以抵抗上部荷载，达到共同工作，第二阶段是由于土体的固结沉降而引起的。K12＋469 断面和 K12＋504 断面在加载基

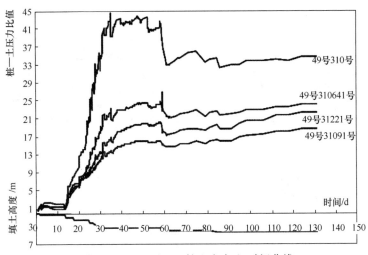

图 19-80　K12＋469 桩土应力比-时间曲线

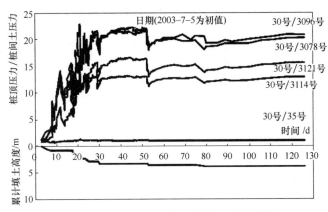

图 19-81　K12＋504 桩土应力比-时间曲线

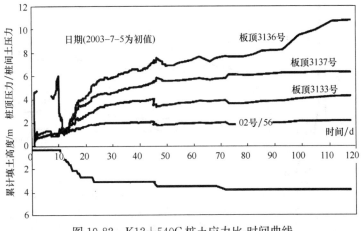

图 19-82　K12＋540C 桩土应力比-时间曲线

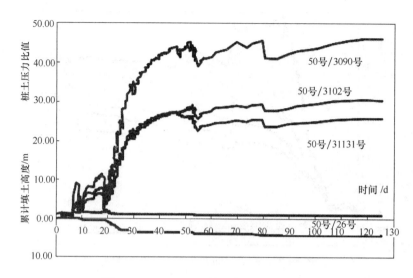

图 19-83　K12+579 桩土应力比-时间曲线

本完成的 30d 左右达到峰值并稳定在一定的数值上，在随后的加载中，K12+
469 在 80d 时经历了一次大的调整，K12+504 断面在 50d 和 80d 左右的时间上经
历了两次大的调整，说明桩、土在 30d 时基本结束了第一阶段调整，进入了第二
阶段。而 K12+579 断面在 50d 时出现了峰值，而此时离加载基本完成时间有
20d 的时间间隔，充分反映了砂垫层调节应力缓慢。

　　从图中可以看到桩土应力比一直呈逐渐上升的趋势，无明显极值，波动现
象也不明显。将四个断面的桩土应力比—时间曲线绘入图 19-84，作一简单
比较。

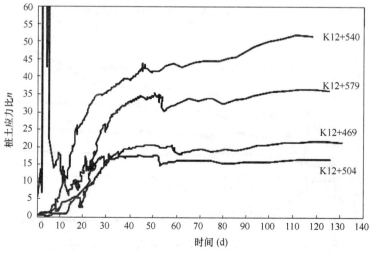

图 19-84　四断面桩土应力比—时间曲线

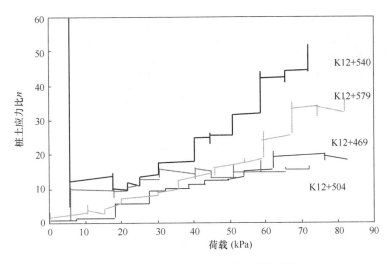

图 19-85 四断面桩土应力比～荷载曲线

四个断面中以加设桩帽的 K12＋540 断面的桩土应力比最大，达到了 53，且加载前期板顶产生应力集中，应力比大于 60，远远大于一般复合地基 3～20 的比值，另外由前面对桩土应力比时程曲线的图形特征分析上可知，该断面的时程曲线不具备复合地基的一般特征，例如不存在明显峰值，未出现上下波动等，由此可见，加桩帽的管桩加固软土地基已经不能视为普通复合地基。同时可以看到，除去 K12＋504 断面，其余断面（尤其是桩帽断面和砂垫层断面）的桩土应力比曲线在波动的过程中还具有不断上升的趋势，说明上部荷载不断向桩顶集中，说明褥垫层后期调节效果不佳。采用碎石垫层的 K12＋504 断面，桩土应力比小于18，在合理的范围以内，适合发挥桩与桩间土的承载力，桩土应力比的调节幅度也大，且后期没有出现荷载不断向桩顶集中的问题，所以推荐采用碎石垫层。土工格栅的设置层数对桩土应力比的变化也有明显的影响，在满足安全性的要求下不宜设置过多，其抗拉刚度也不宜过大，以使其调节应力的能力能够充分发挥。如断面 K12＋579。

图形曲线呈台阶状，每个"台阶"就是一个应力重分配的过程，说明了对应于加载过程的应力重新的分配，调整的速度是较快的，基本上在下级加载前调整就完成了。K12＋469 断面（A 区）的桩土应力比 n 随荷载基本呈等台阶状上升的状态，后期有所下降，说明在整个加载过程中褥垫层一直较好的发挥了调节作用，碎石垫层是一种较好的填充材料。加设桩帽的 K12＋540 断面（C 区）图形也呈台阶状，但是后期台阶高度加大，n 在后期提高速度加快，这是比较危险的，如果继续加载可能造成桩体破坏。说明单层格栅＋桩帽这一形式调节桩土应力能力不佳。K12＋579 断面（D 区）出现了同样的问题，褥垫层中填料没有充分发挥作用，因而垫层设置是较为失败的。综合分析，就本例来讲，以碎石作为褥垫层填充材料效果较好，褥垫层刚度不宜太大，一层土工格栅就已足够，同时也说明在桩网复合地基的设计中，加筋垫层材料及其参数需要精心选择，必要时应通过室内外试验确认其效果，并总结经验，确保设计的合理性。

（4）孔隙水压力分析

通过孔隙水压力观测可以对软土层中的孔隙水压力消散固结的变化进行动态的监控，分析地基的固结状态和稳定性。在桩网复合地基中进行孔隙水压力观测也可以对桩间土受力情况有一个了解。试验段的孔压过程曲线如图 19-86(a)～(d)，孔隙水压力与荷载增量关系曲线如图 19-86(e)～(f)所示。

从图中可以看出：

1）加载后孔隙水压力上升不明显，但孔压变化幅度随深度的增大而减小，这是由于管桩分担了一部分荷载，使得桩间土承担的荷载减小了。

2）在桩顶加盖桩帽后，在相同荷载下，柱间土孔压增量要远小于未加盖桩帽管桩桩间土的孔压增量，说明在相同的条件下，设置桩帽后，管桩承担的荷载要比柱间土承担的荷载大得多。

3）在相同荷载下，用砂垫层作为褥垫层，桩间土承受的应力最大，不利于发挥首桩的承载力。

4）采用碎石土垫层，当填土荷载超过 25m 后，在相同荷载下桩间土的应力增量开始增大，说明当达到一定填土厚度后，管柱与桩间土间的应力比开始调整，柱间土承担的应力随荷载的增加而逐渐增大。而采用碎石垫层，孔压增量基本保持一种线性关系，说明碎石能很好的调整桩与桩间土的应力。

5）从孔隙水压力—荷载图上可以看到，孔压和累计荷载基本上呈线性关系，不存在急剧增大的情况，说明管桩复合地基稳定性良好。此外还可从图中了解到对应于每一级荷载，桩端深处孔隙水压力增长值最大，桩顶附近次之，桩体中间部位最小．表明桩体能够将上部荷载有效地传递到深部较好土层，从而减轻浅部软弱土层的负担，达到减小沉降的目的。

（5）侧向位移分析

从测斜数据来看，双层土工格栅控制路基侧向位移效果最为显著，其次是设置桩帽的截面，铺设单层钢塑格栅的两种截面侧向位移最大，其中铺设碎石垫层的截面控制效果要好一些。将四个断面的分析进行对比，可以将之分为两类，K12＋469、K12＋504、K12＋579 断面为一类，它们的桩土应力比规律和沉降规律较为符合复合地基的特点，褥垫层对桩—土应力比的调节表现明显，作用显著。由此可见，它们是一种桩土相互协调作用的复合地基的形式。而 K12＋540 为加设了桩帽的形式，桩土应力比达到且桩土应力比 n 达到和超过了 50，可以视为一种介于桩基础和复合地基之间的地基处理形式。

对于第一类，可以运用刚性桩复合地基的理论指导设计和施工。K12＋469

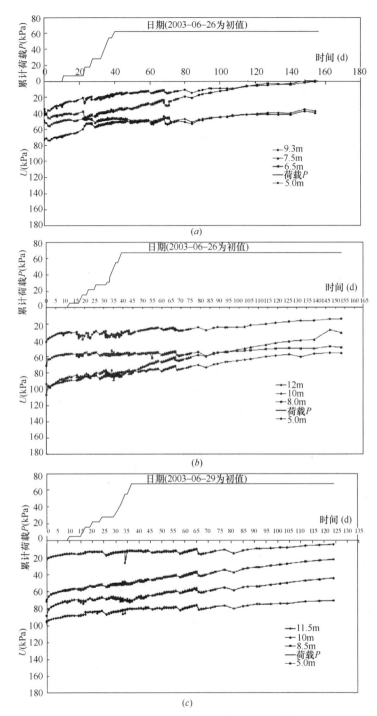

图 19-86　断面孔隙水压力与荷载增量关系曲线（一）

(*a*) K12＋469 断面；(*b*) K12＋504 断面；(*c*) K12＋540 断面

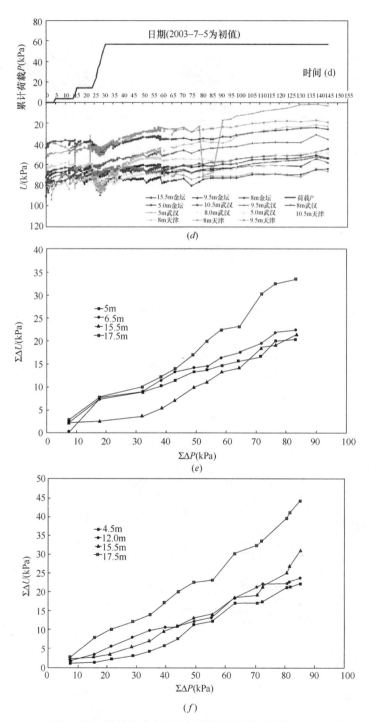

图 19-86　断面孔隙水压力与荷载增量关系曲线 (二)

(d) K12+579 断面; (e) K12+469 断面; (f) K12+504 断面

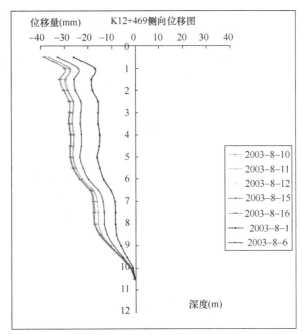

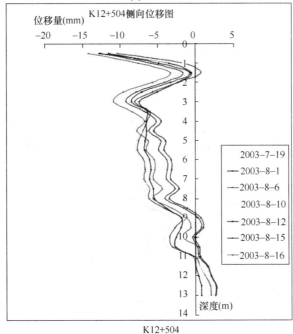

图 19-87　四断面侧向位移（一）

（a）断面 K12＋469；（b）断面 K12＋504；

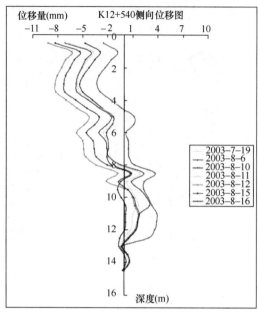

K12+540

(c)

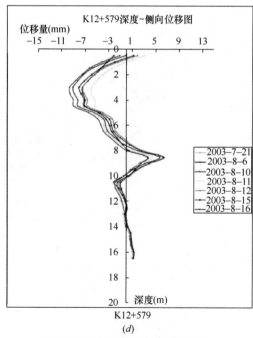

K12+579

(d)

图 19-87 四断面侧向位移（二）

(c) 断面 K12＋540；(d) 断面 K12＋579

垫层填充材料为碎石土，K12＋504 为碎石，K12＋579 为粗砂，从分析上看，碎石效果最好，故作为填充材料，粒径不应过小，且不宜含有黏土等杂质。K12＋469 和 K12＋504 断面采用了一层钢塑土工格栅（单向 CATT60-60），K12＋579 采用了两层双向土工格栅（TGSG30.30），K12＋579 断面出现了褥垫层刚度过大的问题，对散体材料流动造成阻碍，影响到桩土协调作用，所以土工格栅不宜设置过多。

第二类 K12＋540 断面加设了桩帽，桩体承担了较大的荷载，桩间土应力较为均匀，桩间土沉降也小，这就对桩体承载力提出了较高的要求。

5. 几点结论

通过对广梧高速试验段四个典型截面的分析可知：

(1) 设置双层土工格栅减小截面差异沉降的效果最为显著，加设柱帽的效果次之，铺设单层钢塑格栅的效果最小。

(2) 桩网复合地基的协调工作可分为两个阶段，以桩土应力比达到极值为分界点，第一阶段的调整总要是由土体的瞬时沉降引起的，第二阶段的调整是由桩间土体的固结沉降引发的，由于褥垫层的调节作用，桩体间歇式的刺入垫层，不断的对桩—土应力进行协调，以承担上部荷载，达到共同工作。

(3) 桩网复合地基桩土应力比具有明显的时效性，在加载基本完成时候到达了峰值，在随后的加载中，比值上下波动。

(4) 桩端进入粗砂层中，并加设桩帽的管桩已不同于一般复合地基，桩帽的设置实际上减弱了柔性垫层协调桩土变形的能力，类似于增加了垫层的刚度，因此可将其视为一种介于桩基础和复合地基之间的地基处理形式，或称之为高强复合地基。

(5) 从碎石垫层表现的良好性状来看，填充材料的粒径不应过小，且不宜含有黏土等杂质，另外土工格栅也不宜设置过多，以免刚度过大，影响其协调变形的能力。

(6) 从测斜数据来看，双层土工格栅控制路基稳定效果最为显著，其次是设置桩帽的截面，铺设单层钢塑格栅的两种截面侧向位移最大，其中铺设碎石垫层的截面控制效果要好一些。

【工程实例 23】德国柏林某铁路桩网复合地基

1. 工程概况

德国柏林郊区，有一条 100 年历史的双轨铁路，由于列车提速需要改造（车速 160—200km/h）。其中有 2.1km 高速铁路经过风景迷人的湖畔，路堤位于含有机质的深厚软土上，而且地下水位在地面附近，软土下面是密实的砂，可以用来作持力层，具体地质资料见文献［206］。原有路堤下软土已经固结 100 年，原设计采用置换法，后考虑工期和资金，最终采用桩网复合地基处理，工期从

1994.1 到 1995.12。建成后通车至今未出现异常情况。

该工程采用预制混凝土桩长约 10～25m，承载力 1000kN，计算中取桩长 20m，桩径 0.118m，桩上联接混凝土桩帽（1.0m×1.25m×0.5m）。土工格栅厚度 2mm，共有 3 层，第一层位于桩帽上 5mm，第二层位于桩帽上 25cm，第三层位于桩帽上 50cm，加筋垫层总共厚 45cm。路堤由砂分 5 层填筑成，压实度 98%。X 方向桩间距 1.9m，Y 方向桩间距 2.15m。桩长取 20m。具体构成如图 19-88 所示。

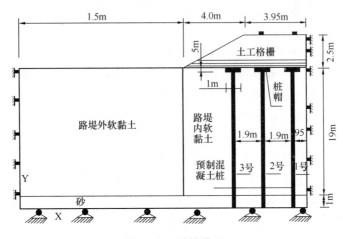

图 19-88　计算模型

2. 计算模型简化

本文采用界面可视化的 FLAC2D 有限差分程序模拟该工程。网格划分见图 19-89，划分单元 2905 个，节点 3028 个。桩用结构单元 Pile 模拟，土工格栅单元采用结构单元 Strip。桩帽采用实体单元。路堤分 5 层逐一填筑，填筑完毕加高速列车超载 100kPa。计算参数见表 19-60，桩和桩帽混凝土采用弹性材料；软土、砂土和路堤填土采用莫尔库伦材料；认为格栅是各向同性材料。由于路堤截面对称，计算取截面一半。边界条件如下：$x=0$、22.95 处，约束 X 方向位移；$y=0$ 处约束 Y 方向位移。路堤边坡实际为两阶，简化为一阶坡比为 1∶1.6。

计算参数　　　　　　　　　　　　　　　　　表 19-60

材料	力学参数
路堤外软土	$E=0.5\text{MPa}$，$\nu=0.3$，$\gamma=14\text{kN/m}^3$　$c'=6.5\text{kPa}$，$\varphi'=15°$
路堤内软土	$E=4\text{MPa}$，$\nu=0.3$，$\gamma=14\text{kN/m}^3$　$c'=12.5\text{kPa}$，$\varphi'=15°$
砂土	$E=40\text{MPa}$，$\nu=0.2$，$\gamma=18\text{kN/m}^3$　$c'=0\text{kPa}$，$\varphi'=34°$
路堤填方土	$E=60\text{MPa}$，$\nu=0.2$，$\gamma=18\text{kN/m}^3$　$c'=0\text{kPa}$，$\varphi'=35°$
桩	$E=45\text{MPa}$，$\nu=0.2$，$\gamma=24\text{kN/m}^3$　$K_N=8\text{GPa}$，$K_s=5.1\text{GPa}$

材料	力学参数
桩帽	$E=45\text{MPa}$，$\nu=0.2$，$\gamma=24\text{kN/m}^3$
土工格栅	$J=1.100\text{kN/m}$，$c_a=0\text{kPa}$，$\varphi'=32°$，$k_s=55\text{GPa}$

注：J 为土工格栅的拉伸刚度；k_s 为土工格栅与土的界面摩擦刚度；φ' 为格栅和土的界面摩擦角，K_N 为桩与土的法向剪切刚度；K_s 为桩与土的切相剪切刚度；c_a 格栅和土的摩擦系数；E 弹性模量；μ 为泊松比；γ 为重度；c' 为有效黏聚力；φ' 为有效内摩擦角。

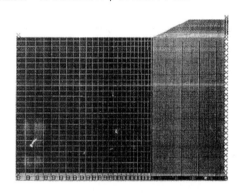

图 19-89　网格划分

3. 复合地基变形分析

该工程埋设了很多监测仪器，具体见文献 [56]，其中重要沉降监测点 V1.1 位于 3 号桩和 2 号桩之间的地表，V2.1 位于 2 号桩和 1 号桩之间的地表（见图 19-88）。监测结果见图 19-90。

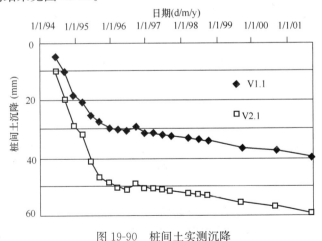

图 19-90　桩间土实测沉降

沉降计算结果见图 19-91 和图 19-92。从图 19-91 中可以看出桩间土沉降成悬链线状，这也证实了许多文献提出的悬链线形状是正确的，但是目前关于这种悬链线形沉降预测还不成熟。从图可以看出 1 号桩和 2 号桩之间的地表沉降较大，计算结果达 6cm，与实测比较吻合。2 号桩和 3 号桩之间地表沉降计算值为 3.5cm，与实测 4cm 相差不大。因此，计算结果整体比较理想。

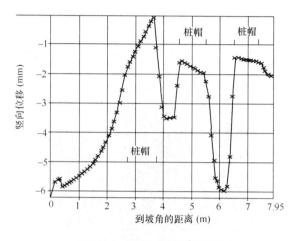

图 19-91　地表桩见图沉降图

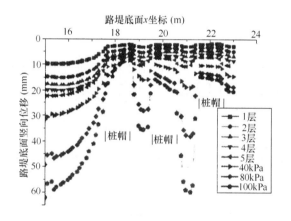

图 19-92　竖向位移图

从图 19-92 可以看出，在超载作用下加筋垫层已经充分发挥了协调桩土应力、分散、传递荷载的作用。一部分荷载被传递到了路堤坡脚处，形成了一个垂直位移较大区域，这样也将造成桩受压后向路堤外侧移动；其余大部分荷载被传到了桩顶。图 19-92 反映了随着填方高度和超载增加，垂直位移的变化情况。由图可以看出在施超载之前，随着路堤高度的增加，桩和加筋垫层都在下沉。但是桩帽的最大沉降没有超过 10mm，桩间土地表沉降在路堤填至 2.5m 时，竖向位移大于 10mm，也体现出悬链线形状，整体沉降差异不太大；但是当施加超载时，桩帽和垫层的竖向位移增加幅度很大。当加至 100kPa 时，桩帽的沉降最大接近20mm，最小接近10mm，而实测桩帽沉降最大17.5mm，最小9.5mm。另外也可以看出桩间土沉降比桩帽大。

4. 桩土应力比分析

影响桩土应力比的因素很多，有桩间距，加筋垫层厚度，填土高度，格栅刚度等等因素。文献在研究水泥搅拌桩工程实例的基础上，指出桩土应力比和以下因素有关，并通过格栅受力平衡推导出桩土应力比如下式：

$$n = a_n \times 4 \times \frac{l^2(H\gamma - \lambda f_{s.k}) - \dfrac{64\varepsilon E_g l S_\infty^2}{32 S_\infty^2 + l^2}}{\pi d^2 \lambda f_{s.k}} \tag{19-64}$$

式中：a_n经验系数，一般取$1\sim1.3$；H填土高度；γ填土高度；E_g格栅抗拉模量；$f_{s.k}$桩间土承载力；S_∞工后沉降控制值；l桩间距；d桩径；λ桩间土承载力发挥系数。

从上式中可以看出，填土高度增加，桩间距增大，径距比的增大，桩土应力比呈增大趋势。

图19-93给出了不同填筑高度（超载）条件下路堤底部竖向应力分布曲线。从图可以看到1号和2号桩上的竖向应力比3号桩上大。这主要是因为列车超载主要作用于1号和2号桩上部范围内。

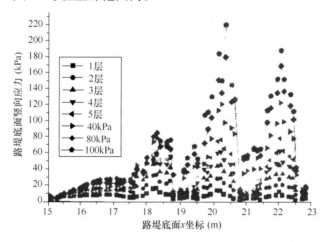

图19-93　桩帽上竖向应力

从图19-94、图19-95中可以看到，随着填土高度增加，桩土分担荷载的差异也在增加，桩土应力比从1.2增大到1.8，桩体荷载分担比从55%增大到65%。超载作用下：1号桩桩土应力比继续增加，达到2.1，桩体荷载分担比达到67.5%；2号桩施加超载初有所下降，这是因为，在加筋垫层的协调作用下，2号桩两侧的土压力被充分调动（见图19-94）。随着超载增加，2号桩桩体逐渐承受较多荷载，达到62.5%；3号桩，桩土应力比加载末期有所下降，是因为在

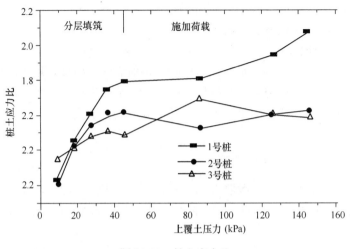

图 19-94　桩土应力比

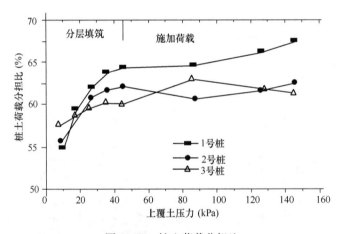

图 19-95　桩土荷载分担比

超载作用下，2号桩和3号桩间土压力被充分调动，而2号桩外侧土压力较小。总之，列车超载下，桩土分担荷载的差异更加明显。

5. 桩受力分析

（1）桩身弯矩

见图19-96和图19-97，当路堤填方完成后，可以看出3号桩弯矩最大，这是因为路堤下软土压缩模量较路堤外侧软土高，在路堤重量下坡角软土侧向移动，导致桩3号侧弯。但是当施加路面超载时，1号桩最大弯矩－1.5kN·m，2号桩弯矩4.384kN·m，3号最大弯矩3.02kN·m。可以看出2号桩整体弯矩较大，而且向路堤外侧弯曲，也就是桩上部向路堤外侧移动。这和荷载作用的位置有关系，轨道作用范围刚好在1号、2号桩上方，直接影响该范围内的桩和垫层，

图 19-96　填筑完成桩身弯矩　　　　图 19-97　超载下桩身弯矩

当然坡角的侧向位移也会增大。2 号桩的弯矩，也说明该桩侧移较多，正好说明 2 号桩和 1 号桩之间的垂直位移较大的原因。

（2）桩身摩阻力

桩身中性点的深度表明桩与土之间的负摩阻力的作用范围，也是桩一网法复合地基设计的重要参数。影响桩身负摩阻力和中性点位置的因素很多：中性点深度随着填土高度增加往下移，而且和填料的压缩模量和内摩擦角有关系；随着桩距的增大，持力层为高强度的硬土时，中性点基本不变，当持力层强度较低时，中性点上移；桩距不变时，随着桩帽尺寸的减小，中性点深度往下降低；持力层土体压缩模量越大，则中性点的深度越大，持力层土体强度高，中性点的深度越大；另外随着地基土的固结，桩身负摩阻力和中性点位置处于变化过程中；桩顶作用的荷载大小不同，桩身负摩阻力的大小和中性点位置也不同，桩顶作用的荷载大，中性点位置深度越浅。可见，影响中性点位置的因素很多，但是中性点的位置受桩端持力层、桩间土的性质、填土高度的影响较大。

3 号桩侧摩阻力和其他桩比非常小，主要是因为：①该桩距离坡角近，上覆填土较少，而且由于坡角土体侧向移动较多，该桩主要限制路堤下土体的侧向移动；②轨道主要作用在 1 号、2 号桩范围内。软土下层为密实砂层主要为持力层，可以认为是端承桩，承受较大荷载，所以摩阻力较大。1 号、2 号桩身有负摩擦力，说明桩间土相对于桩向下移动。在路堤和超载作用下，垫层的存在一定程度上协调桩和土的受力，桩间土分担部分荷载，发生变形，使得桩身有负摩阻力，但是桩帽的存在使得这种情况变得复杂。该工程实例中，桩端持力层是密实砂土，强度高，中性点的位置比较靠下，见图 19-98 所示。

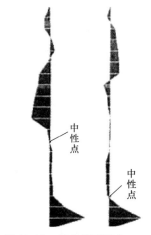

中性点

中性点

图 19-98　桩身侧摩阻力

(3) 桩身轴力方面

由于下卧层为密实砂，把3根桩当成端承桩来考虑，从图19-99，图19-100的结果看，当施加超载后，超载作用范围下的桩身轴力明显增加。1号桩达到396kN，2号桩463kN，3号桩238kN。

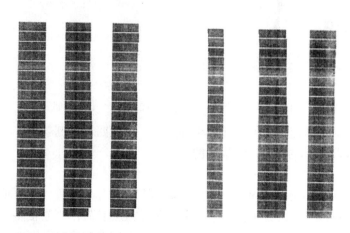

图 19-99　填筑完桩身轴力　　　　图 19-100　超载作用下桩身轴力

6. 格栅受力分析

刚开始填土时，格栅不发生垂直向变形，不受竖向力，随着填土增加，发生垂直向变形，由于张拉膜效应，格栅轴力将在竖直向有分力，而承受部分垂直荷载，并传递到桩顶。从图19-101可以看到，桩帽边缘格栅的拉力最大，桩帽中

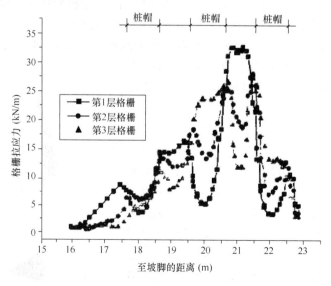

图 19-101　3层格栅受力

心较小，桩帽边缘容易发生应力集中，格栅可能从这里破坏。可以看到不是路堤中心的沉降最大，而是1号桩和2号桩之间，这是因为不仅超载导致的竖向变形引起格栅拉力，坡角土体侧移也导致格栅受拉力。

从图19-101中可以看出，超载作用范围处，即1号桩桩帽，2号桩桩帽处，第3层格栅受力较大，第2层次之，第1层最小；3号桩桩帽处，格栅受力大小顺序不同。可见荷载作用范围对格栅受力的影响。1号桩桩帽上，第1层格栅拉力平均约为6kN/m，第2层8kN/m，第3层13kN/m，第3层格栅受拉力约是第1层的2倍。1号桩和2号桩桩间，第1层格栅拉力很大，达到33kN/m左右，第2层次之，第3层最小。这和桩间土位移变形相对应。2号桩桩帽上，第1层格栅拉力平均约为14kN/m，第2层15.5kN/m，第3层25.8kN/m，第3层格栅受拉力约是第1层的2倍。3号桩帽上，第2层格栅拉力平均约为6.6kN/m，第3层格栅为7.2kN/m，第1层2.6kN/m。从单层格栅来看第1层格栅位于桩帽上5cm处，最大拉力出现在1号桩和2号桩间，达到33kN/m，在桩帽中心处几乎都在3kN/m左右，桩帽边缘突然增大。第2层格栅位于桩帽上25cm处，最大拉力出现在1号桩桩帽边缘，达到27.5kN/m。第3层格栅位于桩帽上50cm处，最大拉力出现在1号桩桩帽边缘，达到27kN/m。

7. 几点结论

①随着路堤高度的增加，桩和加筋垫层都在下沉，加筋垫层呈现出悬链线形状。桩和桩间土整体沉降差异不太大；但是当施加超载时，桩帽、桩间土和垫层的竖向位移增加幅度很大，另外桩和桩间土沉降差异也增大。

②随着填土高度增加，桩土分担荷载的差异也在增加，列车超载下，桩土分担荷载的差异更加明显。尽管土工垫层的协调，分散作用，桩上应力和桩间土应力还是存在一定差异。

③随着填土高度增加，桩土应力比从1.2增大到1.8，桩体荷载分担比从55%增大到65%。超载作用下1号桩桩土应力比继续增加，达到2.1，桩体荷载分担比达到67.5%；2号桩施加超载初有所下降，这是因为，在加筋垫层的协调作用下，2号桩两侧的土压力被充分调动。

④刚开始填土时，格栅不发生垂直向变形，不受竖向力，随着填土增加，发生垂直向变形，由于张拉膜效应，格栅轴力将在竖直向有分力，而承受部分垂直荷载，并传递到桩顶。桩帽边缘格栅的拉力最大，桩帽中心较小，桩帽边缘容易发生应力集中。

⑤超载作用范围处，即1号桩桩帽，2号桩桩帽处，第3层格栅受力较大，第2层次之，第1层最小；3号桩桩帽处，格栅受力大小顺序不同。可见荷载作用范围对格栅受力的影响。1、2号桩桩帽上，第3层格栅受拉力约是第1层的2倍。1号桩和2号桩桩间，第1层格栅拉力很大，达到33kN/m左右，第2层次

之，第 3 层最小。这和桩间土位移变形相对应。第 1 层格栅位于桩帽上 5cm 处，最大拉力出现在 1 号桩和 2 号桩间，达到 33kN/m，在桩帽中心处几乎都在 3kN/m 左右，桩帽边缘突然增大。第 2、3 层格栅最大拉力出现在 1 号桩桩帽边缘，达到 27.5kN/m。

第 20 章　复合地基发展展望

　　虽然复合地基一词源自国外，但在我国形成系统理论和工程技术应用体系。复合地基理论与工程应用在我国发展很快与我国国情有关。我国软弱土地基类别多，分布广；自改革开放以来土木工程建设规模大，发展快；我国又是发展中国家，建设资金短缺。这些给复合地基理论与工程应用的发展提供了很好的机遇。复合地基的优点是可以较充分利用天然地基和桩体两者各自承担荷载的潜能，具有较好的经济性。在设计中，可以通过调整复合地基中的桩体刚度、长度和复合地基置换率等设计参数来满足地基承载力和控制沉降量的要求，具有较大的灵活性。近三十多年来，复合地基工程实践促进了复合地基理论的发展，复合地基理论的发展又进一步指导了复合地基技术的发展。在我国复合地基已从狭义复合地基概念发展形成了广义复合地基理论，已形成复合地基工程应用体系。各种复合地基技术在土木工程中得到广泛应用，复合地基（composite foundation）与浅基础（shallow foundation）和桩基础（pile foundation）已成为土木工程建设中常用的三种基础形式。复合地基理论与工程实践的发展也促进了基础工程学的发展，复合地基已成为基础工程学的重要内容。

　　复合地基的本质是桩体和桩间土同时直接承担荷载，这也是形成复合地基的必要条件。复合地基中天然地基土体和桩体能够共同承担荷载是通过一定的沉降量来保证的，因此一般说来复合地基比桩基础沉降要大一些，特别是相对于端承桩。对于工后沉降量要求特别小的建（构）筑物，应慎用复合地基加固。当工程地质情况和荷载分布比较复杂情况下，采用复合地基加固，建筑物可能产生较大的不均匀沉降时，也应慎用复合地基。复合地基可以较充分利用天然地基和桩体两者各自承担荷载的潜能，具有较大优势，但也要重视复合地基的适用条件。

　　复合地基技术在土木工程建设中应用发展很快，复合地基理论落后于工程实践。各类复合地基承载力和沉降计算理论和方法还欠成熟，复合地基计算理论还在发展之中。复合地基工程经验积累不够多，设计计算理论欠成熟，这些给应用者带来一定的困难。但也应看到复合地基理论与工程应用还存在较大的发展空间，可供创新、发展。希望拙作的出版能引起你的兴趣，去研究它，去应用它，去发展它。

　　展望复合地基的发展，笔者认为在复合地基计算理论、复合地基型式，复合地基施工工艺、复合地基质量检测等方面都具有较大的发展空间，都有很多工作需要去做。复合地基的发展需要更多的工程实践积累，需要工程实录的研究，需要理论上的探索，需要设计、施工、科研和业主单位共同努力。

在复合地基计算理论方面，既包括复合地基承载力和沉降计算理论，还包括复合地基稳定分析理论。在复合地基计算地基承载力和沉降计算理论方面，既指复合地基承载力和沉降计算的一般理论，又指各种形式的复合地基承载力和沉降计算理论和方法。要发展各种形式的复合地基承载力和沉降计算理论，需要加强对各种形式的复合地基荷载传递机理的研究，进一步了解基础刚度，垫层，桩土相对刚度，复合地基置换率，复合地基加固区深度、荷载水平等对复合地基应力场和位移场的影响，提高各类复合地基在荷载作用下的应力场和位移场的计算精度。复合地基承载力和沉降计算水平的提高还有赖于工程实录的增加，经验的总结。在发展复合地基计算理论中，特别要重视复合地基沉降计算理论的发展。在发展复合地基沉降计算理论中，要重视复合地基固结理论和工后沉降计算理论的发展，复合地基沉降随时间发展的变化规律。对桩体复合地基要发展按沉降控制计算理论，特别要提高桩体复合地基沉降计算精度。为什么特别强调提高沉降计算精度，主要考虑下述两点：一是不少工程采用复合地基主要是为了控制沉降，二是前些年采用复合地基不当造成的工程事故主要是没有能够有效控制沉降。因此只有强调提高各类复合地基沉降计算水平，才能较好地发展复合地基计算理论，有利复合地基技术的推广。与桩体复合地基相比较，加筋土地基目前较多应用于提高地基稳定性，要继续加强加筋土地基稳定性研究。加筋土地基沉降工程实录比桩体复合地基沉降工程实录要少，加筋土地基沉降计算更加复杂，也要对它进一步探索。当加筋土地基应用于深厚软弱地基时，要重视加筋土地基加固区软弱下卧层的厚度对加筋土地基的长期沉降的影响。

在复合地基稳定分析理论方面，要重视发展柔性桩复合地基，特别是刚性桩复合地基稳定分析理论和计算方法。

对饱和软黏土地基，采用散体材料桩加固，由于承载力提高幅度不大，工后沉降历时长且工后沉降量大，近年来采用散体材料桩加固饱和软黏土地基在工程中应用已日益减少。对散体材料桩的适用范围应予以重视。笔者建议对饱和软黏土地基慎用或不用散体材料桩加固，或者说慎用或不用置换砂石桩复合地基。

近些年来，各类低强度桩复合地基在工程中应用发展很快。在工程中应用最多的是低强度混凝土桩复合地基。各类低强度桩复合地基的基本思路是让由桩身材料强度决定的桩承载力和由桩侧摩阻力提供的桩承载力两者靠近，以达到充分利用材料本身承载潜能的目的，或者说是应用等强度设计的概念。低强度混凝土桩施工方便，发展更快。对低强度桩复合地基在工程中应用的快速发展建议予以重视。

另外近年来，长短桩复合地基在工程中应用发展也很快。复合地基中桩体采用长短桩设置符合荷载作用下附加应力场的分布特征，桩体受力合理，对提高复合地基承载力和减少沉降都有好处。长短桩复合地基设计中应重视长短桩的协同作用，重视长短桩复合地基的形成条件。长短桩复合地基中的长桩和短桩不仅在施工阶段要能够保证协同作用，而且在工后阶段也要保证协同作用。在地基产生大面积沉降的情况下，也要能保证长桩和短桩协同作用。总之长短桩复合地基的形式很好，但要重视其应用条件，重视长短桩复合地基的形成条件，保证长桩和短桩能长期协同作用，需要合理设计。

近年来桩网复合地基也得到不少应用。桩网复合地基比较适用路堤地基加固，随着高速公路和高速铁路建设规模的扩大，桩网复合地基近年来会发展很快。对桩网复合地基要重视形成条件的研究，要加强对桩网复合地基荷载传递机理的研究。要重视桩网复合地基与桩承堤的区别。

还有近年来发展了多种组合桩。组合桩如浙江省工程建设标准《复合地基技术规程》DB33/1051-2008中指出：为增加水泥搅拌桩单桩承载力，可在水泥搅拌桩中插设预制钢筋混凝土，形成加筋水泥土桩。加筋水泥土桩可称为组合桩。近年多数发展的组合桩技术是在水泥土桩中插入钢筋混凝土桩或钢筋混凝土管桩形成水泥土-钢筋混凝土组合桩。该类组合桩比水泥土桩承载能力和抗变形能力大，比钢筋混凝土桩性价比好，近年来在工程中得到推广应用。水泥土桩有的采用深层搅拌法施工形成，有的采用高压旋喷法施工形成。上述组合桩作为增强体的复合地基称为组合桩复合地基。组合桩的形式很多，除钢筋混凝土桩、钢筋混凝土管桩外，也有采用钢管桩等其他型式刚性桩。组合桩中的刚性桩可与水泥土桩同长，也可小于水泥土桩，形成变刚度组合桩。近年组合桩技术会得到较快发展。

随着多种复合地基形式的出现，复合地基施工工艺也得到了很大发展。近年来多种形式的孔内夯扩桩的出现就是证明。渣土桩技术，夯实水泥土桩技术，冲锤成孔碎石桩技术，强夯置换碎石墩技术等等发展很快。低强度桩施工工艺也在不断发展，另外，增强体材料在充分利用地方材料，消除环境影响方面也有很大发展。

随着多种复合地基技术的应用，复合地基质量检测近年来也得到发展。但相比较复合地基质量检测方面存在的问题和困难多一些，需要继续努力。桩体施工质量检测应结合各种施工工艺的发展而予以完善，特别是新材料，新工艺的应用，需要提出相应的质量检测方法。作为复合地基整体质量检测，不仅是桩体质量检测，还应包括桩间土的测试，以及桩土复合体的性能测试。

复合地基技术的推广应用已经产生了巨大的经济效应和社会效益。复合地基工程实践发展很快，复合地基理论远远落后于工程实践的发展，应加强复合地基设计计算理论研究。遵循实践→理论→再实践，不断发展、提高的思路。笔者认为应重视下述几个研究领域的研究工作：

各类复合地基荷载传递规律，荷载作用下地基应力场和位移场特性；

各类复合地基承载力计算方法以及相关计算参数；

各类复合地基沉降和工后沉降计算方法；

各类复合地基固结理论和沉降随时间发展规律；

各类复合地基稳定分析方法；

基础刚度和垫层对复合地基性状的影响；

按沉降控制复合地基设计理论；

各类复合地基优化设计理论；

动力荷载和周期荷载作用下各类复合地基性状；

各类复合地基抗震特性；

复合地基施工新工艺、新方法；

复合地基新技术；

复合地基测试技术等。

复合地基的发展需要更多的工程实践的积累，需要工程实录研究的积累，需要理论上的探索，需要设计、施工、科研和业主单位共同努力。展望我国复合地基的发展，可以相信在理论和工程实践两个方面都会有不断的进步，复合地基理论和技术会进一步发展和完善。

参　考　文　献

[1]　岑仰润，龚晓南，温晓贵. 真空排水预压工程中孔压实测资料的分析与应用. 浙江大学学报(工学报)，第 37 卷，第 1 期，2003

[2]　陈东佐，龚晓南，尚亨林. "双灰"低强度混凝土桩复合地基的工程特性. 工业建筑，第 25 卷，第 10 期，1995

[3]　陈环等. 石灰桩加固软基效果. 第一届全国地基处理学术讨论会论文，1986

[4]　陈环. 石灰桩加固软基效果分析. 岩土工程学报，1987

[5]　陈明中，龚晓南，应建新，温晓贵. 用变分法解群桩—承台(筏)系统. 土木工程学报，第 34 卷，第 6 期，2001

[6]　陈文华. 土工织物加筋复合性状及油罐地基处理的分析. 浙江大学硕士学位论文，1989

[7]　陈志军. 路堤荷载下沉管灌注筒桩复合地基性状分析. 浙江大学博士学位论文，2005

[8]　陈仲颐，叶书麟主编. 基础工程学. 北京：中国建筑工业出版社，1990

[9]　褚航. 复合桩基共同作用分析. 浙江大学博士学位论文，2003

[10]　邓超，龚晓南. 长短柱复合地基在高层建筑中的应用. 建筑施工，第 25 卷，第 1 期，2003

[11]　段继伟. 柔性桩复合地基的数值分析. 浙江大学博士学位论文，1993

[12]　段继伟，龚晓南，曾国熙. 水泥搅拌桩桩土应力比试验研究. 岩土工程师，第 5 卷，第 4 期，1993

[13]　段继伟，龚晓南，曾国熙. 水泥搅拌桩的荷载传递规律. 岩土工程学报，第 16 卷，第 4 期，1994

[14]　段继伟，龚晓南. 单桩带台复合地基的有限元分析. 地基处理，第 5 卷，第 2 期，1994

[15]　方永凯. 碎石桩复合地基承载力现场测试. 复合地基学术讨论会论文集，1990

[16]　冯海宁，龚晓南. 刚性垫层复合地基的特性研究. 浙江建筑，第 2 期，2002

[17]　葛忻声. 高层建筑刚性桩复合地基性状. 浙江大学博士学位论文，1993

[18]　葛忻声，龚晓南，张先明. 长短桩复合地基设计计算方法的探讨. 建筑结构，第 23 卷，第 7 期，2002

[19]　葛忻声，龚晓南，白晓红. 高层建筑复合桩基的整体性分析. 岩土工程学报. 第 25 卷，第 6 期，2003

[20]　葛忻声，龚晓南，张先明. 长短桩复合地基有限元分析及设计计算方法探讨. 建筑结构学报，第 24 卷，第 4 期，2003

[21]　龚晓南. 软黏土地基固结有限元法分析. 浙江大学硕士学位论文，1981

[22]　龚晓南. 油罐软黏土地基性状. 浙江大学博士学位论文，1984

[23]　龚晓南. 软土地基上圆形贮罐上部结构与地基共同作用分析. 浙江大学学报，

No1，1986

[24]　龚晓南. 土塑性力学(第 2 版). 杭州：浙江大学出版社，1999

[25]　龚晓南. 复合地基引论. 地基处理，Vol.2，No.4，1991

[26]　龚晓南，杨灿文. 综合报告(五)地基处理. 第六届土力学及基础工程学术会议论文集.
上海：同济大学出版社，1991

[27]　龚晓南. 复合地基. 杭州：浙江大学出版社，1992

[28]　龚晓南. 复合地基理论概要. 中国土木工程学会土力学及基础工程学会第三届地基处理
学术讨论会论文集(特邀报告). 杭州：浙江大学出版社，1992

[29]　龚晓南. 复合地基计算理论研究. 中国学术期刊文摘，第 1 卷增刊，1995

[30]　龚晓南，温晓贵，卞守中. 二灰混凝土桩复合地基技术研究. 浙江大学学报增刊，第
31 卷，1997

[31]　龚晓南，温晓贵，卞守中. 二灰混凝土试验研究. 混凝土，总第 111 期，1998

[32]　龚晓南，陈明中. 桩筏基础设计方案优化若干问题. 土木工程学报，第 34 卷，第 4
期，2001

[33]　龚晓南，褚航. 基础刚度对复合地基性状的影响. 工程力学，第 20 卷，第 4 期，2003

[34]　龚晓南，卢锡璋，乐子炎. 南京南湖地区软土地基处理方案比较分析研究报告(1992).
《地基处理》，1994 年第 1 期

[35]　龚晓南. 复合地基承载力与沉降. 刊岩土力学与工程论文集. 北京：中国铁道出版
社，1993

[36]　龚晓南. 复合地基理论框架，建筑环境与结构工程最新发展. 杭州：浙江大学出版
社，1995

[37]　龚晓南. 形成竖向增强体复合地基的条件. 地基处理，第 6 卷，第 3 期，1995

[38]　龚晓南. 高等土力学. 杭州：浙江大学出版社，1996

[39]　龚晓南. 复合地基理论与实践. 杭州：浙江大学出版社，1996

[40]　龚晓南. 复合地基理论与实践在我的发展，复合地基理论与实践. 杭州：浙江大学出
版社，1996

[41]　龚晓南，温晓贵，卞守中，尚亨林. 二灰混凝土桩复合地基技术研究，复合地基理论与
实践. 杭州：浙江大学出版社，1996

[42]　龚晓南. 地基处理技术与复合地基理论. 浙江建筑，第 1 期，1996

[43]　龚晓南. 地基处理新技术. 西安：陕西科学技术出版社，1997

[44]　龚晓南. 复合地基若干问题. 工程力学增刊，第 1 卷，1997

[45]　龚晓南. 地基处理技术与最新发展. 土木工程学报，第 30 卷，第 6 期，1997

[46]　龚晓南，陈明中. 关于复合地基沉降计算的一点看法. 地基处理，第 9 卷，第 2
期，1997

[47]　龚晓南，黄广龙. 柔性桩沉降可靠性分析. 工程力学增刊，1998

[48]　龚晓南. 复合桩基与复合地基理论. 地基处理，第 10 卷，第 1 期，1999

[49]　龚晓南. 复合地基理论及其在高层建筑中的应用. 土木工程学报，第 32 卷，第 6
期，1999

[50]　龚晓南主编. 地基处理手册(第二版). 北京：中国建筑工业出版社，2000

[51] 龚晓南. 21世纪岩土工程发展展望. 岩土工程学报，第22卷，第2期，2000

[52] 龚晓南，洪昌华，马克生. 水泥土桩复合地基的可靠性研究. 工程安全及耐久性. 北京：中国水利水电出版社，2000

[53] 龚晓南主编. 土工计算机分析. 北京：中国建筑工业出版社，2000

[54] 龚晓南. 有关复合地基的几个问题. 地基处理，第11卷，第3期，2000

[55] 龚晓南. 复合地基理论及工程应用. 北京：中国建筑工业出版社，2002

[56] 龚晓南主编. 复合地基设计和施工指南. 北京：人民交通出版社，2003

[57] 龚晓南主编. 地基处理技术发展与展望. 北京：中国水利水电出版社，2004

[58] 龚晓南主编. 高等级公路地基处理设计指南. 北京：人民交通出版社，2005

[59] 龚晓南. 广义复合地基理论及工程应用. 黄文熙讲座. 岩土工程学报，第29卷，第1期，2007

[60] 龚应明. 超固结比以及应力路径对超固结土初始模量数的效应. 浙江大学学士论文，1986

[61] 郭蔚东，钱鸿缙. 振冲碎石桩承载力计算的若干途径. 地基处理，Vol. 1，No. 1，1990

[62] 黄明聪. 复合地基振动反应与地震响应数值分析. 浙江大学博士学位论文，1999

[63] 韩杰，叶书麟，曾志贤. 碎石桩加固沿海软土的试验研究. 工程勘察，No. 5，1990

[64] 洪昌华. 搅拌桩复合地基承载力可靠性分析. 浙江大学博士学位论文，2000

[65] 洪昌华，龚晓南. 基于稳定分析法的碎石桩复合地基承载力的可靠度. 水利水运科学研究，第1期，2000

[66] 洪昌华，龚晓南，温晓贵. 深层搅拌桩复合地基承载力的概率分析. 岩土工程学报，第22卷，第3期，2000

[67] 侯永峰. 循环荷载作用下复合土与复合地基性状研究. 浙江大学博士学位论文，2000

[68] 侯永峰，张航，周建，龚晓南. 循环荷载作用下水泥复合土变形性状试验研究. 岩土工程学报，第23卷，第3期，2001

[69] 黄广龙，龚晓南等. 土性参数的随机场模型及桩体沉降变异特性分析. 岩土力学，第21卷，第4期，2000

[70] 胡同安，杨小刚，周国钧. 水泥土挡墙. 施工技术，1983

[71] 华静如. 应力路径对正常固结黏土初始模量数的影响. 浙江大学学士论文，1985

[72] 黄绍铭等. 减少沉降量桩基的设计与初步实践. 第六届土力学及基础工程学术会议论文集. 上海：同济大学出版社，1991

[73] 陆贻杰. 搅拌桩复合地基承载力及变形性状的试验研究和三维有限元分析. 冶金部建筑研究总院硕士学位论文，1986

[74] 李海芳. 路堤荷载下复合地基沉降计算方法研究. 浙江大学博士学位论文，2004

[75] 李海芳，温晓贵，龚晓南. 低强度桩复合地基处理桥头跳车现场试验研究. 中南公路工程，第3期，2003

[76] 李海芳，温晓贵，龚晓南. 路堤荷载下刚性桩复合地基的现场试验研究，岩土工程学报，第26卷，第3期，2004

[77] 李海芳，龚晓南，温晓贵. 复合地基孔隙水压力原型观测结果分析. 低温建筑技术，第4期，2004

[78] 李海芳，温晓贵，龚晓南. 路堤荷载下复合地基加固区压缩量的解析算法. 土木工程学报，第 38 卷，第 3 期，2005

[79] 李海芳，龚晓南. 填土荷载下复合地基加固区压缩量的简化算法. 固体力学学报，第 26 卷，第 1 期，2005

[80] 李海芳，龚晓南. 路堤下复合地基沉降影响因素有限元分析. 工业建筑，第 35 卷，第 6 期，2005

[81] 李海芳，龚晓南，温晓贵. 桥头段刚性桩复合地基现场观测结果分析. 岩石力学与工程学报，第 24 卷，第 15 期. 2005

[82] 李海晓. 复合地基和上部结构相互作用的地震动力分应分析. 浙江大学硕士学位论文，1989

[83] 李杰，方永凯. 软基加固中的干振挤密碎石桩. 全国地基基础新技术会议论文集，1989

[84] 李书伟，陆贻杰，周国钧. 强夯块石墩复合地基在软弱地基加固工程中的应用. 第五届地基处理学术讨论会论文集，北京：中国建筑工业出版社，1997

[85] 梁晓东，江璞，沈扬，龚晓南. 复合地基等效实体法侧摩阻力分析. 低温建筑技术，第 6 期，2006

[86] 林琼. 水泥搅拌桩复合地基试验研究. 浙江大学硕士学位论文，1989

[87] 刘吉福，龚晓南，王盛源. 高填路堤复合地基稳定性分析. 浙江大学学报，第 32 卷，第 5 期，1998

[88] 刘一林. 水泥搅拌桩复合地基变形性研究. 浙江大学硕士学位论文，1990

[89] 刘岳东. 高层建筑采用刚性桩复合地基实例. 地基处理工程实例. 北京：中国水利水电出版社，2000

[90] 马克生，杨晓军，龚晓南. 柔性桩沉降的随机响应. 土木工程学报，第 33 卷，第 3 期，2000

[91] 马克生. 柔性桩复合地基沉降可靠性分析. 浙江大学博士学位论文，2000

[92] 马克生，杨晓军，龚晓南. 空间随机土中柔性桩沉降可靠性分析. 浙江大学学报，第 34 卷，第 4 期，2000

[93] 马克生，龚晓南. 柔性桩沉降可靠性的简化分析公式. 水利学报，第 2 期，2001

[94] 毛前. 复合地基压缩层厚度及垫层效用分析. 浙江大学硕士学位论文，1997

[95] 毛前，龚晓南. 复合地基下卧层计算厚度分析. 浙江建筑，1998 第 1 期，1998

[96] 毛前，龚晓南. 桩体复合地基柔性垫层的效用研究. 岩土力学，19 卷，第 2 期，1998

[97] 毛前，龚晓南. 有限差分法分析复合地基沉降计算深度. 建筑结构，第 3 期，1999

[98] 明珉，王蔚. 南京南湖地区使用深层水泥搅拌桩加固软土地基的一点体会. 复合地基理论与实践. 杭州：浙江大学出版社，1996

[99] 南京水利科学研究院. 软基加固新技术——振动水冲法. 北京：水利水电出版社，1984

[100] 倪士坎. 高层建筑下桩—筏复合桩基的设计分析. 地基处理工程实例. 北京：中国水利水电出版社，2000

[101] 倪士坎，冯军洪. 复合桩基在高层建筑中应用和试验. 土力学及岩土工程的理论与实践. 西安：西安出版社，2000

[102] 秦晋邦. 二灰桩＋CFG 桩与桩间土形成三元复合地基. 地基处理工程实例. 北京：中国水利水电出版社，2000

[103] 钱家欢，殷宗泽主编. 土工原理与计算. 北京：中国水利水电出版社，1996

[104] 邱良佐，倪宗英. 石灰桩加固软弱地基研究. 第二届全国地基处理学术讨论会论文集，1989

[105] 史美筠，梁仁旺，宋子谅. 生石灰——粉煤灰桩加固软土地基. 第二届全国地基处理学术讨论会论文集，1989

[106] 施伟格，陈杨桢. 单头深层水泥搅拌桩复合地基在软土地基中的应用. 复合地基理论与实践. 杭州：浙江大学出版社，1996

[107] 尚亨林. 二灰混凝土桩复合地基性状试验研究. 浙江大学硕士学位论文，1995

[108] 盛崇文，王盛源，方永凯，郑培成. 南通天生港电厂地基用碎石桩加固及其观测. 岩土工程学报，1983

[109] 盛崇文. 软土地基用碎石桩加固后的极限承载力计算. 水利水运科学研究，1980

[110] 盛崇文. 碎石桩复合地基沉降计算. 土木工程学报，1986

[111] 孙林娜，龚晓南，张菁莉. 散体材料桩复合地基桩土应力应变关系研究. 科技通报，第 23 卷，第 1 期，2007

[112] 孙林娜. 复合地基沉降及按沉降控制的优化设计研究. 浙江大学博士学位论文，2007

[113] 天津大学土木系钢木地基教研室. 石灰桩加固软土地基的研究与应用. 第一届全国地基处理学术讨论会论文，1986

[114] 童小东. 水泥土添加剂及其损伤模型试验研究. 浙江大学博士学位论文，1999

[115] 童小东，龚晓南，蒋永生. 水泥土的弹塑性损伤试验研究. 土木工程学报，第 35 卷，第 4 期，2002

[116] 滕文川. 灰土桩复合地基，复合地基设计施工指南第 10 章. 北京：人民交通出版社，2003

[117] 土工合成材料工程应用手册编写委员会. 土工合成材料工程应用手册. 北京：中国建筑工业出版社，1994

[118] 王维江. 土与土工织物拉拔试验界面反应特性的研究. 浙江大学硕士学位论文，1990

[119] 王启铜. 柔性桩的沉降(位移)特性及荷载传递规律. 浙江大学博士学位论文，1991

[120] 王余庆，党昱敬，高伯明. 碎石桩单桩承载力计算公式的可靠性探讨. 全国地基基础新技术学术会议论文集，1989

[121] 王伟堂，徐敏生，潘灿根，陈亚建. 石灰桩加固大面积厂房软土地基. 地基处理，1990

[122] 温晓贵. 复合地基三维性状数值分析. 浙江大学博士学位论文，1999

[123] 吴慧明. 不同刚度基础下复合地基性状. 浙江大学博士学位论文，2001

[124] 吴慧明，龚晓南. 刚性基础与柔性基础下复合地基模型试验对比研究. 土木工程学报，第 34 卷，第 5 期，2001

[125] 吴延杰. 我国复合地基现状及其发展趋势. 复合地基学术讨论会论文集，1990

[126] 吴佳雄. 石灰桩加固软土的复合地基研究. 第二届全国地基处理学术讨论会论文集，1989

[127] 肖渶，龚晓南，黄广龙. 深层搅拌桩复合地基承载力的可靠度分析. 浙江大学学报，第 34 卷，第 4 期，2000

[128] 谢新宇，应宏伟，卞守中，潘秋元. 振动挤密碎石桩加固大型油罐软基工程实例. 地基处理工程实例. 北京：中国水利水电出版社，2000

[129] 邢皓枫. 复合地基固结分析. 浙江大学博士学位论文，2006

[130] 邢皓枫，龚晓南，杨晓军. 碎石桩加固双层地基固结简化分析. 岩土力学，第 27 卷，第 10 期，2006

[131] 邢皓枫，龚晓南，杨晓军. 碎石桩复合地基固结简化分析. 岩土工程学报，2005

[132] 邢皓枫，杨晓军，龚晓南. 刚性基础下水泥土桩复合地基固结分析. 浙江大学学报（工学版），2006

[133] 邢皓枫，杨晓军，龚晓南. 碎石桩复合地基试验及固结分析. 煤田地质与勘探，第 3 期，2005。

[134] 徐立新. 土工织物加筋垫层的复合分析. 浙江大学硕士学位论文，1990

[135] 严平，龚晓南. 桩筏基础在上下部共同作用下的极限分析. 土木工程学报，第 33 卷，第 2 期，2000

[136] 俞仲泉，顾家龙. 土工织物与砂垫层复合加固地基. 地基处理，1991

[137] 阎明礼，杨军，吴春林，唐建中. CFG 桩复合地基在工程中应用. 复合地基学术讨论会论文集，1990

[138] 阎明礼，张东刚. CFG 桩复合地基技术及工程实践. 北京：中国水利水电出版社，2001

[139] 叶书麟. 地基处理. 北京：中国建筑工业出版社，1988

[140] 殷宗泽，龚晓南主编. 地基处理工程实例. 北京：中国水利水电出版社，2000

[141] 杨晓军. 土工合成材料加筋机理研究. 浙江大学博士学位论文，1999

[142] 杨鸿贵，白德容.《土桩、灰土桩法》中工程实例 4-3，地基处理手册(第二版). 北京：中国建筑工业出版社，2000

[143] 杨慧. 双层地基和复合地基压力扩散比较分析. 浙江大学硕士学位论文，2000

[144] 杨军龙. 长短桩复合地基沉降计算. 浙江大学硕士学位论文，2002

[145] 杨军龙，龚晓南，孙邦臣. 长短桩复合地基沉降计算方法探讨. 建筑结构，第 32 卷，第 7 期，2002

[146] 周建，俞建霖，龚晓南. 高速公路软土地基低强度桩应用研究. 地基处理，第 13 卷，第 2 期，2002

[147] 浙江省建筑科学研究所等. 沉管沙石桩复合地基应用研究，1991

[148] 周国钧. 搅拌桩复合地基模型试验研究. 第五届全国土力学及基础工程学术讨论会论文集，1987

[149] 周洪涛，叶书麟. 小直径钻孔灌注桩复合地基试验研究. 复合地基学术讨论会论文集，1990

[150] 周洪涛，叶书麟，韩杰. 小直径钻孔灌注桩与基底土之间相互作用. 地基处理，1991

[151] 张龙海，龚晓南. 圆形水池结构与地基共同作用探讨. 特种结构，第 11 卷，第 2 期，1994

[152] 张龙海. 圆形水池结构与复合地基共同作用分析. 浙江大学硕士学位论文，1992

[153] 张吉占. 饱和粉细砂地基上抗液化震动挤密桩间距的计算（见复合地基）. 中国建筑学会地基基础学术委员会年会论文集（承德），1990

[154] 张土乔，龚晓南，曾国熙. 水泥土桩复合地基固结分析. 水利学报，第3期，1991

[155] 张土乔. 水泥土的应力应变关系及搅拌桩破坏特性研究. 浙江大学博士学位论文，1992

[156] 张道宽. 加筋垫层与砂井加固软基的应用研究. 地基处理，1991

[157] 张咏梅，史光金. 强夯置换方法的应用与研究. 第六届土力学及基础工程学术会议论文集. 上海：同济大学出版社，1991

[158] 张京京. 复合地基沉降计算等效实体法分析. 浙江大学硕士学位论文，2002

[159] 张先明，葛忻声，龚晓南. 长短桩复合地基沉降计算探讨. 地基处理理论与实践. 北京：中国水利水电出版社，2002

[160] 朱梅生. 软土地基. 北京：中国铁道出版社，1989

[161] 朱向荣. 大型油罐搅拌桩复合地基工程实例. 地基处理工程实例. 北京：中国水利水电出版社，2000

[162] 曾开华，俞建霖，龚晓南. 路堤荷载下低强度混凝土桩复合地基性状分析. 浙江大学学报(工学版)，第38卷第2期，2004

[163] 曾小强. 水泥土力学特性和复合地基变形计算研究. 浙江大学硕士学位论文，1993

[164] 曾昭礼. 地震区高层建筑振冲地基工程实例——烟台工贸大厦工程. 地基处理程实例. 北京：中国水利水电出版社，2000

[165] 郑俊杰，袁内镇，刘志刚. 石灰桩在荷载不均建筑物软基处理中的应用. 第四届全国地基处理学术讨论会论文集. 杭州：浙江大学出版社，1995

[166] Andrawes, K. Z. etc.. The Finite Element Method of Analysis Applied to Soil-Geotextiles Systems，2nd Int. Conf. on Geotextiles，Proc. ，Vol. 3，pp695～700，1982

[167] Balaam，N，P. and Booker，J. R.. Analysis of Rigid Rafts Supported by GranularPiles，Int. Journal of Numer Method in Geomech. No. 5，1981

[168] Balaam，N，p，and Poulos，H. G... The Behaviour of Foundations Supported by Clay Atabilied by Stone Columns，Proc. of 8th ECSMFE，Vol. 1，1983

[169] Barksdale，R，D. and Bachus，R. C.. Ddsign and Construction of Stone Column，Vol. 1，Report No. SCEGIT-83-10FHWA，School of Civil Engineeing ，Georgia Institute of Technolog，1983

[170] Bassam，M. 1998 The Analysis of composite foundation using finite Ritz element method

[171] Bassam Mahasneh，龚晓南，鲁祖统（2000），群桩有限里兹单元法. 浙江大学学报，第34卷，第4期，438

[172] Bassam Mahaneh，龚晓南（1997），复合地基在中国的发展. 浙江大学学报增刊，第31卷，238

[173] Binquet，J. and Lee，L.. Bearing Capacity Test on Reinforced Earth Slabs，ASCE JGTD Vol. 101，Nol. 12，1975

[174] Brauns，J.. Die Anfangstraglast von Schottersaulen in Bindingen Untergrund. Die Bau-

technik，8. 1978

[175] Broms ♯ B. B. Soil Improvement Methods in Southeas Asia Regional Conf. on SMFE Vol. 2，1987

[176] Cook R. W.. The Settlement of Friction Pile Foundation. Proc. of conf. on Tall Buildings，Kuala Lumpyr，1974

[177] Cook R. W.，Price G，. &. Tarr K.. Jacked Piles in London Clay，Astudy of Load Trasfer and Settlement under Working Conditions，Geotechnique 29. No. 2，1979

[178] Frank R.. Etude Theorique du Comporttement des Pieux Sous Charge Verticale. Rapport de Recherche，No. 46，Laboratoire Central des Ponts et Chausses，Paris. 1975

[179] Fowletr J. etc. Theoretical Design Considerations for Fabric-Reinforced Embankments，2nd. Int. Conf on Geotextiles，Prot. Vol. 3，1982

[180] Florkiewice，A. (1990)，Bearing of Subso:1 with a Layer of Reinforced Earth，Proe，4th，IGS. Conference，The Hague，The Netherlands，162

[181] Geddes J. D.. Stresses in Foundation Soils Due to Vertical Subsurface Load，Geotechnique，Vol. 16，231，1966

[182] Gong Xiaonan. Development and Application to High-rise Building of Composite，韩 Foundation，韩•中地盘工学讲演会论文集，2001

[183] Gong Xiaonan(1999)，Development of composite foundation in china，Soil Mechanics and Geotechnical Engineering，edited by sung-wan Hong et al. Published by A. A. Balkema，Vol. 1，201. ISTP 收录

[184] Googhnour ♯ R，R.. Settlement of Vertically Loaded Stone Columns in Soft Ground，Proc. of 8th SCSMFE(1)，1983

[185] Hughes ♯ J. M. O. and Withes，N. J.. Reinforcing Soft Cohesive Soils with Stone Columns，Ground Engineering，(7)，3，1974

[186] Hannon J.. Fabrics Support Embankment Construction over Bay Mud，2nd. Int Conf. on Getextiles，Proc. Vol. 33，1982

[187] Ingold T，S. and Miller K. S.. Analytical ang Laboratory Investigation of Reinforced Clay，Proc. wnd Inter. Conf. on Geotektiole，Vol. 3，1982

[188] Kawasaki T.. Deep Mixing Method Using Cement Hardening Agent，Proe，10th ICSMFE Vol. 3，1981

[189] Ranjan G. (1989)，Ground Treated with Granular Piles and Its Rdsponse Under Load，Indian Geotechnical Journal，19(1)

[190] Rowe R. K. and Soderman K. L.. Approximate Method Estimating the Stability of Geotextile Reinforced Embankments，Canaidan Geotechnical Journal，Vol. 22，1985

[191] Tatsuka Okumura. Deepmixing Method as a Chemical Soil Improvement，Proc. of the Sino Japan Joint Symposium on Improvement of Weak Ground，1989

[192] X. N. Gong and H. F. Xing. A Simplified Solution for the Consolidation of Composite Foundation，Ground Modification and Seismic Mitigation，Proceedings of Sessions of GeoShanghai，2006

[193] 山口柏树，村上幸利. 复合地の应力分担比してつつて，第 12 回土质工学研究发表会，1977

[194] 寺师昌明. やヤメント处理ヒ未处理土ヒヴ成为复合地の压密特性. 第 14 回质工学研究发表会，1979

[195] 寺师昌明. 深层混合处理工法の概要. 第 14 回土质工学研究发表会，1979

[196] 谢康和. 砂井地基：固结理论、数值分析与优化设计. 杭州：浙江大学博士论文，1987

[197] 卢萌盟，谢康和. 复合地基固结理论. 北京：科学出版社，2016

[198] 张玉国. 散体材料桩复合地基固结理论研究. 杭州：浙江大学博士论文，2005

[199] 王瑞春，谢康和，关山海. 变荷载下散体材料桩复合地基固结解析解. 浙江大学学报：工学版，2002，36(1)：12-16

[200] 卢萌盟，谢康和，周国庆，李瑛. 基于二维弹性变形的碎石桩复合地基固结分析. 岩石力学与工程学报，2011，30(s1)：3260-3268

[201] 杨涛，李国维. 路堤荷载下不排水端承桩复合地基固结分析. 岩土工程学报，2007，29(12)：1831-1836

[202] 杨涛，石磊，李国维. 路堤分级填筑条件下不排水端承桩复合地基固结分析. 公路交通科技，2008，25(10)：31-35

[203] 卢萌盟，谢康和，周国庆，郭彪. 不排水桩复合地基固结解析解. 岩土工程学报，2011，33(4)：574-579

[204] 陈蕾，刘松玉，洪振舜. 排水粉喷桩复合地基固结计算方法的探讨. 岩土工程学报，2007，29(2)：198-203

[205] 刘吉福. 路堤下等应变复合地基的固结分析. 岩石力学与工程学报，2009，28(1)：3042-3050

[206] Wang X S, and Jiao J J. Analysis of soil consolidation by vertical drains with double porosity model. International Journal for Numerical and Analytical Methods in Geomechanics，2004，28：1385-1400

[207] Kanghe Xie, Mengmeng Lu, Ganbin Liu. Equal strain consolidation for stone columns reinforced foundation. International Journal for Numerical and Analytical Methods in Geomechanics，2009a，33(15)：1721-1735

[208] Kanghe Xie, Mengmeng Lu, Anfeng Hu, Guohong Chen. A general theoretical solution for the consolidation of a composite foundation. Computers and Geotechnics，2009b，36(1-2)：24-30

[209] Mengmeng Lu, Kanghe Xie, Biao Guo. Consolidation theory for a composite foundation considering radial and vertical flows within the column and the variation of soil permeability within the disturbed soil zone. Canadian Geotechnical Journal，2010，47(2)：207-217

[210] Mengmeng Lu, Hongwen Jing, Bo Wang, Xie Kanghe. Consolidation of composite ground improved by granular columns with medium and high replacement ratio. Soils and Foundations，2017，57(6)：1088-1095

[211] Mengmeng Lu, Kanghe Xie, Shanyong Wang, Chuanxun Li. Analytical solution for the consolidation of a composite foundation reinforced by impervious column with an arbitrary stress increment. International Journal of Geomechanics (ASCE), 2013, 13(1): 33-40

[212] 卢萌盟, 谢康和, 周国庆, 郭彪. 不排水桩复合地基固结解析解. 岩土工程学报, 2011, 33(4): 574-579

[213] 郭彪, 龚晓南, 李亚军. 考虑加载过程及桩体固结变形的碎石桩复合地基固结解析解 [J]. 工程地质学报, 2016(03): 409-417

[214] 田效军, 粘结材料桩复合地基固结沉降发展规律研究, 浙江大学博士论文, 2013

[215] Ports and Harbours Bureau, Ministry of Land, Infrastructure, Transport and Tourism (MLIT); National Institute for Land and Infrastructure Management, MLIT; Port and Airport Research Institute. (2009). Technical Standards and Commentaries for Port and Harbour Facilities in Japan (English Edition). Overseas Coastal Area Development Institute of Japan

[216] 宋二祥, 武思宇, 王宗纲. 地基—结构系统振动台模型试验中相似比的实现问题探讨. 土木工程学报, 2008 年第 10 期

[217] DB33/1051-2008 复合地基技术规程. 浙江省工程建设标准

[218] JGJ/T 210-2010 刚-柔性桩复合地基技术规程. 中华人民共和国行业标准. 北京: 中国建筑工业出版社, 中国计划出版社

[219] GB/T 50783-2012 复合地基技术规范. 中华人民共和国国家标准. 北京: 中国计划出版社

[220] 连峰. 桩网复合地基承载机理及设计方法, 浙江大学博士学位论文, 2009

[221] 吕文志. 柔性基础下桩体复合地基性状与设计方法研究, 浙江大学博士学位论文, 2009